U0737972

“十三五”智能制造高级应用型人才培养规划教材

数控机床故障诊断与维修 第2版

主编　邓三鹏　石秀敏　柏占伟

参编　战忠秋　马金茹　高艳平　王春光

　　　王　晶　何四平　孟　凯　张宝平

主审　宋　松

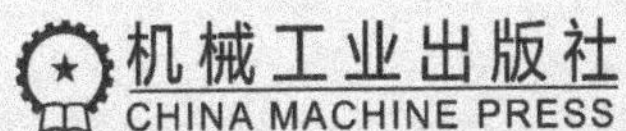

本书是由多年从事数控机床维修教学的一线教师依据其在数控机床管理、维修、改造、技能鉴定和竞赛方面的丰富经验，结合数控机床装调维修工职业资格标准编写而成的。本书在第1版的基础上对内容进行了重新编纂，并且采用任务驱动式方法对全书内容进行了系统整理与完善。全书共分六个项目，按照基础知识以及数控机床机械结构、数控系统、主传动系统、进给伺服系统、PLC等部件的故障诊断与维修来讲述。每个项目都有配套的故障案例及思考题供读者参考及选用。

本书内容全面综合，充分体现了理论知识“必需、够用”的特点，突出应用能力和创新素质的培养，从理论到实践，再从实践到理论，较全面地介绍了数控机床故障诊断与维修技术。本书能帮助读者快速诊断和排除故障，从而使数控机床的停机时间大大缩短，延长其平均无故障时间，充分发挥其应有的效益。

本书是“十三五”智能制造高级应用型人才培养规划教材，可作为机电类、数控类、模具类、机械制造类专业用教材；也可作为各类数控技术的培训教材；还可作为数控机床操作、编程、设计和维修等工程技术人员的参考书。

图书在版编目（CIP）数据

数控机床故障诊断与维修/邓三鹏，石秀敏，柏占伟主编. —2版. —北京：机械工业出版社，2018.12（2025.7重印）

“十三五”智能制造高级应用型人才培养规划教材

ISBN 978-7-111-60718-2

Ⅰ.①数…　Ⅱ.①邓…②石…③柏…　Ⅲ.①数控机床-故障诊断-教材②数控机床-维修-教材　Ⅳ.①TG659

中国版本图书馆CIP数据核字（2018）第192581号

机械工业出版社（北京市百万庄大街22号　邮政编码100037）
策划编辑：闾洪庆　责任编辑：闾洪庆
责任校对：王明欣　封面设计：鞠　杨
责任印制：常天培
河北虎彩印刷有限公司印刷
2025年7月第2版第7次印刷
184mm×260mm · 17.75印张 · 435千字
标准书号：ISBN 978-7-111-60718-2
定价：59.00元

凡购本书，如有缺页、倒页、脱页，由本社发行部调换

电话服务
服务咨询热线：010-88379833
读者购书热线：010-88379649

网络服务
机　工　官　网：www.cmpbook.com
机　工　官　博：weibo.com/cmp1952
教育服务网：www.cmpedu.com
金　书　网：www.golden-book.com

封面无防伪标均为盗版

“十三五”智能制造高级应用型人才培养规划教材
编审委员会

主 任 委 员：孙立宁　苏州大学机电工程学院院长

陈晓明　全国机械职业教育教学指导委员会主任

副主任委员：曹根基　全国机械职业教育教学指导委员会智能制造专指委主任

苗德华　天津职业技术师范大学原副校长

邓三鹏　天津职业技术师范大学机器人及智能装备研究所所长

秘 书 长：邓三鹏　天津职业技术师范大学

秘　　书：薛　礼　权利红　王　铎

委　　员：（排名不分先后）

杜志江　哈尔滨工业大学

禹鑫燚　浙江工业大学

陈国栋　苏州大学

祁宇明　天津职业技术师范大学

刘朝华　天津职业技术师范大学

蒋永翔　天津职业技术师范大学

陈小艳　常州机电职业技术学院

戴欣平　金华职业技术学院

范进桢　宁波职业技术学院

金文兵　浙江机电职业技术学院

罗晓晔　杭州科技职业技术学院

周　华　广州番禺职业技术学院

许怡赦　湖南机电职业技术学院

龙威林　天津现代职业技术学院

高月辉　天津现代职业技术学院

高　强　天津渤海职业技术学院

张永飞　天津职业大学

魏东坡　山东华宇工学院

柏占伟　重庆工程职业技术学院

谢光辉　重庆电子工程职业技术学院

周　宇　武汉船舶职业技术学院

何用辉　福建信息职业技术学院

张云龙　包头轻工职业技术学院

张　廷　呼伦贝尔职业技术学院

于风雨　扎兰屯职业技术学院

吕世霞　北京电子科技职业学院

梅江平　天津市机器人产业协会秘书长

王振华　江苏汇博机器人技术股份有限公司总经理

周旺发　天津博诺智创机器人技术有限公司总经理

曾　辉　埃夫特智能装备股份有限公司副总经理

序

制造业是实体经济的主体，是推动经济发展、改善人民生活、参与国际竞争和保障国家安全的根本所在。纵观世界强国的崛起，都是以强大的制造业为支撑的。在虚拟经济蓬勃发展的今天，世界各国仍然高度重视制造业的发展。制造业始终是国家富强、民族振兴的坚强保障。

当前，新一轮科技革命和产业变革在全球范围内蓬勃兴起，创新资源快速流动，产业格局深度调整，我国制造业迎来“由大变强”的难得机遇。实现制造强国的战略目标，关键在人才。在全球新一轮科技革命和产业变革中，世界各国纷纷将发展制造业作为抢占未来竞争制高点的重要战略，把人才作为实施制造业发展战略的重要支撑，加大人力资本投资，改革创新教育与培训体系。当前，我国经济发展进入新时代，制造业发展面临着资源环境约束不断强化、人口红利逐渐消失等多重因素的影响，人才是第一资源的重要性更加凸显。

《中国制造 2025》第一次从国家战略层面描绘建设制造强国的宏伟蓝图，并把人才作为建设制造强国的根本，对人才发展提出了新的更高要求。提高制造业创新能力，迫切要求培养具有创新思维和创新能力的拔尖人才、领军人才；强化工业基础能力，迫切要求加快培养掌握共性技术和关键工艺的专业人才；信息化与工业化深度融合，迫切要求全面增强从业人员的信息技术运用能力；发展服务型制造业，迫切要求培养更多复合型人才进入新业态、新领域；发展绿色制造，迫切要求普及绿色技能和绿色文化；打造“中国品牌”“中国质量”，迫切要求提升全员质量意识和素养等。

哈尔滨工业大学在 20 世纪 80 年代研制出我国第一台弧焊机器人和第一台点焊机器人，30 多年来为我国培养了大量的机器人人才；苏州大学在产学研一体化发展方面成果显著；天津职业技术师范大学从 2010 年开始培养机器人职教师资，秉承“动手动脑，全面发展”的办学理念，进行了多项教学改革，建成了机器人多功能实验实训基地，并开展了对外培训和鉴定工作。这套规划教材是结合这些院校人才培养特色以及智能制造类专业特点，以“理论先进，注重实践，操作性强，学以致用”为原则精选教材内容，依据在机器人、数控机床的教学、科研、竞赛和成果转化等方面的丰富经验编写而成的。其中有些书已经出版，具有较高的质量，未出版的讲义在教学和培训中经过多次使用和修改，亦收到了很好的效果。

我们深信，这套丛书的出版发行和广泛使用，不仅有利于加强各兄弟院校在教学改革方面的交流与合作，而且对智能制造类专业人才培养质量的提高也会起到积极的促进作用。

当然，由于智能制造技术发展非常迅速，编者掌握材料有限，本套丛书还需要在今后的改革实践中获得进一步检验、修改、锤炼和完善，殷切期望同行专家及读者们不吝赐教，多加指正，并提出建议。

苏州大学教授、博导
教育部长江学者特聘教授
国家杰出青年基金获得者
国家万人计划领军人才
机器人技术与系统国家重点实验室副主任
科学技术部重点领域创新团队带头人
江苏省先进机器人技术重点实验室主任

2018 年 1 月 6 日

Preface 前言

机床是装备工业的基础，关系到国民经济、国防建设的基础工业和战略性产业的发展，发达国家无一不重视机床行业。我国已连续多年成为世界机床第一消费国和第一进口国，机床行业已跨入世界行列的第一方阵，机床行业产品门类齐全，为国民经济建设和国防建设提供了大量基础工艺装备，为我国企业装备现代化做出了重要贡献。在国民经济平稳快速增长的大背景下，我国机床行业将持续快速发展。数控机床已成为机械制造业的主流装备，如何才能充分发挥其加工优势，达到其技术性能，确保其能够正常工作是摆在众多用户面前的现实问题。数控机床是集机、电、液、气、光于一体的复杂机电设备，具有技术密集和知识密集的特点，及时准确地进行诊断与维修是一项很复杂的工作。

本书编写人员多年从事数控机床维修专业的教学、科研，以及数控机床装调维修工的鉴定和竞赛工作，教学成果“创建机械维修与检测技术教育专业，培养高层次数控机床故障诊断与维修人才”获 2009 年天津市教学成果二等奖，2018 年荣获天津市教学成果一等奖，依据他们在数控机床管理、维修、改造和培训方面的丰富经验，全面贯彻数控机床装调维修工职业资格国家标准，坚持“理论先进，注重实践，操作性强，学以致用”的原则编写了本书。

本书具有如下特点：

1）体系结构全面系统：在编写的过程查阅了大量的资料，覆盖了数控机床的机电结构和常见故障的处理，论述翔实。

2）内容实用、操作性强：以“必需，够用”的原则精选内容，先剖析基本原理，后针对具体实例进行分析，使学生达到触类旁通，举一反三的效果。

3）理论实践紧密结合：结合教学中的经验，教材始终保持理论实践紧密结合的特点，采用任务驱动式，全书分六个项目，每个项目都有明确的能力目标，项目又分成若干个任务，以“任务引入”导入，“任务内容”展开。通过任务驱动方式，学生可以较好地掌握数控机床故障诊断与维修技术。

参与本书编写工作的有天津职业技术师范大学的邓三鹏（项目一、二）、石秀敏（项目三、四）、重庆工程职业技术学院的柏占伟（项目六）、天津现代职业技术学院的战忠秋（项目二），北京电子科技职业学院的马金茹（项目二），天津机电职业技术学院的高艳平（项目三），天津中德应用技术大学的王春光（项目四），天津博诺智创机器人技术有限公司的王晶（项目五）、天津职业大学的何四平（项目五），宁波职业技术学院的孟凯（项目五、六），漯河技师学院的张宝平（项目六）。

本书得到了“高档数控机床与基础制造装备”国家科技重大专项课题“数控机床故障预警诊断技术及基于功能部件的可重构监测诊断系统”（2009ZX04014-101）和教育部财政部职业院校教师素质提高计划职教师资培养资源开发项目（VTNE016）的资助。在编写过程中得到了天津职业技术师范大学的机电工程系、机电装备检测与维修实验中心（天津市实验教学示范中心）、机器人及智能装备研究所、工程实训中心（国家级实验教学示范中心）、天津博诺机器人技术有限公司和安徽博皖机器人有限公司的大力支持和帮助，在此深表谢意。本书承蒙全国职业院校技能大赛数维赛项专家组组长宋松教授的细心审阅，提出许多宝贵意见，在此表示衷心的感谢。

本书有配套课件，有需要的读者可通过封面扫码或发邮件到 lvhongqing@126.com 获取。

由于编者水平所限，书中难免存在不妥之处，恳请同行专家和读者们不吝赐教，多加批评指正，联系邮箱：37003739@qq. com。

邓三鹏

2018 年 1 月于天津

Contents 目录

项目一 基础知识

我国自改革开放以来引进了不少先进的设备，这些设备对我国的技术人员来说是耳目一新的，其特点是，以大规模集成电路为主的数字控制设备，功能强、生产效率高，但是构造及控制复杂，尤其是电控部分。因此，在维修的理论、方法、手段上都应有很大的飞跃。

数控机床是集机、电、液、气、光一体化的现代技术装备，它与传统的机械装备相比，内容上虽然也包括机械、电气、液压与气动方面的故障，但就其维修的重要性来说，则是侧重于电子、机械、气动乃至光学等方面的交叉点上。由于数控系统的种类繁多、结构各异、形式多变，给测试和监控带来了许多困难。

数控系统完全或部分丧失了系统规定的功能就称为故障。所谓系统故障诊断技术，就是在系统运行中或基本不拆卸的情况下，即可掌握系统运行状态的信息，查明产生故障部位和原因，或预知系统的异常和故障的动向，采取必要的措施和对策的技术。诊断的目的就是要确定故障的原因和部位，以便维修人员或操作人员尽快地进行故障的修复。

与普通机床相比较，数控机床不仅具有零件加工精度高、生产效率高、产品质量稳定、自动化程度高的特点，而且它还可以完成普通机床难以完成或根本不能加工的复杂曲面的零件加工，因而数控机床在机械制造业中的地位显得越来越重要。在机械制造业中，数控机床的档次和拥有量，是反映一个企业制造能力的重要标志。

我们应当认识到，在企业生产中，数控机床能否达到加工精度高、产品质量稳定、提高生产效率的目标，这不仅取决于机床本身的精度和性能，很大程度上也与操作者在生产中能否正确地对数控机床进行维护保养和使用密切相关。

我们还应当注意到，数控机床维修的概念，不能单纯地理解成数控系统或者是数控机床的机械部分和其他部分在发生故障时，仅仅依靠维修人员排除故障和及时修复，使数控机床能够尽早地投入使用就可以了，这还应包括正确使用和日常保养等工作。

综上所述，只有坚持做好数控机床的日常维护保养工作，才可以延长元器件的使用寿命，延长机械部件的磨损周期，防止意外恶性事故的发生，争取数控机床长时间稳定工作；也才能充分发挥数控机床的加工优势，达到数控机床的技术性能，确保数控机床能够正常工作。因此，无论是对数控机床的操作者，还是对数控机床的维修人员来说，数控机床的维护与保养就显得非常重要，我们必须高度重视。

应知一　数控机床的可靠性

数控机床和数控系统的发展趋势是高性能、多功能、高精度、高柔性及高可靠性。提高数控机床及其系统可靠性不仅是当前的迫切任务，也是高技术产业 FMS（柔性制造系统）、CIMS（计算机/现代集成制造系统）能否立足及发展的关键要素。数控机床除了具有高精度、高效率和高技术的要求之外，还应该具有高可靠性。数控机床能否发挥其高性能、高精度、高效率并取得良好效益，关键也取决于其可靠性。

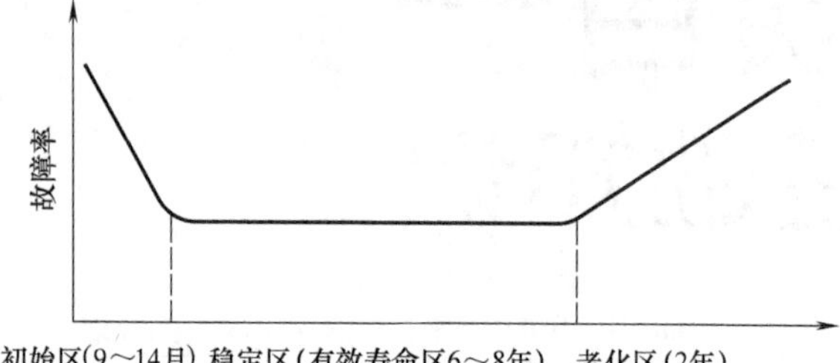

图 1-1　故障率随时间变化的曲线

可靠性是指在规定的工作条件（环境温度、湿度、使用条件及使用方法等）下，产品执行其功能长时间稳定工作而不发生故障的能力。可靠性研究结果表明，任何产品的可靠性都符合图 1-1 所示的曲线变化规律（俗称“浴盆曲线”），从中看到故障多发生在初始区（磨合期）和老化区，数控机床部件可靠性的提高和有效的维护、保养会使稳定区的时间延长。

衡量可靠性常用的标准有如下几个：

1. 平均无故障时间（Mean Time Between Failure,MTBF）

平均无故障时间是指可修复产品的相邻两次故障间，系统能正常工作时间的平均值。我国《机床数控系统　通用技术条件》中规定，用 MTBF 衡量数控产品的可靠性，要求数控系统 MTBF 不低于 3000h。现在 CNC（计算机数字控制机床）系统的可靠性指标已达 30 余年（10 年前为 10000h）。有些国家采用其他指标作为衡量数控系统可靠性的指标，这个值越长越好。

$$\mathrm{MTBF}=\frac{\text{总工作时间}}{\text{总故障次数}}$$

2. 平均修复时间（Mean Time To Repair，MTTR）

平均修复时间是指数控系统在寿命范围内，从出现故障开始维修到能正常工作所用的平均修复时间。这个值越小，表明维修速度越快。

$$\mathrm{MTTR}=\frac{\text{累计修复时间}}{\text{维修次数}}$$

3. 有效度A

有效度是指一台可维修的数控机床在某一段时间内，维持其性能的概率。A 小于 1，但越接近 1 越好，它是衡量数控机床的可靠性和可维修性的指标。

$$A=\frac{\mathrm{MTBF}}{\mathrm{MTBF+MTTR}}$$

影响数控机床可靠性的因素，包括设计、包装、运输、安装、使用等全过程，使用时影响可靠性的因素见表 1-1。

表 1-1　影响数控机床（使用时）可靠性的因素

因素	要求	措施
电网质量	1）电压应在规定的误差范围之内，-15%～+10% 2）频率为(50±1)Hz 3）数控机床接地电阻要符合要求 以上三项要平衡	1）数控机床专线供电 2）使用稳压电源
安装环境	无粉尘、无太阳直晒，湿度、温度符合要求	建立专门的数控车间

（续）

因素	要求	措施
操作者	1)岗位培训 2)取得上岗资格证 3)严格按操作规程操作	1)进行岗位培训 2)严禁无证上岗 3)制定详细的、可执行的操作规程
日常维护	按照机床使用说明书进行日常的维护和保养	制定切实可行的维护保养制度

应知二　数控机床故障的分类

数控机床全部或部分丧失了系统规定的功能就称为故障。数控机床的故障是多种多样的，可以从不同角度对其进行分类。

1. 从故障的起因分类

从故障的起因来看，数控系统故障分为关联性和非关联性故障。非关联性故障是指与数控系统本身的结构和制造无关的故障。故障的发生是由诸如运输、安装、撞击等外部因素人为造成的。关联性故障是指由于数控系统设计、结构或性能等缺陷造成的故障。关联性故障又分为固有性故障和随机性故障。固有性故障是指一旦满足某种条件，如温度、振动等条件，就出现故障。随机性故障是指在完全相同的外界条件下，故障有时发生或不发生的情况。一般随机性故障由于存在着较大的偶然性，给故障的诊断和排除带来了较大的困难。

2. 从故障的时间分类

从故障出现的时间来看，数控系统故障又分为随机故障和有规则故障。随机故障发生时间是随机的；有规则故障是指故障的发生有一定的规律性。

3. 从故障的发生状态分类

从故障发生的状态来看，数控系统故障又分为突然故障和渐变故障。突然故障是指数控系统在正常使用过程中，事先并无任何故障征兆出现，而突然出现的故障。突然故障的例子有：因机器使用不当或出现超负荷而引起的零件折断；因设备各项参数达到极限而引起的零件变形和断裂等。渐变故障是指数控系统在发生故障前的某一时期内，已经出现故障的征兆，但此时（或在消除系统报警后），数控机床还能够正常使用，并不影响加工出的产品质量。渐变故障与材料的磨损、腐蚀、疲劳及蠕变等过程有密切的关系。

4. 按故障的影响程度分类

从故障的影响程度来看，数控系统故障分为完全失效故障和部分失效故障。完全失效故障是指数控机床出现故障后，不能进行工件的正常加工，只有等到故障排除后，数控机床才能恢复正常工作。部分失效故障是指数控机床丧失了某种或部分系统功能，而数控机床在不使用该部分功能的情况下，仍然能够正常加工工件。

5. 按故障的严重程度分类

从故障出现的严重程度来看，数控系统故障又分为危险性故障和安全性故障。危险性故障是指数控系统发生故障时，机床安全保护系统在需要动作时因故障失去保护作用，造成了人身伤亡或机床故障。安全性故障是指机床安全保护系统在不需要动作时发生动作，引起机床不能起动。

6. 按故障的性质分类

从故障发生的性质来看，数控系统故障又分为软件故障、硬件故障和干扰故障三种。其中，软件故障是指由程序编制错误、机床操作失误、参数设定不正确等引起的故障。软件故障可通过认真消化、理解随机资料，掌握正确的操作方法和编程方法，就可避免和消除。硬件故障是指由CNC电子元器件、润滑系统、换刀系统、限位机构、机床本体等硬件因素造成的故障。干扰故障则表现为内部干扰和外部干扰，是指由于系统工艺、线路设计、电源地线配置不当等，以及工作环境的恶劣变化而产生的故障。

应知三　数控机床的安装调试

数控机床运到工厂后，必须通过安装、调试和验收合格后，才能投入正常的生产。故数控机床的安装、调试和验收是机床使用前期的一个重要环节。

数控机床在出厂前，已经对机床进行了各项必要的检验，检验合格后才能出厂。对于大、中型数控机床，由于机床的体积较大，运输不方便，必须解体后分别运输，运到用户处后再重新组装和调试。对于小型机床，在运输的过程中无需对机床进行解体，故机床的安装、调试和验收工作相对来讲比较简单。机床运到用户处后，进行简单的连线、机床水平调整和试切后，就可正式投入使用，所需的工具也比较简单。下面就介绍一下小型数控机床的安装、调试和验收要求。

1. 数控机床的初步安装内容

1）根据机床的要求，选择合适的位置摆放机床。

2）阅读机床的资料，以保证正确使用数控机床。

2. 电线连接

这部分内容主要是机床的总电源连接，这个步骤虽然简单，但若做得不好，会引起不必要的麻烦，甚至会产生严重的后果，下面介绍一下电源连接时的注意事项：

1）输入电源电压和频率的确认。目前我国的电网供电为三相交流380V，单相220V。国产机床一般是采用三相交流380V、频率50Hz供电，而有部分进口机床不是采用三相交流380V、频率50Hz供电，这些机床自身都已配有电源变压器，用户可根据要求进行相应的选择；下一步就是检查电源电压是否符合机床的要求和机床附近有无能影响电源电压波动的大型设备，若电压波动过大或有大型设备，应加装稳压器。电源供电电压波动大会产生电气干扰，影响机床的稳定性。

2）电源相序的确认。当相序接错时，有可能使控制单元的熔丝熔断。检查相序用相序表测量，当相序表顺时针旋转，则相序正确；反之则错误；这时只要将U、V、W三相中任意两根电源线对调即可。

3. 数控机床调试与性能检验

完成上述的电源连接后，再参照机床使用说明书，给机床各部件加润滑油。接着就可以进行机床调试，可按以下几个步骤进行：

（1）机床几何精度的调试

在机床摆放粗调整的基础上，还要对机床进行进一步的微调。主要是精调机床床身的水平，找正水平后移动机床各部件，观察各部件在全行程内机床水平的变化，并相应调整机床，保证机床的几何精度在允许范围之内。

（2）机床的基本性能检验

1）机床/系统参数的调整。这可根据机床的性能和特点去调整。

① 各进给轴快速移动速度和进给速度参数调整。

② 各进给轴加、减速常数的调整。

③ 主轴控制参数调整。

④ 换刀装置的参数调整。

⑤ 其他辅助装置的参数调整，如液压系统、气压系统。

2）主轴功能。

① 手动操作选择低、中、高三档转速，主轴连续进行五次正转/反转的起动、停止，检验其动作的灵活性和可靠性，同时检查负载表上的功率显示是否符合要求。

② 手动数据输入方式（MDI）使主轴由低速开始，逐步提高到允许的最高速度。检查转速是否正常，一般允许误差不能超过机床上所示转速的±10%，在检查主轴转速的同时，观察主轴噪声、振动、温升是否正常，机床的总噪声不能超过 80dB。

③ 主轴准停：连续操作五次以上，检查其动作的灵活性和可靠性。

3）各进给轴检查。

① 手动操作：对各进给轴，低、中、高三档进给和快速移动，移动比例是否正确，在移动时是否平稳、顺畅，有无杂音的存在。

② 手动数据输入方式（MDI）：通过 G00 和 G01 指令功能，检测快速移动和各进给速度。

4）换刀装置的检查。检查换刀装置在手动和自动换刀的过程中是否灵活、牢固。

5）限位、机械零点检查。

① 检查机床的软硬限位的可靠性。软限位一般由系统参数来确定；硬限位是通过行程开关来确定，一般在各进给轴极限位置，因此，行程开关的可靠性就决定了硬限位的可靠性。

② 回机械零点的检查用回原点方式，检查各进给轴回原点的准确性和可靠性。

6）其他辅助装置检查，如液压系统、气压系统、冷却系统、照明电路等的工作是否正常。

（3）数控机床稳定性检验

数控机床的稳定性也是体现数控机床性能的重要指标。若一台数控机床不能保持长时间稳定工作，加工精度在加工过程中不断变化，同时要不断测量工件、修改尺寸，就造成加工效率下降，体现不出数控机床的优点。为了全面地检查机床功能及工作可靠性，数控机床在安装调试后，应在一定负载或空载下进行较长一段时间的自动运行考验。自动运行的时间，GB/T 9061—2006 中规定：自动、半自动和数控机床可在全部功能下模拟工作状态做不切削连续空运转试验，其连续运转时间应符合表 1-2 的规定。连续运转试验过程中不应发生故障，如出现异常或故障，在查明原因进行调整或排除后，应重新开始试验。试验时，自动循环应包括所有功能和全部工作范围，各次自动循环之间的休止时间不应大于 1 min。

表 1-2 机床全功能模拟连续空运转试验时间

机床控制型式		连续运转时间/h
机械控制		4
电、液控制		8
数字控制	联动轴数<3	36
	联动轴数≥3	48

（4）机床的精度检验

1）机床的几何精度检验。机床的几何精度是综合反映该设备的关键机械零部件和组装后的几何形状误差。数控机床的基本性能检验与普通机床的检验方法差不多，使用的检测工具和方法也相似，每一项都要独立检验，但要求更高。所使用的检测工具精度必须比所检测的精度高一级。其检测项目主要有：

① X、Y、Z 轴的相互垂直度。

② 主轴回转轴线对工作台面的平行度。

③ 主轴在 Z 轴方向移动的直线度。

④ 主轴轴向及径向圆跳动。

2）机床的定位精度检验。数控机床的定位精度是测量机床各坐标轴在数控系统控制下所能达到的位置精度。根据实测的定位精度数值判断机床是否合格。其内容有：

① 各进给轴直线运动精度。

② 直线运动重复定位精度。

③ 直线运动轴机械回零点的返回精度。

④ 刀架回转精度。

3）机床的切削精度检验。机床的切削精度检验，又称为动态精度检验，其实质是对机床的几何精度和定位精度在切削时的综合检验。其内容可分为单项切削精度检验和综合试件检验。

① 单项切削精度检验：包括直线切削精度、平面切削精度、圆弧的圆度、圆柱度、尾座套筒轴线对溜板移动的平行度、螺纹检测等。

② 综合试件检验：根据单项切削精度检验的内容，设计一个具有包括大部分单项切削内容的工件进行试切加工，来确定机床的切削精度。

数控机床安装、调试合格后，一定要把 NC 机床参数、PLC 机床参数、PLC 程序进行备份和保存。可以保存电子文件，也可打印出来，以便维修时使用。具体的保存和备份方法详见项目三。

应知四　数控机床的日常维护

1. 数控机床维护与保养的点检管理

由于数控机床集机、电、液、气等技术为一体，所以对它的维护要有科学的管理，有目的地制定出相应的规章制度。对维护过程中发现的故障隐患应及时清除，避免停机待修，延长设备平均无故障时间，增加机床的利用率。开展点检是数控机床维护的有效办法。

以点检为基础的设备维修，是在日本引进美国的预防维修制度的基础上发展起来的一种点检管理制度。点检就是按有关维护文件的规定，对设备进行定点、定时的检查和维护。其优点是可以把出现的故障和性能的劣化消灭在萌芽状态，防止过修或欠修；缺点是定期点检工作量大。这种在设备运行阶段以点检为核心的现代维修管理体系，能达到降低故障率和维修费用，提高维修效率的目的。

我国自 20 世纪 80 年代初引进日本的设备点检定修制，把设备操作者、维修人员和技术人员有机地组织起来，按照规定的检查标准和技术要求，对设备可能出现问题的部位，进行定点、定时、定人、定期、定法、定量的检查、维修和管理，保证了设备持续、稳定地运行，促进了生产发展和经营效益的提高。

数控机床的点检是开展状态监测和故障诊断工作的基础，主要包括下列内容：

1）定点：首先要确定一台数控机床有多少个维护点，科学地分析这台设备，找准可能发生故障的部位。只要把这些维护点“看住”，有了故障就会及时发现。

2）定标：对每个维护点要逐个制定标准，例如间隙、温度、压力、流量、松紧度等，都要有明确的数量标准，只要不超过规定标准就不算故障。

3）定期：多长时间检查一次，要定出检查周期。有的点可能每班要检查几次，有的点可能一个或者几个月检查一次，要根据具体情况确定。

4）定项：每个维护点检查哪些项目也要有明确规定。每个点可能要检查一项，也可能检查几项。

5）定人：由谁进行检查，是操作者、维修人员还是技术人员，应根据检查的部位和技术精度要求，落实到人。

6）定法：怎样检查也要有规定，如是人工观察还是用仪器测量，是采用普通仪器还是精密仪器。

7）检查：检查的环境、步骤要有规定，是在生产运行中检查还是停机检查，是解体检查还是不解体检查。

8）记录：检查要详细做记录并按规定格式填写清楚。要填写检查数据及其与规定标准的差值、判定印象、处理意见，检查者签名并注明检查时间。

9）处理：检查中间能处理和调整的要及时处理和调整，并将处理结果进行记录。没有能力或者没有条件处理的，要及时报告有关人员安排处理，但任何人、任何时间处理都要填写处理记录。

10）分析：检查记录和处理记录都要定期进行系统分析。找出薄弱“维护点”，即故障率高的点或损失大的环节，提出意见交设计人员进行改进设计。

从点检的要求和内容上看，点检可分为专职点检、日常点检和生产点检三个层次，数控机床点检维修过程如图 1-2 所示。数控车床维护与保养见表 1-3。

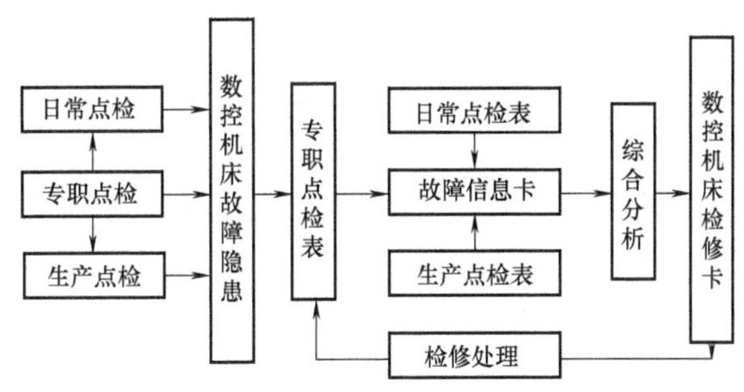

图 1-2　数控机床点检维修过程示意图

1）专职点检：负责对机床的关键部位和重要部位按周期进行重点点检、设备状态监测与故障诊断，并制定点检计划，做好诊断记录，分析维修结果，提出改善设备维护管理的建议。

2）日常点检：负责对机床的一般部位进行点检，处理和检查机床在运行过程中出现的故障。

3）生产点检：负责对生产运行中的数控机床进行点检，并负责润滑、紧固等工作。

表1-3　数控车床维护与保养一览表

序号	检查周期	检查部位	检查内容
1	每天	导轨润滑机构	油标、润滑泵，每天使用前手动打油润滑导轨
2	每天	导轨	清理切屑及脏物，检查滑动导轨有无划痕，滚动导轨润滑情况
3	每天	液压系统	油箱泵有无异常噪声，工作油面高度是否合适，压力表指示是否正常，有无泄漏
4	每天	主轴润滑油箱	油量、油质、温度、有无泄漏
5	每天	液压平衡系统	工作是否正常
6	每天	气源分水过滤器、干燥器	及时清理分水器中过滤出的水，检查压力
7	每天	电器箱散热、通风装置	冷却风扇工作是否正常，过滤器有无堵塞，清洗过滤器
8	每天	各种防护罩	有无松动、漏水，特别是导轨防护装置
9	每天	机床液压系统	液压泵有无噪声，压力表接头有无松动，油面是否正常
10	每周	空气过滤器	坚持每周清洗一次，保持无尘、通畅，发现损坏及时更换
11	每周	各电气柜过滤网	清除粘附的尘土
12	半年	滚珠丝杠	清洗丝杠上的旧润滑脂，换新润滑脂
13	半年	液压油路	清洗各类阀、过滤器，清洗油箱底，换油
14	半年	主轴润滑箱	清洗过滤器、油箱，更换润滑油
15	半年	各轴导轨上镶条，压紧滚轮	按说明书要求调整松紧状态
16	一年	检查和更换电动机电刷	检查换向器表面，去除毛刺，吹净炭粉，磨损过多的电刷应及时更换
17	一年	冷却油泵过滤器	清洗冷却油池，更换过滤器
18	不定期	主轴电动机冷却风扇	除尘，清理异物
19	不定期	排屑器	清理切屑，检查是否卡住
20	不定期	电源	供电网络大修，停电后检查电源的相序、电压
21	不定期	电动机传动带	调整传动带松紧
22	不定期	刀库	刀库定位情况，机械手相对主轴的位置
23	不定期	冷却液箱	随时检查液面高度，及时添加冷却液，太脏时应及时更换

2. 数控系统的日常维护

1）机床电气柜的散热：通风门上热交换器或轴流风扇对控制柜的内外进行空气循环（少开柜门）。

2）支持电池的定期更换：在机床断电期间，保证电池供电，使存储在CMOS器件内的机床数据不丢失。

3）检测反馈元件的维护：光电编码器、接近开关、行程开关与撞块、光栅等元件的检查和维护。

4）备用电路板的定期通电：备用电路板应定期装到CNC系统上通电运行，长期停用的数控机床也要经常通电，利用电器元件本身的发热来驱散电气柜内的潮气，保证电器元件性能的稳定可靠。

5）纸带阅读机的定期维护：对光电头、纸带压板定期进行防污处理。

3. 数控机床维修常用工具

（1）拆卸及装配工具

1）单头钩形扳手：分为固定式和调节式，可用于扳动在圆周方向上开有直槽或孔的圆螺母。

2）端面带槽或孔的圆螺母扳手：可分为套筒式扳手和双销叉形扳手。

3）弹性挡圈装拆用钳子：分为轴用弹性挡圈装拆用钳子和孔用弹性挡圈装拆用钳子。

4）弹性手锤：可分为木锤和铜锤。

5）拉带锥度平键工具：可分为冲击式拉带锥度平键工具和抵拉式拉带锥度平键工具。

6）拉带内螺纹的小轴、圆锥销工具（俗称拔销器）。

7）拉卸工具：拆装在轴上的滚动轴承、带轮和联轴器等零件时，常用拉卸工具，拉卸工具常分为螺杆式及液压式两类，螺杆式拉卸工具分两爪、三爪和铰链式。

8）拉开口销扳手和销子冲头。

（2）常用的机械维修工具

1）尺：分为平尺、刀口尺和90°角尺。

2）垫铁：有角度面为90°的垫铁、角度面为55°的垫铁和水平仪垫铁。

3）检验棒：有带标准锥柄检验棒、圆柱检验棒和专用检验棒。

4）杠杆千分尺：当零件的几何形状精度要求较高时，使用杠杆千分尺可满足其测量要求，其测量精度可达0.001mm。

5）游标万能角度尺：用来测量工件内外角度的量具，按其游标读数值可分为2′和5′两种，按其尺身的形状可分为圆形和扇形两种。

4. 数控机床故障诊断与维修常用仪表

（1）百分表

百分表用于测量零件相互之间的平行度、轴线与导轨的平行度、导轨的直线度、工作台台面平面度以及主轴的端面圆跳动、径向圆跳动和轴向窜动。

（2）杠杆百分表

杠杆百分表用于受空间限制的工件，如内孔跳动、键槽等。使用时应注意使测量运动方向与测头中心垂直，以免产生测量误差。

（3）千分表及杠杆千分表

千分表及杠杆千分表的工作原理与百分表和杠杆百分表一样，只是分度值不同，常用于精密机床的修理。

（4）比较仪

比较仪可分为扭簧比较仪与杠杆齿轮比较仪。扭簧比较仪特别适用于精度要求较高的跳动量的测量。

（5）水平仪

水平仪是机床制造和修理中最常用的测量仪器之一，用来测量导轨在垂直面内的直线度、工作台台面的平面度以及零件相互之间的垂直度、平行度等，水平仪按其工作原理可分为水准式水平仪和电子水平仪。水准式水平仪有条式水平仪、框式水平仪和合像水平仪三种结构形式。

（6）光学平直仪

在机械维修中，常用来检查床身导轨在水平面内和垂直面内的直线度、检验用平板的平面度。光学平直仪是当前导轨直线度测量方法中较先进的仪器之一。

（7）经纬仪

经纬仪是机床精度检查和维修中常用的高精度的仪器之一，常用于数控铣床和加工中心的水平转台和万能转台的分度精度的精确测量，通常与平行光管组成光学系统来使用。

（8）转速表

转速表常用于测量伺服电动机的转速，是检查伺服调速系统的重要依据之一，常用的转速表有离心式转速表和数字式转速表等。转速表外形如图1-3所示。

（9）万用表

包含指针式和数字式两种，万用表可用来测量电压、电流、电阻等。

（10）相序表

用于检查三相输入电源的相序，在维修晶闸管伺服系统时是必需的。

（11）逻辑测试笔

对芯片或功能电路板的输入注入逻辑电平脉冲，用逻辑测试笔检测输出电平，以判别其功能正常与否。通过红、绿两个指示灯的显示，可对逻辑电路做如下测试：

图1-3 转速表外形

1）测试逻辑电路是处于高电平还是低电平，或是不高不低的假高电平（是空状态）。

2）测试逻辑电路输出脉冲的极性（正脉冲还是负脉冲）。

3）测试逻辑电路输出的是连续脉冲还是单脉冲。

4）对逻辑电路输出脉冲的占空比进行大概的估计。

5. 数控机床故障诊断与维修常用仪器

在数控机床的故障检测过程中，借助一些仪器是必要的，仪器能从定量分析角度直接反映故障点状况，起到决定作用。

（1）测振仪器

测振仪是振动检测中最常用、最基本的仪器，它将测振传感器输出的微弱信号放大、变换、积分、检波后，在仪器仪表或显示屏上直接显示被测设备的振动值大小。为了适应现场测试的要求，测振仪一般都做成便携式与笔式测振仪，测振仪外形如图1-4所示。

测振仪用来测量数控机床主轴的运行情况、电动机的运行情况，甚至整机的运行情况，可根据所需测定的参数、振动频率和动态范围，传感器的安装条件，机床的轴承型式（滚动轴承或滑动轴承）等因素，分别选用不同类型的传感器。常用的传感器有涡流式位移传感器、磁电系速度传感器和压电加速度传感器。目前常用的测振仪有美国本特利公司的TK-81、德国申克公司的VIBROMETER-20、日本RION公司的VM-63以及一些国产的仪器。

测振判断的标准，一般情况下在现场最便于使用的是绝对判断标准，它是针对各种典型对象制定的，例如国际通用标准ISO 2372和ISO 3945。

相对判断标准适用于同台设备。当振动值的变化达到4dB时，即可认为设备状态已经发生变化。所以，对于低频振动，通常实测值达到原始值的1.5~2倍时为注意区，约4倍时为异常区；对于高频振动，将原始值的3倍定为注意区，约6倍时为异常区。实践表明，

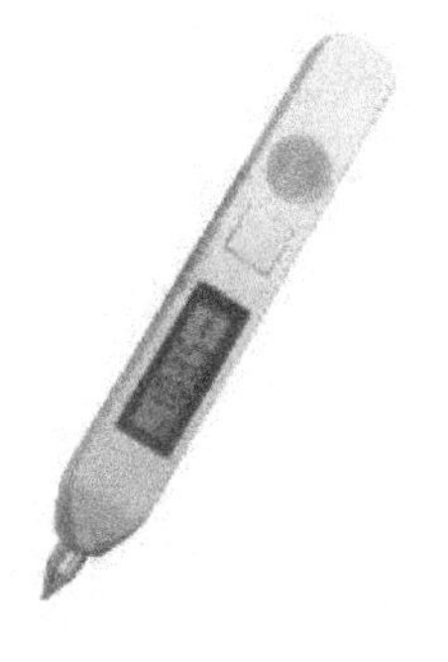

笔式测振仪

便携式测振仪

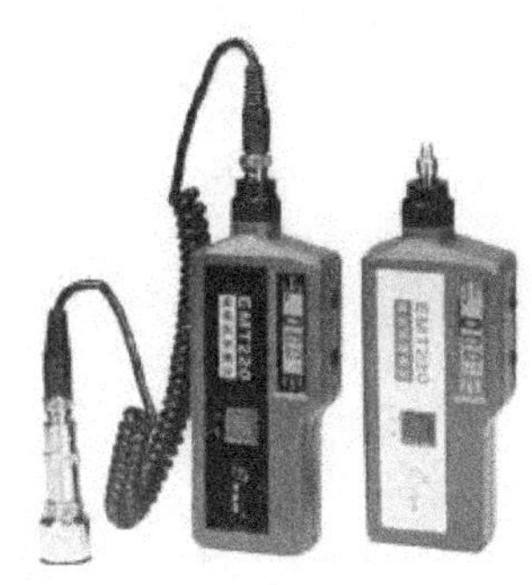

袖珍式测振仪

图 1-4　测振仪外形

评价机器状态比较准确可靠的办法是用相对标准。

（2）故障检测系统

由分析软件、微型计算机和传感器组成多功能的故障检测系统，可实现多种故障的检测和分析。图 1-5 所示为某公司开发的故障检测系统，该系统硬件由笔记本电脑与轻便的采集箱及可靠耐用的传感器（振动加速度传感器、光电转速传感器、钳形电流传感器）等组成，组件配接灵活，可靠性高，适合现场使用；全中文版 Windows 功能软件包由三个功能模块组成：实时振动分析故障诊断软件可以通过振动分析，诊断设备机械类故障；交流异步电动机诊断专家系统借助电流频谱，自动诊断交流异步电动机转子故障及动态偏心故障；动平衡软件则帮助失衡转子实现现场动平衡。

（3）红外测温仪

红外测温仪是利用红外辐射原理，将对物体表面温度的测量转换成对其辐射功率的测量，采用红外探测器和相应的光学系统接收被测物不可见的红外辐射能量，并将其转换成便于检测的其他能量形式予以显示和记录，红外测温仪外形如图 1-6 所示。

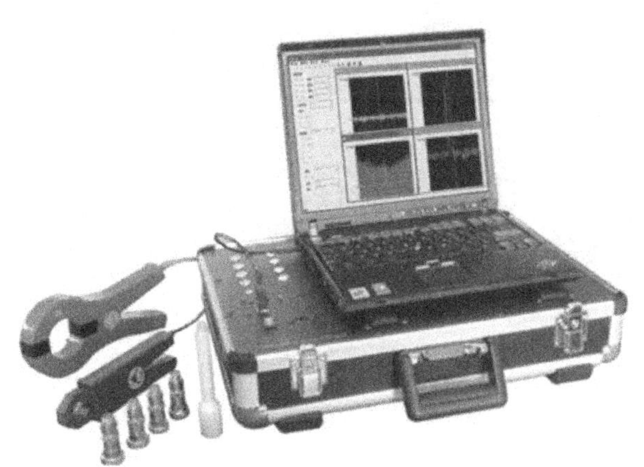

图 1-5　故障检测系统外形

按红外辐射的不同响应形式，分为光电探测器和热敏探测器两类。红外测温仪用于检测数控机床容易发热的部件，如功率模块、导线接点、主轴轴承等。主要制造厂商有中国昆明物理研究所的 HCW 系列，中国西北光学仪器厂的 HCW-1、HCW-2，中国深圳江洋光公司的 IR 系列，美国 LAND 公司的 CYCLOPS、SOLD 型。

利用红外原理测温的仪器还有红外热电视、光机扫描热像仪以及焦平面热像仪等。红外诊断的判定主要有温度判断法、同类比较法、档案分析法、相对温差法以及热像异常法。

（4）激光干涉仪

激光干涉仪可对机床、三坐标测量机及各种定位装置进行高精度的（位置和几何）精度校正，可完成各项参数的测量，如线性位置精度、重复定位精度、角度、直线度、垂直度、平行度及平面度等。其次，它还具有一些选择功能，如自动螺距误差补偿（适用大多数控系统）、机床动态特性测量与评估、回转坐标分度精度标定、触发脉冲输入/输出功能等。

图 1-6　红外测温仪外形

激光干涉仪用于机床精度的检测及长度、角度、直线度、直角等的测量，精度高、效率高、使用方便，测量长度可达十几米甚至几十米，精度达微米级，其外形如图 1-7 所示。

英国雷尼绍激光干涉仪

微型激光干涉仪

图 1-7　激光干涉仪的外形

（5）短路追踪仪

短路是电气维修中经常碰到的故障现象，使用万用表寻找短路点往往很费劲。如遇到电路中某个元器件击穿短路，由于在两条连线之间可能并接有多个元器件，用万用表测量出哪一个元器件短路比较困难。再如，对于变压器绕组局部轻微短路的故障，一般万用表测量也无能为力。而采用短路故障追踪仪可以快速找出电路板上的任何短路点，如焊锡短路、总线短路、电源短路、多层电路板短路、芯片及电解电容器内部短路、非完全短路等。短路追踪仪外形如图 1-8 所示。

（6）示波器

主要用于模拟电路的测量，它可以显示频率相位、电压幅值，双频示波器可以比较信号相位关系，可以测量测速发电机的输出信号，其频带宽度在 5MHz 以上，有两个通道。它可以调整光栅编码器的前置信号处理电路，进行 CRT 显示器电路的维修。示波器外形如图 1-9 所示。

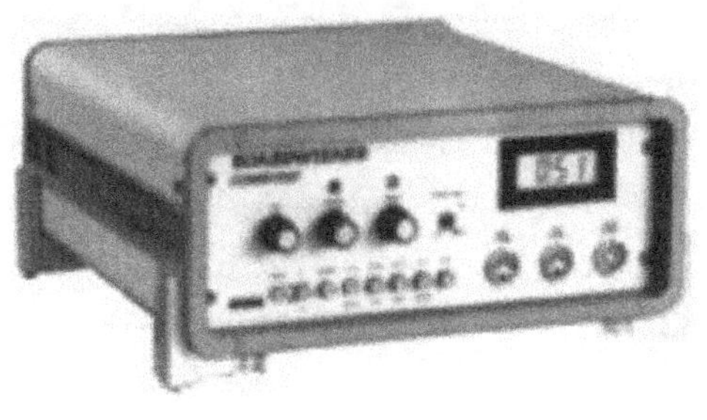

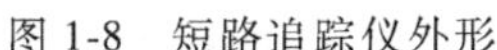

图 1-8　短路追踪仪外形

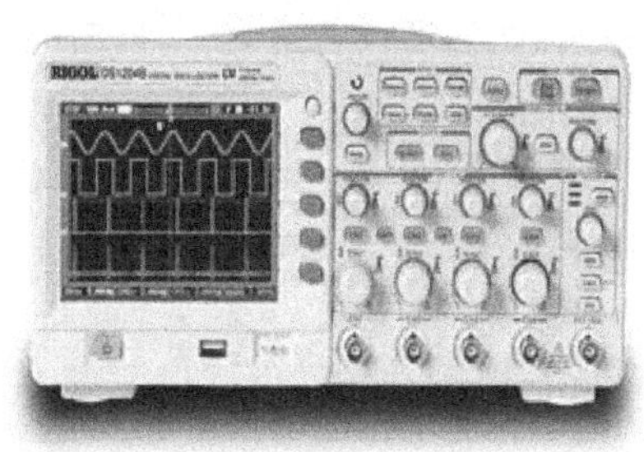

图 1-9　示波器外形

（7）PLC 编程器

不少数控系统的 PLC 必须使用专用的编程器才能对其进行编辑、调试、监控和检查，如西门子公司的 PG710、PG750、PG685，欧姆龙公司的 GPC01-GPC04 等。这些编程器可以对 PLC 程序进行编辑和修改，监视输入和输出状态及定时器、移位寄存器的变化值。在运行状态下修改定时器和计数器的设置值，可强制内部输出，对定时器、计数器和移位寄存器进行置位和复位等；带有图形功能的编程器还可显示 PLC 梯形图。随着计算机价格的下降，现普遍采用计算机安装相应的软件作为编程器，功能更加完善。

（8）数域测试仪器

主要用来对数控系统的故障进行诊断，常用的数域测试仪器有：

1）逻辑分析仪。它是按多线示波器的思路发展而成，不过它在测量幅度上已按数字电路的高低电平进行了“1”和“0”的量化，在时间轴上也按时钟频率进行了数字量化。因此可以测得一系列的数字信息，再配以存储器及相应的触发机构或数字识别器，使多通道上同时出现的一组数字信息与测量者所规定的触发字相符合，触发逻辑分析仪便将需要分析的信息存储下来，其外形如图 1-10 所示。

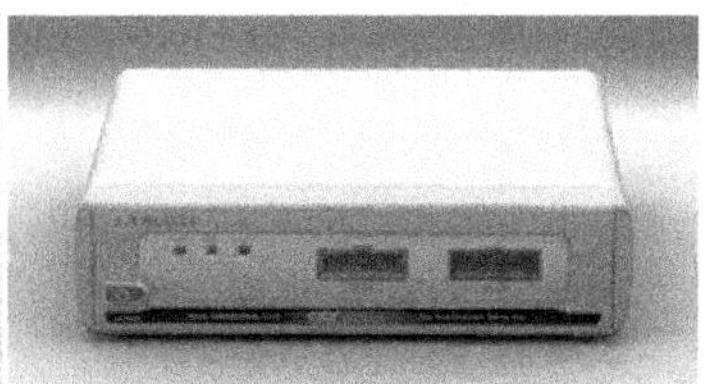

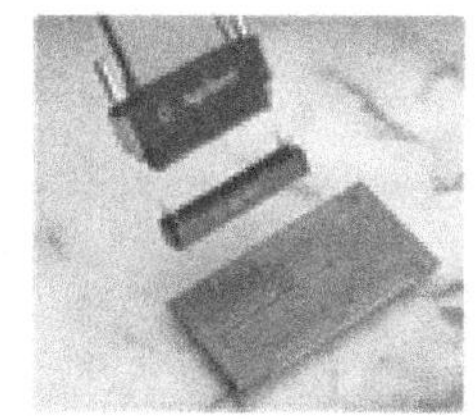

图 1-10　逻辑分析仪外形

2）微机开发系统。这种系统配置了进行微机开发的软、硬件工具。在微机开发系统的控制下对被测系统中的 CPU（中央处理单元）进行实时仿真，从而取得对被测系统的实时控制。

3）特征分析仪。它可从被测系统中取得 4 个信号，即启动、停止、时钟和数据信号，使被测电路在一定信号的激励下运行起来，其中时钟信号决定进行同步测量的速率。因此，可将一对信号“锁定”在窗口上，观察数据信号波形特征。

4）故障检测仪。这种新的数据监测仪根据各自的出发点不同，具有不同的结构和测试方法。有的是按各种不同的时序信号来同时激励标准板和故障板，通过比较两种板对应节点响应波形的不同来查找故障；有些则是根据某一被测对象类型，利用一台微机配以专门接口电路及连接工装夹具与故障机相连，再编写有关的测试程序对故障进行检测。

5）IC在线测试仪。这是一种使用通用微机技术的新型数字集成电路在线测试仪器。它的主要特点是能对电路板上的芯片直接进行功能、状态和外特性测试，确认其逻辑功能是否失效。它所针对的是每个器件的型号以及该型号器件具备的全部逻辑功能，而不管这个器件应用在何种电路中，因此它可以检查各种电路板，而且无需图样资料或了解其工作原理，为缺乏图样资料而使维修工作无从下手的数控维修人员提供一种有效的手段，目前在国内的应用日益广泛。IC在线测试仪外形如图1-11所示。

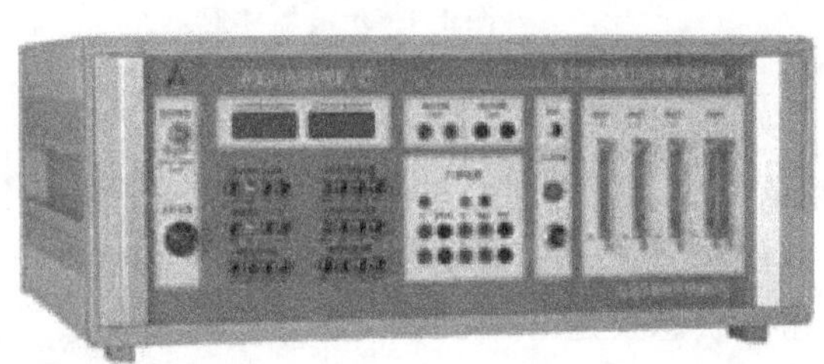

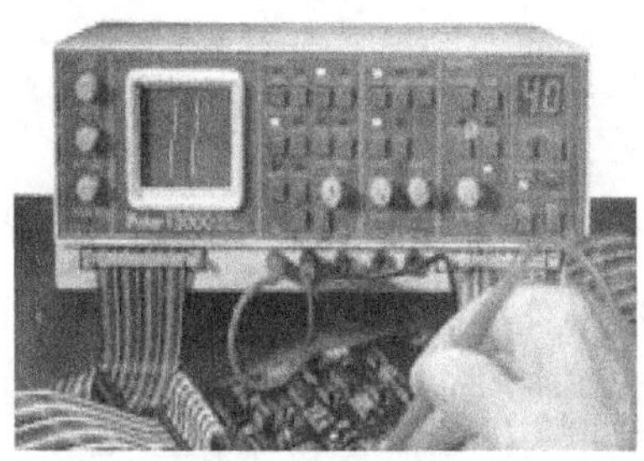

图1-11　IC在线测试仪外形

6. 诊断用技术资料

数控机床生产厂家必须向用户提供与安装、使用及维修有关的技术资料，主要有数控机床电气使用说明书，数控机床电气原理图，数控机床电气连接图，数控机床结构简图，数控机床参数表，数控机床PLC控制程序，数控系统操作手册，数控系统编程手册，数控系统安装与维修手册，伺服驱动系统使用说明书。

数控机床的技术资料对故障分析与诊断非常重要，必须认真仔细地阅读，并对照机床实物，做到心中有数，一旦机床发生故障，在进行分析的同时查阅资料。

应知五　对数控机床维修人员的要求

1. 专业知识面要广

1）掌握数控原理、电工电子技术、自动控制与电力拖动、检测技术、液压与气动、机械传动及机械加工方面的知识。

2）掌握数字控制、伺服驱动及PLC的工作原理。

3）掌握检测系统的工作原理。

4）能编写简单的数控加工程序。

5）能运用各种方法编写PLC程序。

2. 有较强的动手能力与实验能力

1）对数控系统进行操作。

2）能查看报警信息。

3）能检查、修改参数。

4）能调用自诊断功能，进行 PLC 接口检查。

5）会使用维修的工具、仪器、仪表。

6）会操作数控机床。

3. 具有专业外语的阅读能力

1）能读懂数控系统的操作面板、显示器显示的外文信息。

2）能读懂外文的随机手册。

3）能读懂外文的技术资料。

4）能熟练地运用外文的报警提示。

4. 绘图能力

1）能绘制一般的机械、电气图。

2）通过实物测量，能绘制光栅尺测量头的原理图。

3）通过实物测量，能绘制电气原理图。

5. 良好的品质

1）勤于学习：刻苦钻研，边干边学；自觉地学习新出现的数控机床操作、编程，了解其结构；自觉地了解其他工厂中的设备；虚心学习别人的经验。

2）善于分析：能由表及里，去伪存真，找到发生故障的原因；能从众多故障现象中找出主要的、起决定性作用的故障现象，并对此进行分析。

3）胆大心细：对于没见过的故障敢修；先熟悉情况，后动手，不要盲目蛮干。

应知六　数控机床故障诊断与维修的一般步骤

数控设备的故障诊断与维修的过程基本上分为故障原因的调查和分析、故障的排除、维修总结三个阶段。

1. 故障的调查与分析

这是排除故障的第一阶段，是非常关键的阶段。

数控机床出现故障后，不要急于动手处理，首先要摸清楚故障发生的过程，分析产生故障的原因。为此要做好下面几项工作：

1）询问调查。在接到机床现场出现故障要求排除的信息时，首先应要求操作者尽量保持现场故障状态，不做任何处理，这样有利于迅速精确地分析故障原因。同时仔细询问故障指示情况、故障表象及故障产生的背景情况，依此做出初步判断，以便确定现场排除故障所应携带的工具、仪表、图样资料、备件等，减少往返时间。

2）现场检查。到达现场后，首先要验证操作者提供的各种情况的准确性、完整性，从而核实初步判断的准确度。由于操作者的水平，会出现对故障状况描述不清甚至完全不准确的情况，因此到现场后仍然不要急于动手处理，应重新仔细检查各种情况，以免破坏了现场，增加了排除故障的难度。

3）故障分析。根据已知的故障状况，按故障分类办法分析故障类型，从而确定排故原则。由于大多数故障是有指示的，所以在一般情况下，对照机床配套的数控系统诊断手册和使用说明书，可以列出产生该故障的多种可能的原因。

4）确定原因。对多种可能的原因进行排查，从中找出本次故障的真正原因，对于维修人员来说这是一种对该机床熟悉程度、知识水平、实践经验和分析判断能力的综合考验。当前的CNC系统智能化程度都比较低，系统尚不能自动诊断出发生故障的确切原因，往往是同一报警信号可以有多种起因，不可能将故障缩小到具体的某一部件。因此，在分析故障的起因时，一定要思路开阔。有时候，自诊断出系统的某一部分有故障，但究其起源，却不在数控系统，而是在机械部分。所以，无论是CNC系统，机床强电，还是机械、液压、气路等，只要有可能引起该故障的原因，都要尽可能全面地列出来，进行综合判断和筛选，然后通过必要的试验，达到确诊和最终排除故障的目的。

5）排故准备。有的故障的排除方法可能很简单，有些故障则比较复杂，需要做一系列的准备工作，例如工具仪表的准备、局部的拆卸、零部件的修理、元器件的采购，甚至排故计划步骤的制定等。

数控机床电气系统故障的调查、分析与诊断的过程也就是故障的排除过程，一旦查明了原因，故障也就几乎等于排除了，因此故障分析诊断的方法也就变得十分重要了。

一般情况下，在故障检测过程中，应充分利用数控系统的自诊断功能，如系统的开机诊断、运行诊断、PLC的监控功能；同时在检测故障过程中还应掌握以下原则：

1）先外部后内部。数控机床是集机械、液压、电气为一体的机床，故其故障的发生必然要从这三个方面反映出来，数控机床的检修要求维修人员掌握先外部后内部的原则，即当数控机床发生故障后，维修人员应先用望、听、闻等方法，由外向内逐一进行检测，比如数控机床外部的行程开关、按钮开关、液压气动元件以及印制电路板的连接部位，因其接触不良造成信号传递的失灵，是数控机床产生故障的重要因素。此外，由于工业环境中，温度、湿度变化比较大，油污或者粉尘对印制电路板的污染、机械的振动、对信号传递通道的接触插件等都将产生严重的影响，检测中要重视这些因素，首先检测这些部位。另外应尽量减少随意的启封、拆卸及不适当的大拆大卸。

2）先机械后电气。由于数控机床是一种自动化程度高、技术复杂的先进机械加工设备，一般来说，机械故障较易发觉，而数控系统故障的诊断则难度较大。先机械后电气就是在数控机床中，首先检查机械部分是否正常，行程开关是否灵活，气动液压部分是否正常等。数控机床的故障中有很大一部分是机械动作失灵引起的，所以在故障检修之前，首先注意排除机械性的故障，往往可达到事半功倍的效果。

3）先静后动。维修人员本身应做到先静后动，不可盲目动手，应先询问机床操作人员故障发生的过程及状态，阅读机床说明书、图样资料，进行分析后，才可查找和处理故障。其次，对有故障的机床也要本着先静后动的原则，先在机床断电静止的状态下，通过了解、观察、测试、分析，确认为非恶性循环性故障或非破坏性故障后，方可给机床通电，在运行工况下，进行动态的观察、检验和测试，查找故障。而对恶性破坏性故障，必须先排除危险后，方可通电，在运行工况下进行动态诊断。

4）先公用后专用。公用问题往往会影响全局，而专用问题只影响局部。如机床的几个进给轴都不能运动，这时应首先检查和排除各轴CNC、PLC、电源、液压等公用部分的故障，然后再设法排除某个轴的局部问题。又如电网或主电源是全局性的，因此一般首先检查电源部分，检查熔丝是否正常，直流电压是否正常。总之，只有先解决影响面大的主要矛盾，局部的、次要的矛盾才可迎刃而解。

5）先简单后复杂。当出现多种故障互相交织掩盖，一时无从下手时，应先解决容易的问题，后解决难度较大的问题。往往简单问题解决后，难度大的问题才可能变得容易；或者在排除简易故障时受到启发，对复杂故障的认识更为清晰，从而也有了解决的办法。

6）先一般后特殊。在排除某个故障时，要首先考虑最常见、最可能的原因，然后再分析很少发生的特殊原因。如一台 FANUC-0T 数控车床 Z 轴回零不准，常常是由于减速挡块位置走动造成的，一旦出现这种故障，应先检查该挡块位置，在排除这一常见的可能性后，再检查脉冲编码器、位置控制环节。

2. 故障排除

这是排故的第二阶段，是实施阶段。如上所述，完成了故障分析，也就基本上完成了故障的排除，剩下的工作就是按照相关操作规程具体实施。

3. 维修排故后的总结提高工作

对数控机床电气故障进行维修和分析排除后的总结与提高工作是排故的第三阶段，也是十分重要的阶段，应引起足够重视。

总结提高工作的主要内容包括：

1）详细记录从故障的发生、分析判断到排除全过程中出现的各种问题，采取的各种措施，涉及的相关电路图、相关参数和相关软件，其间错误分析和排故方法也应记录，并记录其无效的原因。除填入维修档案外，内容较多者还要另文详细书写。

2）有条件的维修人员应该从较典型的故障排除实践中找出带有普遍意义的内容作为研究课题，进行理论性探讨，写出论文，从而达到提高的目的。特别是在有些故障的排除中并未认真系统地分析判断，要是带有一定偶然性地排除了故障，这种情况下的事后总结研究就更加必要了。

3）总结故障排除过程中所需要的各类图样、文字资料，若有不足应事后想办法补齐，而且在之后的日子里研读，以备将来之需。

4）从排除故障过程中发现自己欠缺的知识，制定学习计划，力争尽快补课。

5）找出工具、仪表、备件的不足，条件允许时补齐。

总结提高工作的好处如下：

1）迅速提高维修者的理论水平和维修能力。

2）提高重复性故障的维修速度。

3）利于分析设备的故障率及可维修性，改进操作规程，提高机床寿命和利用率。

4）可改进原机床电气设计的不足。

5）资源共享，总结资料可作为其他维修人员的参考资料、学习培训教材。

思 考 题

1. 数控机床的可靠性指标有哪些？数控机床的故障怎样分类？
2. 数控机床调试与性能检验有哪些内容？精度检验有哪些内容？
3. 数控系统的日常维护工作有哪些？常用的诊断工具有哪些？
4. 对数控机床维修人员的要求是什么？
5. 在检测数控机床故障过程中应遵循哪些基本原则？
6. 数控机床诊断与维修的一般步骤是什么？

项目二 数控机床机械结构的故障诊断与维修

能力目标

1. 能够将机械技术知识应用到数控机床故障诊断与维修中，具备从事数控机床安装调试维修岗位工作基本能力。

2. 能够根据数控机床的维修与维护规范编制维修与维护计划。

3. 能够正确理解进给、主轴、刀架等部件的构成并进行拆装调整。

4. 能够掌握液压与气动在数控机床中的应用。

5. 具备较强的独立学习与实践动手的能力。

项目实施

任务一　数控机床机械结构的主要组成

任务引入

数控加工现在已经广泛地应用于生产加工中，随着数控机床的发展，数控机床的加工精度不断提高，而数控机床由哪些部分组成呢？

任务内容

由于进给伺服驱动、主轴驱动和 CNC 技术的发展，以及为适应高生产效率的需要，数控机床的机械结构已从初期对普通机床局部结构的改进，逐步发展为数控机床的独特机械结构。图 2-1 所示为 CK6136 型数控车床。

数控机床的机械结构，除机床基础部件外，还有下列几部分：

1）主传动系统。

2）进给传动系统。

3）实现工件回转、定位的装置和附件。

4）实现某些部件动作和辅助功能的系统和装置，如液压、气动、润滑、冷却等系统和排屑、防护等装置。

5）刀架或自动换刀装置（ATC）。

6）托盘自动交换装置（APC）。

7）特殊功能装置，如刀具破损监控、精度检测和监控装置。

8）为完全自动化控制功能的各种反馈信号及元器件。

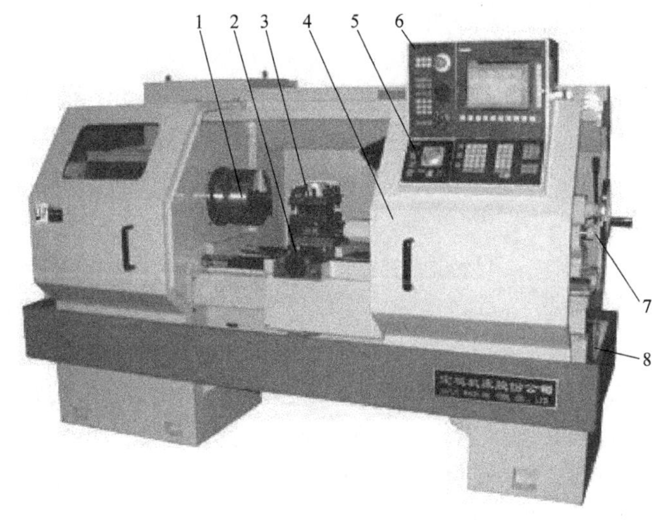

图 2-1　CK6136 型数控车床

1—主轴　2—溜板箱　3—刀架　4—防护罩　5—机床控制操作面板　6—数控系统　7—尾座　8—床身

机床基础件又称机床大件，通常是指床身、底座、立柱、横梁、滑座、工作台等，它是整台机床的基础和框架。机床的其他零部件，或者固定在基础件上，或者工作时在它的导轨上运动。其他机械结构的组成则按机床的功能需要选用，如一般的数控机床除基础件外，还有主传动系统、进给系统以及液压、润滑、冷却等其他辅助装置，这是数控机床机械结构的基本构成部分；加工中心则至少配有 ATC，有的还有双工位 APC 等；柔性制造单元（FMC）除 ATC 外，还带有工位数较多的 APC，有的配有用于上、下料的工业机器人。

数控机床可根据自动化程度、可靠性要求和特殊功能需要，选用各类破损监控、机床与工件精度检测、补偿装置和附件等。有些特殊加工数控机床，如电火花加工数控机床和激光切割机，其主轴部件不同于一般数控金属切削机床，但进给伺服系统的要求则是一样的。

数控机床用的刀具，虽不是机床本体的组成部分，但它是机床实现切削功能不可分割的部分，对提高数控机床的生产效率有重大影响。

任务二　数控机床的主传动系统

任务引入

机床主轴指的是机床上带动工件或刀具旋转的轴。通常由主轴、轴承和传动件（齿轮或带轮）等组成主轴部件。主轴作为机床重要的部件之一，其发生故障的概率也很大，常出现主轴不转、主轴只正转不反转、主轴转速不够等故障，这些故障是如何产生的呢？

首先就要了解主轴的组成形式以及工作原理，进而才能快速准确地找出故障产生的原因。

任务内容

一、主轴变速方式

1. 无级变速

数控机床一般采用直流或交流主轴伺服电动机实现主轴无级变速。交流主轴电动机及交流变频驱动装置（笼型异步电动机配置矢量变换变频调速系统），由于没有电刷，不产生火花，所以使用寿命长，且性能已达到直流驱动系统的水平，甚至在噪声方面还有所降低，因此，目前应用较为广泛。

某个主轴传递的功率或转矩与转速之间的关系如图 2-2 所示。当机床处在连续运转状态下，主轴的转速在 400~3500r/min 范围内，主轴传递电动机的传递功率为 11kW，这称为主轴的恒功率区域Ⅱ（实线）。在这个区域内，主轴的最大输出转矩为 245N·m 并随着主轴转速的增加而变小。主轴转速在 35~440r/min 范围内，主轴的输出转矩不变，称为主轴的恒转矩区域Ⅰ（实线）。在这个区域内，主轴所能传递的功率随着主轴转速的降低而减小。图中虚线所示为电动机超载（允许超载 30min）时，恒功率区域和恒转矩区域。电动机的超载功率为 15kW，超载的最大输出转矩为 334N·m。

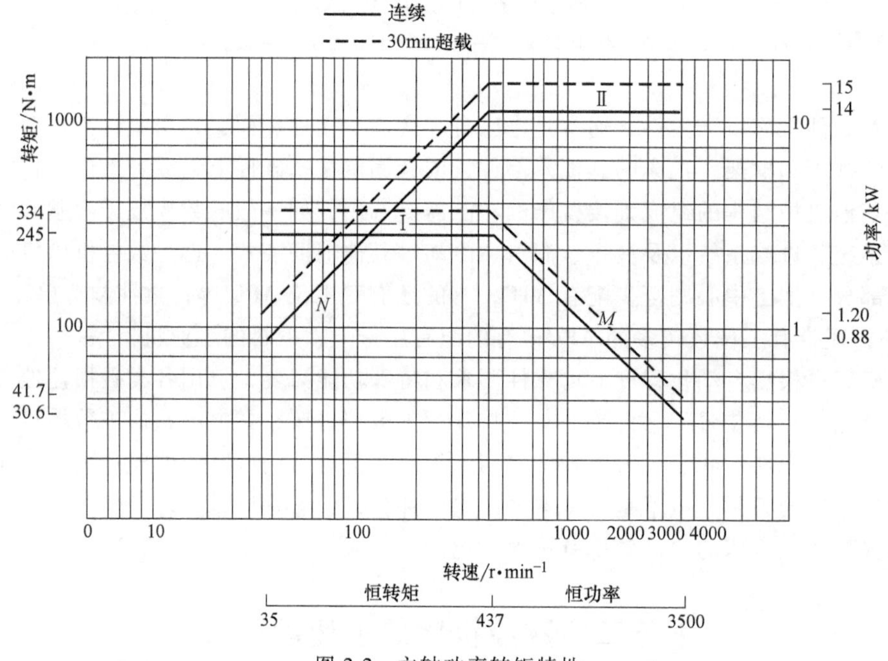

图 2-2　主轴功率转矩特性

2. 分段无级变速

数控机床在实际生产中，并不需要在整个变速范围内均为恒功率，一般要求在中、高速段为恒功率传动，在低速段为恒转矩传动。为了确保数控机床主轴低速时有较大的转矩和主轴的变速范围尽可能大，有的数控机床在交流或直流电动机无级变速的基础上配以齿轮变速，使之成为分段无级变速。机床主传动系统形式如图 2-3 所示。

1）带有变速齿轮的主传动（见图 2-3a）。这是大中型数控机床较常采用的配置方式，通过少数几对齿轮传动，扩大变速范围。由于电动机在额定转速以上的恒功率调速范围为

2~5，当需扩大这个调速范围时常用变速齿轮的办法来扩大调速范围，滑移齿轮的移位大都采用液压拨叉或直接由液压缸带动齿轮来实现。

2）通过带传动的主传动（见图 2-3b）。这种传动主要用在转速较高、变速范围不大的机床。电动机本身的调整就能够满足要求，不用齿轮变速，可以避免由齿轮传动时所引起的振动和噪声，它适用于高速低转矩特性的主轴，常用的是同步齿形带。

3）用两个电动机分别驱动主轴。这是上述两种方式的混合传动，具有上述两种性能（见图 2-3c）。高速时，由一个电动机通过带传动；低速时，由另一个电动机通过齿轮传动，齿轮起到降速和扩大变速范围的作用，这样就使恒功率区增大，扩大了变速范围，避免了低速时转矩不够，且电动机功率不能充分利用的问题。但两个电动机不能同时工作，也是一种浪费。

4）内装电动机主传动结构（见图 2-3d），可大大简化主轴箱体与主轴的机械结构，同时有效提高主轴机械部件的刚度，但缺点也相对明显，主轴提供的转矩较小，电动机自身发热对主轴影响较大。

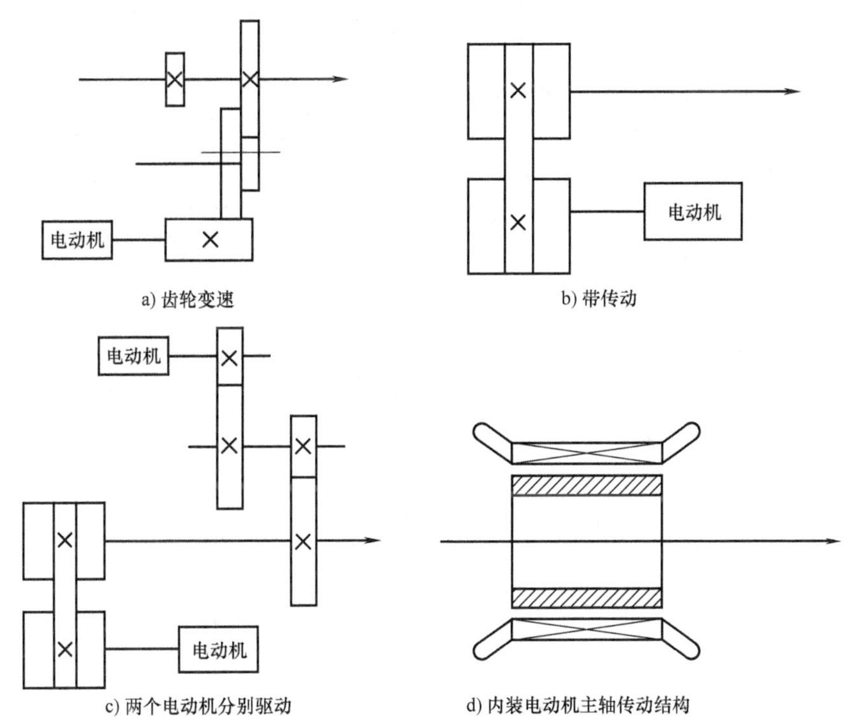

图 2-3 数控机床主传动的四种配置方式

3. 液压拨叉变速机构

在带有齿轮传动的主传动系统中，齿轮的换档主要靠液压拨叉来完成。图 2-4 所示为三位液压拨叉原理图。

通过改变不同的通油方式可以使三联齿轮块获得三个不同的变速位置。该机构除液压缸和活塞杆外，还增加了套筒 4。当液压缸 1 通入压力油，而液压缸 5 卸压时（见图 2-4a），活塞杆 2 便带动拨叉 3 向左移动到极限位置，此时拨叉带动三联齿轮块移动到左端。当液压缸 5 通压力油，而液压缸 1 卸压时（见图 2-4b），活塞杆 2 和套筒 4 一起向右移动，在套筒 4 碰到液压缸 5 的端部后，活塞杆 2 继续右移到极限位置，此时，三联齿轮块被拨叉 3 移动到右端。当压力油同时进入液压缸1和5时（见图2-4c），由于活塞杆2的两端直径不同，使活塞杆处在中间位置。在设计活塞杆2和套筒4的截面直径时，应使套筒4的圆环面上的向右的推力大于活塞杆2的向左的推力。液压拨叉换档在主轴停车之后才能进行，但停车时拨叉带动齿轮块移动又可能产生“顶齿”现象，因此在这种主运动系统中通常设一台微型电动机，它在拨叉移动齿轮块的同时带动各传动齿轮作低速回转，使移动齿轮与主动齿轮顺利啮合。

4. 电磁离合器变速

电磁离合器是应用电磁效应接通或切断运动的元件，由于它便于实现自动操作，并有现成的系列产品可供选用，因而它已成为自动装置中常用的操纵元件。电磁离合器用于数控机床的主传动时，能简化变速机构，通过若干个安装在各传动轴上的离合器的吸合和分离的不同组合来改变齿轮的传动路线，实现主轴的变速。

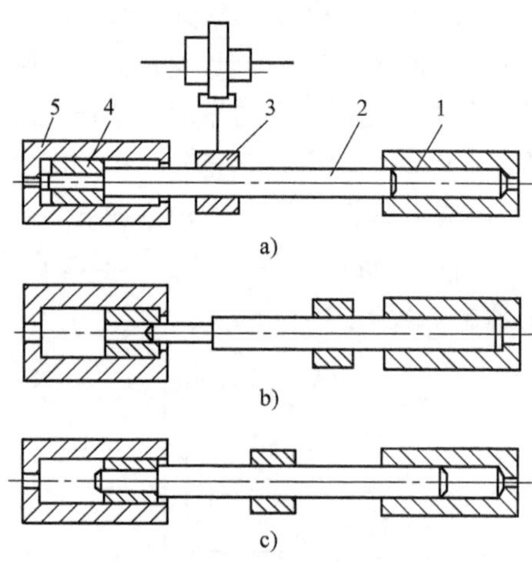

图2-4 三位液压拨叉工作原理图
1、5—液压缸 2—活塞杆 3—拨叉 4—套筒

图2-5所示为THK6380型自动换刀数控铣镗床的主传动系统图，该机床采用双速电动机和六个电磁离合器完成18级变速。

图2-6所示为数控铣镗床主轴箱中使用的无集电环摩擦片式电磁离合器。传动齿轮1通过螺钉固定在连接件2的端面上，根据不同的传动结构，运动既可以从传动齿轮1输入，也可以从套筒3输入。连接件2的外周开有六条直槽，并与外摩擦片4上的六个花键齿相配，这样就把传动齿轮1的转动直接传递给外摩擦片4。套筒3的内孔和外圆都有花键，而且和挡环6用螺钉11连成一体。内摩擦片5通过内孔花键套装在套筒3上，并一起转动。当线圈8通电时，衔铁10被吸引右移，把内摩擦片5和外摩擦片4压紧在挡环6上，通过摩擦力矩把齿轮1与套筒3结合在一起。无集电环电磁离合器的线圈8和铁心9是不转动的，在铁心9的右侧均匀分布着六条键槽，用斜键将铁心固定在变速箱的壁上。当线圈8断电时，外摩擦片4的弹性爪使衔铁10迅速恢复到原来位置，外摩擦片互相分离，运动被切

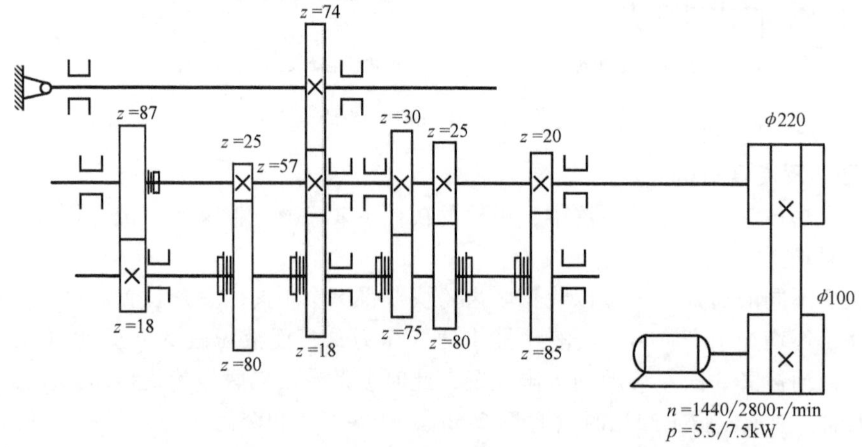

图2-5 THK6380型自动换刀数控铣镗床的主传动系统图

断。这种离合器的优点在于省去了电刷，避免磨损和接触不良带来的故障，因此比较适合于高速运转的主运动系统。靠摩擦片来传递转矩，所以允许不停车变速，但是变速时将产生大量的摩擦热，还由于线圈和铁心是静止不动的，这就必须在旋转的套筒上装滚动轴承7，因而增加了离合器的径向尺寸。此外，这种摩擦离合器的磁力线通过钢质的摩擦片，在线圈断电之后会有剩磁，所以增加了离合器的分离时间。

图 2-7 所示为啮合式电磁离合器，它是在摩擦面上做了一定的齿形来提高传递的转矩。线圈 1 通电，带有端面齿的衔铁 2 通过渐开线花键与定位环 5 相连，再通过连接螺钉 7 与传动件相连。磁轭内孔的花键送给另一个轴，这样，就使与连接螺钉 7 相连的轴与另一轴同时旋转。隔离环 6 是防止传动轴分离一部分磁力线，进而削弱电磁吸引力。衔铁采用渐开线花键与定位环 5 相连可以保证同轴度。

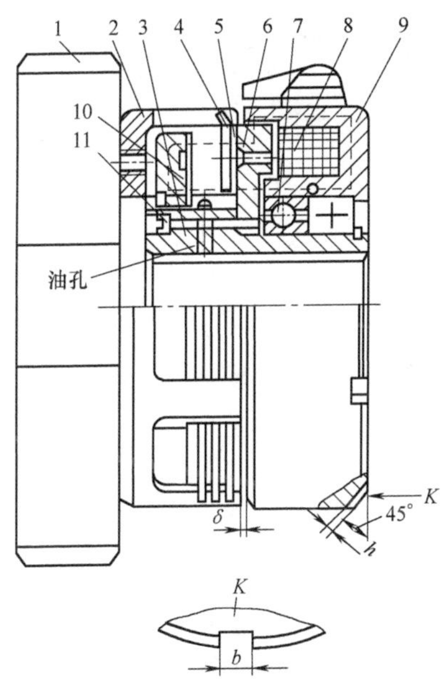

图 2-6 无集电环摩擦片式电磁离合器

1—传动齿轮 2—连接件 3—套筒
4—外摩擦片 5—内摩擦片 6—挡环
7—滚动轴承 8—线圈 9—铁心
10—衔铁 11—螺钉

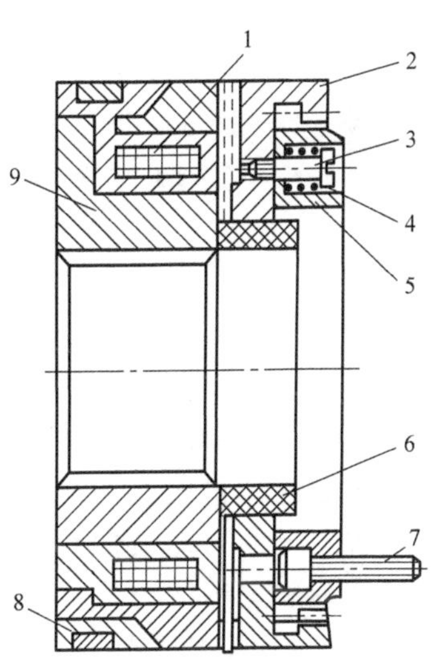

图 2-7 啮合式电磁离合器

1—线圈 2—衔铁 3—螺钉
4—弹簧 5—定位环 6—隔离环
7—连接螺钉 8—旋转集电环 9—磁轭

这种离合器必须在低于 1~2r/min 的转速下变速。

与其他型式的电磁离合器相比，啮合式电磁离合器能够传递更大的转矩，因而相应地减小了离合器的径向和轴向尺寸，使主轴箱的结构更为紧凑。啮合过程无滑动是它的另一个优点，这样不但使摩擦热减少，有助于改善数控机床主轴箱的热变形，而且还可以在对传动比要求严格的传动链中使用。但这种离合器带有旋转集电环 8，电刷与集电环之间有摩擦，影响了变速的可靠性，而且还应避免在很高的转速下工作。另一方面，离合器必须在低于 1~2r/min 的转速下变速，这给自动变速带来了不便。因此，啮合式电磁离合器较适宜于在要求温升小和结构紧凑的数控机床上使用。

5. 内装电动机主轴变速

近年来，出现了一种新式的内装电动机主轴，即主轴与电动机转子合为一体。其优点是主轴组件结构紧凑、重量轻、惯量小，可提高起动、停止的响应特性，并利于控制振动和噪声。缺点是电动机运转产生的热量易使主轴产生热变形。因此，温度控制和冷却是使用内装电动机主轴的关键问题。图2-8所示为日本研制的立式加工中心主轴组件，其内装电动机主轴最高转速可达20000r/min。

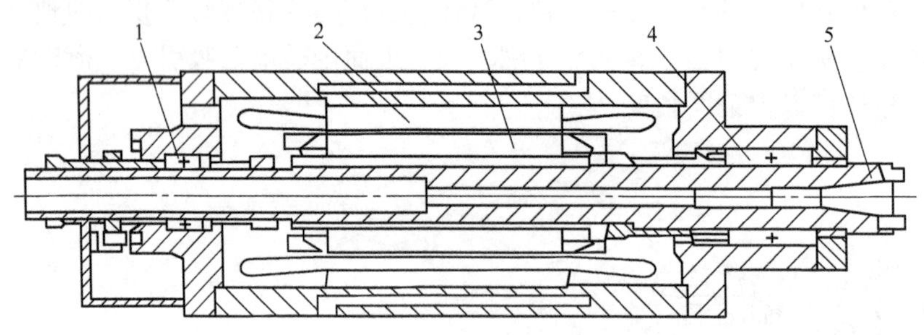

图2-8　高速电主轴的组成

1—后轴承　2—电动机定子　3—电动机转子　4—前轴承　5—主轴

二、主轴部件

主轴部件是机床的一个关键部件，它包括主轴的支承、安装在主轴上的传动零件等。主轴部件质量的好坏直接影响加工质量。无论哪种机床的主轴部件都应满足下述几个方面的要求：主轴的回转精度、部件的结构刚度和抗振性、运转温度和热稳定性以及部件的耐磨性和精度保持能力等。对于数控机床尤其是自动换刀数控机床，为了实现刀具在主轴上的自动装卸与夹持，还必须有刀具的自动夹紧装置、主轴准停装置和主轴孔的清理装置等结构。

主轴端部用于安装刀具或夹持工件的夹具，在设计要求上，应能保证定位准确、安装可靠、连接牢固、装卸方便，并能传递足够的转矩。主轴端部的结构形状都已标准化，图2-9所示为普通机床和数控机床所通用的几种结构形式。

图2-9a所示为车床主轴端部，卡盘靠前端的短圆锥面和凸缘端面定位，用拔销传递转矩，卡盘装有固定螺栓，卡盘装于主轴端部时，螺栓从凸缘上的孔中穿过，转动快卸卡板将数个螺栓同时卡住，再拧紧螺母将卡盘固定在主轴端部。主轴为空心，前端有莫氏锥度孔，用以安装顶尖或中心轴。

图2-9b所示为铣、镗类机床的主轴端部，铣刀或刀杆在前端7∶24的锥孔内定位，由于不能自锁，要用拉杆从主轴后端拉紧，而且由前端的端面键传递转矩。

图2-9c所示为外圆磨床砂轮主轴的端部；图2-9d所示为内圆磨床砂轮主轴端部；图2-9e所示为钻床与普通镗杆端部，刀杆或刀具由莫氏锥孔定位，用锥孔后端第一个扁孔传递转矩，第二个扁孔用以拆卸刀具。但在数控镗床上要使用图2-9b所示的形式，因为7∶24的锥孔没有自锁作用，便于自动换刀时拔出刀具；图2-9f所示为快换钻套。

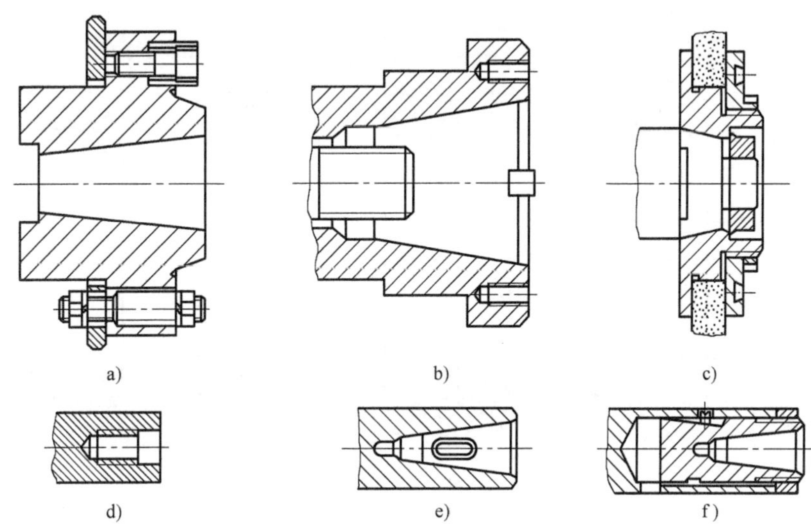

图 2-9 主轴端部的结构形式

三、主轴部件的支承

机床主轴带着刀具或夹具在支承中作回转运动，应能传递切削转矩，承受切削力，并保证必要的旋转精度。机床主轴多采用滚动轴承作为支承，对于精度要求高的主轴则采用动压或静压滑动轴承作为支承。下面着重介绍主轴部件所用的滚动轴承。

1. 主轴部件常用滚动轴承的类型

图 2-10 所示为主轴常用的几种滚动轴承。

图 2-10a 所示为锥孔双列圆柱滚子轴承，内圈为 1∶12 的锥孔，当内圈沿锥形轴颈轴向移动时，内圈胀大以调整滚道的间隙。滚子数目多，两列滚子交错排列，因而承载能力大，刚性好，允许转速高。它的内、外圈均较薄，因此，要求主轴轴颈与箱体孔均有较高的制造精度，以免轴颈与箱体孔的形状误差使轴承滚道发生畸变而影响主轴的旋转精度。该轴承只能承受径向载荷。

图 2-10b 所示为双列推力角接触球轴承，接触角为 60°，球径小，数目多，能承受双向轴向载荷。磨薄中间隔套，可以调整间隙或预紧，轴向刚度较高，允许转速高。该轴承一般与双列圆柱滚子轴承配套用作主轴的前支承，并将其外圈外径做成负偏差，保证只承受轴向载荷。

图 2-10c 所示为双列圆锥滚子轴承，它有一个公用外圈和两个内圈，由外圈的凸肩在箱体上轴向定位，箱体孔可以镗成通孔。磨薄中间隔套，可以调整间隙或预紧，两列滚子的数目相差一个，能使振动频率不一致，明显改善了轴承的动态性。这种轴承能同时承受径向和轴向载荷，通常用作主轴的前支承。

图 2-10d 所示为带凸肩的双列圆柱滚子轴承，结构上与图 2-10c 所示相似，可用作主轴前支承；滚子做成空心的，保持架为整体结构，润滑油充满滚子之间的间隙，由空心滚子端面流向挡边摩擦处，可有效地进行润滑和冷却。空心滚子承受冲击载荷时可产生微小变形，能增大接触面积并有吸振和缓冲作用。

图 2-10e 所示为带预紧弹簧的圆锥滚子轴承，弹簧数目为 16~20 根，均匀增减弹簧可以

改变预加载荷的大小。

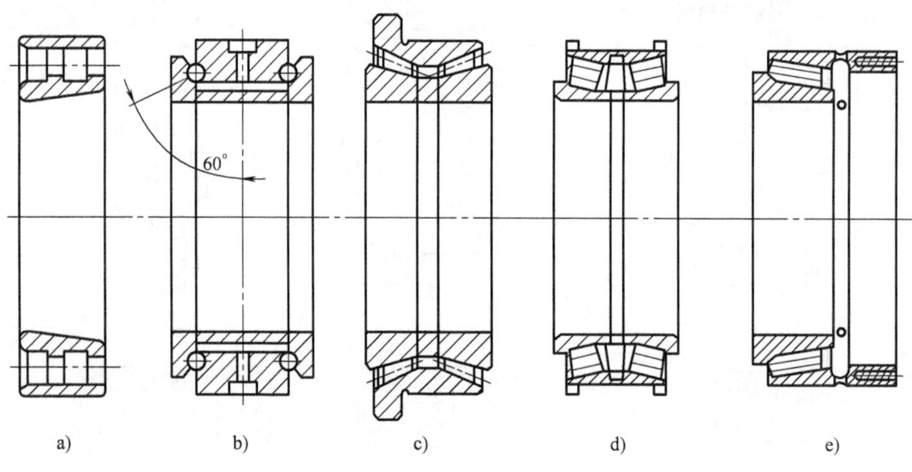

图 2-10　主轴常用的滚动轴承

2. 滚动轴承的精度

主轴部件所用滚动轴承的精度有高级 6、精密级 5、特精级 4 和超精级 2。前支承的精度一般比后支承的精度高一级，也可以用相同的精度等级。普通精度的机床通常前支承用 4、5 级，后支承用 5、6 级。特高精度的机床前后支承均用 2 级精度。

3. 主轴滚动轴承的配置

在实际应用中，数控机床主轴轴承常见的配置有下列三种形式，如图 2-11 所示。

图 2-11a 所示的配置形式能使主轴获得较大的径向和轴向刚度，可以满足机床强力切削的要求，普遍应用于各类数控机床的主轴，如数控车床、数控铣床、加工中心等。这种配置的后支承也可用圆柱滚子轴承，进一步提高后支承径向刚度。

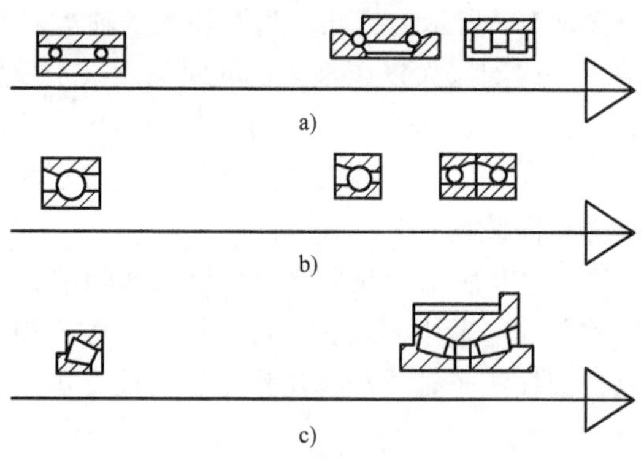

图 2-11　数控机床主轴轴承配置形式

图 2-11b 所示的配置没有图 2-11a 所示的配置的主轴刚度大，但这种配置提高了主轴的转速，适合主轴要求在较高转速下工作的数控机床。目前，这种配置形式在立式、卧式加工中心机床上得到广泛应用，满足了这类机床转速范围大、最高转速高的要求。为提高这种形式配置的主轴刚度，前支承可以用四个或更多的轴承相组配，后支承用两个轴承相组配。

图 2-11c 所示的配置形式能使主轴承受较重的载荷（尤其是承受较强的动载荷），径向和轴向刚度高，安装和调整性好。但这种配置相对限制了主轴最高转速和精度，适用于中等精度、低速与重载的数控机床主轴。

为提高主轴组件刚度，数控机床还常采用三支承主轴组件。尤其是前后轴承间跨距较大的数控机床，采用辅助支承可以有效地减少主轴弯曲变形。三支承主轴结构中，一个支承为辅助支承，辅助支承可以选为中间支承，也可以选为后支承。辅助支承在径向要保留必要的游隙，避免由于主轴安装轴承处轴径和箱体安装轴承处孔的制造误差（主要是同轴度误差）造成的干涉。辅助支承常采用深沟球轴承。

液体静压轴承和动压轴承主要应用在主轴高转速、高回转精度的场合，如应用于精密、超精密数控机床主轴和数控磨床主轴。对于要求更高转速的主轴，可以采用空气静压轴承，这种轴承可达每分钟几万转的转速，并有非常高的回转精度。

4. 主轴滚动轴承的预紧

所谓轴承预紧，就是使轴承滚道预先承受一定的载荷，不仅能消除间隙，而且还使滚动体与滚道之间发生一定的变形，从而使接触面积增大，轴承受力时变形减少，抵抗变形的能力增大。因此，对主轴滚动轴承进行预紧和合理选择预紧量，可以提高主轴部件的旋转精度、刚度和抗振性，机床主轴部件在装配时要对轴承进行预紧，使用一段时间以后，间隙或过盈有了变化，还得重新调整，所以要求预紧结构便于进行调整。滚动轴承间隙的调整或预紧，通常是使轴承内、外圈相对轴向移动来实现的。常用的方法有以下几种。

（1）轴承内圈移动

如图 2-12 所示，这种方法适用于锥孔双列圆柱滚子轴承。用螺母通过套筒推动内圈在锥形轴颈上作轴向移动，使内圈变形胀大，在滚道上产生过盈，从而达到预紧的目的。图 2-12a 所示的结构简单，但预紧量不易控制，常用于轻载机床主轴部件。图 2-12b 用右端螺母限制内圈的移动量，易于控制预紧量。图 2-12c 在主轴凸缘上均布数个螺钉以调整内圈的移动量，调整方便，但是用几个螺钉调整，易使垫圈歪斜。图 2-12d 将紧靠轴承右端的垫圈做成两个半环，可以径向取出，修磨其厚度可控制预紧量的大小，调整精度较高，调整螺母一般采用细牙螺纹，便于微量调整，而且在调好后要能锁紧防松。

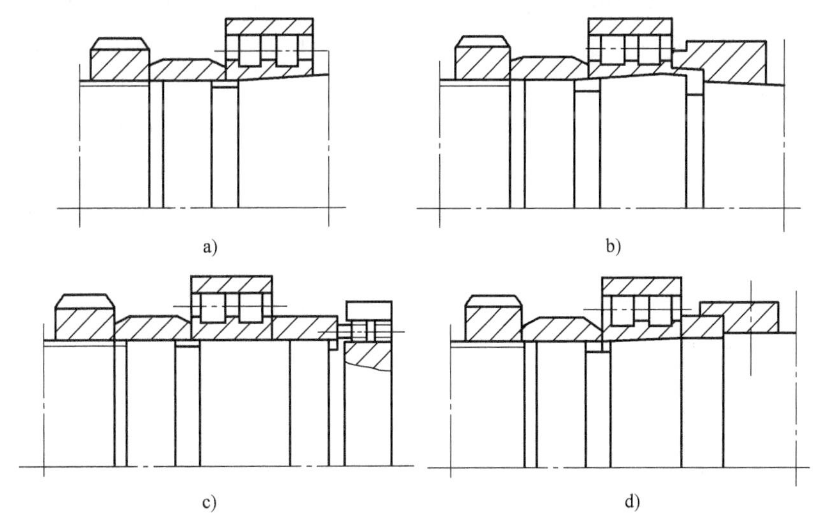

图 2-12　轴承内圈移动

（2）修磨座圈或隔套

图 2-13a 所示为轴承外圈宽边相对（背对背）安装，这时修磨轴承内圈的内侧；图 2-13b 所示为外圈窄边相对（面对面）安装，这时修磨轴承外圈的窄边。在安装时按图示的相对关系装配，并用螺母或法兰盖将两个轴承轴向压拢，使两个修磨过的端面贴紧，这样在两

个轴承的滚道之间产生预紧。另一种方法是将两个厚度不同的隔套放在两轴承内、外圈之间，同样将两个轴承轴向相对压紧，使滚道之间产生预紧，如图2-14a、b所示。

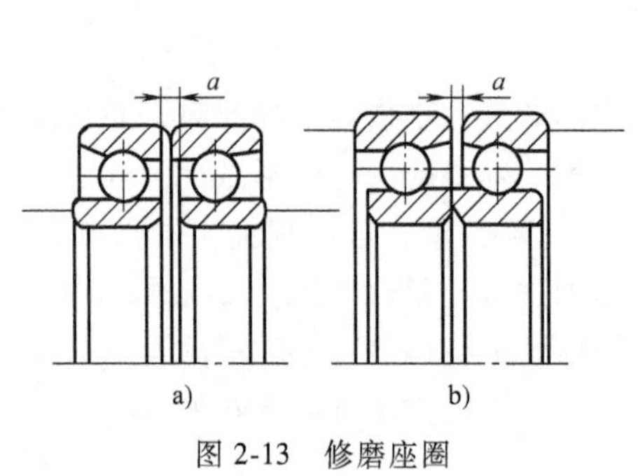

图2-13　修磨座圈

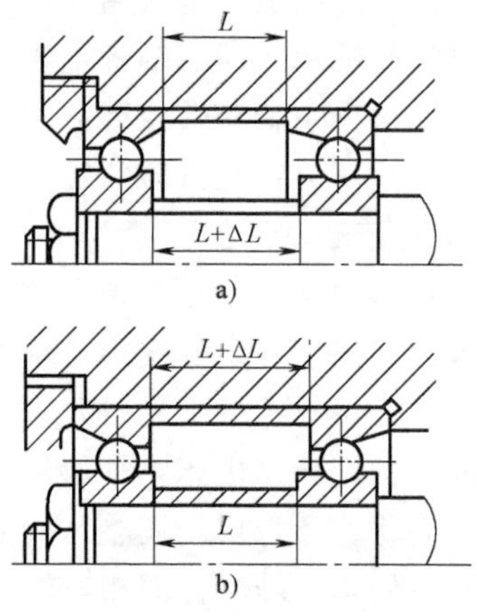

图2-14　隔套的应用

四、主轴的材料和热处理

主轴材料可根据强度、刚度、耐磨性、载荷特点和热处理变形大小等因素来选择。主轴刚度与材质的弹性模量 E 有关。无论是普通钢还是合金钢，其 E 值基本相同。因此，对于一般要求的机床，其主轴可用价格便宜的中碳钢、45钢，进行调质处理后硬度为22~28HRC；当载荷较大或存在较大的冲击时，或者精密机床的主轴为减少热处理后的变形时，或者需要作轴向移动的主轴为了减少它的磨损时，则可选用合金钢。常用的合金钢有：40Cr进行淬硬，硬度达到40~50HRC，或者用20Cr进行渗碳淬硬，使硬度达到56~62HRC。某些高精度机床的主轴材料则选用38CrMoAl进行氮化处理，使硬度达到850~1000HV。

五、主轴的润滑与冷却

主轴轴承润滑和冷却是保证主轴正常工作的必要手段。为了尽可能减少主轴部件温升引起的热变形对机床工作精度的影响，通常利用润滑油循环系统把主轴部件的热量带走，使主轴部件与箱体保持恒定的温度，在某些数控机床上，采用专用的冷却装置，控制主轴箱温升。有些主轴轴承用高级油脂润滑，每加一次油脂可以使用7~10年。对于某些主轴要采用油气润滑、喷注润滑和突入滚道润滑等措施，以保证在高速时正常冷却润滑效果。

六、主轴部件的维护

数控机床主轴部件是影响机床加工精度的主要部件，它的回转精度影响工件的加工精度；它的功率大小和回转速度影响加工效率；它的自动变速、准停和换刀等影响机床的自动化程度。因此，要求主轴部件具有与本机床工作性能相适应的高回转精度、刚度、抗振性、耐磨性和低的温升。在结构上，必须很好地解决刀具和工件的装夹、轴承的配置、轴承间隙的调整和润滑密封等问题。

主轴的结构根据数控机床的规格、精度采用不同的主轴轴承。一般中、小规格的数控机床的主轴部件多采用成组高精度滚动轴承；重型数控机床采用液体静压轴承，高精度数控机床采用气体静压轴承；转速达20000r/min的主轴采用磁力轴承或氮化硅材料的陶瓷滚珠轴承。

1. 防泄漏

在密封件中，被密封的介质往往是以穿漏、渗透或扩散的形式越界泄漏到密封连接处的另一侧。造成泄漏的基本原因是流体从密封面上的间隙中溢出，或是由于密封件内外两侧密封介质的压力差或浓度差，致使流体向压力或浓度低的一侧流动。图 2-15 所示为卧式加工中心主轴前支承的密封结构。

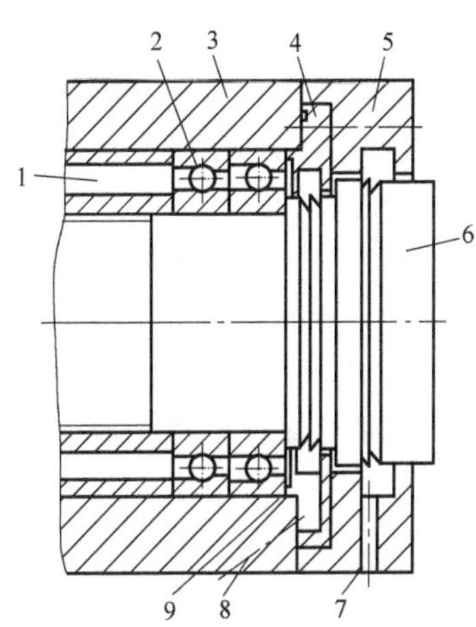

图 2-15 主轴前支承的密封结构

1—进油口 2—轴承 3—套筒 4、5—法兰盘 6—主轴 7—泄漏孔 8—回油斜孔 9—泄油孔

主轴的密封有接触式和非接触式密封。图 2-16所示为几种非接触式密封的形式。

图 2-16a 是利用轴承盖与轴的间隙密封，轴承盖的孔内开槽是为了提高密封效果，这种密封用在工作环境比较清洁的油脂润滑处；图 2-16b 是在螺母的外圆上开锯齿形环槽，当油向外流时，靠主轴转动的离心力把油沿斜面甩到端盖 1 的空腔内，油液流回箱内；图 2-16c 是迷宫式密封结构，在切屑多、灰尘大的工作环境下可获得可靠的密封效果，这种结构适用油脂或油液润滑的密封。非接触式的油液密封时，为了防漏，重要的是保证回油能尽快排掉，要保证回油孔的畅通。

接触式密封主要有油毡圈和耐油橡胶密封圈密封，如图 2-17 所示。

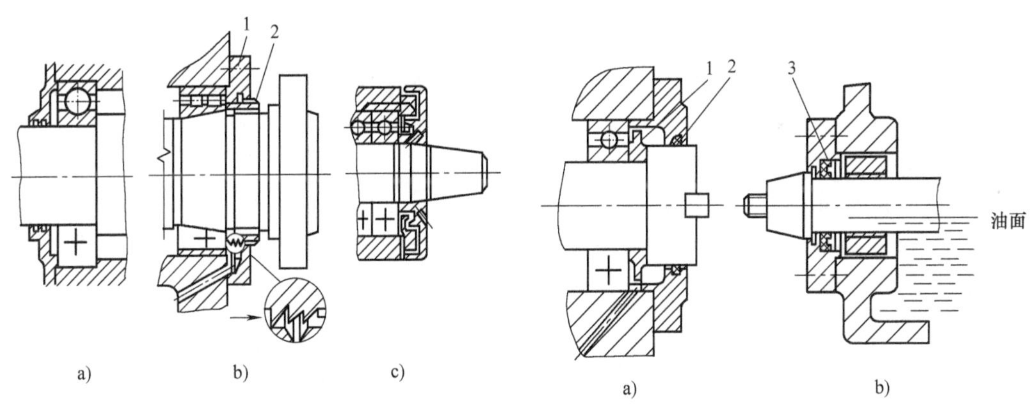

图 2-16 非接触式密封

1—端盖 2—螺母

图 2-17 接触式密封

1—甩油环 2—油毡圈 3—耐油橡胶密封圈

2. 刀具夹紧

在自动换刀机床的刀具自动夹紧装置中，刀具自动夹紧装置的刀杆常用 7∶24 的大锥度锥柄，既利于定心，也为松刀带来方便。用碟形弹簧通过拉杆及夹头拉住刀柄的尾部，使刀具锥柄和主轴锥孔紧密配合，夹紧力达 10000N 以上。松刀时，通过液压缸活塞推动拉杆来压缩碟形弹簧，使夹头张开，夹头与刀柄上的拉钉脱离，刀具即可拔出，进行新、旧刀具的交换，新刀装入后，液压缸活塞后移，新刀具又被碟形弹簧拉紧。在活塞推动拉杆松开刀柄的过程中，压缩空气由喷气头经过活塞中心孔和拉杆中的孔吹出，将锥孔清理干净，防止主

轴锥孔中掉入切屑和灰尘，把主轴锥孔表面和刀杆的锥柄划伤，同时保证刀具的正确位置。主轴锥孔的清洁十分重要。

七、主传动链的维护

1）熟悉数控机床主传动链的结构、性能参数，严禁超性能使用。

2）主传动链出现不正常现象时，应立即停机排除故障。

3）操作者应注意观察主轴油箱温度，检查主轴润滑恒温油箱，调节温度范围，使油量充足。

4）使用带传动的主轴系统，需定期观察调整主轴转动带的松紧程度，防止因主轴转动带打滑造成的丢转现象。

5）由液压系统平衡主轴箱重量的平衡系统，需定期观察液压系统的压力表，当油压低于要求值时，要进行补油。

6）使用液压拨叉变速的主传动系统，必须在主轴停车后变速。

7）使用啮合式电磁离合器变速的主传动系统，离合器必须在低于1～2r/min的转速下变速。

8）注意保持主轴与刀柄连接部位及刀柄的清洁，防止对主轴的机械碰击。

9）每年对主轴润滑恒温油箱中的润滑油更换一次，并清洗过滤器。

10）每年清理润滑油池底一次，并更换液压泵滤油器。

11）每天检查主轴润滑恒温油箱，使其油量充足，工作正常。

12）防止各种杂质进入润滑油箱，保持油液清洁。

13）经常检查轴端及各处密封，防止润滑油液的泄漏。

14）刀具夹紧装置长时间使用后，会使活塞杆和拉杆间的间隙加大，造成拉杆位移量减少，碟形弹簧张闭伸缩量不够，影响刀具的夹紧，故需及时调整液压缸活塞的位移量。

15）经常检查压缩空气气压，并调整到标准要求值；足够的气压才能使主轴锥孔中的切屑和灰尘清理彻底。

八、主传动系统常见故障及排除方法

主传动系统常见故障及排除方法见表2-1。

表2-1　主传动系统常见故障及排除方法

序号	故障现象	故障原因	排除方法
1	加工精度达不到要求	机床在运输过程中受到冲击	检查对机床精度有影响的各部分，特别是导轨副，并按出厂精度要求重新调整或修复
		安装不牢固、安装精度低或有变化	重新安装调平、紧固
2	切削振动大	主轴箱和床身连接螺钉松动	恢复精度后紧固连接螺钉
		轴承预紧力不够、游隙过大	重新调整轴承游隙。但预紧力不宜过大，以免损坏轴承
		轴承预紧螺母松动，使主轴窜动	紧固螺母，确保主轴精度合格
		轴承拉毛或损坏	更换轴承
		主轴与箱体超差	修理主轴或箱体，使其配合精度、位置精度达到要求
		其他因素	检查刀具或切削工艺问题
		如果是车床，则可能是转塔刀架运动部位松动或压力不够而未卡紧	调整修理

（续）

序号	故障现象	故障原因	排除方法
3	主轴箱噪声大	主轴部件动平衡不好	重做动平衡
		齿轮啮合间隙不均或严重损伤	调整间隙或更换齿轮
		轴承损坏或传动轴弯曲	修复或更换轴承，校直传动轴
		传动带长度不一或过松	调整或更换传动带，不能新旧混用
		齿轮精度差	更换齿轮
		润滑不良	调整润滑油量，保持主轴箱的清洁度
4	齿轮和轴承损坏	变档压力过大，齿轮受冲击产生破损	按液压原理图，调整到适应的压力和流量
		变档机构损坏或固定销脱落	修复或更换零件
		轴承预紧力过大或无润滑	重新调整预紧力，并使之润滑充足
5	主轴无变速	电气变档信号无输出	电气人员检查处理
		压力不够	检测并调整工作压力
		变档液压缸研损或卡死	修去毛刺和研伤，清洗后重装
		变档电磁阀卡死	检修并清洗电磁阀
		变档液压缸拔叉脱落	修复或更换
		变档液压缸窜油或内泄	更换密封圈
		变档复合开关失灵	更换新开关
6	主轴不转动	主轴转动指令无输出	电气人员检查处理
		保护开关没有压合或失灵	检修压合保护开关或更换
		卡盘未夹紧工件	调整或修理卡盘
		变档复合开关损坏	更换复合开关
		变档电磁阀体内泄漏	更换电磁阀
7	主轴发热	主轴轴承预紧力过大	调整预紧力
		轴承研伤或损伤	更换轴承
		润滑油脏或有杂质	清洗主轴箱，更换新油
8	液压变速时齿轮推不到位	主轴箱内拔叉磨损	选用球墨铸铁作拔叉材料
			在每个垂直滑移齿轮下方安装塔簧作为辅助平衡装置，减轻对拔叉的压力
			活塞的行程与滑移齿轮的定位相协调
			若拔叉磨损，予以更换
9	主轴在强力切削时停转	电动机与主轴连接的传动带过松	移动电动机座，张紧传动带，然后将电动机座重新锁紧
		传动带表面有油	用汽油清洗后擦干净，再装上
		传动带使用过久而失效	更换新传动带
		摩擦离合器调整过松或磨损	调整摩擦离合器，修磨或更换摩擦片
10	主轴没有润滑油循环或润滑不足	液压泵转向不正确，或间隙太大	改变液压泵转向或修理液压泵
		吸油管没有插入油箱的油面以下	将吸油管插入油面以下 2/3 处
		油管或滤油器堵塞	清除堵塞物
		润滑油压力不足	调整供油压力

（续）

序号	故障现象	故障原因	排除方法
11	润滑油泄漏	润滑油量多	调整供油量
		密封件有损坏	更换密封件
		管件损坏	更换管件
12	刀具不能夹紧	碟形弹簧位移量小	调整碟形弹簧行程长度
		刀具夹紧弹簧上的螺母松动	顺时针旋转刀具夹紧弹簧上的螺母，使其最大工作载荷为13kN
13	刀具夹紧后不能松开	夹紧弹簧压合过紧	顺时针旋转刀具夹紧弹簧上的螺母，使其最大工作载荷不得超过13kN
		液压缸压力和行程不够	调整液压缸压力和活塞行程开关位置

任务三　数控机床的进给传动系统

任务引入

数控机床的进给传动系统是伺服系统的重要组成部分，它将伺服电动机的旋转运动或直线伺服电动机的直线运动通过机械传动结构转化为执行部件的直线或回转运动。在现代加工技术中进给传动系统的精度是影响加工精度的重要方面，如出现滚珠丝杠副噪声、导轨研伤等故障都会影响正常加工。

要解决此类问题，首先要明白进给传动系统的组成和工作原理。

任务内容

一、滚珠丝杠螺母副

目前广泛应用的进给运动的传动方式主要有两种：一种是回转伺服电动机通过滚珠丝杠螺母副的间接传动的进给运动方式，另一种是采用直线电动机直接驱动的进给运动方式。后者多用于高速加工中。滚珠丝杠螺母副（简称滚珠丝杠副）是一种在丝杠与螺母间装有滚珠作为中间传动元件的丝杠副，是直线运动与回转运动能相互转换的传动装置。当丝杠旋转时，滚珠在滚道内既自转又沿滚道循环转动，因而迫使螺母（或丝杠）轴向移动。与传统丝杠相比，滚珠丝杠螺母副具有高传动精度、高效率、高刚度、可预紧、运动平稳、寿命长、低噪声等优点。

常用的循环方式有外循环与内循环两种。

1）外循环。滚珠在循环过程中有时与丝杠脱离接触的称为外循环，如图2-18所示。外循环还分为外循环插管埋入式、插管突出式、端块式和端盖式。外循环插管方式在螺母外圆上装有螺旋形的插管，其两端插入螺母工作始、末两端的孔中，以引导滚珠通过插管形成循环链，有单列、双列两种结构。这种循环方式结构简单、工艺性好、承载能力较高，但径向尺寸较大。

2）内循环。滚珠在循环过程中，始终与丝杠保持接触的称为内循环，如图2-19所示。

这种结构以反向器跨越相邻的两个滚道，滚珠从螺纹滚道通过反向器进入相邻滚道，形成一个闭合的循环回路。一般一个螺母上装有2~4个反向器，反向器沿螺母圆周等分分布。一列只有一圈滚珠，因而工作滚珠数目少、顺畅性好、摩擦少、效率高。此结构的螺母径向尺寸小，但制造较困难。还有端盖式循环方式，这种方式与外循环方式类似，主要区别在于在螺母外圆上铣出螺旋槽，槽的两端钻出通孔与螺母的螺纹滚道相切，形成滚珠返回通道。为防止滚珠脱落，螺旋槽用钢套盖住。由于在螺母的滚道上布满钢珠，所以在相同动载荷情况下，该螺母长度可缩短一些。

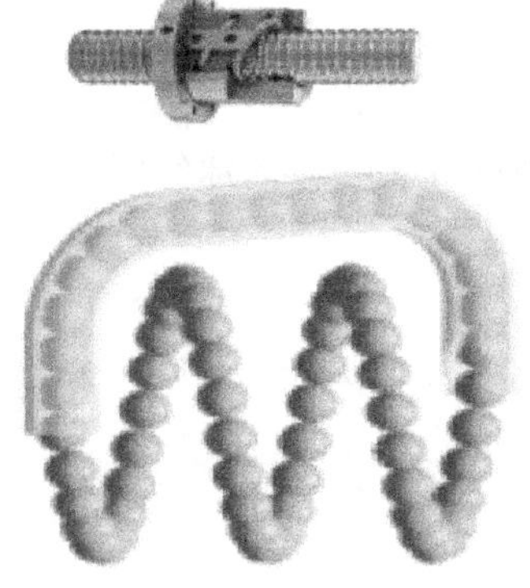

图 2-18　外循环回流方式

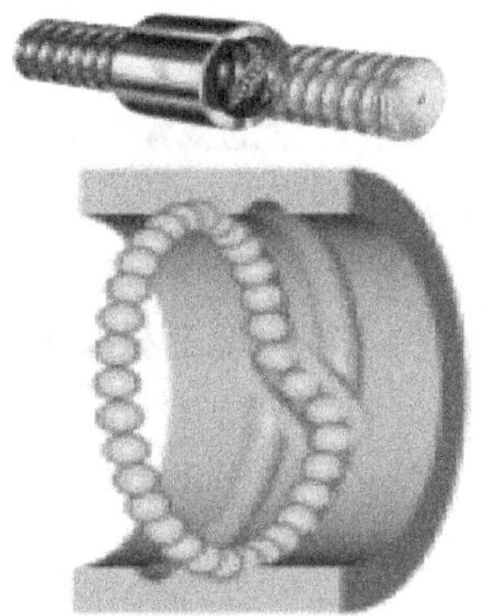

图 2-19　内循环回流方式

1. 滚珠丝杠副的预紧

滚珠丝杠副预紧的目的是为了消除丝杠与螺母之间的间隙和施加预紧力，以保证滚珠丝杠反向传动精度和轴向刚度。

在数控机床进给系统中使用的滚珠丝杠螺母副的预紧方法有修配垫片厚度、双螺母消隙、齿差式调整方法等。广泛采用的是双螺母结构消隙。

（1）修配垫片消隙式

如图2-20所示，通过调整垫片厚度使左右两螺母产生轴向位移，即可消除丝杠螺母间的间隙并产生预紧力。这种方法结构简单，但调整不方便，当滚道有磨损时不能随时消除间隙和进行预紧。

（2）双螺母消隙式

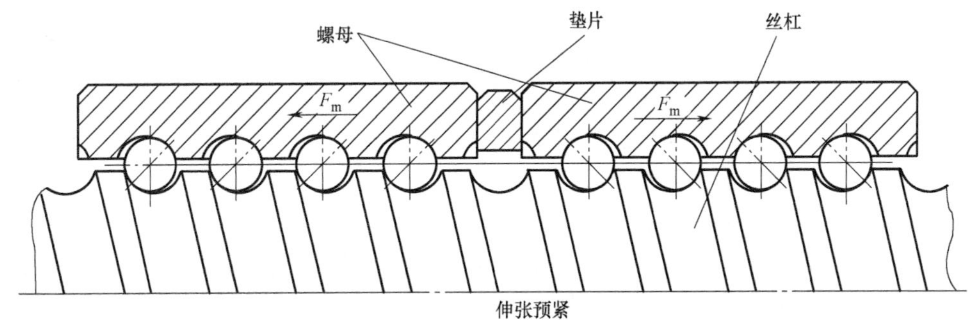

图 2-20　垫片结构消隙

如图 2-21 所示，用两个锁紧螺母调整丝杠螺母的预紧量。这种方式简便易行，但不易精确调整预紧量。

（3）齿差消隙式

如图 2-22 所示，在两个螺母的凸缘上各制有圆柱外齿轮，分别与紧固在螺母座两端的内齿圈相啮合，其齿数分别为 z_1 和 z_2，并相差一个齿。调整时，先取下内齿圈，让两个螺母相对于螺母座同方向转动一个齿（则螺母 1 沿轴向移动 P_n/z_1，螺母 2 移动 P_n/z_2），然后插上内齿轮，再将内齿轮紧固，则两个螺母便产生相对轴向位移，位移量为 $s=(1/z_1-1/z_2)P_n$（P_n 为丝杠导程）。这种方式结构比较复杂、尺寸较大，但调整精确可靠，适用于高精度的传动机构。

2. 滚珠丝杠副的支承

安装方式对滚珠丝杠副承载能力、刚性及最高转速有很大影响。滚珠丝杠螺母副在安装时应满足以下要求：

1）滚珠丝杠螺母副相对工作台不能有轴向窜动。

2）螺母座孔中心应与丝杠安装轴线同心。

3）滚珠丝杠螺母副中心线应平行于相应的导轨。

4）能方便地进行间隙调整、预紧和预拉伸。

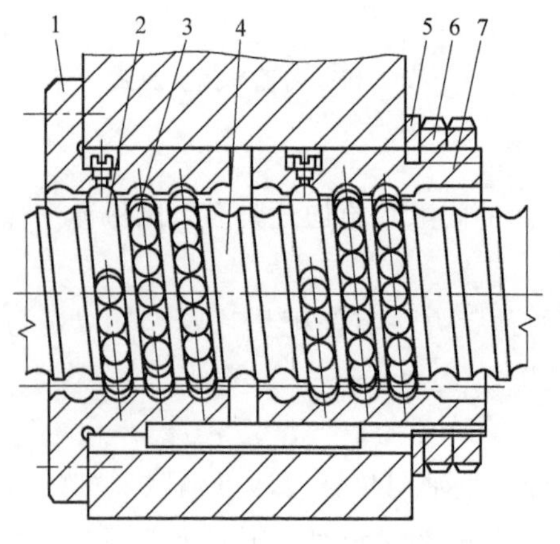

图 2-21　锁紧双螺母消隙式

1、7—螺母　2—反向器　3—滚珠

4—丝杠　5—垫圈　6—圆螺母

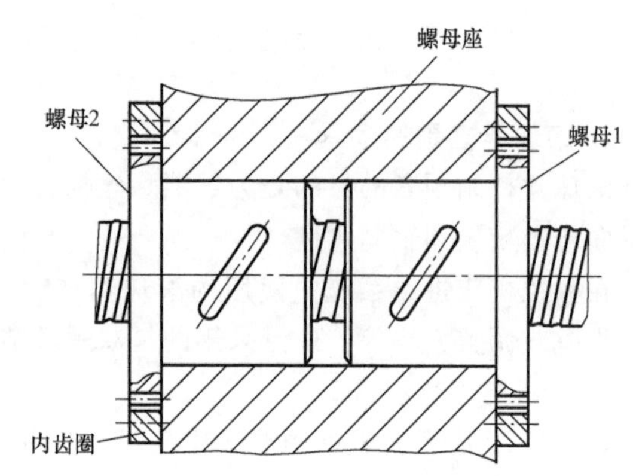

图 2-22　齿差消隙

常见安装方式有以下四种情况（见图 2-23a、b、c、d）：

1）固定-自由：适用于低转速、中精度、短轴向丝杠。

2）支承-支承：适用于中等转速、中精度。

3）固定-支承：适用于中等转速、高精度。

4）固定-固定：适用于高转速、高精度。

滚珠丝杠副作为精密、高效、灵敏的传动元件，除了应采用高精度的丝杠、螺母和滚珠外，还应注意选用轴向刚度高、摩擦力矩小、运转精度高的轴承。滚珠丝杠支承常用双向推力角接触球轴承、圆锥滚子轴承、滚针和推力滚子组合轴承、深沟球轴承和推力球轴承等。目前，滚珠丝杠支承采用最多的是60°接触角的单列推力角接触球轴承，与一般角接触球轴

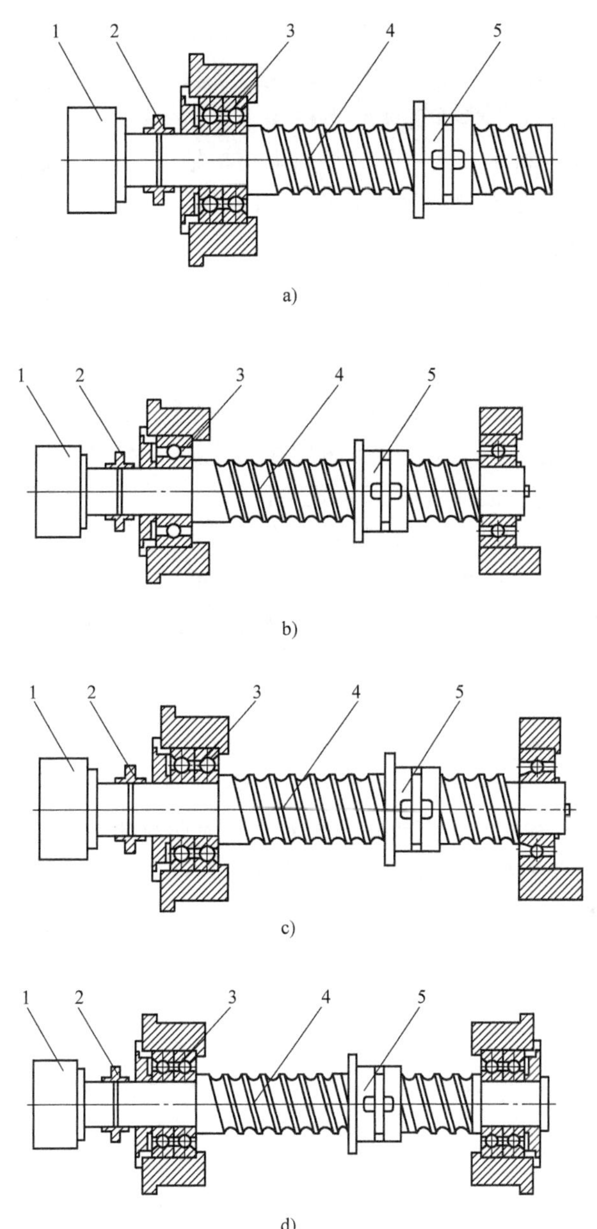

图 2-23　滚珠丝杆副的安装方式

1—电动机　2—弹性联轴器　3—轴承　4—滚珠丝杠　5—滚珠丝杠螺母

承相比轴向刚度提高两倍以上，而且产品在出厂时已选配好内外环的厚度，装配调试时只要用螺母和端盖将内外环压紧，就能获得出厂时已调整好的预紧力，使用方便。

购买时，滚珠丝杠副的端部需按设计要求向厂家预定，可以加工出轴肩或螺纹。

3. 制动装置

滚珠丝杠副的传动效率高但不能自锁，用在垂直传动或高速大惯量场合时需要制动装置。目前常见的有机械式和电气式两种。电气式制动是采用电磁制动器，而且这种制动器就做在电动机内部。图 2-24 所示为 FANUC 公司伺服电动机带制动器的示意图。机床工作时，在制动器电磁线圈 7 电磁力的作用下，使外齿轮 8 与内齿轮 9 脱开，弹簧受压缩，当停机或停电时，电磁铁失电，在弹簧恢复力作用下，齿轮 8、9 啮合，齿轮 9 与电动机端盖为一体，故与电动机轴连接的丝杠得到制动，这种电磁制动器装在电动机壳内，与电动机形成一体化的结构。

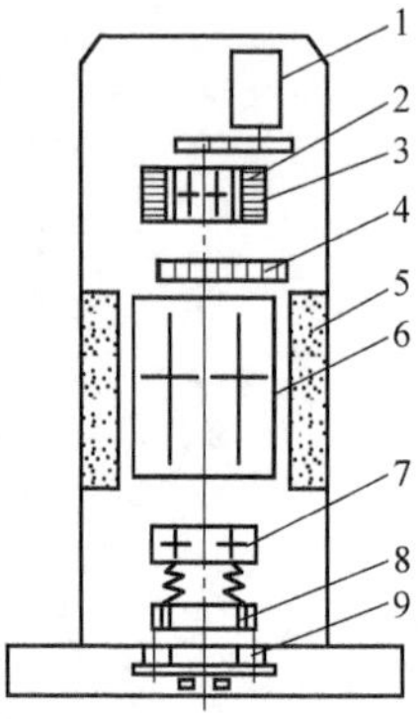

图 2-24　滚珠丝杠的电气式制动
1—旋转变压器　2—测速发电机转子
3—测速发电机定子　4—电刷
5—永久磁铁　6—伺服电动机转子
7—电磁线圈　8—外齿轮　9—内齿轮

4. 滚珠丝杠副的润滑及防护装置

滚珠丝杠副在工作状态下，必须润滑，以保证其充分发挥机能。润滑方式主要有以下两种：润滑脂、润滑油。润滑脂的给脂量一般是螺母内部空间容积的 1/3，某些生产厂家在装配时螺母内部已加注润滑脂。而润滑油的给油量随行程、润滑油的种类、使用条件等的不同而不同。

滚珠丝杠副与滚动轴承一样，如果污物及异物进入就很快使它磨损，因此考虑油污物和异物（切削）进入时，必须采用防尘装置，将丝杠轴完全保护起来。防尘装置可采用可随移动部件移动而收展的钢制盖板或柔性卷帘。

二、导轨滑块副

导轨副按接触面的摩擦性质可以分为滑动导轨、静压导轨和滚动导轨。

1. 滑动导轨

滑动导轨分为金属对金属的一般类型的导轨和金属对塑料的塑料导轨两类。金属对金属型式，静摩擦系数大，动摩擦系数随速度变化而变化，在低速时易产生爬行现象。而相对于一般导轨，塑料导轨具有塑料化学成分稳定、摩擦系数小、耐磨性好、耐腐蚀性强、吸振性好、比重小、加工成形简单，能在任何液体或无润滑条件下工作等特点，在数控机床中得到了应用。塑料导轨有聚四氟乙烯导轨软带和环氧性耐磨导轨涂层两种。在使用中，前者用粘贴的方法，因此习惯上称为“贴塑导轨”；后者涂层导轨采用涂刮或注入膏状塑料的方法，习惯称为“注塑导轨”。塑料导轨的缺点是耐热性差、导热率低、热膨胀系数比金属大、在外力作用下易产生变形、刚性差、吸湿性大，影响尺寸稳定性。

2. 静压导轨

液体静压导轨指压力油通过节流器进入两相对运动的导轨面，所形成的油膜使两导轨面分开，保证导轨面在液体摩擦状态下工作。在工作中，导轨面上油腔上的油压是随外加载荷的变化自动调节的。其摩擦特性好，摩擦系数与速度为线性关系，但变化很小，起动摩擦系数可小至 0.0005。有很强的吸振性，导轨运动平稳，无爬行。应用在高精度、高效率的大型、重型数控机床上。液体静压导轨的结构型式可分为开式和闭式两种。图 2-25 所示为开式静压导轨工作原理图。对于闭式液体静压导轨，其导轨的各个方向导轨面上均开有油腔，所以闭式导轨具有承受各方向载荷的能力，且其导轨保持平衡性较好。除液体静压导轨外还有气体静压导轨，又称气垫导轨。其摩擦系数比液体静压导轨还小。

3. 滚动导轨

滚动导轨是在导轨面间放置滚珠、滚柱、滚针等滚动体，使导轨面间的摩擦为滚动摩擦，其与普通滑动导轨的性能比较见表 2-2，滚动导轨具有运动灵敏度高、定位精度高、精度保持性好和维修方便的优点。图 2-26 所示为直线滚动导轨外形图。

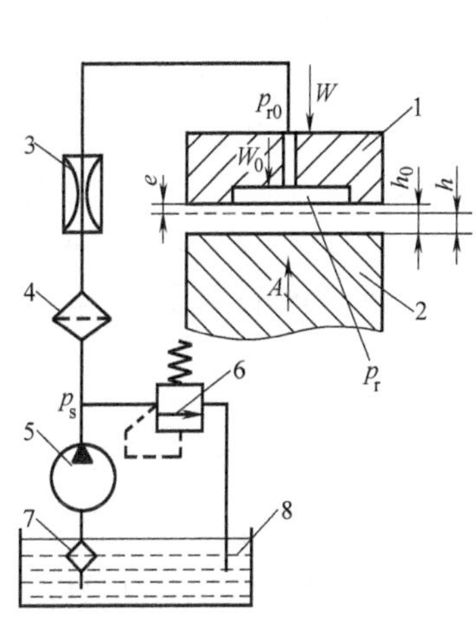

图 2-25 开式静压导轨工作原理

1—动导轨 2—静导轨 3—节流器

4—精滤油器 5—液压泵 6—溢流阀

7—滤油器 8—油箱

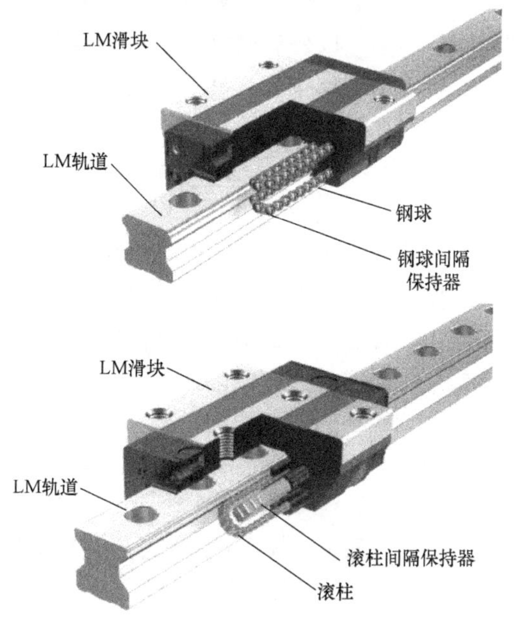

图 2-26 直线滚动导轨外形图

表 2-2 滚动导轨与滑动导轨的性能比较

性能	滚动导轨	滑动导轨
摩擦特性	摩擦系数低而且几乎与运动速度无关。动、静摩擦系数十分接近。导轨材料为淬火钢的摩擦系数为 0.001	摩擦系数随速度增加而增加，为非线性关系。动静摩擦系数相对较大。铸铁与铸铁摩擦系数为 0.02~0.18
承载能力/$kgf \cdot cm^{-2}$①	导轨面材料为铸铁 滚珠导轨：0.04~0.05 滚柱导轨：3.5~5	铸铁导轨允许的平均压力 通用机床进给导轨：12~15 主运动导轨：4~5
刚度	有预加载荷的滚动导轨的刚度比滑动导轨略高或相等。滚柱导轨比滚珠导轨高	面接触、刚度高
定位精度/μm	定位精度一般为 0.1~0.2	不用减摩措施：10~20 用防爬行油：2~5
寿命	防护良好时寿命长，精度保持性高，淬火钢导轨修理期间隔达 10~15 年	比滚动导轨的寿命短
应用	数控机床、电火花加工机床、高精平面磨床	普通精度机床

① $1kgf \cdot cm^{-2} = 0.0980665MPa$。

滚动导轨副按结构形式可分为滚动导轨和滚柱导轨块两种。其中滚动导轨多用于中、小型数控机床中。滚柱导轨块用滚子做滚动体，与机床床身导轨配合使用，不受行程长度的限制，承载能力和刚度较强，但摩擦系数略大，常用在重型机床中。目前滚动导轨副已经作为标准件由专门的厂家生产。其规格由生产厂家制定，但它们的工作原理都是相同的。

滚动导轨副按形状可分为滚动直线导轨副、滚动圆弧导轨副。其中滚动圆弧导轨副可以实现任意直径大小圆弧或圆周运动，克服了用轴承或滚动支承等设备加工而带来的尺寸限制，理论上讲圆弧导轨副在直径越大的场合，设计、制造、安装、维护等就越方便。

滚动直线导轨副按导轨与滑块的关系分为整体型和分离型导轨副。对于分离型导轨副，在实际使用中可以任意调整导轨与滑块之间的预加载荷，提高系统的刚性或运动的平稳性，而且导轨副的高度很低，可以在很狭小的空间实现精密直线导向运动。

滚动直线导轨副就精度而言，国外品牌分为 P、H、N 级，国产品牌分为 3、4、5 级，其中 N 级、5 级精度最低，价格相对便宜。厂家还按导轨横截面的宽度设置导轨型号，如宽度为 16mm，则为 16 型导轨，购买时还应注意滑块有无法兰之分。

按导轨副中是否有带球保持器分为普通型和低噪声型滚动直线导轨。因带球保持器使得滚珠与保持器之间形成了油膜接触，避免了滚珠之间的摩擦，使得导轨副在运行时发热量大大降低，运行稳定，也实现导轨副的高速、高精度运动。

4. 滚动导轨的结构

滚动直线导轨副，如图 2-27 所示，为四方向等载荷带球保持器型滚动直线导轨，是较常见的一种导轨副。图中 1 是支承导轨，上面装有滑块 8，在滑块 8 中装有 4 组滚珠，在支承导轨和滑块间的直线滚道内滚动。当滚珠 3 滚动到滑块的端面时，经挡板 6 由回珠孔返回另一端，从而循环工作。其中 4 为保持架，2 为侧面密封垫。密封垫 5 是用来防止灰尘进入导轨。9 为润滑油嘴，可从此注入润滑油。如图 2-28 所示，滚珠 3 之间用保持器 7 分开，滚珠之间不发生碰撞，降低了导轨副在运动中产生的噪声，称之为低噪声型滚动直线导轨。4 组滚珠和滚道相当于 4 个直线运动角接触轴承，接触角为 45°。4 个方向上有相同的承载能力。

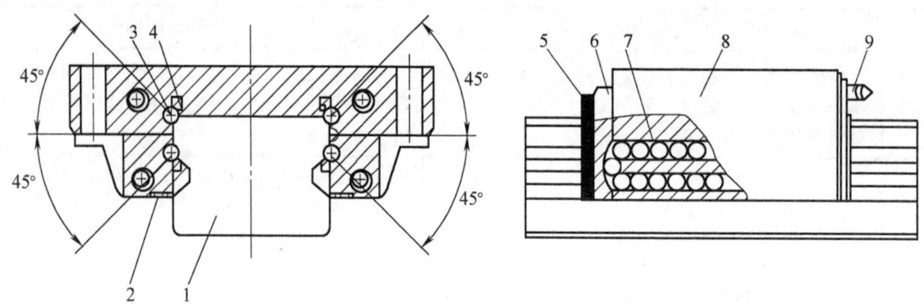

图 2-27　滚动直线导轨

1—支承导轨　2—侧面密封垫　3—滚珠　4—保持架　5—密封垫　6—挡板　7—保持器　8—滑块　9—润滑油嘴

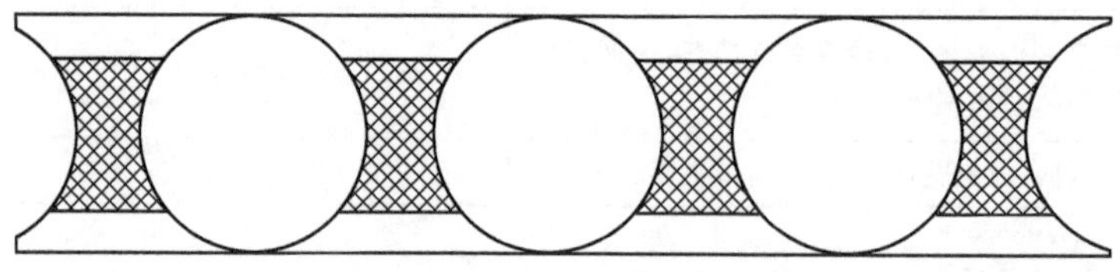

图 2-28　保持器

除上述滚珠型滚动导轨外，还有滚柱直线导轨，如图 2-29a 所示，由于滚柱与导轨的接触面积要比滚珠的大，因此它具有较大的负载能力。还可以通过增加滚道的数目来提高负载能力，如图 2-29b 所示的六滚道型滚动导轨。

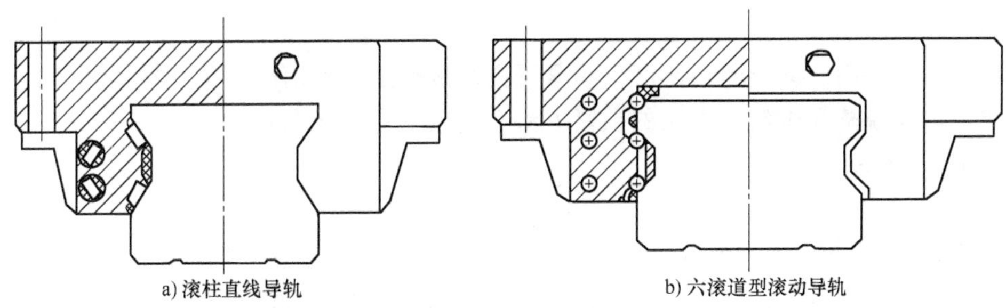

图 2-29　其他类型滚动导轨

5. 滚动导轨的安装、预紧

滚动直线导轨副的安装固定方式主要有螺栓固定、压板固定、定位销固定和斜楔块固定，如图 2-30 所示。在实际使用中，通常是两根导轨成对使用，其中一条为基准导轨，通过对基准导轨的正确安装，以保证运动部件相对于支承元件的正确导向。在安装时，将基准

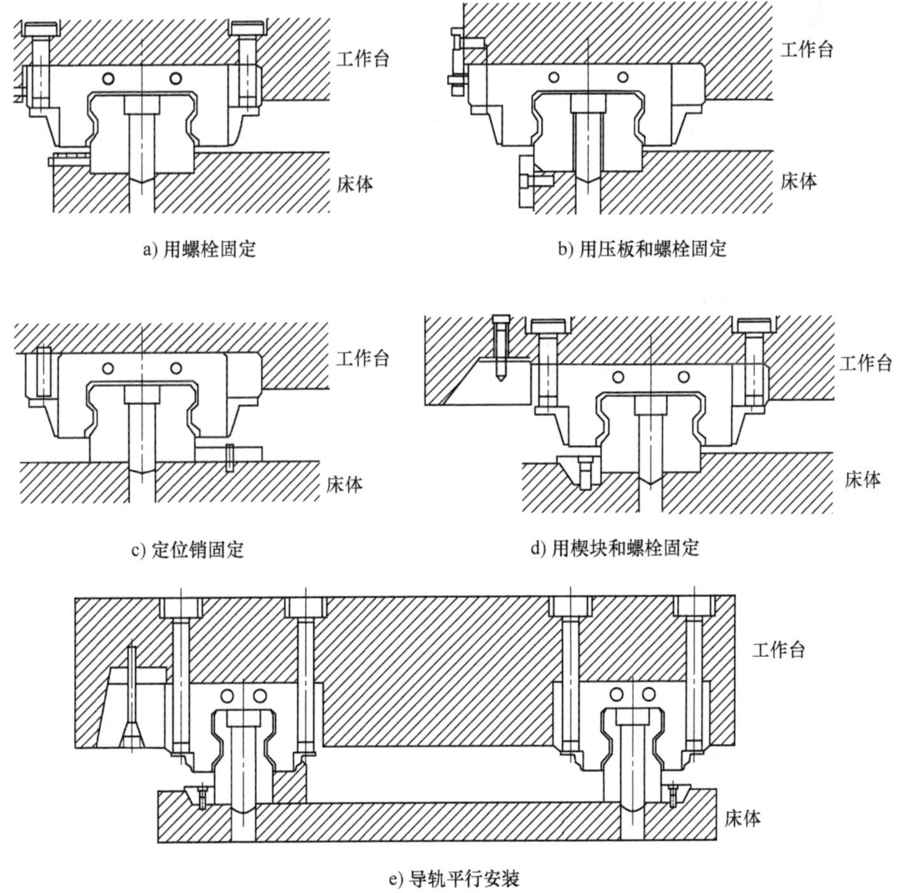

图 2-30　滚动直线导轨副的安装固定方式

导轨的定位面紧靠在安装基准面上，然后用螺栓、压板、定位销和斜楔块固定。滑块的定位方式与导轨相同。

预紧是为了提高滚动导轨的刚度。预紧可提高接触刚度和消除间隙；在立式导轨上，预紧可防止滚动体脱落和歪斜。常见的预紧方法有过盈配合法和调整法两种。

三、静压蜗杆-蜗轮齿条传动

1. 传动原理

静压蜗杆-蜗轮齿条是一种精密传动副，用于将回转运动转变为直线位移。如图2-31所示，蜗杆可看作长度很短的丝杠，其长径比很小。蜗轮齿条则可以看作一个很长的螺母沿轴向剖开后的一部分。与滚珠丝杠不同，蜗轮齿条能无限接长，因此，运动部件的行程可以很长。

流体静压蜗杆-蜗轮齿条机构是在蜗杆和蜗轮齿条的啮合面间注入一层高刚度的吸振油膜使两啮合面间成为液体摩擦。这层油膜不但从根本上解决了传动副的磨损问题，而且减小了传动件的制造误差对传动精度的影响，从而起到平均误差的作用。液体摩擦阻力小，摩擦系数小于0.0005，功率消耗少，传动效率高，可达0.94~0.98，同时这种传动有良好的承载刚度，并有很好的工作特性，有利于消除低速爬行，故在重型机床、数控机床及其他重载精密机械中得到应用。

流体静压蜗杆-蜗轮齿条的工作原理如图2-32所示，图中油腔开在蜗轮上，用毛细管节流的定压供油方式给该机构提供压力油。从液压泵输出的压力油，经过蜗杆螺纹内的毛细管节流器，分别进入蜗杆-蜗轮齿条的两侧面油腔内，然后经过啮合面之间的间隙，再进入齿顶与齿根的间隙，压力降为零，流回油箱。

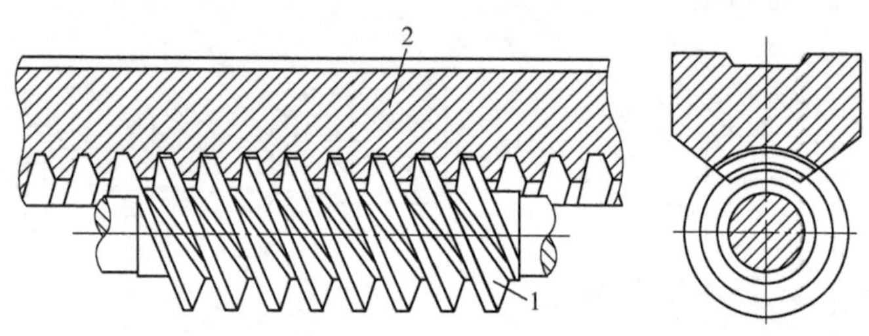

图2-31　静压蜗杆-蜗轮齿条传动机构

1—蜗杆　2—蜗轮齿条

静压蜗杆-蜗轮齿条结构的供油系统为定量式或定压式，采用定压供油系统，需配置适当的节流器，如图2-32所示，油腔开在蜗轮上用毛细管节流器的定压供油方式给该机构提供压力油。从液压泵输出的压力油，经过蜗杆螺纹内的毛细管节流器，分别进入蜗杆-蜗轮齿条的两侧面油腔内，然后经过啮合面之间的间隙，再进入齿顶与齿根的间隙，压力降为零，流回油箱。目前设计的油膜厚度多取0.025~0.035mm，这样的油膜厚度可兼顾设计与制造问题。

静压蜗杆-蜗轮齿条采用的材料有：

1）钢蜗杆配铸铁蜗轮齿条。

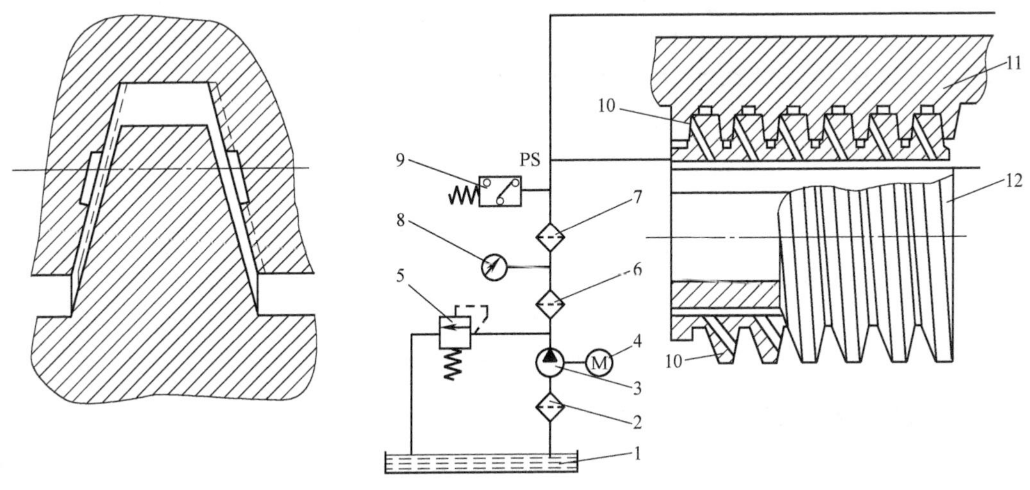

图 2-32 静压蜗杆-蜗轮齿条工作原理

1—油箱 2—滤油器 3—液压泵 4—电动机 5—溢流阀 6—粗滤油器
7—精滤油器 8—压力表 9—压力继电器 10—节流器 11—蜗轮齿条 12—蜗杆

2）钢蜗杆配铸铁基体涂有 SKC3 耐磨涂层的蜗轮齿条。

3）铜蜗杆配钢蜗轮齿条或铸铁蜗轮齿条。

前两种应用较多，前者的蜗轮齿条需用精加工机床加工，较难达到高精度；后者在铸铁基体上涂上 SKC3 耐磨涂层后可用精密母蜗杆挤压或注塑成型，蜗轮齿条制造工艺简单，且精度较高。

2. 传动方案

蜗杆-蜗轮齿条机构常用的传动方案有以下两种：

1）蜗杆箱固定，蜗轮齿条固定在运动件上，如图 2-33 所示。这种传动方案用于龙门式铣床的移动工作台进给驱动机构中。

2）蜗轮齿条固定，蜗杆箱固定在运动件上，如图 2-34 所示。这样行程长度可大大超过运动件的长度。这种方案常用于桥式镗铣床桥架进给驱动机构中。

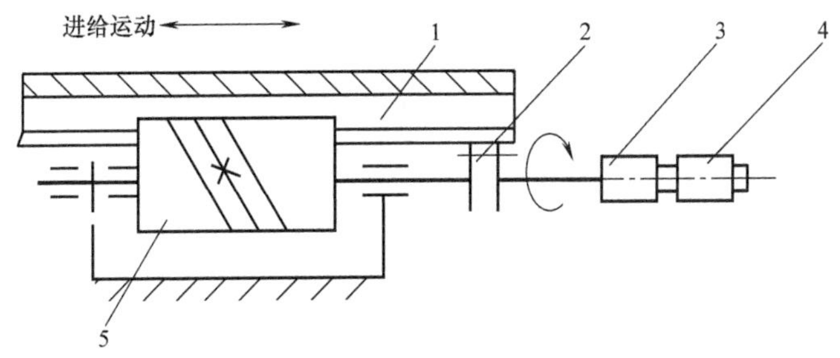

图 2-33 蜗杆箱固定式

1—蜗轮齿条 2—联轴器 3—进给箱 4—电动机 5—蜗杆

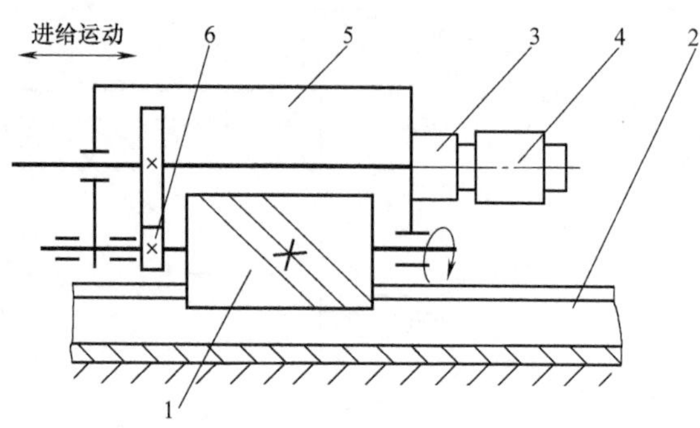

图 2-34　蜗杆箱移动式

1—蜗杆　2—蜗轮齿条　3—进给箱　4—电动机　5—蜗杆箱　6—变速齿轮

四、进给传动系统常见故障诊断及维修

表2-3、表2-4分别列举了滚珠丝杠、导轨在使用过程中常见的故障、故障原因及维修方法。

表 2-3　滚珠丝杠常见故障、故障原因及维修方法

故障现象	故障原因	维修方法
滚珠丝杠副噪声	丝杠支承轴承的压盖压合情况不好	调整轴承压盖，使其压紧轴承端面
	丝杠支承轴承可能破裂	如轴承破损，更换新轴承
	电动机与丝杠联轴器松动	拧紧联轴器，锁紧螺钉
	丝杠润滑不良	改善润滑条件，使润滑油量充足
	滚珠丝杠副滚珠有破损	更换新滚珠
滚珠丝杠运动不灵活	轴向预加载荷过大	调整轴向间隙和预加载荷
	丝杠与导轨不平行	调整丝杠支座位置，使丝杠与导轨平行
	螺母轴线与导轨不平行	调整螺母座位置
	丝杠弯曲变形	调整丝杠
滚珠丝杠润滑状况不良	各丝杠副润滑系统失效	用润滑脂润滑丝杠，需移动工作台，取下罩套，涂上润滑脂

表 2-4　导轨常见故障、故障原因及维修方法

故障现象	故障原因	维修方法
导轨研伤	机床经长时间使用，地基与床身水平度有变化，使导轨局部单位面积负荷过大	定期进行床身导轨的水平度调整，或修复导轨精度
	长期加工短工件或承受过分集中的负荷，使导轨局部磨损严重	注意合理分布短工件的安装位置，避免负荷过分集中
	导轨润滑不良	调整导轨润滑油量，保证润滑油压力
	导轨材质不佳	采用电镀加热自冷淬火对导轨进行处理，导轨上增加锌铝铜合金板，以改善摩擦情况
	刮研质量不符合要求	提高刮研修复的质量
	机床维护不良，导轨里落入脏物	加强机床保养，保护好导轨防护装置

（续）

故障现象	故障原因	维修方法
导轨上移动部件运动不良或不能移动	导轨面研伤	用 180 号砂布修磨机床与导轨面上的研伤
	导轨压板研伤	卸下压板，调整压板与导轨间隙
	导轨镶条与导轨间隙太小，调得太紧	松开镶条防松螺钉，调整镶条螺栓，使运动部件运动灵活，保证 0.03mm 的塞尺不得塞入，然后锁紧防松螺钉
加工面在接刀处不平	导轨直线度超差	调整或修刮导轨，允差为 0.015/500mm
	工作台镶条松动或镶条弯度太大	调整镶条间隙，镶条弯度在自然状态下小于 0.05mm/全长
	机床水平度差，使导轨发生弯曲	调整机床安装水平度，保证平行度、垂直度在 0.02/1000mm 之内

任务四　自动换刀装置

任务引入

机床上的刀架是安放刀具的重要部件，许多刀架还直接参与切削工作，如卧式车床上的四方刀架、转塔车床的转塔刀架、回轮式转塔车床的回轮刀架、自动车床的转塔刀架和天平刀架等。这些刀架既安放刀具，而且还直接参与切削，承受极大的切削力，所以它往往成为工艺系统中的较薄弱环节，因而经常出现刀具夹不紧、刀架松动、刀架不转动等故障。

所以掌握刀架结构和工作原理对于自动换刀装置的故障排除就变得尤为必要。

任务内容

为进一步提高数控机床的加工效率，数控机床正向着工件在一台机床一次装夹即可完成多道工序或全部工序加工的方向发展，因此出现了各种类型的加工中心机床，如车削中心、镗铣加工中心、钻削中心等。这类多工序加工的数控机床在加工过程中要使用多种刀具，因此必须有自动换刀装置，以便选用不同刀具，完成不同工序的加工工艺。自动换刀装置应当具备换刀时间短、刀具重复定位精度高、足够的刀具储备量、占地面积小、安全可靠等特性。

各类数控机床的自动换刀装置的结构取决于机床的类型、工艺范围、使用刀具的种类和数量。数控机床常用的自动换刀装置的类型、特点及适用范围见表 2-5。

表 2-5　自动换刀装置类型、特点及适用范围

类　型		特　点	适用范围
转塔式	回转刀架	多为顺序换刀，换刀时间短、结构简单紧凑、容纳刀具较少	各种数控车床，数控车削加工中心
	转塔头	顺序换刀，换刀时间短，刀具主轴都集中在转塔头上，结构紧凑。但刚性较差，刀具主轴数受限制	数控钻、镗、铣床

（续）

类　型		特　点	适用范围
刀库式	刀具与主轴之间直接换刀	换刀运动集中，运动部件少，但刀库容量受限	各种类型的自动换刀数控机床，尤其是对使用回转类刀具的数控镗、铣床类立式、卧式加工中心机床 要根据工艺范围和机床特点，确定刀库容量和自动换刀装置类型
	用机械手配合刀库进行换刀	刀库只有选刀运动，机械手进行换刀运动，刀库容量大	

一、排刀式刀架

排刀式刀架一般用于小规格数控车床，以加工棒料为主的机床较为常见。它的结构形式为夹持着各种不同用途刀具的刀夹沿着机床的X坐标轴方向排列在横向滑板或快换台板上。刀具典型布置方式如图2-35所示。这种刀架的特点之一是在使用上刀具布置和机床调整都较方便，可以根据具体工件的车削工艺要求，任意组合各种不同用途的刀具，第一把刀完成车削任务后，横向滑板只要按程序沿X轴向移动预先设定的距离后，第二把刀就到达加工位置，这样就完成了机床的换刀动作。这种换刀方式迅速省时，有利于提高机床的生产效率。特点之二是使用图2-36所示的快换台板，可以实现成组刀具的机外预调，即当机床在加工某一工件的同时，可以利用快换台板在机外组成加工同一种零件或不同零件的排刀组，利用对刀装置进行预调。当刀具磨损或需要更换加工零件品种时，可以通过更换台板来成组地更换刀具，从而使换刀的辅助时间大为缩短。特点之三是还可以安装各种不同用途的动力刀具（如图2-35所示的刀架两端的动力刀具）来完成一些简单的钻、铣、攻螺纹等二次加工工序，以使机床可在一次装夹中完成工件的全部或大部分加工工序。特点之四是排刀式刀架结构简单，可在一定程度上降低机床的制造成本。然而，采用排刀式刀架只适合加工旋转直径比较小的工件，只适合较小规格的机床配置，不适用于加工较大规格的工件或细长的轴类零件。一般来说，旋转直径超过100mm的机床大都不用排刀式刀架，而采用转塔式刀架。

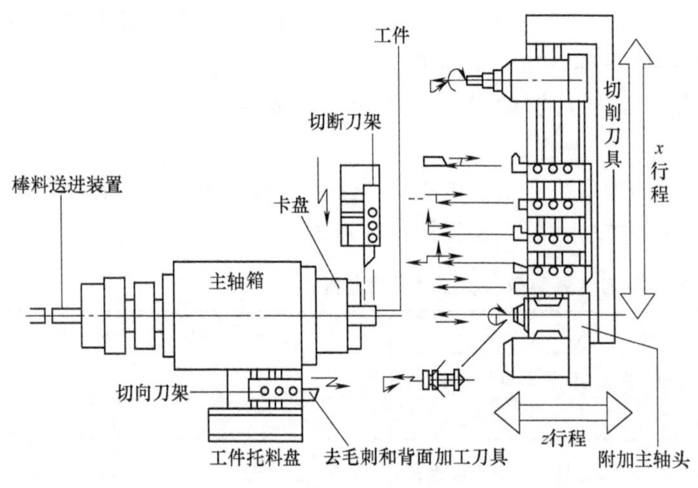

图2-35　排刀式刀架布置图

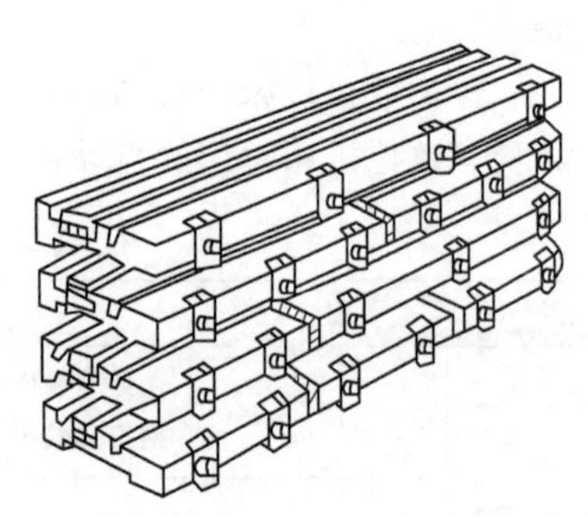

图2-36　快换台板

二、经济型数控车床方刀架

经济型数控车床方刀架是在普通车床四方刀架的基础上发展的一种自动换刀装置，功能和普通四方刀架一样，有四个刀位，能装夹四把不同功能的刀具，方刀架回转 90°时，刀具交换一个刀位，但方刀架的回转和刀位号的选择是由加工程序指令控制。换刀时方刀架的动作顺序是，刀架抬起、刀架转位、刀架定位和夹紧刀架。为完成上述动作要求，要有相应的机构来实现，下面就以 WZD4 型刀架为例说明其具体结构，如图 2-37 所示。

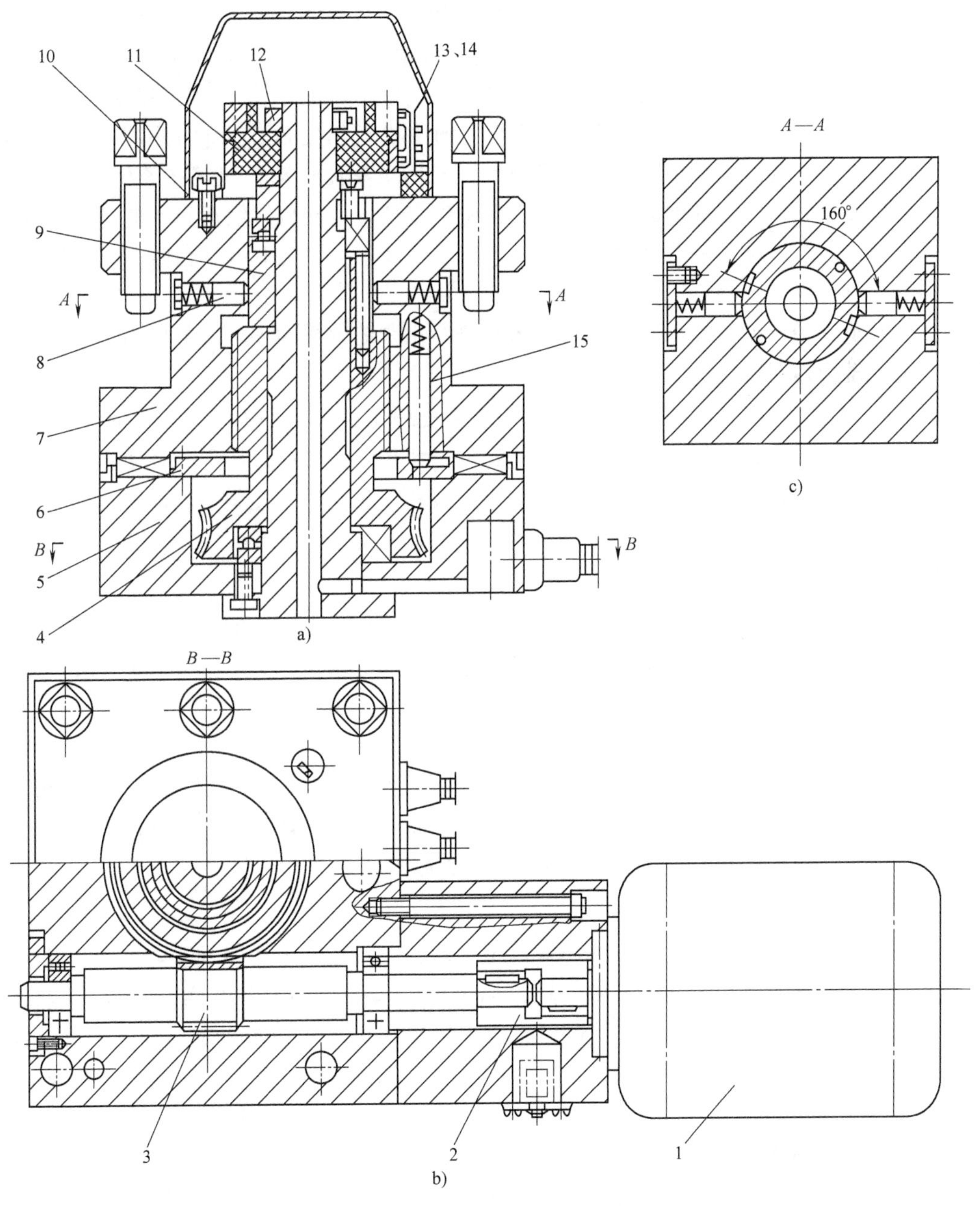

图 2-37　数控车床方刀架结构

1—电动机　2—联轴器　3—蜗杆轴　4—蜗轮丝杠　5—刀架底座　6—粗定位盘　7—刀架体　8—球头销　9—转位套　10—电刷座　11—发信体　12—螺母　13、14—电刷　15—粗定位销该刀架可以安装四把不同的刀具，转位信号由加工程序指定。当换刀指令发出后，小型电动机 1 起动正转，通过平键套筒联轴器 2 使蜗杆轴 3 转动，从而带动蜗轮丝杠 4 转动。蜗轮的上部外圆柱加工有外螺纹，所以该零件称为蜗轮丝杠。刀架体 7 内孔加工有内螺纹，与蜗轮丝杠旋合。蜗轮丝杠内孔与刀架中心轴外圆是滑动配合，在转位换刀时，中心轴固定不动，蜗轮丝杠环绕中心轴旋转。当蜗轮开始转动时，由于在刀架底座 5 和刀架体 7 上的端面齿处在啮合状态，且蜗轮丝杠轴向固定，这时刀架体 7 抬起。当刀架体抬至一定距离后，端面齿脱开。转位套 9 用销钉与蜗轮丝杠 4 联接，随蜗轮丝杠一同转动，当端面齿完全脱开，转位套正好转过 160°（如图 2-37c *A-A* 剖示所示），球头销 8 在弹簧力的作用下进入转位套 9 的槽中，带动刀架体转位。刀架体 7 转动时带着电刷座 10 转动，当转到程序指定的刀号时，粗定位销 15 在弹簧的作用下进入粗定位盘 6 的槽中进行粗定位，同时电刷 13、14 接触导通，使电动机 1 反转。由于粗定位槽的限制，刀架体 7 不能转动，使其在该位置垂直落下，刀架体 7 和刀架底座 5 上的端面齿啮合，实现精确定位。电动机继续反转，此时蜗轮停止转动，蜗杆轴 3 继续转动。随着夹紧力的增加，转矩不断增大，达到一定值时，在传感器的控制下，电动机 1 停止转动。

这种刀架在经济型数控车床及普通车床的数控化改造中得到了广泛的应用。

三、一般转塔回转刀架

图 2-38 所示为数控车床的转塔回转刀架，它适用于盘类零件的加工。在加工轴类零件时，可以换用四方回转刀架。由于两者底部安装尺寸相同，更换刀架十分方便。回转刀架动作根据数控指令进行，由液压系统通过电磁换向阀和顺序阀进行控制，其动作过程分为如下四个步骤：

1. 刀架抬起

当数控装置发出换刀指令后，压力油从 A 孔进入压紧液压缸的下腔，使活塞 1 上升，刀架 2 抬起使定位用活动插销 10 与固定插销 9 脱开。同时，活塞杆下端的端齿离合器 5 与空套齿轮 7 结合。

2. 刀架转位

当刀架抬起后，压力油从 C 孔进入转位液压缸左腔，活塞 6 向右移动，通过接板 13 带动齿条 8 移动，使空套齿轮 7 连同端齿离合器 5 逆时针旋转 60°，实现刀架转位。活塞行程应当等于齿轮 7 的节圆周长的 1/6，并由限位开关控制。

3. 刀架压紧

刀架转位后，压力油从 B 孔进入压紧液压缸的上腔，活塞 1 带动刀架 2 下降。蜗杆轴的底盘上精确地安装着 6 个带斜楔的圆柱固定插销 9，利用活动插销 10 消除定位销与孔之间的间隙，实现反靠定位。当刀架 2 下降时，定位活动插销与另一个固定插销 9 卡紧，同时，蜗杆轴与蜗轮丝杠以锥面接触，刀架在新的位置上定位并压紧。此时，端面离合器与空套齿轮脱开。

4. 转位液压缸复位

刀架压紧后，压力油从 D 孔进入转位液压缸右腔，活塞 6 带动齿条复位。由于此时端齿离合器已脱开，齿条带动齿轮在轴上空转。如果定位、压紧动作正常，推杆 11 与相应的触头 12 接触，发出信号表示已完成换刀过程，可进行切削加工。

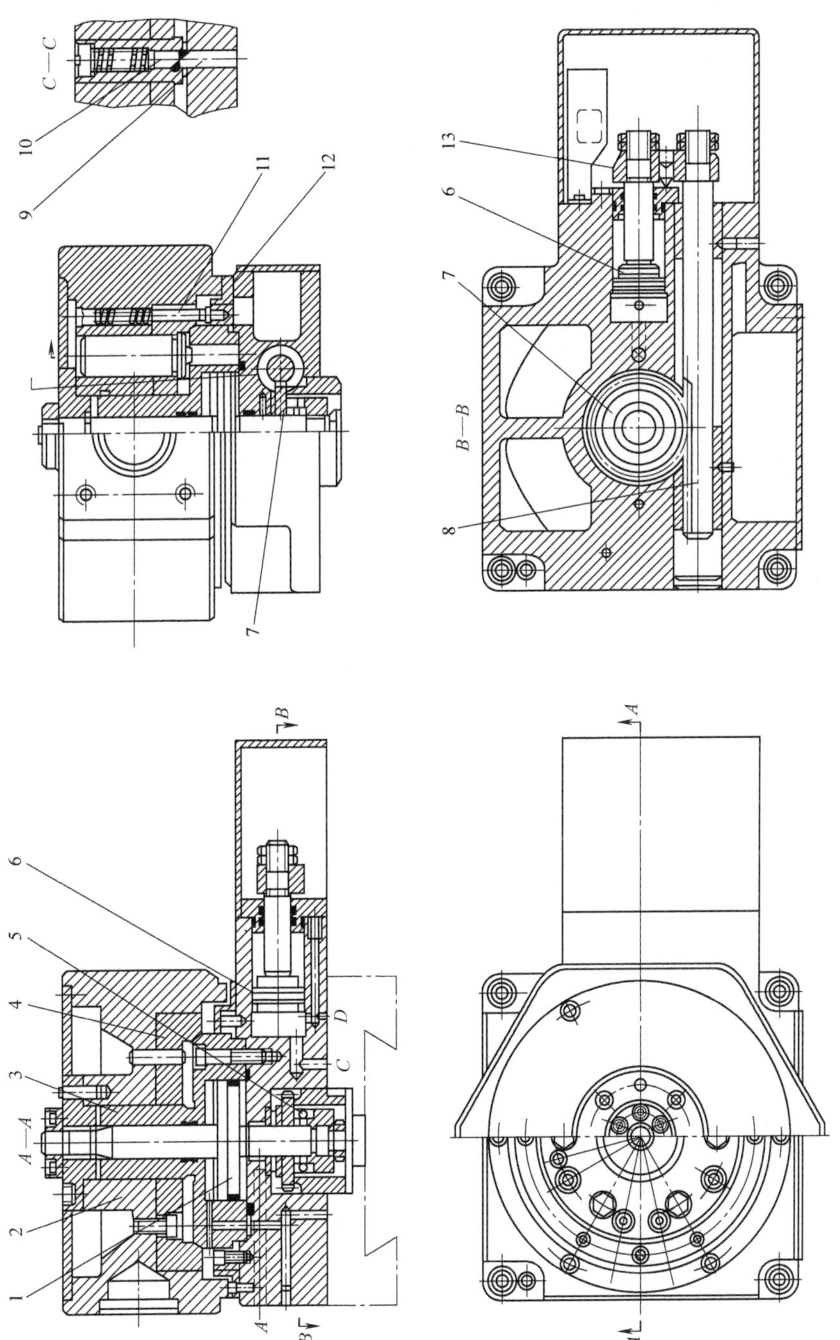

图 2-38 一般转塔回转刀架

1—活塞 2—刀架 3、4—定位杆 5—离合器 6—活塞 7—齿轮
8—齿条 9、10—插销 11—推杆 12—触头 13—接板

四、刀库的形式

刀库用于存放刀具，它是自动换刀装置中主要部件之一。其容量、布局和具体结构对数控机床的设计有很大影响。

根据刀库存放刀具的数目和取刀方式，刀库可设计成多种形式。图 2-39 所示为常见的几种刀库形式。单盘式刀库（见图 2-39a～d）存放的刀具数目一般为 15～40 把，为适应机床主轴的布局，刀库上刀具轴线可以按不同方向配置，如轴向、径向或斜向。图 2-39d 所示为刀具可作 90°翻转的圆盘刀库，采用这种结构可以简化取刀动作。单盘式的结构简单，取刀也很方便，因此应用广泛。当刀库存放刀具的数目要求较多时，若仍采用单圆盘刀库，则刀库直径增加太大而使结构庞大。为了既能增大刀库容量而结构又较紧凑，研制了各种形式的刀库。图 2-39e 所示为鼓轮弹仓式（又称刺猬式）刀库，其结构十分紧凑，在相同的空间内，它的刀库容量最大，但选刀和取刀的动作较复杂。

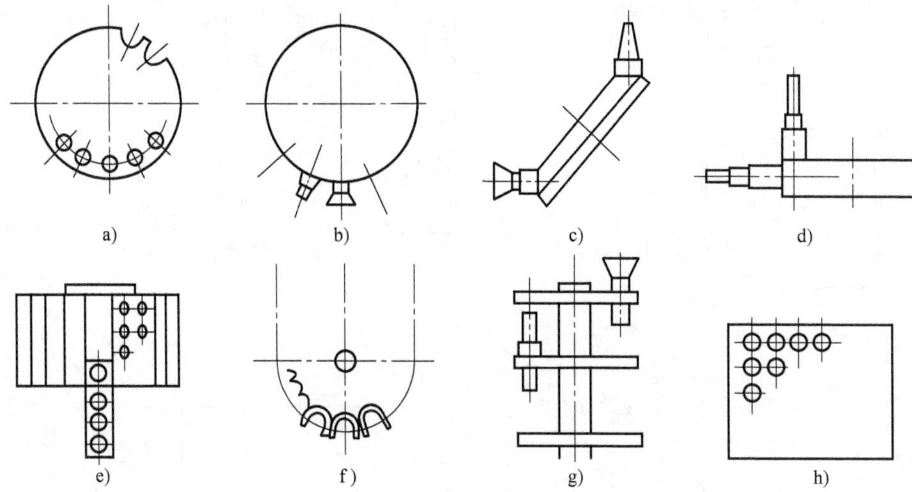

图 2-39　常见刀库

图 2-40 所示为链式刀库，其结构有较大的灵活性。图 2-40a 所示为某一自动换刀数控镗铣床所采用的单排链式刀库简图，刀库置于机床立柱侧面，可容纳 45 把刀具，如刀具存储

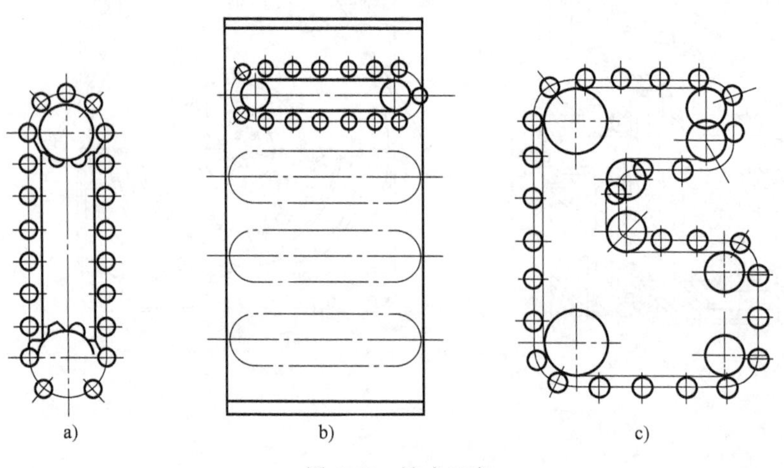

图 2-40　链式刀库

量过大，将使刀库过高。为了增加链式刀库的存储量，可采用图 2-40b 所示的多排链式刀库，我国 JCS-013 型自动换刀数控镗铣床采用了四排刀链，每排存储 15 把刀具，整个刀库存储 60 把刀具。这种刀库常独立安装于机床之外，因此占地面积大；由于刀库远离主轴，必须有刀具中间搬运装置，使整个换刀系统结构复杂。图 2-40c 所示为加长链条的链式刀库，采用增加支承链轮数目的方法，使链条折叠回绕，提高其空间利用率，从而增加了刀库的存储量。此外，还有多盘式和格子式刀库，如图 2-39g、h 所示，这种刀库虽然存储量大，但结构复杂，选刀和取刀动作多，故较少采用。

刀库除了存储刀具之外，还要能根据要求将各工序所用的刀具运送到取刀位置。刀库常采用单独驱动装置。图 2-41 所示为圆盘式刀库的结构图，可容纳 40 把刀具，图 2-41a 所示

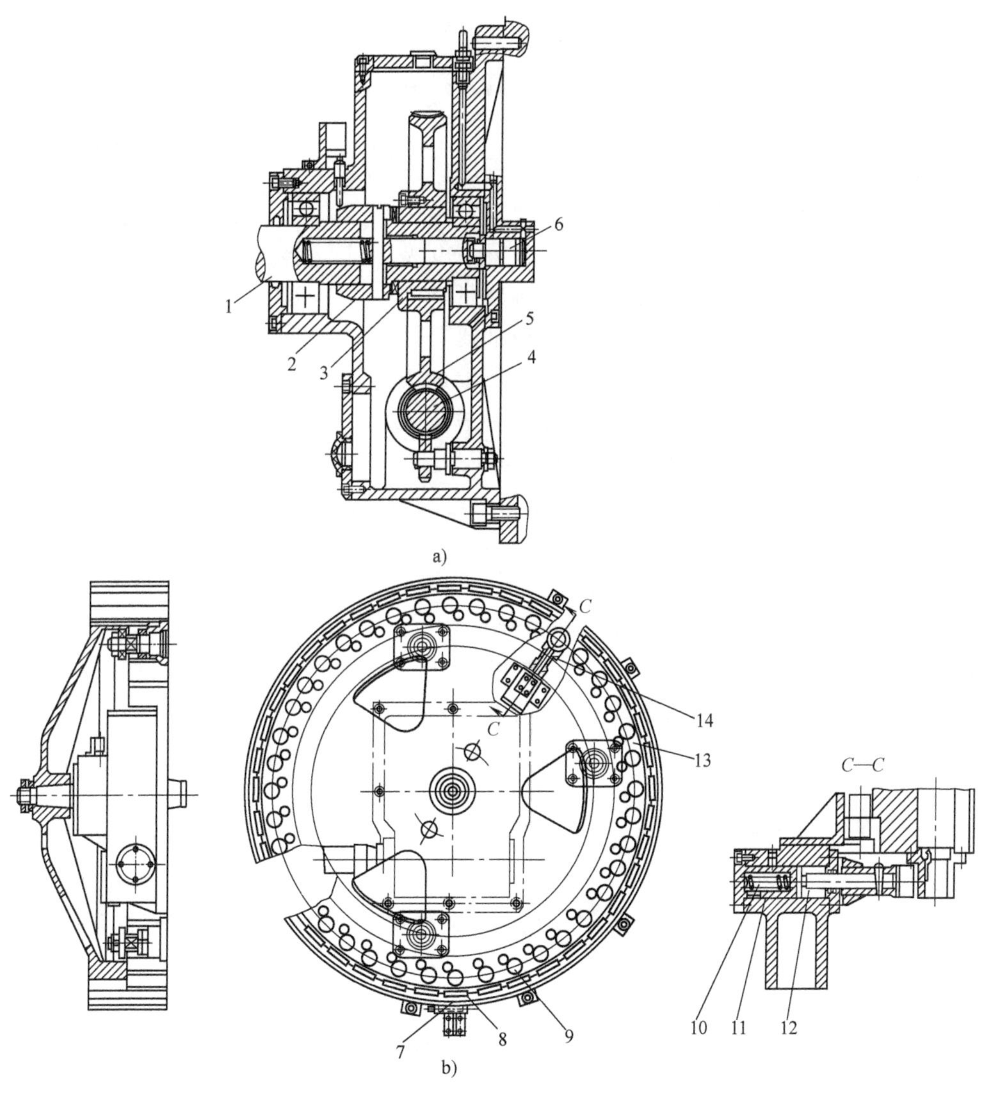

图 2-41 圆盘式刀库结构图

1—轴 2、3—端齿离合器 4—蜗杆 5—蜗轮 6、12—油缸 7—刀座号读取装置 8—刀座号码板 9—刀座 10—弹簧 11—套 13—圆盘 14—V 形块

为刀库的驱动装置，由液压马达驱动，通过蜗杆 4 和蜗轮 5，端齿离合器 2 和 3 带动与圆盘 13 相连的轴 1 转动。如图 2-41b 所示，圆盘 13 上均布 40 个刀座 9，其外侧边缘上有固定不动的刀座号读取装置 7。当圆盘 13 转动时，刀座号码板 8 依次经过刀座号读取装置，并读出各刀座的编号，与输入指令相比较，当找到所要求的刀座号时，即发出信号，高压油进入油缸 6 右腔使端齿离合器 2 和 3 脱开，使圆盘 13 处于浮动状态。同时油缸 12 前腔的高压油通路被切断，并使其与回油箱连通，在弹簧 10 的作用下，油缸 12 的活塞杆带着定位 V 形块 14 使圆盘 13 定位，以便换刀装置换刀。这种装置比较简单，总体布局比较紧凑，但圆盘直径较大，转动惯量大，一般这种刀库多安装在离主轴较远的位置，因此，要采用中间搬运装置来将刀具传送到换刀位置。

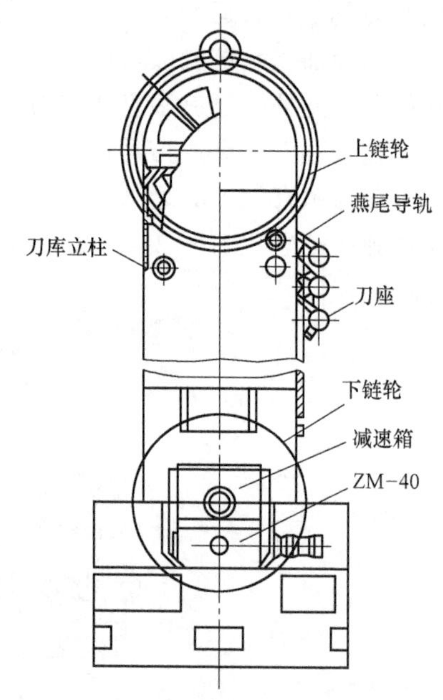

图 2-42　链式刀库结构示意图

THK6370 型自动换刀数控卧式镗铣床采用链式刀库。其结构示意图如图 2-42 所示。刀库由 45 个刀座组成，刀座就是链传动的链节，刀座的运动由 ZM-40 型液压马达通过减速箱传到下链轮轴上，下链轮带动刀座运动。刀库运动的速度通过调节 ZM-40 型液压马达的速度来实现。刀座的定位用正靠的办法将所要的刀具准确地定位在取刀（还刀）位置上。在刀具进入取刀位置之前，刀座首先减速。刀座上的燕尾进入刀库立柱的燕尾导轨，在选刀与定位区域内，刀座在燕尾导轨内移动，以保持刀具编码环与选刀器的位置关系的一致性。

五、刀库的故障

1. 刀库不能转动或转动不到位

刀库不能转动的可能原因有：①连接电动机轴与蜗杆轴的联轴器松动；②变频器故障，应检查变频器的输入输出电压正常与否；③PLC 无控制输出，可能是接口板中的继电器失效所致；④机械连接过紧或黄油黏涩；⑤电网电压过低（不应低于 370V）。

刀库转动不到位的可能原因有：电动机转动故障，传动机构误差。

2. 刀套不能夹紧刀具

可能原因是刀套上的调整螺母松动，或弹簧太松，造成卡紧力超重，刀具超重。

3. 刀套上、下不到位

可能原因是装置调整不当或加工误差过大而造成拨叉位置不正确；因限位开关安装不准或调整不当而造成反馈信号错误。

4. 刀套不能拆卸或停留一段时间才能拆卸

应检查操纵刀套 90°上下的气缸、气阀是否松动，气压是否足够，刀套的转动轴是否锈蚀等。

六、换刀机械手故障

1. 刀具夹不紧

可能原因有气泵气压不足、增压漏气、刀具卡紧气压漏气、刀具松开弹簧上的螺母松动。

例如 VMC-65A 型加工中心使用半年出现主轴拉刀松动，无任何报警信息。分析主轴拉不紧刀的原因是：①主轴拉刀碟簧变形或损坏；②拉力气缸动作不到位；③拉钉与刀柄夹头间的螺纹联接松动。经检查，发现拉钉与刀柄夹头的螺纹联接松动，刀柄夹头随着刀具的插拔发生旋转，后退了约 1.5mm。该台机床的拉钉与刀柄夹头间无任何联接防松的锁紧措施。在插拔刀具时，若刀具中心与主轴锥孔中心稍有偏差，刀柄夹头与刀柄间就会存在一个偏心摩擦。刀柄夹头在这种摩擦和冲击的共同作用下，时间一长，螺纹松动退丝，出现主轴拉不住刀的现象。若将主轴拉钉和刀柄夹头的螺纹连接用螺纹锁固密封胶锁固及锁紧螺母锁紧后，故障消除。

2. 刀具夹紧后松不开

可能原因有松锁刀的弹簧压合过紧，应调节松锁刀弹簧上的螺钉，使最大载荷不超过额定数值。

3. 刀具从机械手中脱落

应检查刀具是否超重，机械手卡紧锁是否损坏或没有弹出来。

4. 刀具交换时掉刀

换刀时主轴箱没有回到换刀点或换刀点漂移，机械手抓刀时没有到位，就开始拔刀，都会导致换刀时掉刀。这时应重新操作主轴箱运动，使其回到换刀点位置，重新设定换刀点。

5. 机械手换刀速度过快或过慢

可能是因气压太高或太低和换刀节流阀开口太大或太小。应调整气压大小和节流阀开口的大小。

七、加工中心自动换刀装置控制及常见故障分析

刀库及换刀机械手结构较复杂，且在工作中又频繁运动，所以故障率较高，目前机床上有 50%以上的故障都与之有关。如刀库运动故障、定位误差过大、机械手夹持刀柄不稳定、机械手动作误差过大等。这些故障最后都造成换刀动作卡位，整机停止工作。因此刀库及换刀机械手的维护十分重要。下面以 BT50-24TOOL 为例说明盘式刀库机械结构、换刀原理，最后举例说明加工中心换刀装置的故障分析。

1. BT50-24TOOL 圆盘式刀库自动换刀装置（见图 2-43）的特点

1）刀库的旋转为电动机拖动（具有电磁制动装置），靠电气实现刀库旋转方向（具有

图 2-43　BT50-24TOOL 圆盘式刀库实体图

就近选刀功能)、换刀位置检测及定位控制，结构简单，工作可靠。

2）机械手换刀采用先进的凸轮换刀结构，实现电气和机械联合控制。

3）倒刀控制采用气动控制，通过气缸的磁环开关检测控制。

4）全机械式换刀，避免液压泄漏，降低了故障率。

5）换刀时间仅 2.7s，大大提高了机床效率。

2. BT50-24TOOL 圆盘式刀库自动换刀装置机构

BT50-24TOOL 圆盘式刀库自动换刀装置机构如图 2-44 所示。

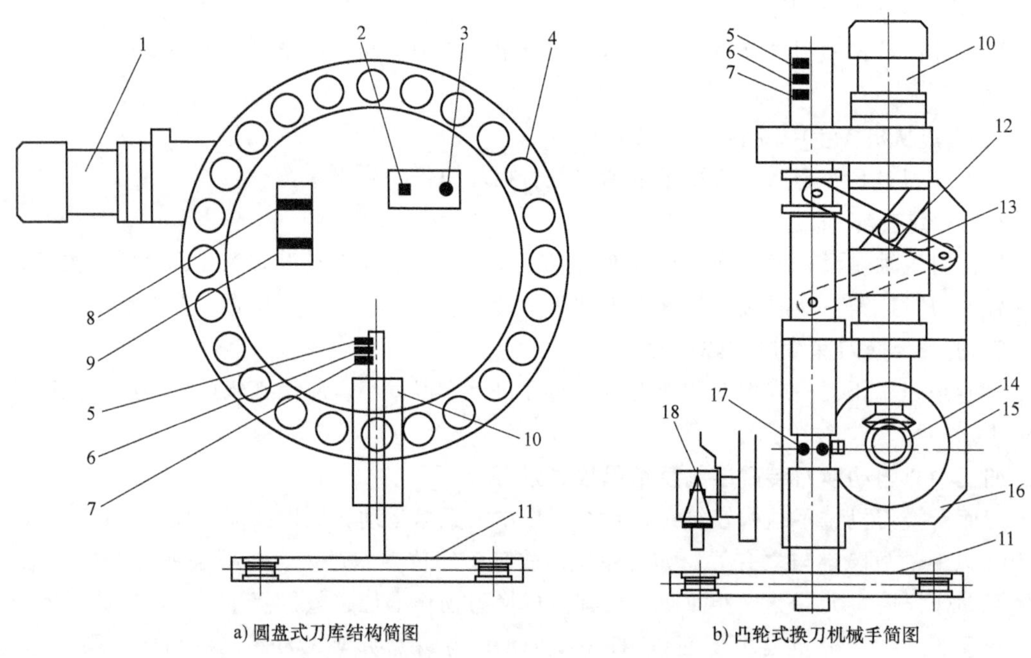

a) 圆盘式刀库结构简图　　b) 凸轮式换刀机械手简图

图 2-44　BT50-24TOOL 圆盘式刀库自动换刀装置机构

1—刀库旋转电动机　2—刀库刀位计数开关（接近开关）　3—刀库刀位复位开关　4—刀库的刀座　5—机械手换刀电动机停止开关　6—机械手扣刀到位开关　7—机械手原点确认开关　8—倒刀气缸缩回定位开关　9—回刀气缸伸出定位开关　10—机械手换刀电动机　11—机械手　12—圆柱凸轮　13—杠杆　14—锥齿轮　15—凸轮滚子　16—主轴箱　17—十字轴　18—刀套

3. 自动刀具交换动作步骤

1）程序执行到选刀指令 T 时，系统通过方向判别后，控制刀库旋转电动机 1 正转或反转，刀库刀位计数开关 2 开始计数（计算出到达换刀点的步数），当刀库上所选的刀具转到换刀位置后，刀库旋转电动机立即停转，完成选刀定位控制，如图 2-45 所示。

2）程序中执行到交换刀具指令，交换刀具指令一般为 M06（实际是换刀宏程序或换刀子程序），首先主轴自动返回换刀点（一般是机床的第二参考点），且实现主轴准停，然后倒刀电磁阀线圈得电，气缸推动选刀的刀杆向下翻转 90°（倒下），倒刀气缸缩回定位开关（磁环开关）8 发出信号，完成倒刀控制，同时是交换刀具的开始信号，如图 2-46 所示。

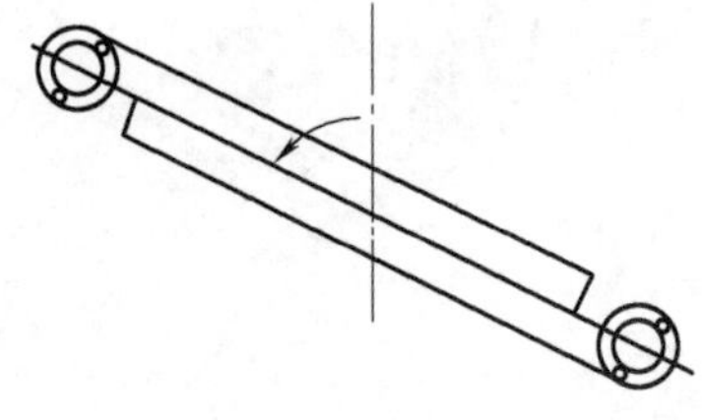

图 2-45　刀库选刀定位控制过程

3）当倒刀气缸缩回定位开关 8 发出信号且机械手原点确认开关 7 处于接通状态时，机械手换刀电动机 10 旋转带动机械手从原位逆时针旋转一个固定角度（65°/75°），进行机械手扣刀控制，如图 2-47 所示。

4）当机械手扣刀到位开关 6 接通后，主轴开始松开刀具控制（通常采用气动或液动控制），当主轴松刀开关接通后，换刀电动机运转，使机械手下降，进行拔刀控制，机械手完成拔刀后，换刀电动机继续旋转，机械手旋转 180°（进行交换刀具控制）并进行插刀控制，当机械手换刀电动机停止开关 5（接近开关）接通后发出信号使电动机立即停止，如图 2-48、图 2-49 所示。

5）当机械手完成插刀控制后，机械手扣刀到位开关 6 再次接通，此时主轴刀具进行锁紧控制，如图 2-50 所示。

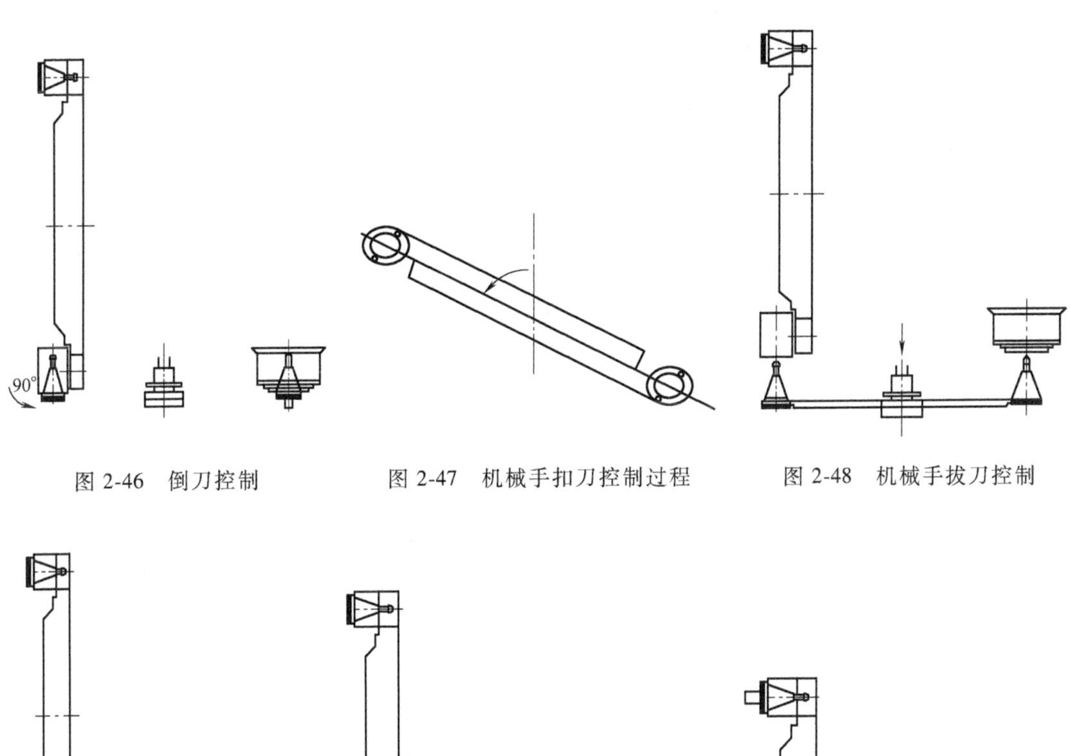

图 2-46　倒刀控制

图 2-47　机械手扣刀控制过程

图 2-48　机械手拔刀控制

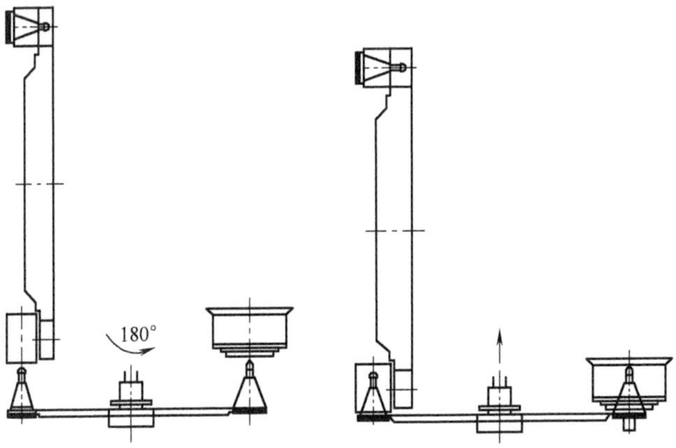

图 2-49　机械手旋转 180°并进行插刀控制

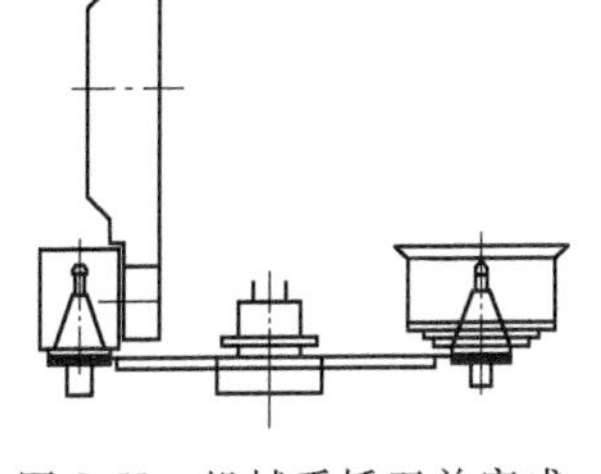

图 2-50　机械手插刀并完成主轴刀具锁紧控制

6）当主轴锁紧完成开关信号发出后，机械手电动机起动旋转，机械手顺时针旋转一个固定角度，机械手回到原位后，机械手电动机立即停止，如图 2-51 所示。

7）当机械手原点确认开关 7 再次接通后，回刀电磁阀线圈得电，气缸推动刀杆向上翻转 90°，为下一次选刀做准备。回刀气缸伸出定位开关 9（磁环开关）接通，完成整个换刀控制，如图 2-52 所示。

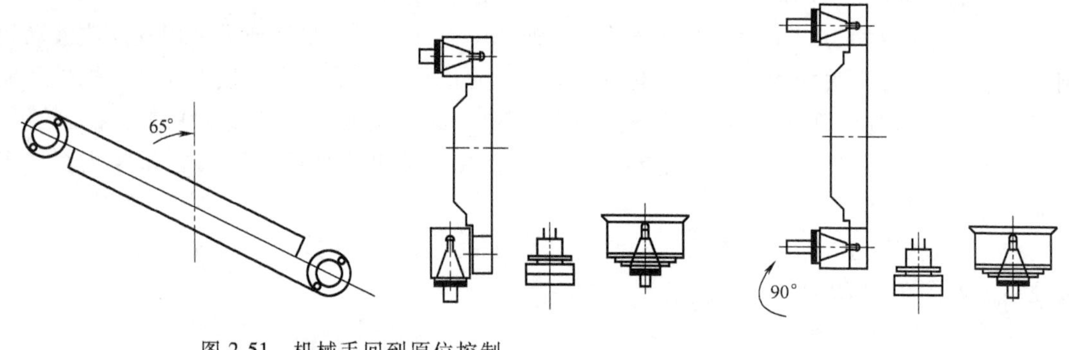

图 2-51　机械手回到原位控制

图 2-52　回刀控制

4. 自动换刀装置常见故障及维修

(1) 刀库乱刀故障处理方法

故障原因：

1) PMC 参数丢失或系统记忆值与实际不符。

2) 换刀装置拆修。

3) 操作者误操作。

具体处理方法：

1) 手动方式使刀库回到原位位置，即 1 号刀座对应换刀位置。

2) 通过系统 PMC 参数画面，初始化数据表，数据表的 D000 设定为 0，D001～D024 设定值分别设定为 1～24。

3) 通过系统 PMC 参数画面，刀库计数器初始化设定为 23。

4) 系统 MDI 方式下，把实际刀具送回到刀库中。

(2) 换刀过程中出现碰刀的处理

故障原因：

1) 主轴换刀点位置不正确。

2) 主轴准停位置不正确。

主轴换刀点位置不正确的处理方法：

1) 机床手动返回到机床参考点。

2) 手动盘机械手电动机，使机械手转到扣刀位置。

3) 调整主轴到换刀点，并记下机床坐标系的坐标值。

4) 把主轴换刀点的坐标值输入到换刀宏程序的换刀位置中。

主轴准停位置不正确的处理方法：

首先要排除主轴一转信号不稳的故障，然后调整主轴准停角度，使主轴刀座的键与机械手上的键槽对准（通过换刀宏程序调整）。

(3) 换刀过程中停止并发出换刀超时故障报警处理

1) 根据换刀动作时序图，查明换刀故障时执行到第几步。

2) 借助系统梯形图的信号变化，查明故障发生时是前一个动作没结束还是后一个动作没开始。

3）判别是机械故障还是电气故障。

4）排除故障后，手动盘机械手电动机使机械手回到原位。

任务五　回转工作台

任务引入

为了扩大数控机床的加工性能，适应某些零件加工的需要，数控机床的进给运动，除X、Y、Z三个坐标轴的直线进给运动之外，还可以有绕X、Y、Z三个坐标轴的圆周进给运动，这分别称A、B、C轴。通常数控机床的圆周进给运动，可以实现精确的自动分度改变工件相对于主轴的位置，以便分别加工各个表面，这为箱体类零件的加工带来了便利。对于自动换刀的多工序数控机床来说，回转工作台已成为一个不可缺少的部件。

数控机床中常用的回转工作台有分度工作台和数控工作台。它们的结构和工作原理是什么样子呢?

任务内容

一、齿盘式分度工作台

分度工作台是按照数控系统的指令，在需要分度时工作台连同工件回转规定的角度，有时也可采用手动分度。分度工作台只能够完成分度运动而不能实现圆周运动，并且它的分度运动只能完成一定的回转度数，如90°、60°或45°等。

齿盘式分度工作台主要由工作台面底座、升降液压缸、分度液压缸和齿盘等零件组成，其结构如图2-53所示。齿盘是保证分度精度的关键零件，在每个齿盘的端面有数目相同的三角形齿。当两个齿盘啮合时，能自动确定周向和径向的相对位置。

机床需要进行分度工作时，数控装置就发出指令，电磁铁控制液压阀，使压力油经管道23进入到工作台7中央的升降液压缸下腔10推动活塞6向上移动，经推力轴承5和13将工作台7抬起，上齿盘4和下齿盘3脱离啮合，与此同时，在工作台7向上移动的过程中带动内齿轮12向上套入齿轮11，完成分度前的准备工作。

当工作台7上升时，推杆2在弹簧力的作用下向上移动使推杆1能在弹簧力的作用下向右移动，离开微动开关S2，使S2复位，控制电磁阀使压力油经管道21进入分度液压缸左腔19，推动齿条活塞8向右移动，带动与齿条相啮合的齿轮11作逆时针方向转动。由于齿轮11已经与内齿轮12相啮合，分度台也将随着转过相应的角度。回转角度的近似值将由微动开关和挡块17控制，开始回转时，挡块14离开推杆15使微动开关S1复位，通过电路互锁，始终保持工作台处于上升位置。

当工作台转到预定位置附近，挡块17通过推杆16使微动开关S3工作。控制电磁阀开启使压力油经油孔22进入到升降液压缸上腔9。活塞6带动工作台7下降，上齿盘4与下齿盘3在新的位置重新啮合，并定位压紧。升降液压缸下腔10的回油经节流阀可限制工作台的下降速度，保护齿面不受冲击。

当分度工作台下降时，通过推杆1及2的作用启动微动开关S2，分度液压缸右腔18通

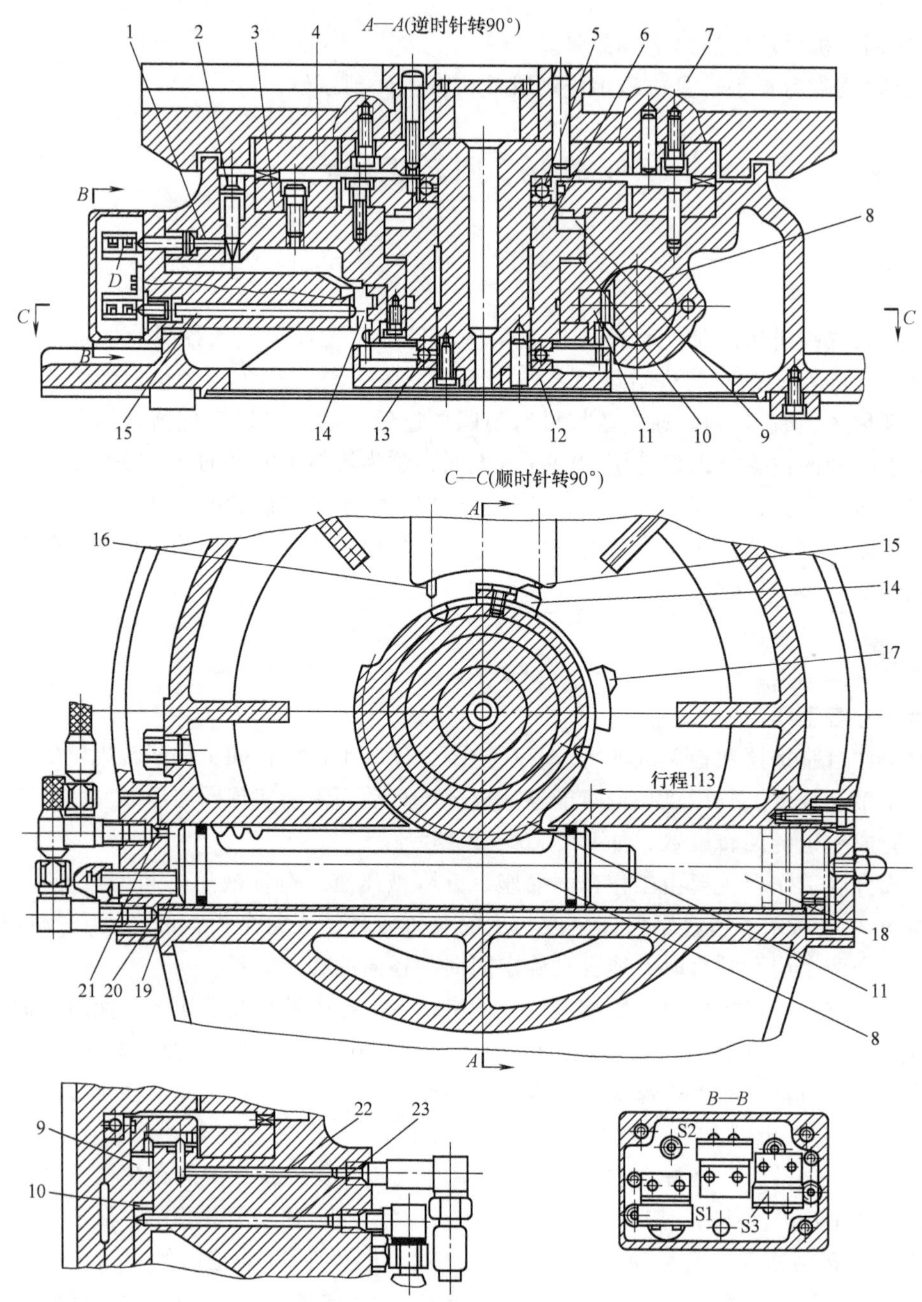

图 2-53　齿盘式分度工作台

1、2、15、16—推杆　3—下齿盘　4—上齿盘　5、13—推力轴承　6—活塞　7—工作台　8—齿条活塞　9—升降液压缸上腔　10—升降液压缸下腔　11—齿轮　12—内齿轮　14、17—挡块　18—分度液压缸右腔　19—分度液压缸左腔　20、21—分度液压缸进回油管道　22、23—升降液压缸进回油管道

过管道 20 进压力油，齿条活塞 8 退回。齿轮 11 顺时针方向转动时带动挡块 17 及 14 回到原处，为下一次分度做好准备。此时内齿轮 12 已同齿轮 11 脱开，工作台保持静止状态。

齿盘式分度工作台的优点是，定位刚度好，重复定位精度高，它的分度精度可达到

±(0.5″~3″)，结构简单。缺点是齿盘制造精度要求很高，且不能任意角度分度，它只能分度能除尽齿盘齿数的角度。这种工作台不仅可与数控机床做成一体，也可作为附件使用，广泛应用于各种加工和测量装置中。

二、数控回转运动工作台

数控回转运动工作台能实现进给运动，它在结构上和数控机床的进给驱动机构有许多共同点。不同点在于数控机床的进给驱动机构实现的是直线进给运动，而数控回转运动工作台实现的是圆周进给运动。数控回转运动工作台的外形和分度工作台没有多大区别，但在内部结构和功用上则具有较大的不同。数控回转运动工作台分为开环和闭环两种。

闭环数控工作台的结构与开环的大致相同，其区别在于闭环数控回转工作台有转动角度的测量元件（圆光栅或圆感应同步器）。所测量的结果经反馈与指令值进行比较，按闭环原理进行工作，使工作台分度精度更高。

图 2-54 所示为闭环数控回转工作台结构图。闭环回转工作台由电液脉冲马达 1 驱动，在它的轴上装有主动齿轮 3（$z_1=22$），它与从动齿轮 4（$z_2=66$）相啮合，齿的侧隙靠调整偏心环 2 来消除。从动齿轮 4 与蜗杆 10 用楔形的拉紧销钉 5 来连接，这种联接方式能消除轴与套的配合间隙。蜗杆 10 是双螺距式，即相邻齿的厚度是不同的。因此，可用轴向移动蜗杆的方法来消除蜗杆 10 和蜗轮 11 的齿侧间隙。调整时，先松开壳体螺母套筒 7 上的锁紧螺钉 8，使锁紧瓦 6 把丝杠 9 放松，然后转动丝杠 9，它便和蜗杆 10 同时在壳体螺母套筒 7 中作轴向移动，消除齿侧间隙。调整完毕后，再拧紧锁紧螺钉 8，把锁紧瓦 6 压紧在丝杠 9 上，使其不能再作转动。

蜗杆 10 的两端装有双列滚针轴承作径向支承，右端装有两只止推轴承承受轴向力，左端可以自由伸缩，保证运转平稳。蜗轮 11 下部的内、外两面均有夹紧瓦 12 和 13。当蜗轮 11 不回转时，回转工作台的底座 18 内均布有 8 个液压缸 14，其上腔进压力油时，活塞 15 下行，通过钢球 17，撑开夹紧瓦 12 和 13，把蜗轮 11 夹紧。当回转工作台需要回转时，控制系统发出指令，使液压缸上腔油液流回油箱。由于弹簧 16 恢复力的作用，把钢球 17 抬起，夹紧瓦 12 和 13 就不夹紧蜗轮 11，然后由电液脉冲马达 1 通过传动装置，使蜗轮 11 和回转工作台一起按照控制指令作回转运动。回转工作台的导轨面由大型滚柱轴承支承，并由圆锥滚子轴承 21 和双列圆柱滚子轴承 20 保持准确的回转中心。

闭环数控回转工作台设有零点，当它作返零控制时，先用挡块碰撞限位开关（图中未示出），使工作台由快速回转变为慢速回转，然后在无触点开关的作用下，使工作台准确地停在零位。数控回转工作台可作任意角度的回转或分度，由光栅 19 进行读数控制。光栅 19 沿其圆周上有 21600 条刻线，通过 6 倍频电路，刻度的分辨能力为 10″。

这种数控回转工作台的驱动系统采用开环系统时，其定位精度主要取决于蜗杆蜗轮副的运动精度，虽然采用高精度的五级蜗杆蜗轮副，并用双螺距杆实现无间隙传动，但还不能满足机床的定位精度（±10″）。因此，需要在实际测量工作台静态定位误差之后，确定需要补偿的角度位置和补偿脉冲的符号（正向或反向），记忆在补偿回路中，由数控装置进行误差补偿。

图 2-55 为双蜗杆回转工作台传动结构，用两个蜗杆分别实现对蜗轮的正、反向传动。蜗杆 2 可轴向调整，使两个蜗杆分别与蜗轮左右齿面接触，尽量消除正、反向传动间隙。调整垫 3、5 用于调整一对锥齿轮的啮合间隙。

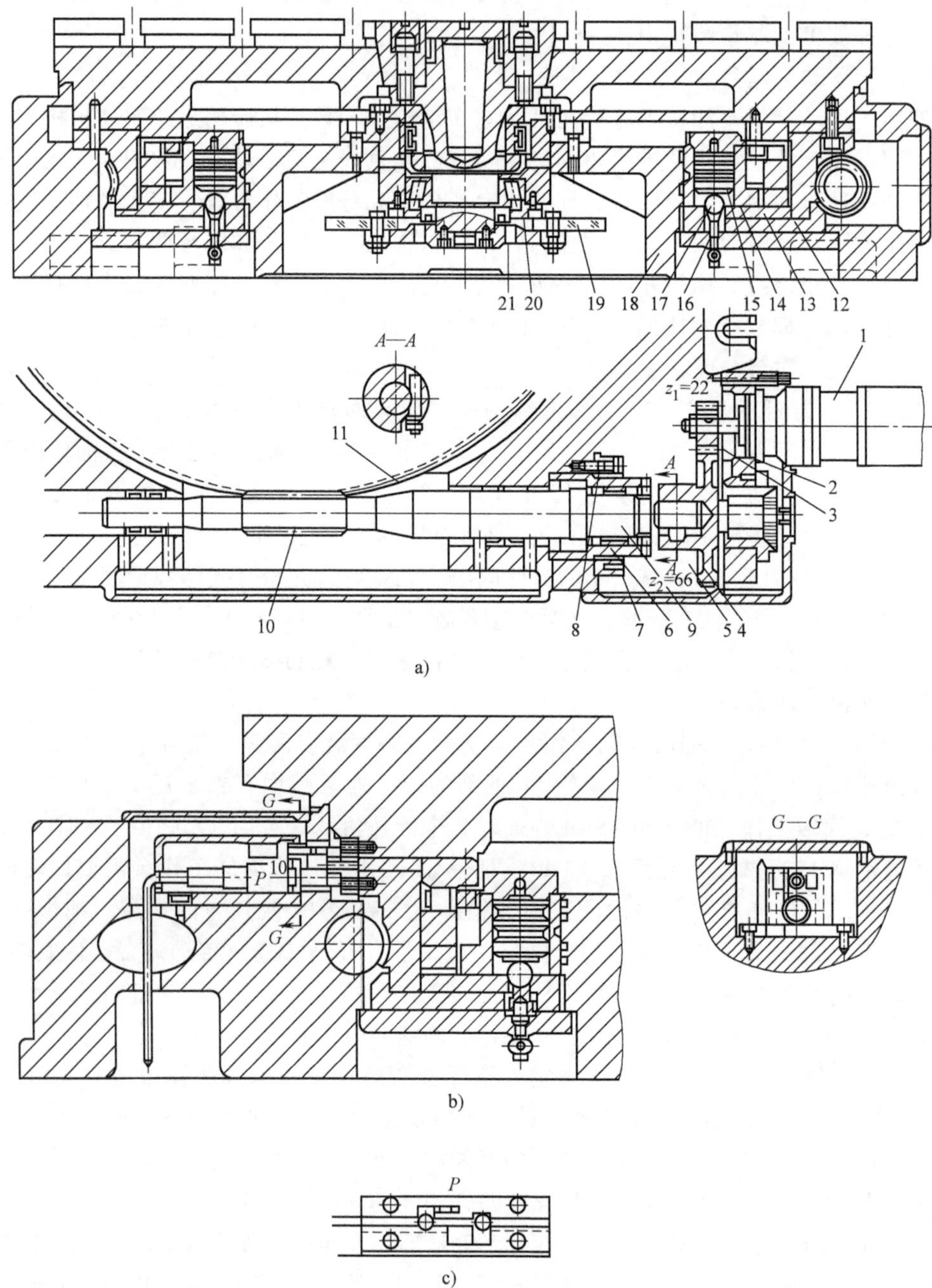

图 2-54　闭环数控回转工作台

1—电液脉冲马达　2—偏心环　3—主动齿轮　4—从动齿轮　5—销钉　6—锁紧瓦　7—套筒　8—螺钉　9—丝杠　10—蜗杆　11—蜗轮　12、13—夹紧瓦　14—液压缸　15—活塞　16—弹簧　17—钢球　18—底座　19—光栅　20、21—轴承

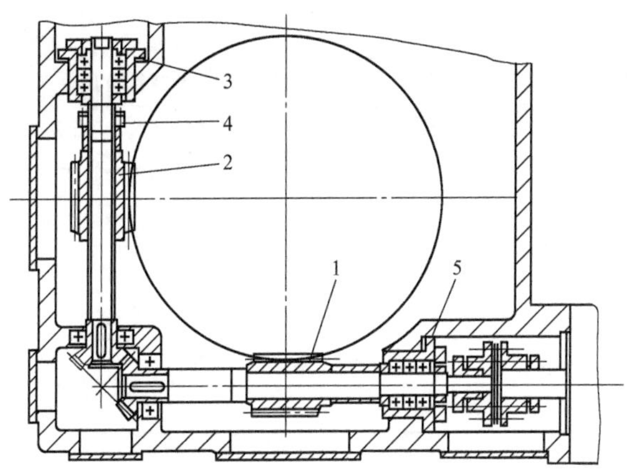

图 2-55　双蜗杆传动结构

1—轴向固定蜗杆　2—轴向调整蜗杆　3、5—调整垫　4—锁紧螺母

三、回转工作台的常见故障及排除方法

回转工作台的常见故障及排除方法见表 2-6。

表 2-6　回转工作台的常见故障及排除方法

故障现象	故障原因	排除方法
工作台没有抬起动作	控制系统没有抬起信号输入	检查控制系统是否有抬起信号输出
	抬起液压阀卡住没有动作	修理或清除污物，更换液压阀
	液压压力不够	检查油箱内油是否充足，并重新调整压力
	抬起液压缸研损或密封损坏	修复研损部位或更换密封圈
	与工作台连接的机械部分研损	修复研损部位或更换零件
工作台不转位	工作台抬起或松开完成信号没有发出	检查信号开关是否失效，更换失效开关
	控制系统没有转位信号输入	检查控制系统是否有转位信号输出
	与电动机或齿轮相连的胀紧套松动	检查胀紧套连接情况，拧紧胀紧套压紧螺钉
	液压转台的转位液压缸研损或密封损坏	修复研损部位或更换密封圈
	液压转台的转位液压阀卡住没有动作	修理或清除污物，更换液压阀
	工作台支承面回转轴及轴承等机械部分研损	修复研损部位或更换新的轴承
工作台转位分度不到位，发生顶齿或错齿	控制系统输入的脉冲数不够	检查系统输入的脉冲数
	机械传动系统间隙太大	调整机械传动系统间隙，轴向移动蜗杆，或更换齿轮、锁紧胀紧套等
	液压转台的转位液压缸研损，未转到位	修复研损部位
	转位液压缸前端的缓冲装置失效，挡铁松动	修复缓冲装置，拧紧挡铁螺母
	闭环控制的圆光栅有污物或裂纹	修理或清除污物，或更换圆光栅

（续）

故障现象	故障原因	排除方法
工作台不夹紧，定位精度差	控制系统没有输入工作台夹紧信号	检查控制系统是否有夹紧信号输出
	夹紧液压阀卡住没有动作	修理或清除污物，更换液压阀
	液压压力不够	检查油箱内油是否充足，并重新调整压力
	与工作台相连接的机械部分研损	修复研损部位或更换零件
	上下齿盘受到冲击松动，两齿盘间有污物，影响定位精度	重新调整固定
		修理或清除污物
	闭环控制的圆光栅有污物或裂纹，影响定位精度	修理或清除污物，或更换圆光栅

任务六　数控机床的液压与气动装置

任务引入

现代数控机床在实现整机的全自动化控制中，除数控系统外，还需要配备液压和气动装置来辅助实现整机的自动运行功能。液压传动装置使用工作压力高的液体介质，机构输出力大，机械结构更紧凑，动作平稳可靠，易于调节，噪声较小，但要配置液压泵和油箱，当油液渗漏时会污染环境。气动装置的气源容易获得，机床可以不必单独配置动力源，装置结构简单，工作介质不污染环境，工作速度快，动作频率高，适合于完成频繁起动的辅助动作。过载时比较安全，不易发生过载损坏机件等事故。

这些装置在机床中具有如下辅助功能：

1）自动换刀所需的动作，如机械手的伸、缩、回转和摆动及刀具的松开和拉紧动作。

2）机床运动部件的平衡，如机床主轴箱的重力平衡、刀库机械手的平衡装置等。

3）机床运动部件的制动和离合器的控制，齿轮拨叉挂档等；机床防护罩、板、门的自动开关；工作台的松开夹紧；交换工作台的自动交换动作；夹具的自动松开、夹紧。

4）机床的润滑冷却。

5）工件、工具定位面和交换工作台的自动吹屑、清理定位基准面等。

任务内容

一、数控机床典型的液压回路分析

数控机床作为实现柔性自动化的最重要的装备，近年来得到了高速发展和大量推广应用。数控机床对控制的自动化程度要求很高，液压与气压传动由于能方便地实现电气控制与自动化，从而成为数控机床中广泛采用的传动与控制方式之一。本节将对数控机床上典型的液压系统进行分析，介绍液压传动在数控机床中的应用。

1. MJ-50 型数控车床液压系统

MJ-50 型数控车床液压系统主要承担卡盘、回转刀架、刀盘、尾架套筒的驱动与控制。它能实现卡盘的夹紧、放松及两种夹紧力（高与低）之间的转换；回转刀盘的正反转，刀盘的松开与夹紧；尾架套筒的伸缩。液压系统的所有电磁铁的通、断均由 PLC 来控制。整个系统由卡盘、回转刀盘与尾架套筒三个分系统组成，以变量液压泵为动力源。系统的压力调定为 4MPa。图 2-56 是 MJ-50 型数控车床液压系统的原理图。

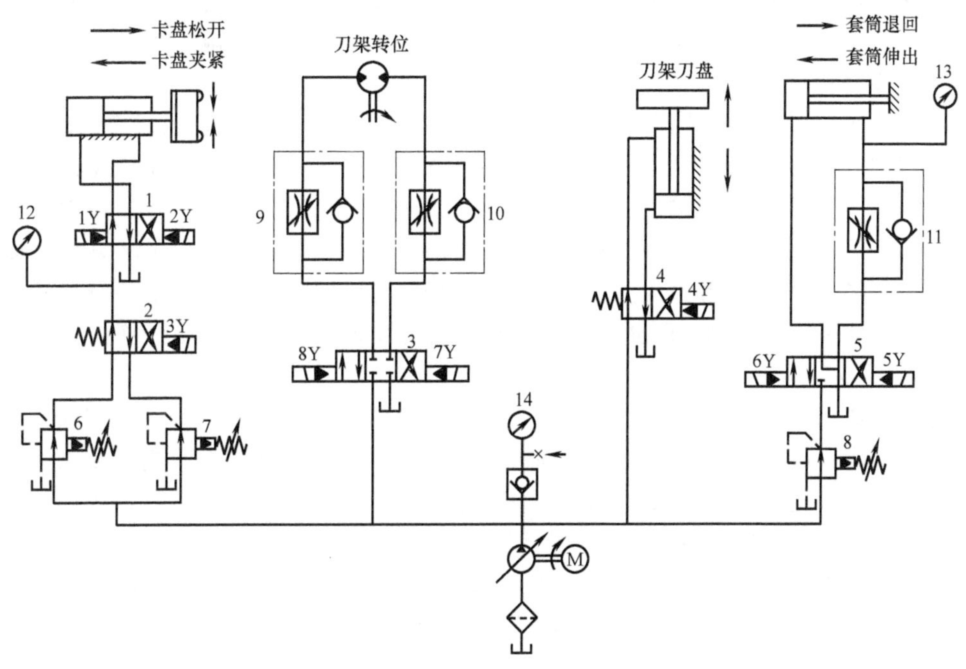

图 2-56　MJ-50 型数控车床液压系统的原理图

1、2、3、4、5—换向阀　6、7、8—减压阀　9、10、11—调速阀　12、13、14—压力表

（1）卡盘分系统

卡盘分系统的执行元件是一个液压缸，控制油路则由有两个电磁铁的二位四通换向阀 1、有一个电磁铁的二位四通换向阀 2、两个减压阀 6 和 7 组成。

高压夹紧：3Y 失电、1Y 得电，换向阀 2 和 1 均位于左位。分系统的进油路：液压泵→减压阀 6→换向阀 2→换向阀 1→液压缸右腔。回油路：液压缸左腔→换向阀 1→油箱。这时活塞左移使卡盘夹紧（称正卡或外卡），夹紧力的大小可通过减压阀 6 调节。由于减压阀 6 的调定值高于减压阀 7，所以卡盘处于高压夹紧状态。松夹时，使 2Y 得电、1Y 失电，换向阀 1 切换至右位。进油路：液压泵→减压阀 6→换向阀 2→换向阀 1→液压缸左腔。回油路：液压缸右腔→换向阀 1→油箱。活塞右移，卡盘松开。

低压夹紧：油路与高压夹紧状态基本相同，唯一不同的是这时 3Y 得电而使换向阀 2 切换至右位，因而液压泵的供油只能经减压阀 7 进入分系统。通过调节减压阀 7 便能实现低压夹紧状态下的夹紧力。

（2）回转刀盘分系统

回转刀盘分系统有两个执行元件，刀盘的松开与夹紧由液压缸执行，而液压马达则驱动刀盘回转。因此，分系统的控制回路也有两条支路。第一条支路由三位四通换向阀 3 和两个单向调速阀 9 和 10 组成。通过三位四通换向阀 3 的切换控制液压马达，即控制刀盘正、反转，而两个单向调速阀 9 和 10 与变量液压泵，则使液压马达在正、反转时都能通过进油路容积节流调速来调节旋转速度。第二条支路控制刀盘的放松与夹紧，它是通过二位四通换向阀的切换来实现的。

刀盘的完整旋转过程是刀盘松开→刀盘通过左转或右转就近到达指定刀位→刀盘夹紧。因此电磁铁的动作顺序是4Y得电（刀盘松开）→8Y（正转）或7Y（反转）得电（刀盘旋转）→8Y（正转时）或7Y（反转时）失电（刀盘停止转动）→4Y失电（刀盘夹紧）。

（3）尾架套筒分系统

尾架套筒通过液压缸实现顶出与缩回。控制回路由减压阀8、三位四通换向阀5、单向调速阀11组成。分系统通过调节减压阀8，将系统压力降为尾架套筒顶紧所需的压力。单向调速阀11用于在尾架套筒伸出时实现回油节流调速控制伸出速度。所以，尾架套筒伸出时，6Y得电，其油路为系统供油经减压阀8、换向阀5左位进入液压缸的无杆腔。而有杆腔的液压油则经调速阀11和换向阀5回油箱。尾架套筒缩回时，5Y得电，系统供油经减压阀8、换向阀5右位、调速阀11进入液压缸的有杆腔，而无杆腔的油则经换向阀5直接回油箱。

通过对系统的分析，可以看出数控机床液压系统的特点：

1）数控机床控制的自动化程度要求较高，类似于机床的液压控制，它对动作的顺序要求较严格，并有一定的速度要求。液压系统一般由数控系统的PLC或CNC来控制，所以动作顺序直接用电磁换向阀切换来实现的较多。

2）由于数控机床的主运动已趋于直接用伺服电动机驱动，所以液压系统的执行元件主要承担各种辅助功能，虽然其负载变化幅度不是太大，但要求稳定。因此，常采用减压阀来保证支路压力的恒定。

2. CK3225型数控车床液压系统

CK3225型数控车床可以车削内圆柱、外圆柱、圆锥及各种圆弧曲线，适用于形状复杂、精度高的轴类和盘类零件的加工。液压系统如图2-57所示。它的作用是用来控制卡盘的夹紧与松开；主轴变档、转塔刀架的夹紧与松开；转塔刀架的转位和尾座套筒的移动。

（1）卡盘支路

支路中减压阀的作用是调节卡盘夹紧力，使工件既能夹紧，又尽可能减小变形。压力继电器的作用是当液压缸压力不足时，立即使主轴停转，以免卡盘松动，将旋转工件甩出，危及操作者的安全以及造成其他损失。该支路还采用液控单向阀的锁紧回路。在液压缸的进、回油路中都串联液控单向阀（又称液压锁），活塞可以在行程的任何位置锁紧。其锁紧精度只受液压缸内少量的内泄漏影响，因此锁紧精度较高。

（2）液压变速机构

变档液压缸Ⅰ回路中，减压阀的作用是防止拨叉在变档过程中滑移齿轮和固定齿轮端部接触（没有进入啮合状态）。如果液压缸压力过大会损坏齿轮。

液压变速机构在数控机床及加工中心得到普遍使用。图2-58为一个典型液压变速机构的原理图。三个液压缸都是差动液压缸，用Y型三位四通电磁阀来控制。滑移齿轮的拨叉与变速油缸的活塞杆连接。当液压缸左腔进油右腔回油、右腔进油左腔回油、左右两腔同时进油时，可使滑移齿轮获得左、中、右三个位置，达到预定的齿轮啮合状态。在自动变速时，为了使齿轮不发生顶齿而顺利地进入啮合，应使传动链在低速下运行。为此，对于采取无级调速电动机的系统，只需接通电动机的某一低速驱动的传动链运转；对于采用恒速交流

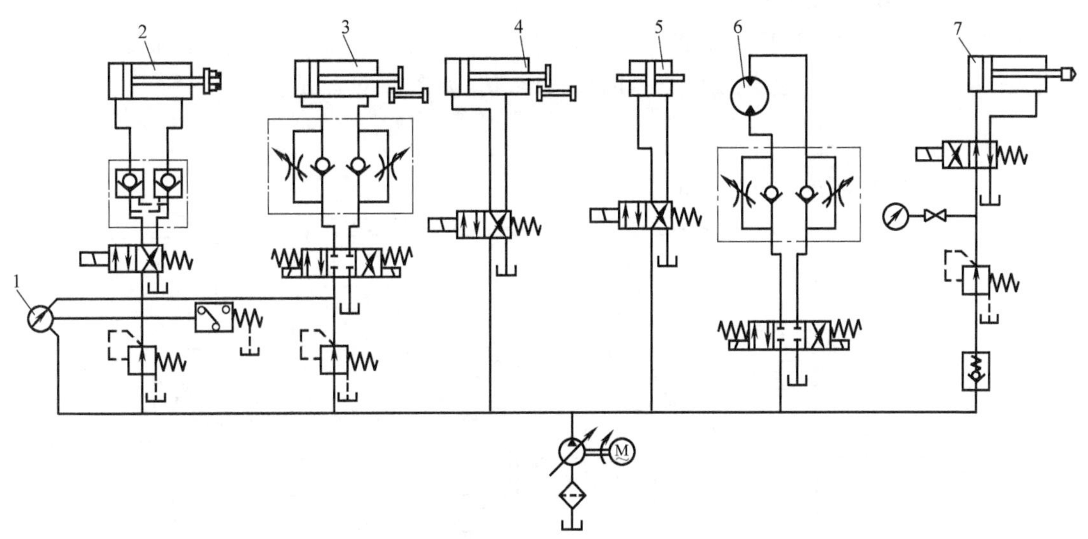

图 2-57 CK3225 型数控车床液压系统图

1—压力表 2—卡盘液压缸 3—变档液压缸 Ⅰ 4—变档液压缸 Ⅱ 5—转塔夹紧缸 6—转塔转位液压马达 7—尾座液压缸

电动机的纯分级变速系统，则需设置图 2-58 所示的慢速驱动电动机 M2。在换速时，起动 M2 驱动慢速传动链运转。自动变速的过程是，起动传动链慢速运转→根据指令接通相应的电磁换向阀和主电动机 M1 的调速信号→齿轮块滑移和主电动机的转速接通→相应的行程开关被压下发出变速完成信号→断开传动链慢速转动→变速完成。

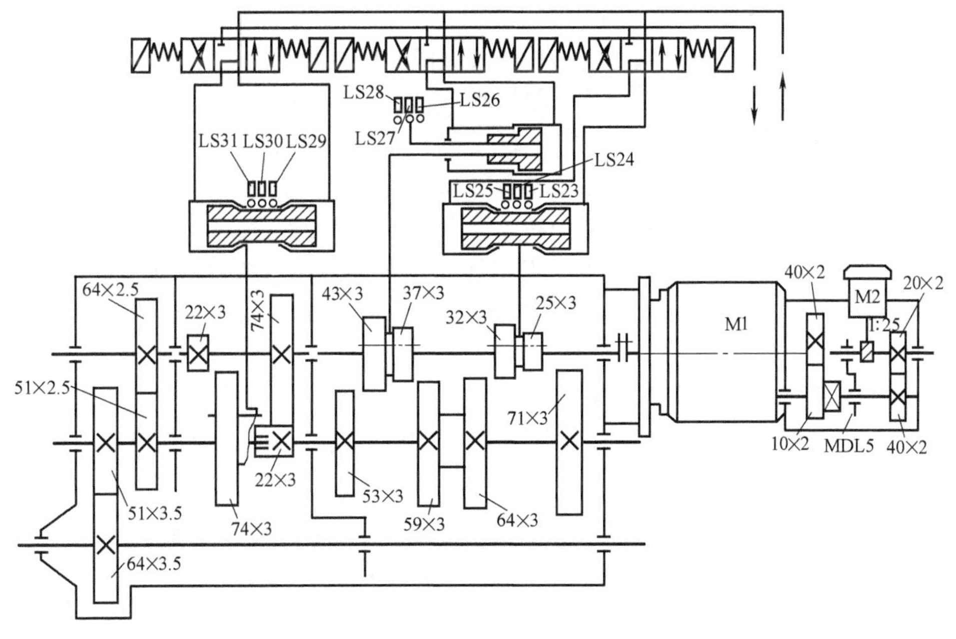

图 2-58 液压变速机构原理

（3）刀架系统的液压支路

根据加工需要，CK3225 型数控车床的刀架有八个工位可供选择。以加工轴类零件为主，转塔刀架采用回转轴线与主轴轴线平行的结构形式，如图 2-59 所示。

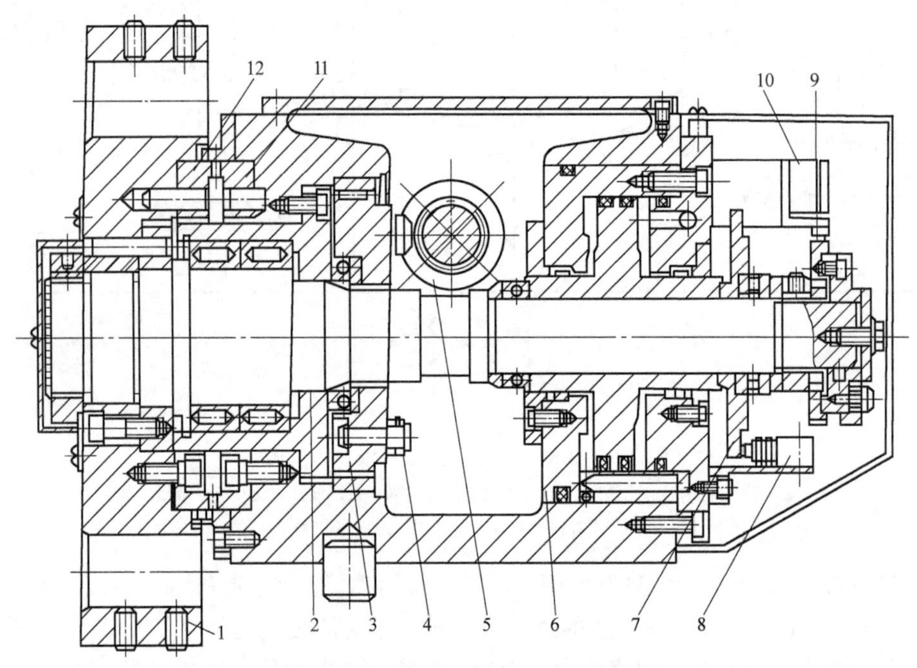

图 2-59　CK3225 型数控车床刀架结构

1—刀盘　2—中心轴　3—回转盘　4—柱销　5—凸轮　6—液压缸　7—盘　8—开关　9—选位凸轮　10—计数开关　11、12—鼠牙盘

刀架的夹紧和转动均由液压驱动。当接到转位信号后，液压缸 6 后腔进油，将中心轴 2 和刀盘 1 抬起，使鼠牙盘 12 和 11 分离；随后液压马达驱动凸轮 5 旋转，凸轮 5 拨动回转盘 3 上的八个柱销 4，使回转盘带动中心轴 2 和刀盘 1 旋转。凸轮每转一周，拨过一个柱销，使刀盘转过一个工位；同时，固定在中心轴 2 尾端的八面选位凸轮 9 相应压合计数开关 10。当刀盘转到新的预选工位时，液压马达停转。液压缸 6 前腔进油，将中心轴和刀盘拉下，两鼠牙盘啮合夹紧，这时盘 7 压下开关 8，发出转位停止信号。该结构的特点是定位稳定可靠，不会产生越位；刀架可正、反两个方向转动；自动选择最近的回转行程，缩短了辅助时间。

3. VP1050 型加工中心液压系统

VP1050 型加工中心为工业型龙门结构立式加工中心，它利用液压系统传动具有功率大、效率高、运行安全可靠的优点，在该加工中心中主要实现链式刀库的刀链驱动、上下移动的主轴箱的配重、刀具的安装和主轴高低速的转换等辅助动作的完成。图 2-60 所示为 VP1050 型加工中心的液压系统工作原理图。整个液压系统采用变量叶片泵为系统提供压力油，并在泵后设置止回阀 2，用于减小系统断电或其他故障造成的液压泵压力突降而对系统的影响，避免机械部件的冲击损坏。压力开关 YK1 用以检测液压系统的状态，如压力达到预定值，则发出液压系统压力正常的信号，该信号作为 CNC 系统并启动 PLC 高级报警程序自检的首

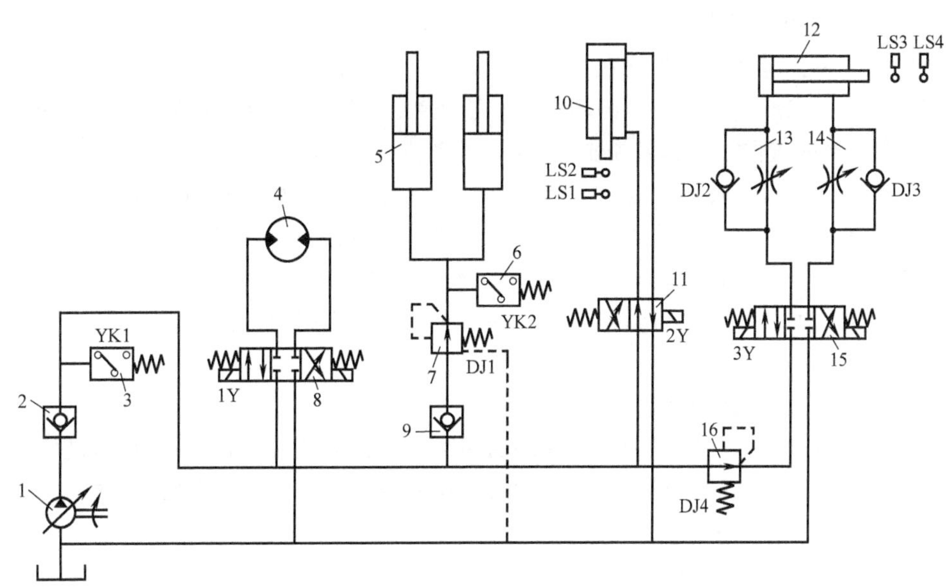

图 2-60　VP1050 型加工中心的液压系统工作原理图

1—液压泵　2、9—止回阀　3、6—压力开关　4—液压马达　5—配重液压缸　7、16—减压阀　8、11、15—换向阀　10—松刀缸　12—变速液压缸　13、14—单向节流阀　LS1、LS2、LS3、LS4—行程开关

要检测对象，如 YK1 无信号，PLC 自检发出报警信号，整个数控系统的动作将全部停止。

（1）刀链驱动支路

VP1050 型加工中心配备的是 24 刀位的链式刀库，为节省换刀时间，选刀采用就近原则。在换刀时，由双向液压马达 4 拖动刀链使所选刀位移动到机械手抓刀位置。液压马达的转向控制由双电控三位四通电磁阀 1Y 完成，具体转向由 CNC 进行运算后，发信号给 PLC 控制 1Y，用 1Y 不同的得电方式进行对液压马达 4 的不同转向的控制。刀链不需驱动时，1Y 失电，处于中位截止状态，液压马达 4 停止。刀链到位信号由感应开关发出。

（2）主轴箱平衡支路

VP1050 型加工中心 Z 轴进给是由主轴箱作上下的移动实现的。为消除主轴箱自重对 Z 轴伺服电动机驱动 Z 向移动的精度和控制的影响，机床采用两个液压缸进行平衡。主轴箱向上移动时，高压油通过止回阀 9 和直动型减压阀 7 向配重缸下腔供油，产生向上的配重力；当主轴箱向下移动时，液压缸下腔高压油通过减压阀 7 进行适当减压。压力开关 YK2 用于检测配重支路的工作状态。

（3）松刀缸支路

VP1050 型加工中心采用 BT40 型刀柄使刀具与主轴连接。为了能够可靠地夹紧与快速地更换刀具，采用碟簧拉紧机构使刀柄与主轴连接为一体，采用液压缸使刀柄与主轴脱开。机床在不换刀时，单电控二位四通电磁换向阀 2Y 失电，控制高压油进入松刀缸 10 下腔，松刀缸 10 的活塞始终处于上位状态，感应开关 LS2 检测松刀缸上位信号；当主轴需要换刀时，通过手动或自动操作使单电控二位四通电磁阀 2Y 得电换位，松刀缸 10 上腔通入高压油，活塞下移，使主轴抓刀爪松开刀柄拉钉，刀柄脱离主轴，松刀缸运动到位后感应开关 LS1 发出到位信号并提供给 PLC 使用，协调刀库、机械手等其他机构完成换刀操作。

（4）高低速转换支路

VP1050 型加工中心主轴传动链中，通过一级双联滑移齿轮进行高低速转换。在由高速向低速转换时，主轴电动机接收到数控系统的调速信号后，降低电动机的转速到额定值，然后进行齿轮滑移，完成进行高低速的转换。在液压系统中，该支路采用双电控三位四通电磁阀 3Y 控制液压油的流向，变速液压缸 12 通过推动拨叉控制主轴变速箱的交换齿轮的位置，来实现主轴高低速的自动转换。高速、低速齿轮位置信号分别由感应开关 LS3、LS4 向 PLC 发送。当机床停机或控制系统故障时，液压系统通过双电控三位四通电磁阀 3Y 使变速齿轮处于原工作位置，避免高速运转的主轴传动系统产生硬件冲击损坏。单向节流阀 DJ2、DJ3 用以控制液压缸的速度、避免齿轮换位时的冲击振动。减压阀 16 用于调节变速液压缸 12 的工作压力。

二、组合机床动力滑台液压系统

动力滑台是组合机床上实现进给运动的通用部件，配上动力头和主轴箱后可以对工件完成各种孔加工、端面加工等工序。液压动力滑台用液压缸驱动，它在电气和机械装置的配合下可以实现一定的工作循环。

1. YT4543 型动力滑台液压系统

YT4543 型动力滑台的工作进给速度范围为 6.6~660mm/min，最大快进速度为 7300mm/min，最大推力为 45kN。YT4543 型动力滑台液压系统如图 2-61 所示。其电磁铁动作顺序表见表 2-7。

表 2-7　电磁铁动作顺序表

元件 动作	1Y	2Y	3Y	PS	行程阀 7
快进(差动)	+	-	-	-	导通
一工进	+	-	-	-	切断
二工进	+	-	+	-	切断
止挡块停留	+	-	+	+	切断
快退	-	+	±	-	切断→导通
原位停止	-	-	-	-	导通

注："+" 表示得电，"-" 表示失电，"±" 表示得电失电均可。

（1）快速进给

按下起动按钮，电磁铁 1Y 通电，先导电磁阀 5 的左位接入系统，由泵 2 输出的压力油经先导电磁阀 5 进入液动阀 4 的左侧，使液动阀 4 换至左位，液动阀 4 右侧的控制油经阀 5 回油箱。上油路工作情况为进油路：过滤器 1→变量泵 2→单向阀 3→液动阀 4 左位→行程阀 7→液压缸左腔（无杆腔）；回油路：液压缸右腔→液动阀 4 左位→单向阀 6→行程阀 7→液压缸左腔。这时形成差动回路，因为快进时滑台液压缸负载小，系统压力低，不至于打开外控顺序阀 16，液压缸为差动连接。又因变量泵 2 在低压下输出流量大，所以滑台快速进给。

（2）一次工作进给

当快进结束时，挡块压下行程阀 7，使油路 18 与 19 断开。电磁铁 1Y 继续通电，液动阀左位仍接入系统，电磁阀 11 的电磁铁 3Y 处于断电状态，这时主油路必经调速阀 10，使阀前主系统压力升高，外控顺序阀 16 被打开，这时的油路是进油路：过滤器 1→变量泵 2→单向阀 3→液动阀 4→调速阀 10→电磁阀 11→液压缸左腔；回油路：液压缸右腔→液动

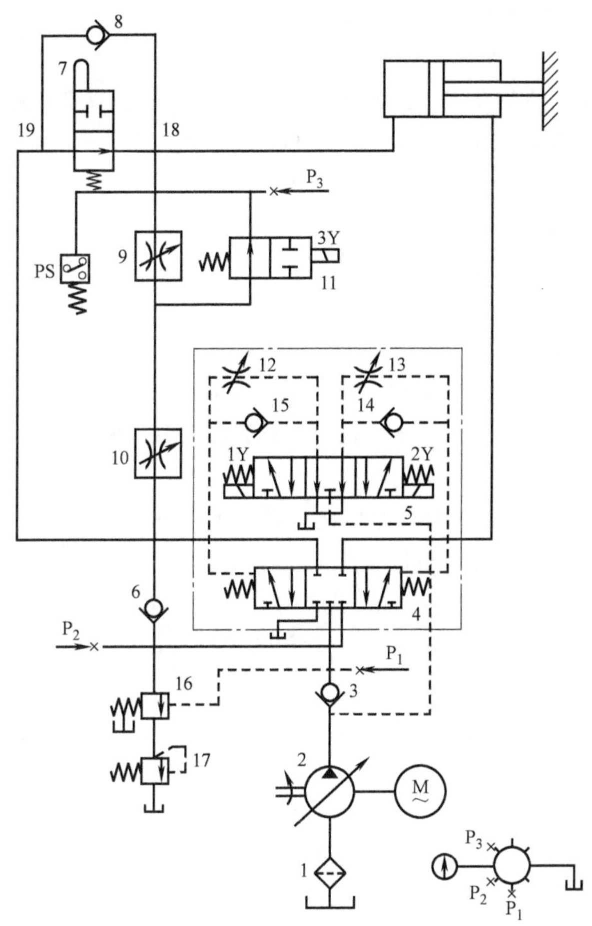

图 2-61 YT4543 型动力滑台液压系统图

1—过滤器 2—变量泵 3、6、8、14、15—单向阀 4—三位五通液动阀 5—三位五通电磁阀 7—二位二通行程阀 9、10—调速阀 11—二位二通电磁阀 12、13—节流阀 16—顺序阀 17—溢流阀 18、19—油路 PS—压力继电器

阀 4→外控顺序阀 16→溢流阀 17→油箱。因工作进给压力升高，变量泵 2 的流量会自动减少，动力滑台作第一次工作进给。进给速度由调速阀 10 调节。

（3）二次工作进给

第一次工作进给结束时，挡块压下电气行程开关，使电磁铁 3Y 通电，电磁阀 11 处于油路断开位置，这时进油路须经过阀 9 和阀 10 两个调速阀，实现第二次工作进给，进给量大小由调速阀 9 调定。而调速阀 9 调节的进给速度应小于调速阀 10 的工作进给速度。

（4）止挡块停留

动力滑台第二次工作进给结束碰到止挡块时，不再前进，其系统压力进一步升高，使压力继电器电器 PS 动作而发出信号。

（5）快速退回

压力继电器 PS 发出信号后，电磁铁 1Y、3Y 断电，2Y 通电，先导电磁阀 5 的右位接入控制油路，使液动阀 4 右位接入主油路。这时主油路是进油路：过滤器 1→变量泵 2→单向阀 3→液动阀 4 右位→液压缸右腔。回油路：液压缸左腔→单向阀 8→液动阀 4→油箱。这时系统压力较低，变量泵2输出流量大，动力滑台快速退回。

（6）原位停止

当液压滑台退回到原始位置时，挡块压下行程开关使电磁铁2Y断电，阀5和4都处于中间位置，液压滑台停止运动，变量泵输出油液的压力升高，直到输出流量为零，变量泵卸荷。

2. YT4543型动力滑台液压系统的特点

从以上叙述中可以看到，该系统具有下列特点：

1）采用限压式变量泵、调速阀和溢流阀组成的容积调速回路，使动力滑台获得稳定的低速运动、较好的调速刚性和较大的速度范围。

2）采用限压式变量泵和差动连接回路，快进时能量利用比较合理；工进时只输出与液压缸相适应的流量；止挡块停留时只输出补偿泵及系统内泄漏需要的流量。系统无溢流损失，效率高。

3）采用行程阀和顺序阀实现速度的切换，动作平稳可靠，无冲击。

三、数控机床液压回路常见故障及维修

液压传动系统在数控机床中占有很重要的位置，加工中心的刀具自动交换系统（ATC）、托盘自动交换系统、主轴箱的平衡，主轴箱齿轮的变档，以及回转工作台的夹紧等一般都采用液压系统来实现。

机床液压设备是由机械、液压、电气及仪表等组成的统一体，分析系统的故障之前必须弄清楚整个液压系统的传动原理、结构特点，然后根据故障现象进行分析、判断，确定故障区域、部位，以至于某个元件。液压系统的工作总是由压力、流量、液流方向来实现的，可按照这些特征找出故障的原因并及时予以排除。造成故障的主要原因一般有三种情况：一是设计不完善或不合理；二是操作安装有误，使零件、部件运转不正常；三是使用、维护、保养不当。前一种故障必须充分分析研究后进行改装、完善，后两种故障可以用修理及调整的方法解决。

1. 液压系统常见故障的特征

设备调试阶段的故障率较高，存在问题较为复杂，其特征是设计、制造、安装以及管理等问题交织在一起。除机械、电气问题外，一般液压系统常见故障有：

1）接头连接处泄漏。

2）运动速度不稳定。

3）阀心卡死或运动不灵活，造成执行机构动作失灵。

4）阻尼小孔被堵，造成系统压力不稳定或压力调不上去。

5）阀类元件漏装弹簧或密封件，或管道接错而使动作混乱。

6）设计、选择不当，使系统发热，或动作不协调，位置精度达不到要求。

7）液压件加工质量差，或安装质量差，造成阀类动作不灵活。

8）长期工作，密封件老化，以及易损元件磨损等，造成系统中内外泄漏量增加，系统效率明显下降。

2. 液压元件常见故障及排除

（1）液压泵常见故障的可能原因及排除方法

液压泵主要有齿轮泵、叶片泵等，下面以齿轮泵为例介绍常见故障及其诊断。

1）噪声严重及压力波动：

① 泵的过滤器被污物阻塞不能起滤油作用：用干净的清洗油将过滤器去除污物。

② 油位不足，吸油位置太高，吸油管露出油面：加油到油标位，降低吸油位置。

③ 泵体与泵盖的两侧没有加纸垫；泵体与泵盖不垂直密封；旋转时吸入空气：泵体与泵盖间加入纸垫；泵体用金刚砂在平板上研磨，使泵体与泵盖垂直度误差不超过 0.005mm，紧固泵体与泵盖的联接，不得有泄漏现象。

④ 泵的主动轴与电动机联轴器不同心，有扭曲磨擦：调整泵与电动机联轴器的同心度，使其误差不超过 0.2mm。

⑤ 泵齿轮的啮合精度不够：对研齿轮达到齿轮啮合精度。

⑥ 泵轴的油封骨架脱落，泵体不密封：更换合格泵轴油封。

2）输油不足：

① 轴向间隙与径向间隙过大：小于齿轮泵的齿轮两侧端面在旋转过程中与轴承座圈产生相对运动会造成磨损，轴向间隙和径向间隙过大时必须更换零件。

② 泵体裂纹与气孔泄漏现象：泵体出现裂纹时需要更换泵体，泵体与泵盖间加入纸垫，紧固各联接处的螺钉。

③ 油液黏度太高或油温过高：用 20#机械油选用适合的温度，一般 20#全损耗系统用油适用 10~50℃的温度工作，如果三班工作，应装冷却装置。

④ 电动机反转：纠正电动机旋转方向。

⑤ 过滤器有污物，管道不畅通：清除污物，更换油液，保持油液清洁。

⑥ 压力阀失灵：修理或更换压力阀。

3）液压泵运转不正常或有咬死现象：

① 泵轴向间隙及径向间隙过小：应调整零件间隙。

② 滚针转动不灵活：更换滚针轴承。

③ 盖板和轴的同心度不好：更换盖板，使其与轴同心。调整轴向或径向间隙。

④ 压力阀失灵：检查压力阀弹簧是否失灵，阀体小孔是否被污物堵塞，滑阀和阀体是否失灵；更换弹簧，清除阀体小孔污物或更换滑阀。

⑤ 泵和电动机间联轴器同心度不够：调整泵轴与电动机联轴器同心度，使其误差不超过 0.20mm。

⑥ 泵中有杂质：可能在装配时有铁屑遗留，或油液中吸入杂质；用细铜丝网过滤全损耗系统用油，去除污物。

（2）整体多路阀常见故障的可能原因及排除方法

1）工作压力不足：

① 溢流阀调定压力偏低：调整溢流阀压力。

② 溢流阀的滑阀卡死：拆开清洗，重新组装。

③ 调压弹簧损坏：更换新产品。

④ 系统管路压力损失太大：更换管路，或在许用压力范围内调整溢流阀压力。

2）工作油量不足：

① 系统供油不足：检查油源。

② 阀内泄漏量大，作如下处理：如油温过高，黏度下降，则应采取降低油温措施；如

油液选择不当，则应更换油液；如滑阀与阀体配合间隙过大，则应更换新产品。

③ 复位失灵：复位弹簧损坏与变形，更换新产品。

3）外泄漏：

① Y 形圈损坏：更换产品。

② 油口安装法兰面密封不良：检查相应部位的紧固和密封。

③ 各结合面紧固螺钉、调压螺钉背帽松动或堵塞：紧固相应部件。

（3）电磁换向阀常见故障的可能原因及排除方法

1）滑阀动作不灵活：

① 滑阀被拉坏：拆开清洗，或修整滑阀与阀孔的毛刺及拉坏表面。

② 阀体变形：调整安装螺钉的压紧力，安装转矩不得大于规定值。

③ 复位弹簧折断：更换弹簧。

2）电磁线圈烧损：

① 线圈绝缘不良：更换电磁铁。

② 电压太低：使用电压应在额定电压的 90%以上。

③ 工作压力和流量超过规定值：调整工作压力，或采用性能更高的阀。

④ 回油压力过高：检查背压，应在规定值 16MPa 以下。

（4）液压缸常见故障的可能原因及排除方法

1）外部漏油：

① 活塞杆碰伤拉毛：用极细的砂纸或油石修磨，不能修的，更换新件。

② 防尘密封圈被挤出和反唇：拆开检查，重新更新。

③ 活塞和活塞杆上的密封件磨损与损伤：更换新密封件。

④ 液压缸安装定心不良，使活塞杆伸出困难：拆下来检查安装位置是否符合要求。

2）活塞杆爬行和蠕动：

① 液压缸内进入空气或油中有气泡：松开接头，将空气排出。

② 液压缸的安装位置偏移：在安装时必须检查，使之与主机运动方向平行。

③ 活塞杆全长和局部弯曲：活塞杆全长校正直线度误差应小于或等于 0.03/100mm，或更换活塞。

四、数控机床典型的气压回路分析

1. H400 型卧式加工中心气动系统

加工中心气动系统的设计及布置与加工中心的类型、结构、要求完成的功能等有关，结合气压传动的特点，一般在要求力或力矩不太大的情况下采用气压传动。

H400 型卧式加工中心作为一种中小功率、中等精度的加工中心，为降低制造成本，提高安全性，减少污染，结合气压、液压传动的特点，该加工中心的辅助动作采用以气压驱动装置为主来完成。

图 2-62 所示为 H400 型卧式加工中心气动系统原理图，主要包括松刀缸、双工作台交换、工作台与鞍座之间的拉紧、工作台回转分度、分度插销定位、刀库前后移动、主轴锥孔吹气清理等几个动作完成的气动支路。

H400 型卧式加工中心气动系统要求提供额定压力为 0.7MPa 的压缩空气，压缩空气通过 ϕ8mm 的管道连接到气动系统调压、过滤、油雾气动三联件 ST 后，经过气动三联件 ST

后，得以干燥、洁净，并加入适当润滑用油雾，然后提供给后面的执行机构使用，保证整个气动系统的稳定安全运行，避免或减少执行部件、控制部件的磨损而使寿命降低。YK1 为压力开关，该元件在气动系统达到额定压力时发出电参量开关信号，通知机床气动系统正常工作。在该系统中为了减小载荷的变化对系统的工作稳定性的影响，在气动系统设计时均采用单向出口节流的方法调节气缸的运行速度。

2. 松刀缸支路

松刀缸是完成刀具的拉紧和松开的执行机构。为保证机床切削加工过程的稳定、安全、可靠，刀具拉紧拉力应大于 12000N，抓刀、松刀动作时间在 2s 以内。换刀时通过气动系统对刀柄与主轴间的 7∶24 定位锥孔进行清理，使用高速气流清除结合面上的杂物。为达到这些要求，并且尽可能地使其结构紧凑，减轻重量，同时结构上要求工作缸直径不能大于 150mm，采用复合双作用气缸（额定压力为 0.5MPa）可达到设计要求。图 2-63 所示为主轴气动结构图。

在无换刀操作指令的状态下，松刀缸在自动复位控制阀 HF1（见图 2-62）的控制下始终处于上位状态，并由感应开关 LS11 检测该位置信号，以保证松刀缸活塞杆与拉刀杆脱离，避免主轴旋转时活塞杆与拉刀杆摩擦损坏。主轴对刀具的拉力由碟形弹簧受压产生的弹力提供。当进行自动或手动换刀时，二位四通电磁阀 HF1 线圈 1Y 得电，松刀缸上腔通入高压气体，活塞向下移动，活塞杆压住拉刀杆克服弹簧弹力向下移动，直到拉刀爪松开刀柄上的拉钉，刀柄与主轴脱离。感应开关 LS12 检测到位信号，通过变送扩展板传送到 CNC 的 PMC，作为对换刀机构进行协调控制的状态信号。DJ1、DJ2 是调节气缸压力和松刀速度的单向节流阀，用于避免气流的冲击和振动的产生。电磁阀 HF2 用来控制主轴和刀柄之间的定位锥面在换刀时的吹气清理气流的开关，主轴锥孔吹气的气体流量大小用节流阀 JL1 调节。

3. 工作台交换支路

交换台是实现双工作台交换的关键部件，由于 H400 型加工中心交换台提升载荷较大（达 12000N），工作过程中冲击较大，设计上升、下降动作时间为 3s，且交换台位置空间较大，故采用大直径气缸（ϕ350mm）、6mm 内径的气管，可满足设计载荷和交换时间的要求。机床无工作台交换时，在二位双电控电磁阀 HF3 的控制下交换台托升缸处于下位，感应开关 LS17 有信号，工作台与托叉分离，工作台可以进行自由的运动。当进行自动或手动的双工作台交换时，数控系统通过 PMC 发出信号，使二位双电控电磁阀 HF3 的 3Y 得电。托升缸下腔通入高压气，活塞带动托叉连同工作台一起上升，当达到上下运动的上终点位置时，由接近开关 LS16 检测其位置信号，并通过变送扩展板传送到 CNC 的 PMC，控制交换台回转 180°运动开始动作。接近开关 LS18 检测到回转到位的信号，并通过变送扩展板传送到 CNC 的 PMC，控制 HF3 的 4Y 得电。托升缸上腔通入高压气体，活塞带动托叉连同工作台在重力和托升缸的共同作用下一起下降。当达到上下运动的下终点位置时，由接近开关 LS17 检测其位置信号，并通过变送扩展板传送到 CNC 的 PMC，双工作台交换过程结束，机床可以进行下一步的操作。在该支路中采用单向节流阀 DJ3、DJ4 调节交换台上升和下降的速度，避免较大的载荷冲击及对机械部件的损伤。

4. 工作台夹紧支路

由于 H400 型加工中心要进行双工作台的交换，为了节约交换时间，保证交换的可靠，所以工作台与鞍座之间必须具有能够快速、可靠的定位、夹紧及迅速脱离的功能。可交换的

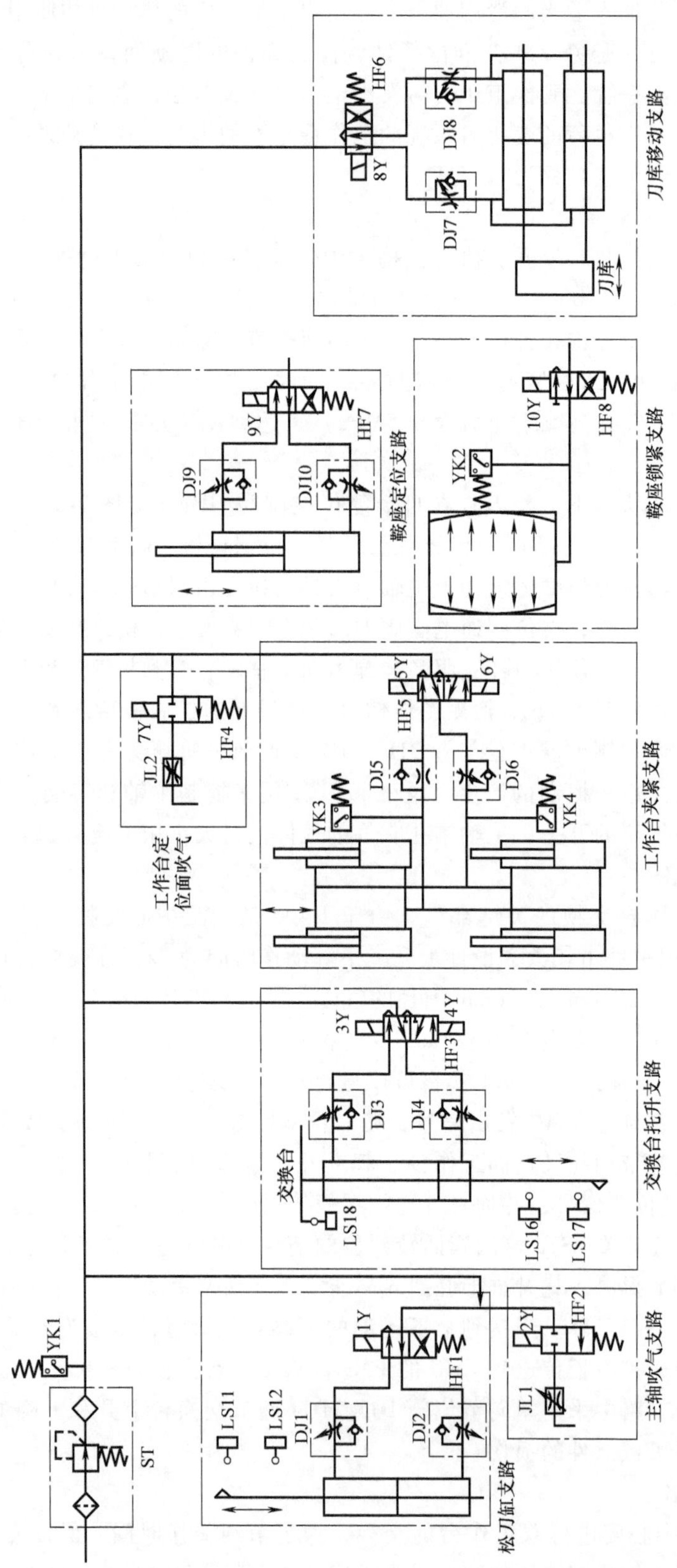

图 2-62　H400 型卧式加工中心气动系统原理图

工作台固定于鞍座上，由四个带定位锥的气缸夹紧，并且为了达到拉力大于12000N的可靠工作要求，以及受位置结构的限制，该气缸采用了弹簧增力结构，在气缸内径仅为ϕ63mm的情况下就达到了设计拉力要求。H400型卧式加工中心气动系统原理如图2-62所示，该支路采用二位双电控电磁阀HF5进行控制，当双工作台交换将要进行或已经进行完毕时，数控系统通过PMC控制电磁阀HF5，使线圈5Y或6Y得电，分别控制气缸活塞的上升或下降，通过钢珠拉套机构放松或拉紧工作台上的拉钉，完成鞍座与工作台之间的放松或夹紧。为了避免活塞运动时的冲击，在该支路采用具有得电动作、失电不动作、双线圈同时得电不动作特点的二位双电控电磁阀HF5进行控制，可避免在动作进行过程中突然断电造成的机械部件冲击损伤，并采用单向节流阀DJ5、DJ6来调节夹紧的速度，避免较大的冲击载荷。该位置由于受结构限制，用感应开关检测放松与拉紧信号较为困难，故采用可调工作点的压力继电器YK3、YK4检测压力信号，并以此信号作为气缸到位信号。

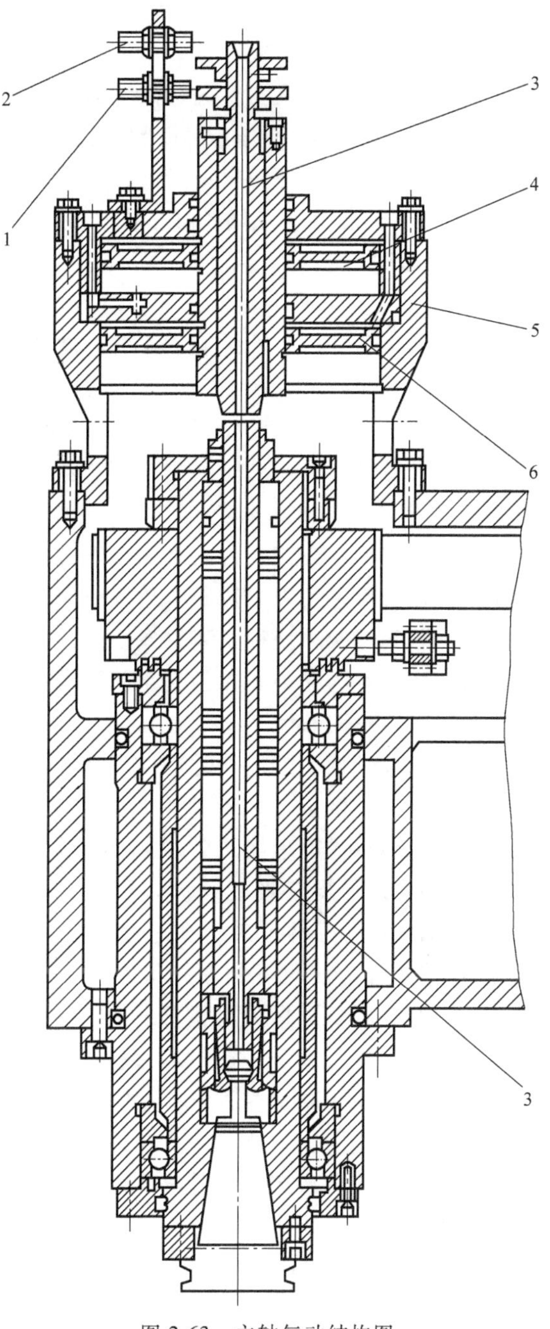

图2-63　主轴气动结构图

1、2—感应开关　3—吹气孔　4、6—活塞　5—缸体

5. 鞍座定位与锁紧支路

H400型卧式加工中心工作台具有回转分度功能。与工作台连接为一体的鞍座采用蜗轮-蜗杆机构，鞍座与床鞍之间具有了相对回转运动，并分别采用插销和可以变形的薄壁气缸实现床鞍和鞍座之间的定位与锁紧。当数控系统发出鞍座回转指令并做好相应的准备后，二位单电控电磁阀HF7得电，定位插销缸活塞向下带动定位销从定位孔中拔出，到达下运动极限位置后，由感应开关检测到位信号，通知数控系统可以进行鞍座与床鞍的放松，此时二位单电控电磁阀HF8得电动作，锁紧薄壁缸中高压气体放出，锁紧活塞弹性变形回复，使鞍座与床鞍分离。该位置由于受结构限制，检测放松与锁紧信号较困难，故采用可调工作点的压力继电器YK2检测压力信号，并以此信号作为位置检测信号。该信号送入数控系统，控制鞍座进行回转动作，鞍座在电动机、同步带、蜗

杆-蜗轮机构的带动下进行回转运动。当达到预定位置时，由感应开关发出到位信号，停止转动，完成回转运动的初次定位；电磁阀 HF7 断电，插销缸下腔通入高压气体，活塞带动插销向上运动，插入定位孔，进行回转运动的精确定位。定位销到位后，感应开关发信通知锁紧缸锁紧，电磁阀 HF8 失电，锁紧缸充入高压气体，锁紧活塞变形，YK2 检测到压力达到预定值后，即是鞍座与鞍床夹紧完成。至此，整个鞍座回转动作完成。另外，在该定位支路中，DJ9、DJ10 是为避免插销冲击损坏而设置的调节上升、下降速度的单向节流阀。

6. 刀库移动支路

H400 型加工中心采用盘式刀库，具有 10 个刀位。在加工中心进行自动换刀时，由气缸驱动刀盘前后移动，与主轴的上下左右方向的运动进行配合来实现刀具的装卸，并要求在运行过程中稳定、无冲击。如图 2-62 所示，在换刀时，当主轴到达相应位置后，通过对电磁阀 HF6 得电和失电使刀盘前后移动，到达两端的极限位置，并由位置开关感应到位信号，与主轴运动、刀盘回转运动协调配合完成换刀动作。其中 HF6 断电时，刀库部件处于远离主轴的原位。DJ7、DJ8 为避免冲击而设置的单向节流阀。

该气动系统中，在交换台支路和工作台夹紧支路采用二位双电控电磁阀（HF3、HF4），以避免在动作进行过程中突然断电造成机械部件的冲击损伤，并且系统中所有的控制阀完全采用板式集装阀连接。该种安装方式结构紧凑，易于控制、维护与故障点检测方便。为避免气流放出时所产生的噪声，在各支路的放气口加装了消声器。

五、数控车床用真空卡盘

薄的加工件进行车削加工时是很难夹紧的，很久以来这已成为工艺上的一大难题。虽然对铁系材料的工件可以使用磁性卡盘，但是加工件容易被磁化，真空卡盘则是较理想的夹具。真空卡盘的结构原理如图 2-64 所示。下面简单介绍其工作原理。

在卡盘的前面装有吸盘，盘内形成真空，而薄的被加工件就靠大气压力被压在吸盘上达到夹紧的目的。一般在卡盘本体 1 上开有数条圆形的沟槽 2，这些沟槽就是吸盘。这些吸盘是通过转接件 5 的孔道 4 与小孔 3 相通，然后与卡盘体内气缸的腔室 6 相连接。另外腔室 6 通过气缸活塞杆后部的孔 7 通向连接管 8，然后与装在主轴后面的转阀 9 相通。通过软管 10 与真空泵系统相连接，按上述的气路形成卡盘本体沟槽内的真空来吸着工件。反之，要取下被加工的工件时，则向沟槽内通以空气。气缸腔室 6 内有时真空有时充气，所以活塞 11 有时缩进有时伸出。此活塞前端的凹窝在卡紧时起到吸着的作用，即工件被安装之前缸内腔室与大气相通，所以在弹簧 12 的作用下活塞伸出卡盘的外面。当工件被卡紧时缸内形成真空，则活塞头缩进。一般真空卡盘的吸引力与吸盘的有效面积和吸盘内的真空度成正比例。在自动化应用时，有时要求卡紧速度要快，而卡紧速度则由

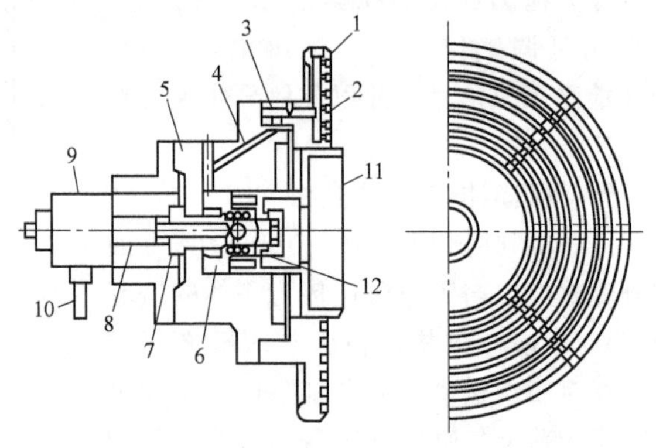

图 2-64　真空卡盘的结构简图

1—卡盘本体　2—沟槽　3—小孔　4—孔道
5—转接件　6—腔室　7—孔　8—连接管
9—转阀　10—软管　11—活塞　12—弹簧

真空卡盘的排气量来决定。

真空卡盘的夹紧与松夹是由图 2-65 中电磁阀 1 的换向来进行的，即打开包括真空罐 3 在内的回路以形成吸盘内的真空，实现卡紧动作。松夹时，在关闭真空回路的同时，通过电磁阀 4 迅速地打开空气源回路，以实现真空下瞬间松卡的动作。电磁阀 5 是用以开闭压力继电器 6 的回路。在卡紧的情况下此回路打开，当吸盘内真空度达到压力继电器的规定压力时，给出夹紧完成的信号。在松卡的情况下，回路已换成空气源的压力了，为了不损坏检测真空的压力继电器，将此回路关闭。如上所述，卡紧与松卡时，通过上述的三个电磁阀自动地进行操作，而夹紧力的调节是由真空调节阀 2 来进行的，根据被加工工件的尺寸、形状可选择最合适的卡紧力。

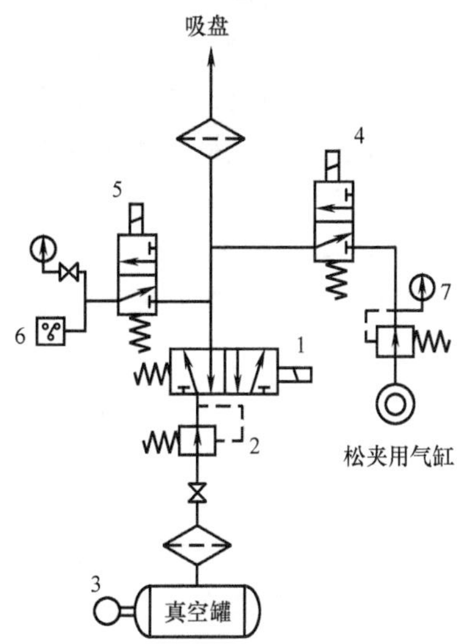

图 2-65 真空卡盘的气动回路

1、4、5—电磁阀 2—调节阀

3—真空罐 6—继电器 7—压力表

六、数控机床气压回路常见故障及维修

1. 气动系统维护的要点

（1）保证供给洁净的压缩空气

压缩空气中通常都含有水分、油分和粉尘等杂质。水分会使管道、阀和缸腐蚀；油分会使橡胶、塑料和密封材料变质；粉尘会造成阀体动作失灵。选用合适的过滤器可以清除压缩空气中的杂质，使用过滤器时应及时排除积存的液体，否则当积存液体接近挡水板时，气流仍可将积存物卷起。

（2）保证空气中含有适量的润滑油

大多数气动执行元件和控制元件都要求适度的润滑。如果润滑不良将会发生以下故障：①由于摩擦阻力增大而造成气缸推力不足，阀心动作失灵。②由于密封材料的磨损而造成空气泄漏。③由于生锈造成元件的损伤及动作失灵。

润滑的方法一般采用油雾器进行喷雾润滑，油雾器一般安装在过滤器和减压阀之后。油雾器的供油量一般不宜过多，通常每 $10m^3$ 的自由空气供 1mL 的油量（即 40~50 滴油）。检查润滑是否良好的一个方法是，找一张清洁的白纸放在换向阀的排气口附近，如果阀在工作 3~4 个循环后，白纸上只有很轻的斑点时，则表明润滑是良好的。

（3）保持气动系统的密封性

漏气不仅增加了能量的消耗，也会导致供气压力的下降，甚至造成气动元件工作失常。严重的漏气在气动系统停止运行时，由漏气引起的响声很容易发现；轻微的漏气则利用仪表，或用涂抹肥皂水的办法进行检查。

（4）保证气动元件中运动零件的灵敏性

从空气压缩机排出的压缩空气，包含有粒度为 0.01~0.08μm 的压缩机油微粒，在排气温度为 120~220℃ 的高温下，这些油粒会迅速氧化，氧化后油粒颜色变深，黏性增大，并逐步由液态固化成油泥。这种 μm 级以下的颗粒，一般过滤器无法滤除。当它们进入到换向阀后便附着在阀心上，使阀的灵敏度逐步降低，甚至出现动作失灵。为了清除油泥，保证灵敏度，可在气动系统的过滤器之后，安装油雾分离器，将油泥分离出来。此外，定期清洗阀也可以保证阀的灵敏度。

（5）保证气动装置具有合适的工作压力和运动速度

调节工作压力时，压力表应当工作可靠，读数准确。减压阀与节流阀调节好后，必须紧固调压阀盖或锁紧螺母，防止松动。

2. 气动系统的点检与定检

（1）管路系统的点检

主要内容是对冷凝水和润滑油的管理。冷凝水的排放，一般应当在气动装置运行之前进行。但是当夜间温度低于 0℃时，为防止冷凝水冻结，气动装置运行结束后，应开启放水阀门排放冷凝水。补充润滑油时，要检查油雾器中油的质量和滴油量是否符合要求。此外，点检还应包括检查供气压力是否正常，有无漏气现象等。

（2）气动元件的定检

主要内容是彻底处理系统的漏气现象。例如更换密封元件，处理管接头或联接螺钉松动等，定期检验测量仪表、安全阀和压力继电器等。具体可参见表 2-8。

表 2-8　气动元件的定检

元件名称	定 检 内 容
气缸	活塞杆与端面之间是否漏气 活塞杆是否划伤、变形 管接头、配管是否划伤、损坏 气缸动作时有无异常声音 缓冲效果是否符合要求
电磁阀	电磁阀外壳温度是否过高 电磁阀动作时，工作是否正常 气缸行程到末端时，通过检查阀的排气口是否有漏气来确诊电磁阀是否漏气 紧固螺栓及管接头是否松动 电压是否正常，电线是否损伤 通过检查排气口是否被油润湿，或排气是否会在白纸上留下油雾斑点来判断润滑是否正常
油雾器	油杯内油量是否足够，润滑油是否变色、混浊，油杯底部是否沉积有灰尘和水 滴油量是否合适
调压阀	压力表读数是否在规定范围内 调压阀盖或锁紧螺母是否锁紧 有无漏气
过滤器	储水杯中是否积存冷凝水 滤芯是否应该清洗或更换 冷凝水排放阀动作是否可靠
安全阀 压力继电器	在调定压力下动作是否可靠 校检合格后，是否有铅封或锁紧 电线是否损伤，绝缘是否可靠

任务七　故障案例分析

［例 2-1］　电动机联轴器松动的故障维修。

故障现象：一台数控车床，加工零件时，常出现径向尺寸忽大忽小的故障。

分析及处理过程：检查控制系统及加工程序均正常，然后检查传动链中电动机与丝杠的连接处，发现电动机联轴器紧固螺钉松动，使得电动机轴与丝杠产生相对运动。由于半闭环系统的位置检测器件在电动机侧，丝杠的实际转动量无法检测，从而导致零件尺寸不稳定，紧固电动机联轴器后故障清除。

［例 2-2］ 导轨润滑不足的故障维修。

故障现象：TH6363 型卧式加工中心，Y 轴导轨润滑不足。

分析及处理过程：TH6363 型卧式加工中心采用单线阻尼式润滑系统，故障产生以后，开始认为是润滑时间间隙太长，导致 Y 轴润滑不足，将润滑电动机起动时间间隔由 15min 改为 110min，Y 轴导轨润滑有所改善，但是油量仍不理想，故又集中注意力查找润滑管路问题，润滑管路完好，拧下 Y 轴导轨润滑计量件，检查发现计量件中的小孔堵塞。清洗后，故障排除。

［例 2-3］ 行程终端产生明显的机械振动的故障维修。

故障现象：某加工中心运行时，工作台 X 轴方向位移接近行程终端过程中产生明显的机械振动故障，故障发生时系统不报警。

分析及处理过程：因故障发生时系统不报警，但故障明显，故通过交换法检查，确定故障部件应在 X 轴伺服电动机与丝杠传动链一侧；拆卸电动机与滚珠丝杠之间的弹性联轴器，单独通电检查电动机。检查结果表明，电动机运行时无振动现象，显然故障部位在机械传动部分。脱开弹性联轴器，用扳手转动滚珠丝杠进行手感检查，发现工作台 X 轴方向位移接近行程终端时，感觉到阻力明显增加。拆下工作台检查，发现滚珠丝杠与导轨不平行，故而引起机械转动过程中的振动现象。经过认真修理、调整后重新装好，故障排除。

［例 2-4］ 电动机过热报警的故障维修。

故障现象：X 轴电动机过热报警。

分析及处理过程：电动机过热报警，产生的原因有多种，除伺服单元本身的问题外，可能是切削参数不合理，也可能是传动链上有问题。而该机床的故障原因是导轨镶条与导轨间隙太小，调得太紧。松开镶条防松螺钉，调整镶条螺栓，使运动部件运动灵活，保证 0. 03mm 的塞尺不得塞入，然后锁紧防松螺钉。故障排除。

［例 2-5］ 移动过程中产生机械干涉的故障维修。

故障现象：某加工中心采用直线滚动导轨，安装后用扳手转动滚珠丝杠进行手感检查，发现工作台 X 轴方向移动过程中产生明显的机械干涉故障，运动阻力很大。

分析及处理过程：故障明显在机械结构部分。拆下工作台，首先检查滚珠丝杠与导轨的平行度，检查合格。再检查两条直线导轨的平行度，发现导轨平行度严重超差。拆下两条直线导轨，检查中滑板上直线导轨的安装基面的平行度，检查合格。再检查直线导轨，发现一条直线导轨的安装基面与其滚道的平行度严重超差（0. 5mm）。更换合格的直线导轨，重新装好后，故障排除。

［例 2-6］ 滚珠丝杠螺母松动引起的故障维修。

故障现象：某配套西门子公司生产的 SINUMEDIK8MC 的数控装置的数控镗铣床，机床 Z 轴运行（方滑枕为 Z 轴）抖动，瞬间即出现 123 号报警；机床停止运行。

分析及处理过程：出现 123 号报警的原因是跟踪误差超出了机床数据 TEN345/N346 中

所规定的值。导致此种现象有三个可能：①位置测量系统的检测器件与机械位移部分连接不良；②传动部分出现间隙；③位置闭环放大系数KV不匹配。通过详细检查和分析，初步断定是后两个原因，使方滑枕（Z轴）运行过程中产生负载扰动而造成位置闭环振荡。基于这个判断，我们首先修改了设定闭环放大系数KV的机床数据TEN152，将原值S1333改成S800，即降低了放大系数，有助于位置闭环稳定。经试运行发现虽振动减弱，但未彻底消除。这说明机械传动出现间隙的可能性增大，可能是滑枕镶条松动、滚珠丝杠或螺母窜动。对机床各部位采用先易后难、先外后内逐一否定的方法，最后查出故障源：滚珠丝杠螺母背帽松动，使传动出现间隙，当Z轴运动时，由于间隙造成的负载扰动导致位置闭环振荡而出现抖动现象。紧固松动的背帽，调整好间隙，并将机床数据TEN152恢复到原值后，故障消除。

[例2-7] 加工尺寸不稳定的故障维修。

故障现象：某加工中心运行九个月后，发生Z轴方向加工尺寸不稳定，尺寸超差且无规律，CRT及伺服放大器无任何报警显示。

分析及处理过程：该加工中心采用三菱M3系统，交流伺服电动机与滚珠丝杠通过联轴器直接连接，根据故障现象分析，故障原因是联轴器连接螺钉松动，导致联轴器与滚珠丝杠或伺服电动机间产生滑动。

[例2-8] 位置偏差过大的故障维修。

故障现象：某卧式加工中心出现ALM421报警，即Y轴移动中的位置偏差量大于设定值而报警。

分析及处理过程：该加工中心使用FANUC 0M数控系统，采用闭环控制。伺服电动机和滚珠丝杠通过联轴器直接连接。根据该机床控制原理及机床传动连接方式，初步判断出现ALM421报警的原因是Y轴联轴器不良。

对Y轴传动系统进行检查，发现联轴器中的胀紧套与丝杠连接松动，紧固Y轴传动系统中所有的紧固螺钉后，故障消除。

[例2-9] 丝杠窜动引起的故障维修。

故障现象：TH6380型卧式加工中心，启动液压系统后，手动运行Y轴时，液压系统自动中断，CRT显示报警，驱动失效，其他各轴正常。

分析及处理过程：该故障涉及电气、机械、液压部分。任一环节有问题均导致驱动失效，故障检查的顺序大致如下：

伺服驱动装置→电动机及测量器件→电动机与丝杠连接部分→液压平衡装置→开口螺母和滚珠丝杠→轴承→其他机械部分。

①检查驱动装置外部接线及内部元件的状态良好，电动机与测量系统正常；②拆下Y轴液压抱闸后情况同前，将电动机与丝杠的同步传动带脱离，手摇Y轴丝杠，发现丝杠上下窜动；③拆开滚珠丝杠上轴承座发现正常；④拆开滚珠丝杠下轴承座后发现轴向推力轴承的紧固螺母松动，导致滚珠丝杠上下窜动。

由于滚珠丝杠上下窜动，造成伺服电动机转动带动丝杠空转约一圈。在数控系统中，当NC指令发出后，测量系统应有反馈信号，若间隙的距离超过了数控系统所规定的范围，即电动机空走若干个脉冲后光栅尺无任何反馈信号，则数控系统必报警，导致驱动失效，机床不能运行。拧好紧固螺母，滚珠丝杠不能窜动，则故障排除。

［例 2-10］ 压力控制回路的故障维修。

故障现象：压力控制回路中溢流不正常。

分析及处理过程：溢流阀主阀心卡住。如图 2-66 所示的压力控制回路中，液压泵为定量泵，采用三位四通换向阀，中位机能为 Y 型。所以，液压缸停止工作运行时，系统不卸荷，液压泵输出的压力油全部由溢流阀溢回油箱。系统中的溢流阀通常为先导式溢流阀，这种溢流阀的结构为三级同心式。三处同轴度要求较高，这种溢流阀用在高压大流量系统中，调压溢流性能较好。将系统中换向阀置于中位，调整溢流阀的压力时发现，当压力值调在10MPa 以下时，溢流阀工作正常；而当压力调整到高于 10MPa 的任一压力值时，系统会发出像吹笛一样的尖叫声，此时可看到压力表指针剧烈振动，并发现噪声来自溢流阀。其原因是因为在三级同轴高压溢流阀中，主阀心与阀体、阀盖有两处滑动配合，如果阀体和阀盖装配后的内孔同轴度超出规定要求，主阀心就不能灵活地动作，而是贴在内孔的某一侧作不正常运动。当压力调整到一定值时，就必然激起主阀心振动。这种振动不是主阀心在工作运动中出现的常规振动，而是主阀心卡在某一位置（此时因主阀心同时承受着液压卡紧力）而激起的高频振动。这种高频振动必将引起弹簧，特别是调压弹簧的强烈振动，并出现共振噪声。另外，由于高压油不通过正常的溢流口溢流，而是通过被卡住的溢流口和内泄油道溢回油箱，这股高压油流将发出高频率的流体噪声。而这种振动和噪声是在系统特定的运行条件下激发出来的，这就是为什么在压力低于 10MPa 时不发生尖叫声的原因。

经过分析之后，排除故障就有方向了。首先可以调整阀盖，因为阀盖与阀体配合处有调整余地。装配时，调整同轴度，使主阀心能灵活运动，无卡紧现象，然后按装配工艺要求，依照一定的顺序用定转矩扳手拧紧，使拧紧力矩基本相同。当阀盖孔有偏心时，应进行修磨，消除偏心。主阀心与阀体配合滑动面若有污物，应清洗干净，目的就是保证主阀心滑动灵活的工作状态，避免产生振动和噪声。另外，主阀心上的阻尼孔，在主阀心振动时有阻尼作用，当工作油液黏度降低，或温度过高时，阻尼作用将相应减小。因此，选用合适黏度的油液和控制系统温升过高也有利于减振降噪。

［例 2-11］ 速度控制回路的故障维修。

故障现象：速度控制回路中速度不稳定。

分析及处理过程：节流阀前后压差小致使速度不稳定，在图 2-66 所示系统中，液压泵为定量泵，属于进口节流调速系统，采用三位四通电动换向阀，中位机能为 O 型。系统回油路上设置单向阀以起背压阀作用。系统的故障是液压缸推动负载运动时，运动速度达不到调定值。经检查，系统中各元件工作正常，油液温度属正常范围。但发现溢流阀的调节压力只比液压缸工作压力高 0.3MPa，压力差值偏小，即溢流阀的调节压力较低，再加上回路中，油液通过换向阀的压力损失为 0.2MPa，这样造成节流阀前后压差值低于 0.2~0.3MPa，致使通过节流阀的流量达不到设计要求的数值，于是液压缸的运动速度就不可能达到调定值。提高溢流阀的调节压力，使节流阀的前后压差达到合理压力值后，故障消除。

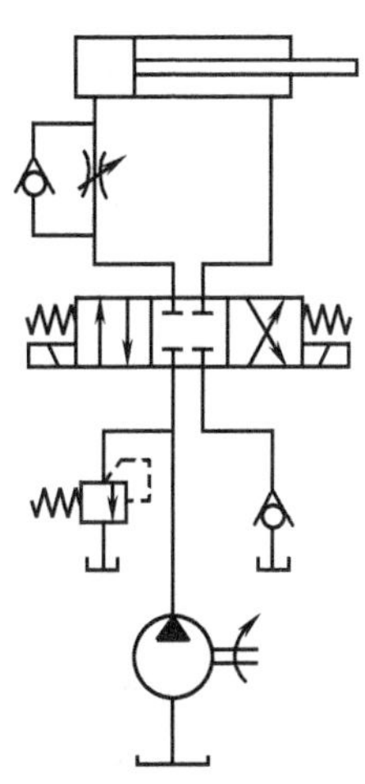

图 2-66 进口节流调速回路示意图

[例 2-12]　方向控制回路的故障维修。

故障现象：方向控制回路中滑阀没有完全回位。

分析及处理过程：在方向控制回路中，换向阀的滑阀因回位阻力增大而没有完全回位是最常见的故障，将造成液压缸回程速度变慢。排除故障首先应更换合格的弹簧，如果是由于滑阀精度差，而使径向卡紧，应对滑阀进行修磨或重新配制。一般阀心的圆度和锥度允差为0.003～0.005mm，最好使阀心有微量的锥度，并使它的大端在低压腔一边，这样可以自动减小偏心量，从而减小摩擦力，减小或避免径向卡紧力。引起卡紧的原因还可能有：脏物进入滑阀缝隙中而使阀心移动困难；间隙配合过小，以致当油温升高时阀心膨胀而卡死；电磁铁推杆的密封圈处阻力过大，以及安装紧固电动阀时使阀孔变形等。找到卡紧的原因，就好排除故障了。

[例 2-13]　阀换向滞后引起的故障维修。

故障现象：在图2-67a所示系统中，液压泵为定量泵，采用三位四通换向阀，中位机能为Y型。系统为进口节流调速。液压缸快进、快退时，二位二通阀接通。系统故障是液压缸在开始完成快退动作时，首先出现向工件方向前冲，然后再完成快退动作。此种现象影响加工精度，严重时还可能损坏工件和刀具。

分析及处理过程：从系统中可以看出，在执行快退动作时，三位四通电动换向阀和二位二通换向阀必须同时换向。由于三位四通换向阀换向时间的滞后，即在二位二通换向阀接通的一瞬间，有部分压力油进入液压缸工作腔，使液压缸出现前冲。当三位四通换向阀换向结束时，压力油才全部进入液压缸的有杆腔，无杆腔的油液才经二位二通阀回油箱。

改进后的系统如图2-67b所示。在二位二通换向阀和节流阀上并联一个单向阀，液压缸快退时，无杆腔油液经单向阀回油箱，二位二通阀处于关闭状态，这样就避免了液压缸前冲的故障。

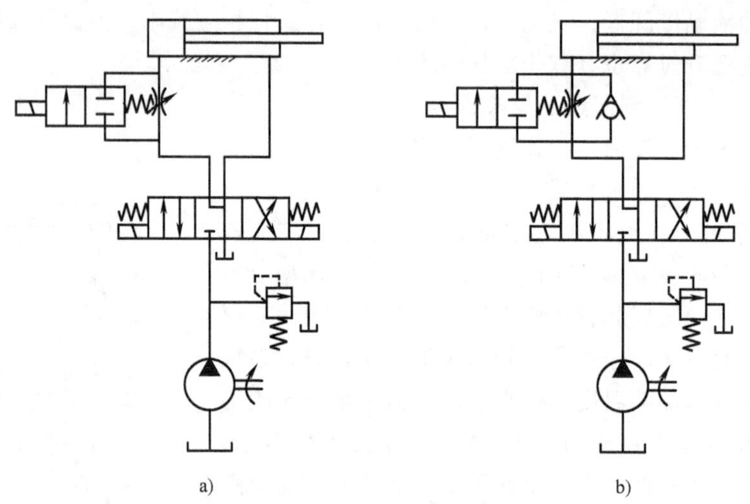

图2-67　液压系统原理图

[例 2-14]　刀柄和主轴的故障维修。

故障现象：TH5840型立式加工中心换刀时，主轴锥孔吹气，把含有铁锈的水分子吹出附着在主轴锥孔和刀柄上。刀柄和主轴接触不良。

分析及处理过程：TH5840 型立式加工中心气动控制原理图如图 2-68 所示。故障产生的原因是压缩空气中含有水分。如采用空气干燥机，使用干燥后的压缩空气，问题即可解决。若受条件限制，没有空气干燥机，也可在主轴锥孔吹气的管路上进行两次分水过滤，设置自动放水装置，并对气路中相关零件进行防锈处理，故障即可排除。

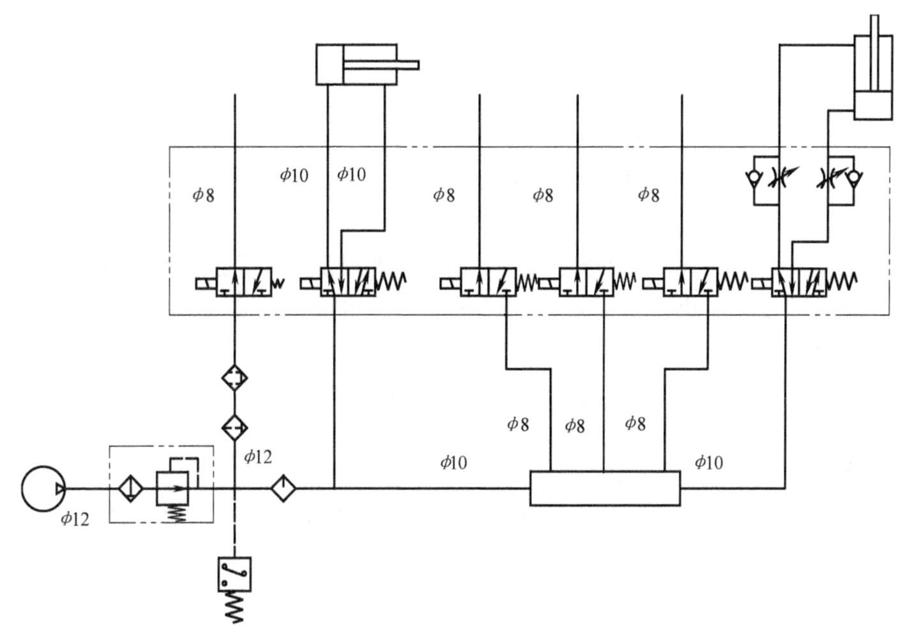

图 2-68　TH5840 型立式加工中心气动控制原理图

［例 2-15］　松刀动作缓慢的故障维修。

故障现象：TH5840 型立式加工中心换刀时，主轴松刀动作缓慢。

分析及处理过程：根据图 2-68 所示的气动控制原理图进行分析，主轴松刀动作缓慢的原因：①气动系统压力太低或流量不足；②机床主轴拉刀系统有故障，如碟型弹簧破损等；③主轴松刀气缸有故障。根据分析，首先检查气动系统的压力，压力表显示气压为 0.6MPa，压力正常。将机床操作转为手动，手动控制主轴松刀，发现系统压力下降明显，气缸的活塞杆缓慢伸出，故判定气缸内部漏气。拆下气缸，打开端盖，压出活塞和活塞环，发现密封环破损，气缸内壁拉毛。更换新的气缸后，故障排除。

［例 2-16］　变速无法实现的故障维修。

故障现象：TH5840 型立式加工中心换档变速时，变速气缸不动作，无法变速。

分析及处理过程：根据图 2-68 所示（ϕ8、ϕ10、ϕ12 为气管的直径）的气动控制原理图进行分析，变速气缸不动作的原因：①气动系统压力太低或流量不足；②气动换向阀未得电或换向阀有故障；③变速气缸有故障。根据分析，首先检查气动系统的压力，压力表显示气压为 0.6MPa，压力正常；检查换向阀电磁铁已带电，用手动操作换向阀，变速气缸动作，故判定气动换向阀有故障。拆下气动换向阀，检查发现有污物卡住阀心。进行清洗后，重新装好，故障排除。

［例 2-17］　换刀系统不动作的故障维修。

故障现象：某数控机床的换刀系统在执行换刀指令时不动作，机械臂停在行程中间位置上，CRT 显示报警号，查阅手册得知该报警号表示换刀系统机械臂位置检测开关信号为“0”及“刀库换刀位置错误”。

分析及处理过程：根据报警内容，可诊断故障发生在换刀装置和刀库两部分，由于相应的位置检测开关无信号送至 PLC 的输入接口，从而导致机床中断换刀。造成开关无信号输出的原因有两个：一是由于液压或机械上的原因造成动作不到位而使开关得不到感应；二是电感式开关失灵。

首先检查刀库中的接近开关，用一薄铁片去感应开关，以排除刀库部分接近开关失灵的可能性，接着检查换刀装置机械臂中的两个接近开关，一是“臂移出”开关 SQ21，一是“臂缩回”开关 SQ22。由于机械臂停在行程中间位置上，这两个开关输出信号均为“0”，经测试，两个开关均正常。

机械装置检查：“臂缩回”动作是由电磁阀 YV21 控制的，手控电磁阀 YV21，把机械臂退回至“臂缩回”位置，机床恢复正常，这说明手控电磁阀能进行换刀装置定位，从而排除了液压或机械上的阻滞造成换刀系统不到位的可能性。

由以上分析可知，PLC 的输入信号正常，输出动作执行无误。问题在 PLC 内部或操作不当。经操作观察，两次换刀时间的间隔小于 PLC 所规定的要求，从而造成 PLC 程序执行错误引起故障。

对于只有报警号而无报警信息的报警，必须检查数据位，并与正常数据相比较，明确该数据位所表示的含义，以采取相应的措施。

[例 2-18]　某加工中心运行时，工作台分度盘不回落，发出 7035 号报警。

分析及处理过程：工作台分度盘不回落与工作台下面的 SQ25、SQ28 传感器有关。由 PLC 输入状态信息可知，传感器工作状态 SQ28 即 E10.6 为“1”，表明工作台分度盘旋转到位信号已经发出：SQ25 即 E10.0 为“0”，说明工作台分度盘未回落，故输出 A4.7 始终为“0”，造成 YS06 电磁阀不吸合，工作台分度盘不能回落而发出 7035 号报警，即 PLC 输入状态信息 E10.0 为“1”。

检查机床液压系统，发现 YS06 电磁阀已经带电但是阀心并没有换向，用手控 YS06 电磁阀后，工作台分度盘回落，PLC 输入状态信息 E10.0 为“1”，报警解除。拆换新的换向阀后，故障排除。

[例 2-19]　某加工中心运行时，工作台分度盘回落后，不夹紧，发出 7036 号报警。

分析及处理过程：工作台分度盘不夹紧与工作台下面的 SQ25 传感器有关。由 PLC 输入状态信息可知，传感器工作状态 SQ25 即 E10.0 为“0”，表明工作台分度盘落下到位信号未发出，故输出 A4.6 始终为“0”，造成 YS05 电磁阀不吸合，而发出 7036 号报警。

检查工作台分度盘落下传感器 SQ25 和挡铁，发现挡铁松动，传感器与挡铁间隙太大，因此传感器 SQ25 未发出工作台分度盘落下到位信号。重新紧固挡铁，调整挡铁与传感器之间距离为 0.15~0.2mm 后，故障排除。

[例 2-20]　TH6236 型加工中心，开机后工作台回零不旋转且出现 05 号、07 号报警。

分析及处理过程：利用梯形图和状态信息首先对工作台夹紧开关 SQ6 的状态进行检查。138.0 为“1”，正常。手动松开工作台时，138.0 由“1”变为“0”，表明工作台能松开。回零时，工作台松开了，地址 211.1TABSC 由“0”变为“1”，然而经 2000ms 延时后，由“1”变成了“0”，致使工作台旋转信号无。是电动机过载还是工作台液压有问题？经过反复几次试验，发现工作台液压有问题，其正常工作压力为4.0~4.5MPa，在工作台松开抬起时，液压由4MPa下降到2.5MPa左右，泄压严重，致使工作台未完全抬起，松开延时后，无法旋转，产生过载。

拆开工作台，解体检查，发现活塞支承环O形圈均有直线性磨损，其状态能通过压力油液。液压缸内壁粗糙，环状刀纹明显，精度太差。更换液压缸套和密封圈，重装调整试车后，运行正常，故障消除。

[例2-21] TH636型加工中心，开机后工作台回零不旋转且出现05号、07号报警。

分析及处理过程：此故障完全按例2-20的方法检查。检查状态信息，同例2-20一样，检查液压也正常。故障显示是过载，是电动机问题还是工作台机械故障？首先，检查电动机（此项检查较为容易），将刀库电动机与工作台电动机交换（型号一致），故障仍未消除，故判断故障出现在机械方面。

将工作台卸开发现鼠齿盘中的6组碟簧损坏不少。更换碟簧后，工作台仍不旋转。仍利用梯形图和状态信息检查，发现139.3INP.M信息由“1”变为了“0”，139.5SALM.M由“0”变为了“1”，即简易定位装置在位信号灯不亮，不在位，且报警。手动旋转电动机使之进入在位区后，“INP”变为“1”，灯亮，故障消除。

[例2-22] 在机床使用过程中，回转工作台经常在分度后不能落入鼠牙定位盘内，机床停止执行下面的命令。

分析及处理过程：回转工作台在分度后不能落入鼠牙定位盘内，发生顶齿现象，是因为工作台分度不准确所致。工作台分度不准确的原因可能有电气问题和机械问题，首先检查机床电动机和电气控制部分（因此项检查较为容易）。机床电气部分正常，则问题出在机械部分，可能是伺服电动机至回转台传动链间隙过大或转动累计间隙过大所致。拆下传动箱，发现齿轮、蜗轮与轴键联接间隙过大，齿轮啮合间隙超差过多。经更换齿轮、重新组装，然后精调回转工作台定位块和伺服增益可调电位器后，故障排除。

思考题

1. 简述数控机床机械结构的主要组成。
2. 主传动变速有几种方式，各有何特点，各应用于何处。
3. 主轴端部有哪些结构，各有何特点。
4. 主轴轴承的配置形式有几种，各有何优缺点？
5. 主轴轴承为什么要预紧，有哪些方法可以实现预紧？
6. 滚珠丝杠螺母副的循环方式有几种，为何要预紧，预紧的方法有哪些？
7. 滚珠丝杠支承的方式有哪些，各有什么特点，应用在什么场合？
8. 导轨滑块副的分类有哪些，各有什么特点？
9. 如何降低滚动导轨副在运动中产生的噪声？
10. 刀库常见故障有哪些，什么原因引起的，如何排除？
11. 分度头和数控回转工作台有什么区别？
12. 回转工作台的常见故障有哪些，如何排除？
13. 液压或气动装置在数控机床上可以完成哪些辅助功能，气动系统维护的要点是什么？

14. 试分析 MJ-50 型数控车床液压系统。
15. 试分析 CK3225 型数控车床液压系统。
16. 试分析 VP1050 型加工中心数控车床液压系统。
17. 试分析组合机床动力滑台液压系统。
18. 试分析 H400 型加工中心气动系统。
19. 试分析数控车床用真空卡盘气路工作过程。

项目三
数控系统故障诊断与维修

能力目标

1. 了解常见数控系统的硬件组成。
2. 掌握数控系统软硬件故障诊断与维修的一般方法。
3. 掌握数控系统参数备份与回装操作过程。
4. 掌握 FANUC 0i 数控系统的故障报警及其分类。
5. 通过对数控机床常见故障的训练，掌握故障排除的常用方法。
6. 能根据机床数控系统报警或故障现象，对 FANUC 0i 系统进行故障诊断与维修。
7. 初步具备数控系统的故障判别及处理能力。
8. 熟悉数控机床故障诊断的基本方法。
9. 具有自主分析问题和解决问题的能力。

项目实施

任务一　FANUC 数控系统概述

任务引入

FANUC 系统是日本富士通公司的产品，通常其中文译名为发那科。FANUC 公司是生产数控系统和工业机器人的著名厂家，该公司自 20 世纪 60 年代生产数控系统以来，已经开发出 40 多种系列产品。FANUC 0i 系列数控系统，是继 FANUC 0C 和 FANUC 0D 系统之后推向中国的。2000 年，开发了 FANUC 0i-A 数控系统，2002 年，开发了 FANUC 0i-B 数控系统 ，2003~2005 年，相继开发了 FANUC 30i/31i/32i 系统与 FANUC 0i-C 数控系统 ，2008 年，在中国市场推出 FANUC 0i-D 数控系统。

那么 FANUC 0i 系统的特点、硬件结构是怎样的?

任务内容

一、基本硬件

1. FANUC 0i 数控系统概述

FANUC 0i 系统是具有高可靠性、高性价比、高集成度的数控系统。FANUC 0i 系列的主要功能及特点有以下几点：

1）FANUC 0i MD 系统与 FANUC 30i/31i/32i 等系统的结构相似，均为模块化结构。主

CPU 板上除了主 CPU 及外围电路之外，还集成了 PROM&SRAM 模块、PMC 控制模块、存储器和主轴模块、伺服模块等。其集成度较 FANUC 0 系统的集成度更高，因此 0i 控制单元的体积更小，便于安装排布。

2）采用全字符键盘，可用 B 类宏程序编程，使用方便。

3）用户程序区容量比 0MD 系统大一倍，有利于较大程序的加工。

4）使用编辑卡编写或修改梯形图，携带与操作都很方便，特别是在用户现场扩充功能或实施技术改造时更为便利。

5）使用存储卡存储或输入机床参数、PMC 程序以及加工程序，操作简单方便。

6）系统具有 HRV（高速矢量响应）功能，伺服增益设定比 0MD 系统高一倍，理论上可使轮廓加工误差减少一半。

7）机床运动轴的反向间隙，在快速移动或进给移动过程中由不同的间隙补偿参数自动补偿。

8）0i 系统可预读 12 个程序段，比 0MD 系统多。

9）与 0MD 系统相比，0i 系统的 PMC 程序基本指令执行周期短，容量大，功能指令更丰富，使用更方便。

10）0i 系统的界面、操作、参数等与 30i、31i、32i 基本相同。

11）0i 系统比 0M、0T 等产品配备了更强大的诊断功能和操作信息显示功能，给机床用户使用和维修带来了极大方便。

12）在软件方面，0i 系统比 0 系统也有很大提高，特别在数据传输上有很大改进，如 RS 232 串行通信波特率达 19200bit/s，可以通过 HSSB（高速串行总线）与 PC 相连，使用存储卡实现数据的输入/输出。

2. FANUC 数控系统接口

对于系统外部，系统的各接口如图 3-1 所示，接口的功能见表 3-1。

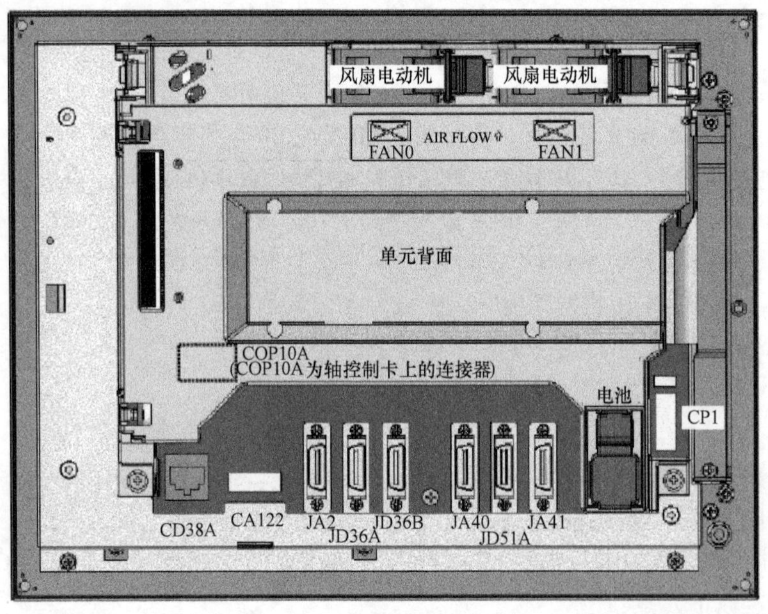

图 3-1　FANUC 系统接口图

表 3-1 系统接口说明

连接器号	用　途	连接器号	用　途
COP10A	伺服放大器(FSSB)	CP1	DC21C-LN
JA2	MDI	JGA	后面板接口
JD36A	RS-232-C 串行端口 1	CA79A	视频信号接口
JD36B	RS-232-C 串行端口 2	CA88A	PCMCIA 接口
JA40	模拟主轴/高速 DI	CA122	软键
JD51A	I/O Link	CA121	变频器
JA41	串行主轴/位置编码器	CD38A	以太网

3. 数控系统指示灯

数控系统背面的指示灯主要用来指示系统的运行状态，根据 LED 灯不同的表现形式可以表达不同的系统状态，在系统调试及运行过程中可以起到故障诊断及信息表达的作用。电源接通时，LED 状态如图 3-2 所示。

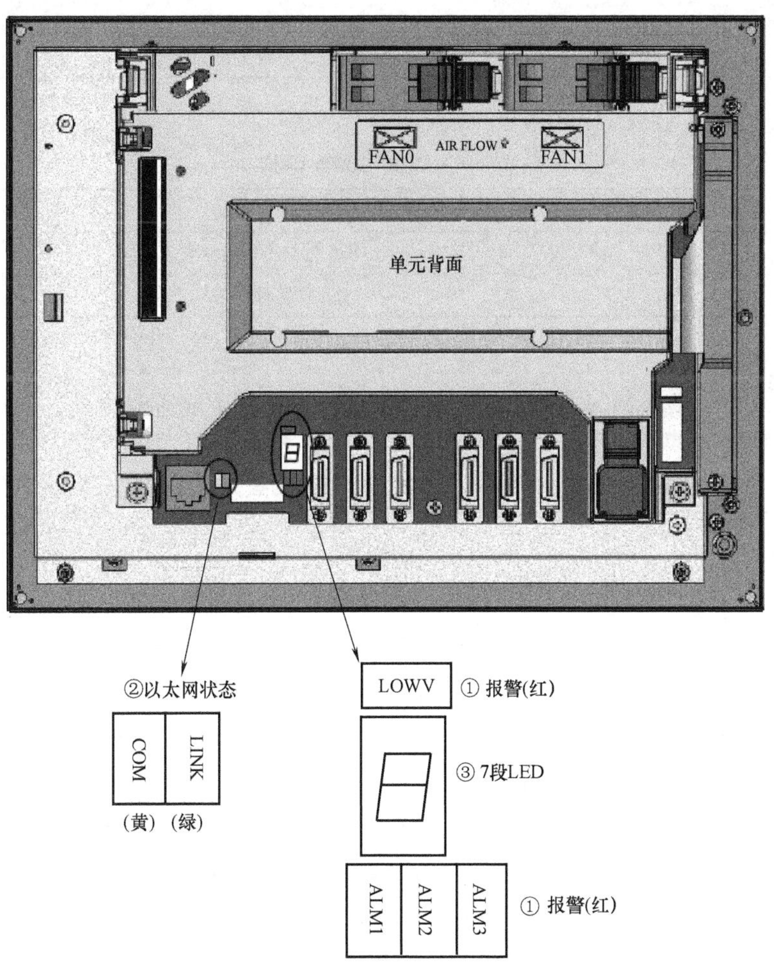

图 3-2 电源接通时，LED 状态

当发生系统报警时报警 LED 显示，这些 LED 点亮时，说明硬件发生故障。

（1）红色的 LED 指示灯状态（见表 3-2、表 3-3）。

表 3-2　红色 LED 状态

序号	状态 LED	状　态
1	□■□	电池电压下降，可能是因为电池寿命已尽
2	■■□	软件检测出错误而使得系统停止运行
3	□□■	硬件检测出系统内故障
4	■□■	轴卡上发生了报警，可能是由于轴卡不良、伺服放大器不良、FSSB 断线等原因所致
5	□■■	FROM/SRAM 模块上的 SRAM 数据中检测出错误，可能是由于 FROM/SRAM 模块不良、电池电压下降、主板不良所致
6	■■■	电源异常，可能是由于噪声的影响或电源单元不良所致

注：■表示点亮，□表示熄灭。

表 3-3　LOWV 报警灯状态

LED 名称	LED 的含义
LOWV	可能是由于主板不良所致

（2）以太网状态 LED（见表 3-4）

表 3-4　以太网状态 LED

LED 名称	LED 的含义
LINK（绿）	与 HUB 正常连接时点亮
COM（黄）	收发数据时点亮

（3）7 段 LED

7 段 LED 显示根据 CNC 的动作状态而发生变化。有关从接通电源到进入可以动作的状态之前，以及发生系统错误时的 7 段 LED 显示，详见表 3-5、表 3-6。

表 3-5　从电源接通到能够动作状态 LED 显示的含义（LED 灯点亮状态）

报警 LED	含　义
	尚未通电的状态（全熄灭）
0	初始化结束，可以动作
1	CPU 开始启动（BOOT 系统）
2	各类 G/A 初始化（BOOT 系统）
3	各类功能初始化

（续）

报警 LED	含　义
4	任务初始化
5	系统配置参数的检查，可选板等待 2
6	各类驱动程序的安装，文件全部清零
7	标头显示，系统 ROM 测试
8	通电后，CPU 尚未启动的状态（BOOT 系统）
9	BOOT 系统退出，NC 系统启动（BOOT 系统）
A	FROM 初始化
b	内装软件的加载
C	用于可选板的软件的加载
c	IPL 监控执行中
d	DRAM 测试错误（BOOT 系统、NC 系统）
E	BOOT 系统错误（BOOT 系统）
F	文件清零，可选板卡等待 1
H	BASIC 系统软件的加载（BOOT 系统）
J	可选板卡等待 3，可选板卡等待 4
L	系统操作最后检查

（续）

报警 LED	含　义
P	显示器初始化(BOOT 系统)
U	FROM 初始化(BOOT 系统)
u	BOOT 监控执行中(BOOT 系统)

表 3-6　从电源接通到能够动作状态 LED 显示的含义（LED 灯闪烁状态）

报警 LED	含　义
	ROM PARITY 错误,可能是由于 SRAM/FROM 模块的故障所致
2	不能创建用于程序存储器的 FROM,通过 BOOT 确认 FROM 上的用于程序存储器的文件状态,执行 FROM 的整理,确认 FROM 的整理
3	软件检测的系统报警,启动时发生的情形:通过 BOOT 确认 FROM 上的内装软件状态和 DRAM 大小
4	DRAM/SRAM/FROM 的 ID 非法,可能是由于 CPU 卡、SRAM/FROM 模块的故障所致
5	发生伺服 CPU 超时,通过 BOOT 确认 FROM 中的伺服软件状态,可能是由于伺服卡的故障所致
6	在安装内装软件时发生错误,通过 BOOT 确认 FROM 上的内装软件状态
7	显示器没有能够识别,可能是由于显示器的故障所致
8	硬件检测的系统报警,通过报警界面确认错误并采取对策
9	没有能够加载可选项的软件,通过 BOOT 确认 FROM 上的用于可选板的软件状态
A	在与可选板进行等待的过程中发生了错误,可能是由于可选板、PMC 错误的故障所致
b	BOOT FROM 被更新,重新接通电源

（续）

报警 LED	含　义
	显示器的 ID 非法，确认显示器
	DRAM 测试错误，可能是由于 CPU 卡的故障所致
	BASIC 系统软件和硬件的 ID 不一致，确认 BASIC 系统软件和硬件的组合

二、FANUC 数控系统基本连接

FANUC 公司针对中国数控机床市场的迅速发展、数控机床的水平和使用特点，2008 年在中国市场推出了新的 CNC 系统 0i-D/0i Mate-D。该系统源自于 FANUC 目前在国际市场上销售的高端 CNC 30i/31i/32i 系列，性能上比 0i-C 系列提高了许多，包括：硬件上采用了更高速的 CPU，提高了 CNC 的处理速度；标配了以太网；控制软件根据用户的需要增加了一些控制与操作功能，特别是一些适于模具加工和汽车制造行业应用的功能，如纳米插补、用伺服电动机做主轴控制、电子齿轮箱、存储卡上程序编辑、PMC 的功能块等。2010 年初对 0i-D/0i Mate-D 功能进行了提升，如 0i-D 增加了分离型和开放式结构；增加了控制轴数；配备了 AI 轮廓控制 Ⅱ 和纳米平滑控制；刀具管理功能等。0i Mate-D 配备了纳米插补；增加了磨床功能；新开发了 βiSC 伺服电动机和 βiIC 主轴电动机。

因此该系统是高性价比、高可靠性、高集成度的小型化系统，代表了目前国内常用 CNC 的最高水平。

对于 FANUC 0i-MD 数控系统，如果没有主轴电动机，伺服放大器是单轴型（SVU），如果包括主轴电动机，放大器是一体型（SVPM），下面仅介绍与数控系统相关的硬件连接，图 3-3 为 FANUC 0i-MD 系统硬件配置图。

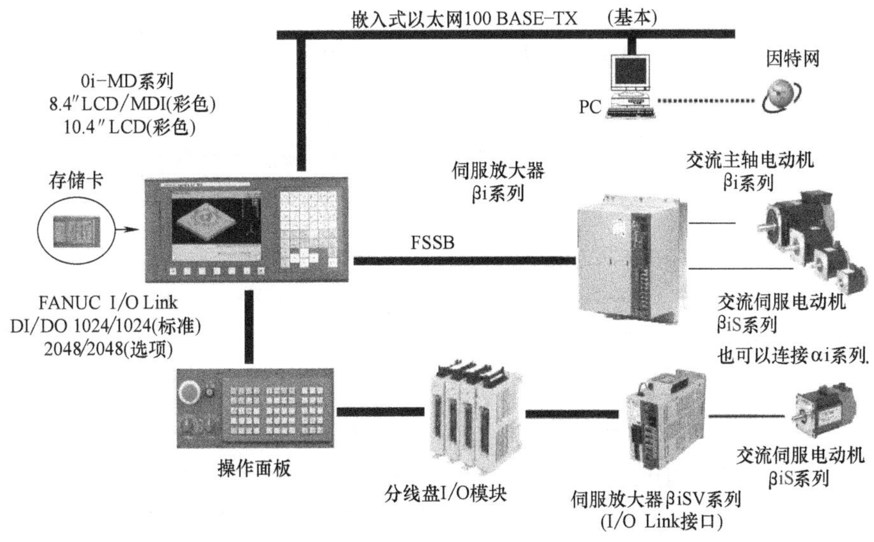

图 3-3　FANUC 0i-MD 系统配置图

1. CNC 的结构型式

0i-D 有两种结构型式：一体型和开放式，如图 3-4 及图 3-5 所示。

0i Mate-D 无分离型与开放式，只有一体型。

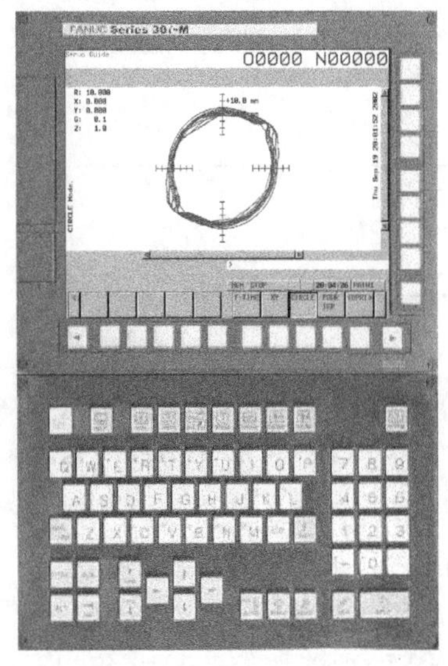

图 3-4　一体型 0i-D

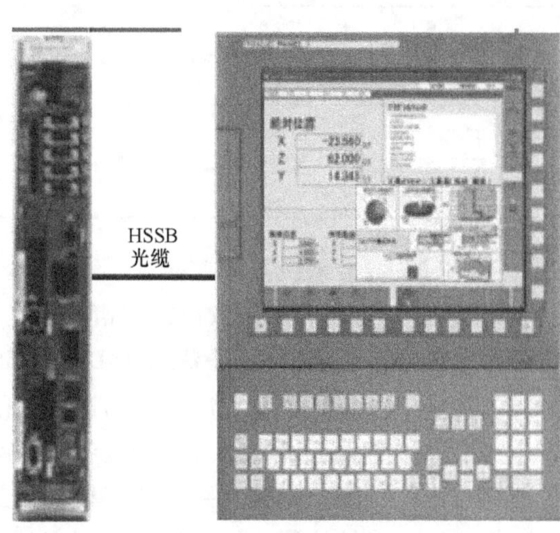

图 3-5　开放式 0i-D

2. 以太网接口

0i-C 系统与 0i-D 系统以太网接口比较，见表 3-7，示意图如图 3-6 所示。

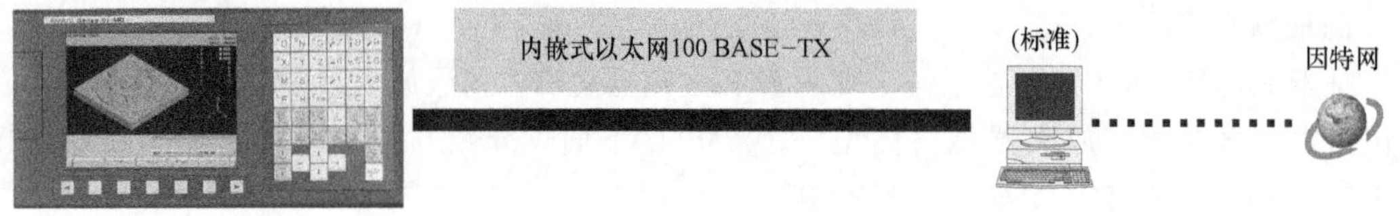

图 3-6　FANUC 0i-MD 系统以太网接口图

表 3-7　以太网接口比较

内容	FANUC 0i-C	FANUC 0i-D
内装以太网		100 BASE-TX 基本内装(仅限 0i-D)
快速以太网	100 BASE-TX 卡(可选)	100 BASE-TX 卡(可选)

3. 数据服务器/存储卡操作

1）CNC 内置程序存储卡容量大幅度扩充，标配 512KB。

2）最大 2MB（0i-D），在大容量存储卡或数据服务器上编辑加工程序（类似 31i）。

3）可以使用子程序调用以及在用户宏程序中使用“GOTO”命令。

4）使用 CF 存储卡，CF 存储卡能够安装到 CNC 中，无需使用固定卡具，并且可以进行 DNC 加工。

5）使用 PC 软件（FANUC Program Transfer Tool），可以简单地添加存储卡上的文件。

数据存储操作如图 3-7 所示。

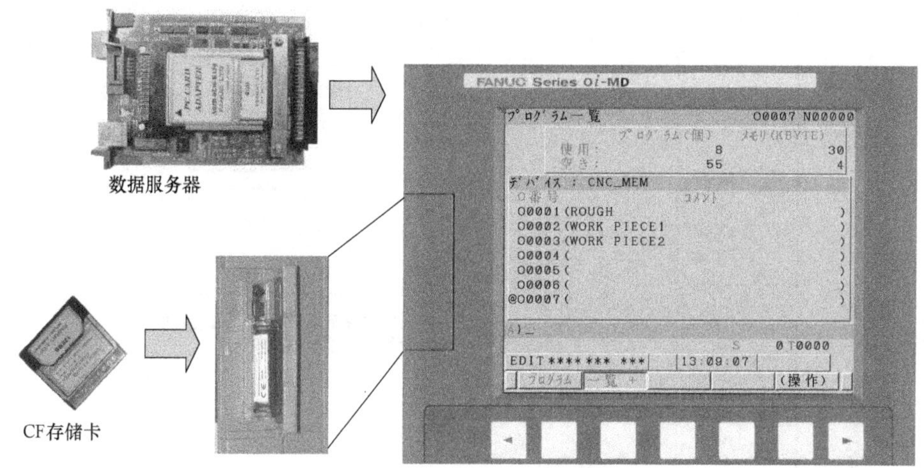

图 3-7 数据存储操作

4. 分离型检测器接口单元

FANUC 0i-MD 系统新增接口：模拟 1Vp-p 接口，如图 3-8 所示。

5. 用伺服电动机做主轴控制

FANUC 的伺服电动机是同步电动机，这种电动机低速具有大转矩，并且有非常好的控制特性，跟随精度好、反应快。因此当要求高精度、较低速度的 Cs 轴控制、刚性攻螺纹、螺纹加工、恒定表面切削速度控制、主轴定位时可以用伺服电动机做主轴电动机，如图 3-9 所示。

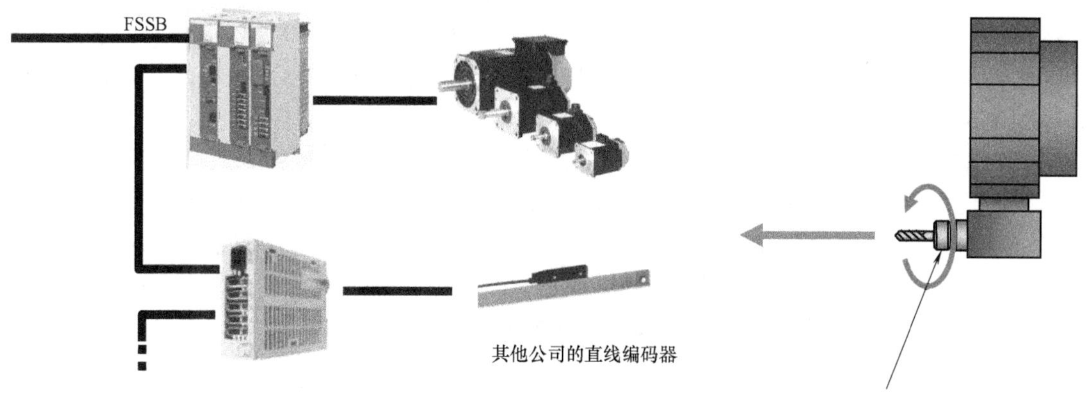

图 3-8 分离型检测器接口

图 3-9 用伺服电动机驱动旋转刀具

具体的系统连接图如图 3-10 所示，其中 I/O Link 连接如图 3-11 所示。

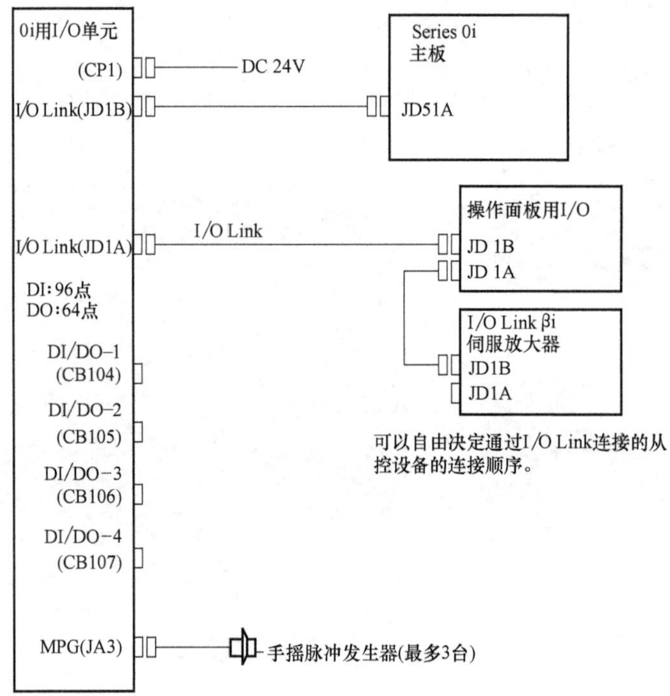

图 3-10 I/O Link 连接

三、FANUC 数控系统参数备份与恢复

1. 数据存储基础知识

(1) 数据存储器

FANUC 0i 系列数控系统的数据存储器主要有 FROM（只读存储器）和 SRAM（静态随机存储器），分别存放不同的数据文件。

1) FROM。在数控系统中作为系统数据存储空间，用于存储系统文件和机床厂家文件。具体存储数据有：CNC 系统软件、数字伺服软件、PMC 系统软件、其他各种 CNC 控制用软件、维修信息数据、PMC 顺序程序（梯形图程序）、上料器控制用梯形图程序、C 语言执行程序、宏执行程序（P-CODE 宏）、其他数据（机床厂的软件）等。

2) SRAM。在数控系统中用于存储用户数据，断电后需要电池保护，若电池电压过低容易引起数据丢失。具体存储数据有：CNC 参数、螺距误差补偿量、PMC 参数、刀具补偿数据（补偿量）、宏变量数据（变量值）、加工程序、对话式（CAP）数据（加工条件、刀具数据等）、操作履历数据、伺服波形诊断数据、最后使用的程序号、切断电源时的机械坐标值、报警履历数据、刀具寿命管理数据、软操作面板的选择状态、PMC 信号解析（分析）数据、其他设定（参数）数据等。

需要注意的是，FROM 除了存有系统厂家 FANUC 提供的系统文件外，还存有机床厂家开发的 PMC 梯形图程序。

(2) 数据文件的分类

数据文件主要分为系统文件、数控机床制造厂家文件和用户文件。

1) 系统文件：FANUC 提供的 CNC 和伺服控制软件。

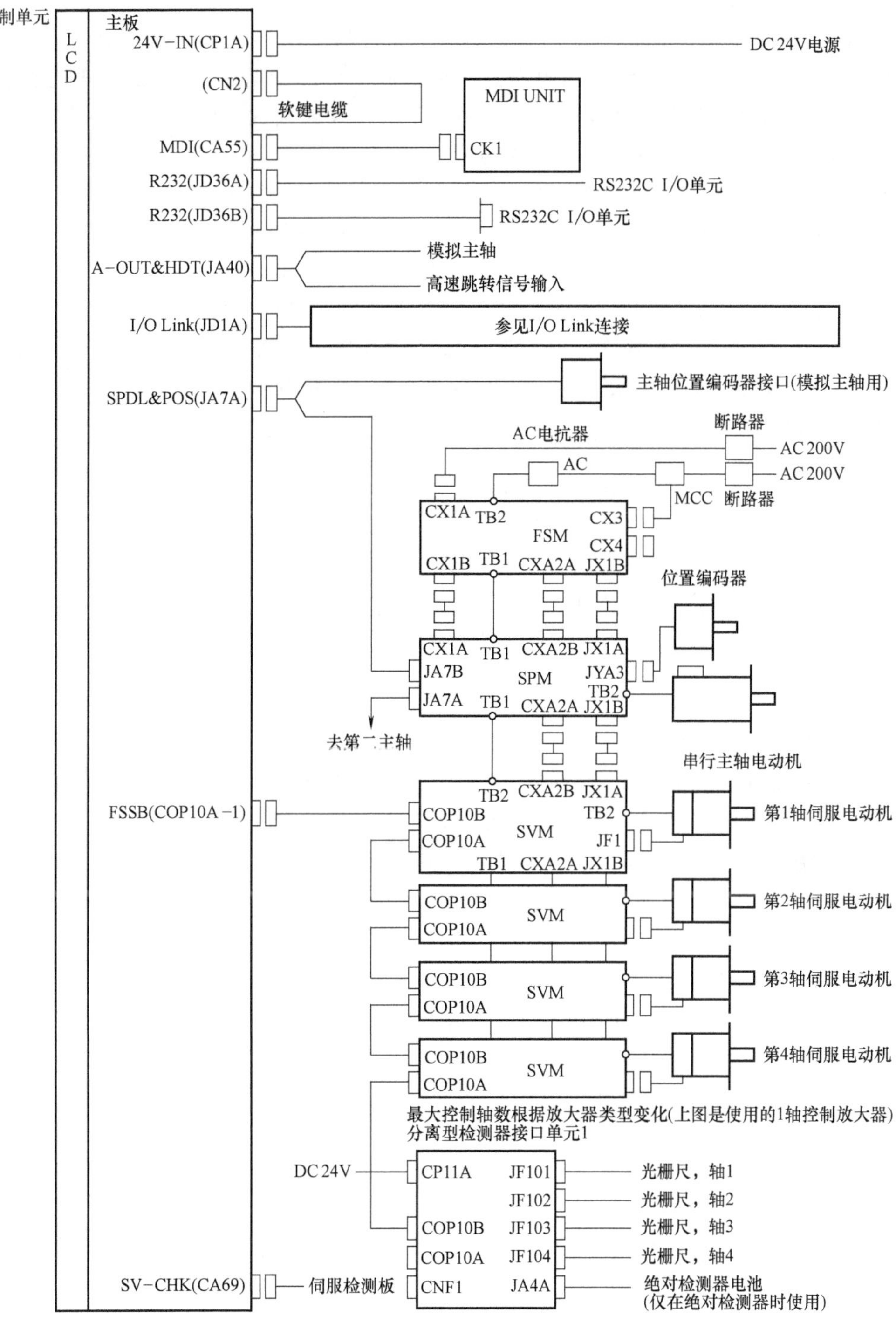

图 3-11　FANUC 0i MD 系统连接图

2）数控机床制造厂家文件：PMC 程序、机床厂家编辑的宏程序执行器等。

3）用户文件：系统参数、PMC 参数、螺距误差补偿值、加工程序、宏程序、刀具补偿值、工件坐标系数据等。

（3）数据备份意义

在 SRAM 中的数据由于断电后需要电池保护，有易失性，所以数据备份非常必要。此类数据需要通过用 BOOT 引导系统操作方式或者在 ALL I/O 画面操作方式进行保存。用 BOOT 引导系统方式备份的是系统数据的整体，下次恢复或调试其他相同机床时，可以迅速地完成恢复。但是数据为机器码且为打包形式，不能在计算机上打开。但是通过 ALL I/O 画面操作方式得到的数据可以通过写字板或 Word 文件打开，而通过 ALL I/O 画面操作方式又分为 CF（Compact Flash）卡方式和 RS232C 串行口方式，CF 卡方式操作方便，还可免去计算机及通信线缆的准备、连接等工作。三种备份特点如图 3-12 所示。

在 FROM 中的数据相对稳定，一般情况下不易丢失，但是如果遇到更换 CPU 板或存储器板时，在 FROM 中的数据均有可能丢失，其中 FANUC 的系统文件在购买备件或修复时会由 FANUC 公司恢复，但是机床厂家文件——PMC 程序等软件也会丢失，因此机床厂家数据的保留也是必要的。

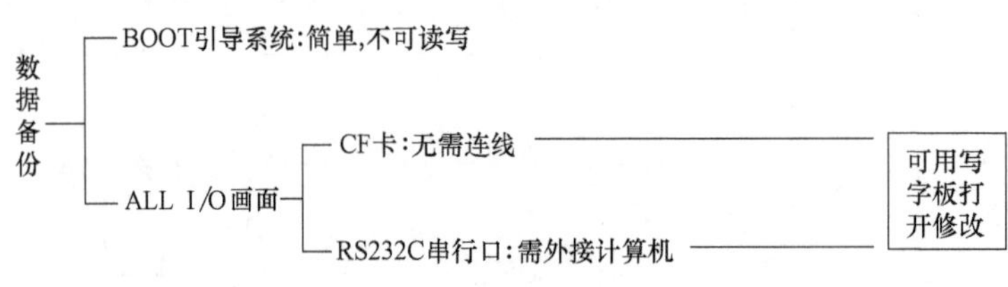

图 3-12　备份方法比较

2. CF 存储卡基本操作

FANUC 0i MD 数控系统有 CF 存储卡插槽，可以应用 CF 存储卡完成各种数据备份、恢复工作。通过 CF 存储卡读卡器可以实现 CF 存储卡与计算机之间的通信连接，计算机对 CF 存储卡中的数据进行提取存档或回传，对于系统自动生成相同文件名的备份中，用计算机再存档很有必要。CF 存储卡及其读卡器在各计算机配件商城有售，方便可靠，是专业维修人员的必备工具。

（1）引导系统（BOOT System）启动

机床通电后，FANUC 0i-MD 数控系统会自动启动引导系统，并读取 NC 软件到 DRAM 中运行。而在一般正常情况下，引导系统屏幕画面是不会有显示的。当使用存储卡在引导系统屏幕画面中进行数据备份和恢复的操作时，必须调出引导系统屏幕画面，具体步骤如下：

1）将存储卡插入到 CNC 数控系统的存储卡接口，如图 3-13 所示。

2）同时按住右翻页键和相邻的软键，然后打开机床电源。

图 3-13　存储卡接口

3）调出引导系统屏幕画面主菜单，如图 3-14 所示。

① END：结束 BOOT，启动 CNC。

② USER DATA LOADING：用户数据加载。

3-16所示画面。

① SRAM BACKUP：SRAM 备份（CNC→CF 存储卡）。

② RESTORE SRAM：恢复 SRAM（CF 存储卡→CNC）。

③ AUTO BKUP RESTORE：自动备份数据恢复。

④ END：结束，返回系统。

⑤ 信息提示（当前提示：选择菜单并按“SELECT”键）。

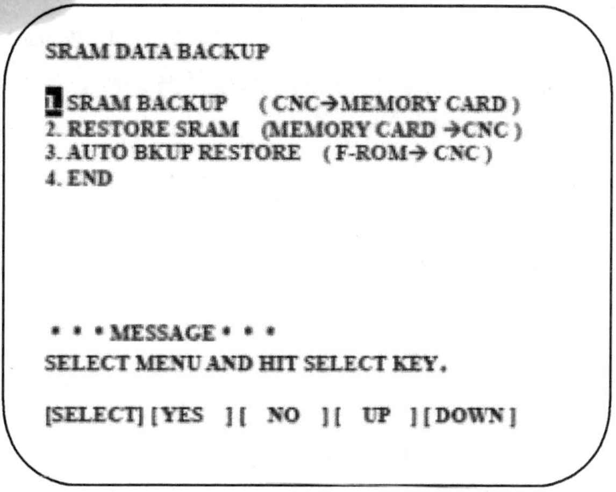

3）按软键“UP”或“DOWN”移动光标，选择“1. SRAM BACKUP”。

```
SRAM DATA BACKUP

1. SRAM BACKUP        ( CNC→MEMORY CARD )
2. RESTORE SRAM       (MEMORY CARD →CNC )
3. AUTO BKUP RESTORE  ( F-ROM→ CNC )
4. END

* * * MESSAGE * * *
SELECT MENU AND HIT SELECT KEY.

[SELECT] [YES  ][  NO  ][  UP  ][DOWN]
```

图 3-16　SRAM 数据备份画面

4）显示把 SRAM 数据输入存储卡的文件名，并有信息提示是否备份 SRAM 数据，按“YES”键确认，开始往 CF 存储卡保存数据。

5）如果要备份的文件已经存在于存储卡上，系统就会提示你是否忽略或覆盖原文件。

如果进行覆盖时，按软键“YES”后就开始覆盖并写入。

如果不进行覆盖时，按软键“NO”，换新的存储卡，再次进行操作写入。

6）写入过程中，在“FILE NAME:”处显示的是现在正在写入的文件名。

7）SRAM 备份完成后，显示“SRAM BACKUP COMPLETE. BIT SELECT KEY”，按软键“SELECT”确认。

8）把光标移到“4. END”上，然后按软键“SELECT”，退到系统的“SYSTEM MONITOR”（系统监控）画面。

（2）SRAM 中的数据恢复

将 CF 存储卡中的数据恢复到数控系统，操作前同样需插入 CF 存储卡，启动引导系统等。

1）在上述 SRAM DATA BACKUP 画面中选择“2. RESTORE SRAM”，按软键“SELECT”，显示从存储卡读入的文件名。

2）根据信息提示，按“YES”键，开始从 CF 存储卡写入 SRAM 存储器。

3）“RESTOR COMPLETE”（恢复结束）后，按软键“SELECT”确认。

4）把光标移到“4. END”上，按软键“SELECT”确认，退到“SYSTEM MONITOR”（系统监控）画面。

在 BOOT 引导系统中，需要把全部 SRAM 区域的数据读出保存到存储卡中，如果在 CNC 系统未使用的 SRAM 存储区存在垃圾数据，使用 BOOT 引导系统进行 SRAM 备份时就会有奇偶报警，不能正常工作，处于一种挂断状态。

这种情况下，可使用“ALL I/O”画面把 SRAM 存储器内有用的数据全部取出后，把 SRAM 存储器全部清除（上电时，同时按 MDI 面板上 RESET+DEL）。再把之前由“ALL I/O”画面取出的数据送回 SRAM 存储器，即能正常工作。此时使用 BOOT 引导系统备份 SRAM 存储器数据便可进行。

4. I/O 方式的数据输入输出操作

本功能可以用 CF 存储卡对 CNC 的各种数据以文本格式进行输入输出。无需经 RS232C 接口连接电缆、外部计算机，操作及数据保存简便易行，并且非常安全，不会因为带电插拔而烧坏 RS232C 接口芯片。可以输入输出的数据有以下几种：

1）CNC 参数。

2）PMC 程序（梯形图）。

3）PMC 参数。

4）加工程序。

5）刀具补偿数据。

6）螺距误差补偿数据。

7）用户宏程序变量数据。

用 CF 存储卡进行 I/O 方式的数据输入输出操作需要完成相关参数设置：当 PRM20 等于 4 时，I/O 输入输出设备类型定义为 CF 卡，操作如下：

1）机床操作方式选择“MDI”方式。

2）按功能键“OFFSET SETTING”，选择如图 3-17 所示的 SETTING（设定）的画面。

3）把光标移到“写参数”输入“1”，按“INPUT”功能键。再把光标移到“I/O 通道”上，输入“4”，按“INPUT”键（此参数等同于 PRM20）。

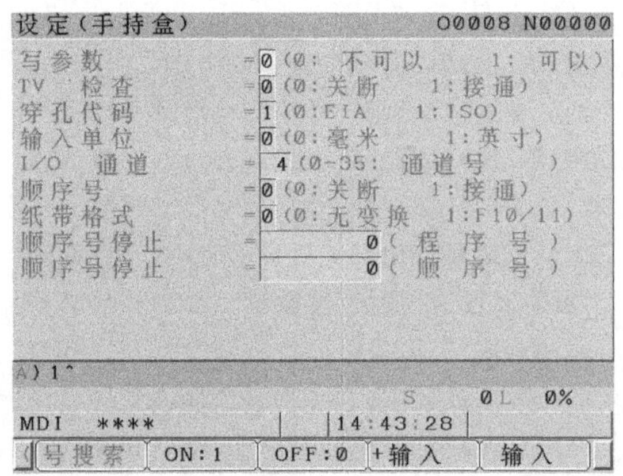

图 3-17　SETTING（设定）画面

（1）CNC 参数的输入/输出

1）输出 CNC 参数。CNC 参数的文本格式数据输出到 CF 存储卡步骤如下：

① 确认 CF 存储卡已经准备好。

② 使系统处于 EDIT 状态。

③ 按下功能键“SYSTEM”。

④ 按软键“PARAM”，出现参数画面。

⑤ 按下软键“OPRT”或“操作”键。

⑥ 按下最右边的菜单扩展软键。

⑦ 按下软键“PUNCH”或“输出”。

⑧ 若按下“ALL”软键，可以输出所有的参数，输出文件名为 ALL PARAMETER；若按下“NONO”软键，可以输出参数值为非 0 的参数，输出文件名为 NON-0. PARAMETER。

⑨ 按下软键“EXEC”或“执行”软键，将完成参数的文本格式输出。

文本输出格式如下：

N… P…；

N… A1P. A2P.. AnP..；

其中 N 为参数号；A 为轴号（n 为控制轴的号码）；P 为参数设置值。

2）输入 CNC 参数。CNC 参数的文本格式数据从 CF 存储卡输入到 SRAM 的步骤如下：

① 确认 CF 存储卡已插好，SETTING 画面 I/O 通道参数设定 I/O=4。

② 使系统处于急停状态。

③ 按下功能键"OFFSET SETTING"。

④ 按软键"SETING"，出现 SETTING 画面。

⑤ 在 SETTING 画面中，将数据写入参数 PWE=1 。出现报警 P/S 100（表明参数可写）。

⑥ 按下功能键"SYSTEM"。

⑦ 按软键"PARAM"，出现参数画面。

⑧ 按下软键"OPRT"或"操作"键。

⑨ 按下最右边的菜单扩展软键。

⑩ 按下软键"READ"或"读入"，然后按"EXEC"或"执行"，参数被读到内存中。输入完成后，在画面的右下角出现的"INPUT"字样会消失。

⑪ 按下功能键"OFFSET SETTING"。

⑫ 按软键"SETTING"。

⑬ 在 SETTING 画面中，将"PARAMETER WRITE（PWE）"=0。

⑭ 切断 CNC 电源后再通电。

（2）PMC 程序（梯形图）和 PMC 参数的输出和输入

1）输出 PMC 程序（梯形图）和 PMC 参数。

① 确认 CF 存储卡已经插好，SETTING 画面 I/O 通道参数设定 I/O=4。

② 使系统处于编辑（EDIT）方式。

③ 按下功能键"SYSTEM"。

④ 按下软键"PMC"。

⑤ 按下最右边的菜单扩展软键。

⑥ 然后按下软键"I/O"，出现输出选项画面，PMC 程序或 PMC 参数输出时的选项设定分别如图 3-18 和图 3-19 所示。图中选项说明如下：

装置=存储卡：输入输出设备为 CF 存储卡

=FLASH ROM：输入输出设备为 FROM

=软驱：输入输出设备为软盘

=其它：输入输出设备为计算机接口（RS232）

功能=写：写数据到外设（输出）

=读取：从外设读数据（输入）

=比较：比较数据

=删除：删除外设数据

=格式化：格式化

数据类型=顺序程序：输出数据为梯形图

=参数：输出数据为参数

文件名=PMC1_ LAD.000：梯形图文件名 PMC1_ LAD. 000

=PMC1_ PRM. 000：参数文件名 PMC1_ PRM. 000

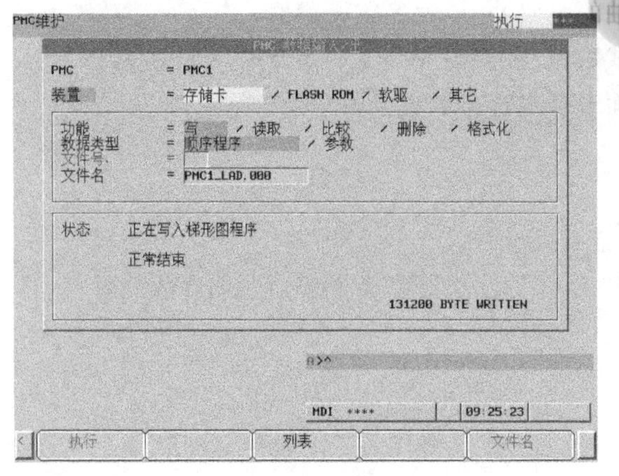

图 3-18　PMC 程序输出选项画面

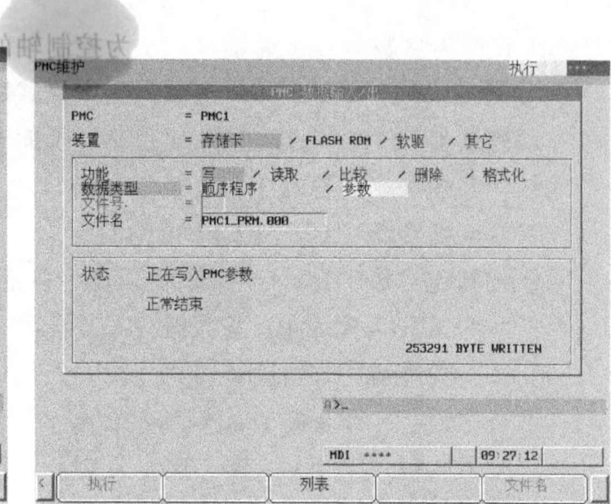

图 3-19　PMC 参数输出选项画面

⑦ 按下软键“执行（EXEC)”键，输出 PMC 程序或参数到 CF 存储卡。

在 CF 存储卡目录显示中，PMC 参数输出文件的名称为 PMC1_ LAD. 000，PMC 程序输出文件的名称为 PMC1_ PRM. 000。

2）输入 PMC 程序（梯形图）和 PMC 参数。

① 确认 CF 存储卡已经插好，SETTING 画面 I/O 通道参数设定 I/O=4。

② 使系统处于编辑“EDIT”方式。

③ 按下功能键“SYSTEM”。

④ 按下扩展软键。

⑤ 按下最右边的菜单扩展软键。

⑥ 然后按下软键“I/O”，出现输入选项画面，PMC 程序或 PMC 参数输入时的选项设定如图 3-20 所示。

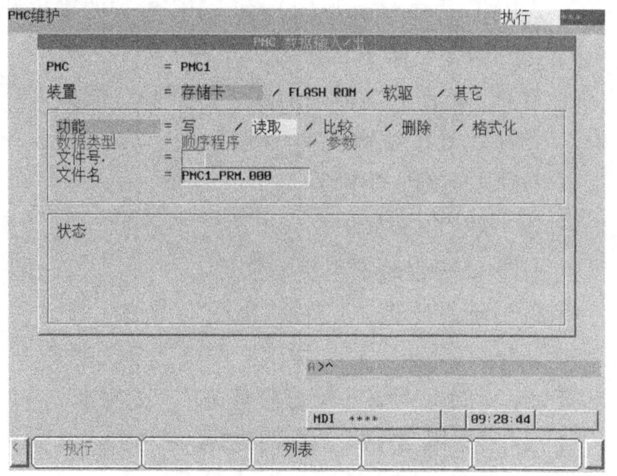

图 3-20　PMC 程序/参数输入选项画面

⑦ 按下软键“执行（EXEC）”键，输入 PMC 程序到 DRAM（动态随机存储器）或输入 PMC 参数到 SRAM。

新输入的 PMC 参数存储到由电池供电保存的 SRAM 中，再上电不会丢失，PMC 参数输入操作已全部完成。

但是对于 PMC 程序来说，新输入的 PMC 程序只存储在 DRAM 中，关机再上电之后，由 FROM 向 DRAM 重新加载原有 PMC 程序，上述操作存储到 DRAM 中的 PMC 程序被清除。因此若要输入的 PMC 程序长久保存，重新上电后不被清除，还需完成如下操作。

① 功能键“SYSTEM”→软键“PMC”→软键“PMCPRM”→软键“SETTING”，调出 PMC 参数设定画面，设定控制参数“WRITE TO F-ROM（EDIT)= 1”，使允许写入 FROM。

② 功能键“SYSTEM”→软键“PMC”→最右边的菜单扩展软键→▷→“I/O”，出现的画面中选项设定为 DEVICE= ROM：输入输出设备为 FROM。

③ 按下软键“执行（EXEC)”键，PMC 程序由 DROM 输出到 FROM。

(3) 加工程序的输出和输入

本操作实现 CF 存储卡和 CNC 系统间进行加工程序的传送。

1) 加工程序的输出。

① 确认 CF 存储卡已经插好，SETTING 画面 I/O 通道参数设定 I/O=4。

② 选定输出文件格式，通过 SETTING 画面，指定文件代码类别（ISO 或 EIA）。

③ 使系统处于编辑“EDIT”方式。

④ 按下功能键“PROG”，显示程序内容画面或者程序目录画面。

⑤ 按下软键“操作键（OPRT）”。

⑥ 按下最右边的菜单扩展软键。

⑦ 输入程序号地址“O＊＊＊＊”。若不指定程序号，会自动默认一个程序号。若程序号输入-9999，则所有存储在内存中的加工程序都将被输出。还可指定程序号范围如下：“O＊＊＊＊,OΔΔΔΔ”，则程序号“＊＊＊＊”到“ΔΔΔΔ”范围内的加工程序都将被输出。

⑧ 按下软键“输出（PUNCH）”后按“执行（EXEC）”，指定的一个或多个加工程序就被输出到 CF 存储卡。

2) 加工程序的输入。

① 确认 CF 存储卡已经插好，SETTING 画面 I/O 通道参数设定 I/O=4。

② 使系统处于编辑“EDIT”方式。

③ 计算机侧准备好所需要的程序画面（相应的操作参照所使用的通信软件说明书），如果使用 CF 存储卡，在系统编辑画面翻页（最右边的菜单扩展软键▷），在软键菜单下选择“卡”，可查看 CF 存储卡状态。

④ 按下功能键“PROG”，显示程序内容画面或者程序目录画面。

⑤ 按下软键“操作键（OPRT）”。

⑥ 按下最右边的菜单扩展软键。

⑦ 输入程序号地址“O＊＊＊＊”。若不指定程序号，会自动默认一个程序号；如果输入的程序号与 CNC 系统中的程序号相同，则会出现 073 号 P/S 报警，并且该程序不能被输入。

⑧ 按下软键“输入（READ）”后按“执行（EXEC）”，指定的加工程序就被输入到 CNC 系统。

(4) 刀具补偿数据的输出和输入

1) 刀具补偿数据的输出。

① 确认 CF 存储卡已经插好，SETTING 画面 I/O 通道参数设定 I/O=4。

② 选定输出文件格式，通过 SETTING 画面，指定文件代码类别（ISO 或 EIA）。

③ 使系统处于编辑“EDIT”方式。

④ 按下功能键“OFFSET SETTING”，显示刀具补偿画面。

⑤ 按下软键“操作键（OPRT）”。

⑥ 按下最右边的菜单扩展软键。

⑦ 按下软键“输出（PUNCH）”后按“执行（EXEC）”，刀具补偿数据就被输出到 CF 存储卡。

在 CF 存储卡目录显示中，输出文件的名称为 TOOLOFST. DAT。

2) 刀具补偿数据的输入。

① 确认 CF 存储卡已经插好，SETTING 画面 I/O 通道参数设定 I/O=4。

② 使系统处于编辑“EDIT”方式。

③ 按下功能键“OFFSET SETTING”，显示刀具补偿画面。

④ 按下软键“操作键（OPRT）”。

⑤ 按下最右边的菜单扩展软键。

⑥ 按下软键“输入（READ）”后按“执行（EXEC）”。

（5）螺距误差补偿数据的输出和输入

1）螺距误差补偿数据的输出。

① 确认 CF 存储卡已经插好，SETTING 画面 I/O 通道参数设定 I/O=4。

② 选定输出文件格式，通过 SETTING 画面，指定文件代码类别（ISO 或 EIA）。

③ 使系统处于编辑“EDIT”方式。

④ 按下功能键“SYSTEM”。

⑤ 按下最右边的菜单扩展软键。

⑥ 按下软键“螺距（PITCH）”。

⑦ 按下软键“操作键（OPRT）”。

⑧ 按下最右边的菜单扩展软键。

⑨ 按下软键“输出（PUNCH）”后按“执行（EXEC）”，螺距误差补偿数据按指定的格式输出到 CF 存储卡。在 CF 卡目录显示中，输出文件的名称为 PITCHERR. DAT。

输出格式如下：

N 10000 P ……；

⋮

N 11023 P ……；

N 后数据为螺距误差补偿点，P 后数据为螺距误差补偿值。

2）螺距误差补偿数据的输入。

① 确认 CF 存储卡已经插好，SETTING 画面 I/O 通道参数设定 I/O=4。

② 使系统处于编辑“EDIT”方式。

③ 按下功能键“SYSTEM”。

④ 按下最右边的菜单扩展软键。

⑤ 按下软键“螺距（PITCH）”。

⑥ 按下软键“操作键（OPRT）”。

⑦ 按下最右边的菜单扩展软键。

⑧ 按下软键“输入（READ）”后按“执行（EXEC）”。

任务二　FANUC 数控系统常见故障分析

任务引入

某配套 FANUC 0i 的加工中心，开机时显示急停报警，伺服电源无法接通。

分析及处理过程：根据图 3-21、图 3-22，经过初步检查，发现机床操作面板上的急停按钮并未按下，机床各轴的位置也没有达到撞上硬限位的程度，所有急停按钮都已经复位，可以断定机床急停的原因与机床的状态无关。进入机床 PMC 梯形图画面，检查发现 PMC 到 CNC 急停信号 G8.4 为“0”，证明系统的“急停”信号被输入。再进一步检查发现，系统 I/O 模块的“急停”输入信号 X8.4 为“0”，从而导致 G8.4 为“0”，引发急停报警。对照机床电气原理图，先测量“急停”输入信号 X8.4 的接线端子处，发现电压为 0V（正常情况下为直流 24V），可断定是急停回路断路或急停回路电源故障造成的。将急停回路接线端子逐个进行测量检查，发现机床操作面板上的急停按钮断线，重新连接后急停报警解除。

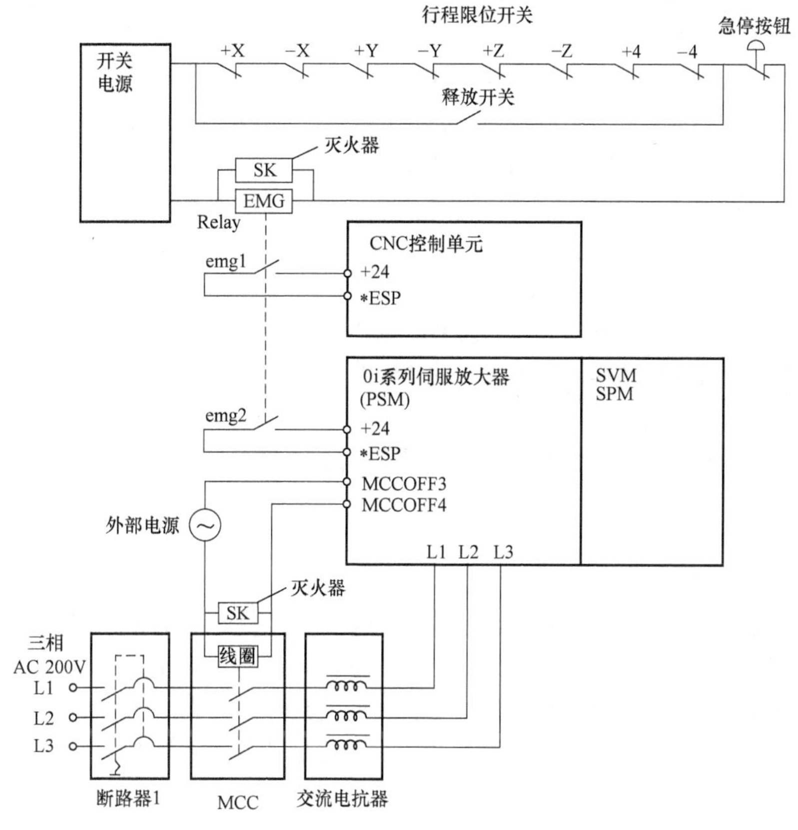

图 3-21　急停回路

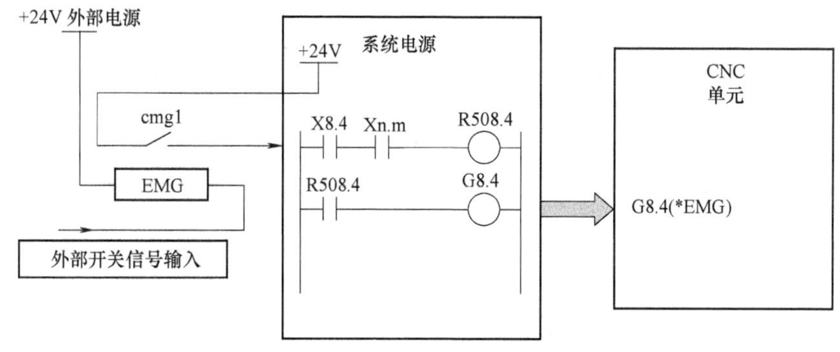

图 3-22　G8.4 的 PMC 定义

数控系统的故障有很多种，若系统电源打开后，数控系统不能正常进入开机界面时，我们应该如何判断故障并排除故障呢？

任务内容

根据报警显示形式不同，FANUC 0i 系统可以分为报警号显示报警与文本提示报警。前者既有报警号，还有相应的文本提示信息，CNC 的绝大部分报警属于此类情况；后者只显示提示文本，一般在 PMC 程序编辑与数据 I/O 时出现。

根据报警设计者的不同，FANUC 0i 系统的报警可以分为系统报警和外围报警。前者是 CNC 厂家设计，所有 FANUC 0i 系统通用；后者为机床生产厂家所设计，不同结构类型的机床就会有不同的外部故障错误代码和报警信息。

由于机床的外围报警只能用于特定的机床，所以，当出现此类报警时，操作者需根据机床生产厂家所提供的使用说明书进行维修与处理。

一、数控系统软件故障诊断与维修

1. 软件配置

总的来说，FANUC 系统的系统软件包括三部分：

1）数控系统的生产厂家研制的启动芯片、基本系统程序、加工循环、测量循环等。

2）机床厂家编制的针对具体机床所用的 NC 机床数据、PLC 机床程序、PLC 机床数据、PLC 报警文本。

3）机床用户编制的加工主程序、加工子程序、刀具补偿参数、零点偏置参数、R 参数等。

2. 软件故障发生的原因

1）误操作：在调试用户程序或修改机床参数时，操作者删除或更改了软件内容或参数，从而造成软件故障。

2）供电电池电压不足：为 RAM 供电的电池电压经过长时间的使用后，电池电压降低到监测电压以下，或在停电情况下拔下为 RAM 供电的电池、电池电路断路或短路、电池电路接触不良等都会造成 RAM 得不到维持电压，从而使系统丢失软件和参数。

3）干扰信号引起的故障：有时电源的波动及干扰脉冲会串入数控系统总线，引起时序错误或造成数控装置等停止运行。

4）软件死循环引起的故障：复杂程序或进行大量计算时，有时会造成系统死循环引起系统中断，造成软件故障。

5）操作不规范引起的故障：这里指操作者违反了机床的操作规程，从而造成机床报警或停机现象。如数控机床开机后没有回参考点，就进行加工零件的操作。

6）用户程序出错引起的故障：这里指由于用户程序中出现语法错误、非法数据、运行或输入中出现故障等现象。

3. 软件故障的排除

基本原则就是把出错的软件改过来。但能够查出来哪部分有问题是不容易的，所以最好消掉程序，重新输入。

1）对于软件丢失或参数变化造成的运行异常、程序中断、停机故障，可采取对数据程序更改或清除重新再输入来恢复系统的正常工作。

2）对于程序运行或数据处理中发生中断而造成的停机故障，可采用硬件复位或关掉数控机床总电源开关，然后再重新开机的方法排除故障。

3）NC 复位、PLC 复位能使后继操作重新开始，而不会破坏有关软件和正常处理的结果，以消除报警。也可采用清除法，但对 NC、PLC 采用清除法时，可能会使数据全部丢失，应注意保护不想清除的数据。

4）开关系统电源是清除软件故障的常用方法，但在出现故障报警或开关机之前一定要将报警的内容记录下来，以便排除故障。

二、数控系统参数丢失故障诊断与维修

数控系统参数是数控机床的灵魂，数控机床软硬件功能能否正常发挥与参数的合理设定有直接关系；机床制造精度和维修后精度恢复也需要参数来调整。系统参数设置错误，就会引发各种各样的故障现象，如系统不能正常启动、不能正常运行、螺纹加工不能够进行、系统显示不正常、死机等，通常把数控系统参数全部丢失而引起的机床瘫痪，称为“死机”。

1. 参数丢失的原因

参数丢失（机床参数、梯形图丢失）的可能原因有：

1）电池电压过低，在更换电池时，没有开机或断电，就会使参数丢失。若长期不开机，电池耗尽，也会丢失参数。

2）主印制电路板或存储板故障（换板）。

3）存储器（ROM、RAM、内存、电子盘、硬盘、存储卡）不良。

4）操作错误，比如同时按住“Reset”及“Delete”两键，并按电源 Power ON，就会消除全部参数，需将备份正确的机床参数、梯形图等输入到数控系统中，将丢失的内容补充完整。

5）干扰。

6）机床突然断电。

7）处理 P/S 报警有时会引起参数丢失。

8）进行 DNC 通信期间若断电，可能会出现“死机”。

2. 参数的重装

当参数出现问题时，可以采用以下三种之一来恢复系统：

1）对照随机资料参数表的硬拷贝逐个检查机床的参数。

2）利用 FANUC 公司提供的输入输出设备，如 CF 存储卡、RS232 串口等，具体操作见任务一中的数控系统数据备份与恢复。

3）利用计算机和数控机床的 DNC 功能通过 DNC 软件进行参数输入。

三、数控系统硬件故障诊断与维修

当系统电源打开后，如果电源正常，数控系统则会进入系统版本号显示画面，系统开始进行初始化。如果系统出现硬件故障，显示屏上会出现 900~973 号报警提示用户。

数控系统的报警灯及代表信息见图 3-2，及表 3-2~表 3-6。

1. 900 号报警（ROM 奇偶校验错误）

此报警表示发生了 ROM 奇偶校验错误。系统中的 FROM 在系统初始化过程中都要进行奇偶校验。当校验出错时，则发生 FROM 奇偶校验报警，并指出不良的 FROM 文件。

故障原因及排除：主板上的 FROM&SRAM 模块或者主板不良。

2. 910、911 号报警（DRAM 奇偶校验错误）

此报警是 DRAM（动态 RAM）的奇偶校验错误。在 FANUC 0i 数控系统中，DRAM 的数

据在读写过程中，具有奇偶校验检查电路，一旦出现写入的数据和读出的数据不符时，则会发生奇偶校验报警。ALM910 和 ALM911 分别提示低字节和高字节的报警。

故障原因及排除：应考虑主板上安装的 DRAM 不良，更换主板。

3. 912、913 号报警（SRAM 奇偶校验错误）

此报警是 SRAM（静态 RAM）的奇偶校验错误。与 DRAM 一样，SRAM 中的数据在读写过程中，也具有奇偶校验检查电路，一旦出现写入的数据和读出的数据不符时，则会发生奇偶校验报警。ALM912 和 ALM913 分别提示低字节和高字节的报警。

故障原因及排除：

1）SRAM 中存储的数据不良。若每次接通电源，马上就发生报警，将电源关断，全清存储器（全清的操作方法是同时按住 MDI 面板上的 RESET 和 DELET 键，再接通电源）。

2）存储器全清后，奇偶报警仍不消失时，认为是 SRAM 不良。按以下内容，更换 FROM&SRAM 模块或存储器 & 主轴模块。不显示地址时，按照更换 FROM&SRAM 模块→更换存储器 & 主轴模块的顺序进行处理（更换后，对存储器进行一次全清）。

3）更换了 FROM&SRAM 模块或存储器 & 主轴模块还不能清除奇偶报警时，请更换主板（更换后，对存储器进行一次全清）。

4）存储器用的电池电压不足。当电压降到 2.6V 以下时出现电池报警（额定值为 3.0V）。存储器用电池的电压不足时，画面上的 BAT 会一闪一闪地显示。当电池报警灯亮时，要尽早更换新的锂电池。请注意在系统通电时更换电池。

4. 920、921 号报警（监控电路或 RAM 奇偶校验错误）

920 号报警：第 1/2 轴的监控电路报警或伺服控制电路中 RAM 发生奇偶校验错误。

921 号报警：第 3/4 轴，同上。

监控定时器报警。把监视 CPU 运行的定时器称为监控定时器，每经过一个固定时间，CPU 将定时器的时间进行一次复位。当 CPU 或外围电路发生异常时，定时器不能复位，则出现报警。

RAM 奇偶校验错误。当检测出伺服电路的 RAM 奇偶校验错误时，发生此报警。

故障原因及排除：

1）主板不良。主板上的第 1/2 轴伺服用 RAM、监控定时电路等硬件不良，检测电路异常、误动作等。更换主板。

2）伺服模块不良。伺服模块第 3/4 轴的伺服 RAM、监控定时电路等硬件不良，检测电路异常、误动作等。更换伺服模块。

3）由于干扰而产生的误动作。由于控制单元受外部干扰，使监控定时电路及 CPU 出现误动作。是由于对主电源的干扰及机间电缆的干扰而引起的故障。检查此报警与同一电源线上连接的其他机床的动作的关系，与机械继电器、压缩机等干扰源的动作的关系，对干扰采取措施。

5. 924 号报警（伺服模块安装不良）

当没有安装伺服模块时出现此报警。通常在运行时不出现此报警。维修时，插拔、更换印制电路板时有可能发生。

故障原因及排除：

1）检查主板上有无安装伺服模块，有无安装错误及确认安装状态。

2）当不是 1）的原因时，可认为是伺服模块不良或者主板不良。请参照上述的 920、

921 号报警，分别进行更换。

6. 926 号报警（FSSB 报警）

连接 CNC 和伺服放大器的 FSSB（伺服串行总线）发生故障。

故障原因及排除：

如果连接轴控制卡的 FSSB、光缆和伺服放大器出现问题，就会发生此报警。

7. 930 号报警（CPU 错误）

CPU 发生错误（异常中断）。通常，CPU 会在中断之前完成各项工作。但是，当 CPU 的外围电路工作不正常时，CPU 的工作会突然中断，这时会发生 CPU 报警。

故障原因及排除：

产生了在通常运行中不应发生的中断。

主 CPU 板出错：如果在电源断开再接通后运行正常，则可能是外部干扰引起的。请检查系统的屏蔽、接地、布线等抗干扰措施是否规范。当不能确定原因时，可能是 CPU 外围电路异常，要更换主板。

8. 935 号报警（SRAM ECC 错误）

用来存储参数和加工程序等数据的 SRAM 发生了 ECC 错误。

故障原因及排除：

如果电池没电，或由于一些外部原因造成 SRAM 内部数据遭破坏，就发生此报警。或者也有可能是 FROM/SRAM 模块或主板出故障。

9. 950 号报警（PMC 系统报警）

测试 PMC 软件使用的 RAM 区时，发生错误。

故障原因及排除：

1）PMC 控制模块不良。

2）PMC 用户程序（梯形图）或 FROM&SRAM 模块不良。

3）主板不良。

10. 970 号报警（PMC 控制模块内 NMI 报警）

在 PMC 控制模块内，发生了 RAM 奇偶校验错误或者 NMI（非屏蔽中断）报警。

故障原因及排除：

1）PMC 控制模块不良。

2）PMC 用户程序不良（FROM & SRAM 模块不良）。更换模块时请参照 950 号报警。

11. 971 号报警（SLC 内 NMI 报警）

在 CNC 与 FANUC I/O Link 间发生通信报警等。PMC 控制模块发生了 NMI 报警。

故障原因及排除：

1）PMC 控制模块不良。

2）关于 PMC 模块的更换，请参照 950 号报警。

3）FANUC I/O Link 中，连接的子单元不良。

4）FANUC I/O Link 中，连接的子单元的+24V 电源不良。

5）用表测各子单元的输入电压（正常时为 DC 24V±10%）。

6）连接电缆断线或脱落。

12. 972～976 号报警（总线错误）

故障原因及排除：

1）更换 CPU 卡板上的 CPU 卡。

2）依次更换显示控制卡、轴控制卡及 FROM/SRAM 卡。

3）更换 CPU 板。

13. 973 号报警（原因不明的 NMI 报警）

发生了不明原因的 NMI 报警。

故障原因及排除：

1）可能是 I/O 板、基板或主板不良（更换主板或主板上的 FROM&SRAM 模块或存储器 & 主轴模块时，存储器中存储的全部数据会丢失，要重新恢复数据）。

2）可能是插在小槽中的板不良，即 HSSB（高速串行总线）板不良。

四、数控系统常见故障诊断与维修

1. 系统黑屏故障诊断与维修

故障现象：通电后 LCD 上没有任何显示，停留在显示“LOADING GRAPHIC SYSTEM”（加载图形系统）的情形。

（1）可能的原因

1）LCD 电缆、背光灯电缆不良或者连接器的连接不良。

2）所需软件尚未安装。

3）主板、变频器板不良。

（2）故障排除

1）确认 LED 显示。请参照说明书关于主板 LED 显示项的报警说明，确认主板的 LED 点亮情况。如果主板正常启动，LED 的显示为通常运行中的情况下，则可能是由于电缆连接不良，或逆变器电路板不良等显示系统的不良所致。在启动处理过程中停止时，可能是由于硬件的不良（包括安装不良），或没有安装所需软件等。

2）确认 LCD 电缆、背光灯的布线。请确认背光灯连接器及 LCD 连接器是否与电缆切实连接。这些电缆在 FANUC 公司出厂时已经连好，在需要进行维修而拆下电缆时，特别要引起注意。

3）确认是否已经安装所需软件，如果 FROM 中没有存储所需软件时，CNC 可能无法启动。

2. 回参考点故障

数控机床坐标系是机床固有的坐标系统，它是通过操作刀具或工件返回机床零点 M 的方法建立的。但是，在大多数情况下，当已装好刀具和工件时，机床的零点已不可能返回，因而需设参考点 R。机床参考点 R 是由机床制造厂家定义的一个点，R 和 M 的坐标位置关系是固定的，其位置参数存放在数控系统中。当数控系统启动时，都要执行返回参考点 R，由此建立各种坐标系。数控机床返回参考点的方式，因数控系统类型和机床生产厂家而异，就大多数而言，常用的返回参考点方式有两种，即栅格方式和磁性开关方式。目前大部分机床采用栅格方式。

FANUC 数控机床返回参考点原理：首先在回参方式 REF 下，按轴移动键，轴以快速（PRM1420 设定）移动寻找减速挡块，当撞上减速挡块后按设定低速（PRM1425 设定）移动，进入阶段 2。当减速挡块释放后，开始寻找零脉冲，并在栅格位置停止。同时返回参考点结束信号被送出，如图 3-23 所示。

回参考点出现故障通常有以下两种情况：

（1）返回参考点时机床停止位置与参考点位置不一致

1）停止位置偏离参考点一个栅格间距。多数情况是由减速挡块安装位置不正确或减速挡块太短所致。检验方法是，先减小由参数设置的接近原点的速度，若重试结果正常，则通过重新调整挡块位置或减速开关位置，或适当增加挡块长度，即可将此故障解决。也可通过设置栅点偏移量改变电气原点的方法来解决。这是由于当一个减速信号由硬件输出后，数字伺服软件识别这个信号需要一定时间。因此当减速挡块离原点太近时，软件有时捕捉不到原点信号，导致原点偏离。

如果重试结果仍旧偏离，可减小快速进给速度或快速进给时间常数的参数设置，重回参考点。这是由于时间常数设置太大或减速挡块太短，在减速挡块范围内，进给速度不能达到接近原点速度。当开关被释放时，即使栅格信号出现，软件检测出进给速度未达到接近原点速度，回参考点操作也不会停止，因而发生参考点偏离。

如上述办法用过后仍有偏离，则应检查参考计数器设置的值是否有效，修正参数设置。

2）偏差没有规律性。主要原因是外界干扰，如屏蔽地连接不良，检测反馈元件的通信电缆与电源电缆靠得太近，脉冲编码器的电源电压过低，脉冲编码器损坏，数控系统的主印制电路板不良，伺服电动机与工作台联轴器连接松动，伺服轴电路板或伺服放大器板不良等。在排除此类故障时，应有开阔的思路和足够的耐心，逐个原因进行检查、排除，直到消除故障。

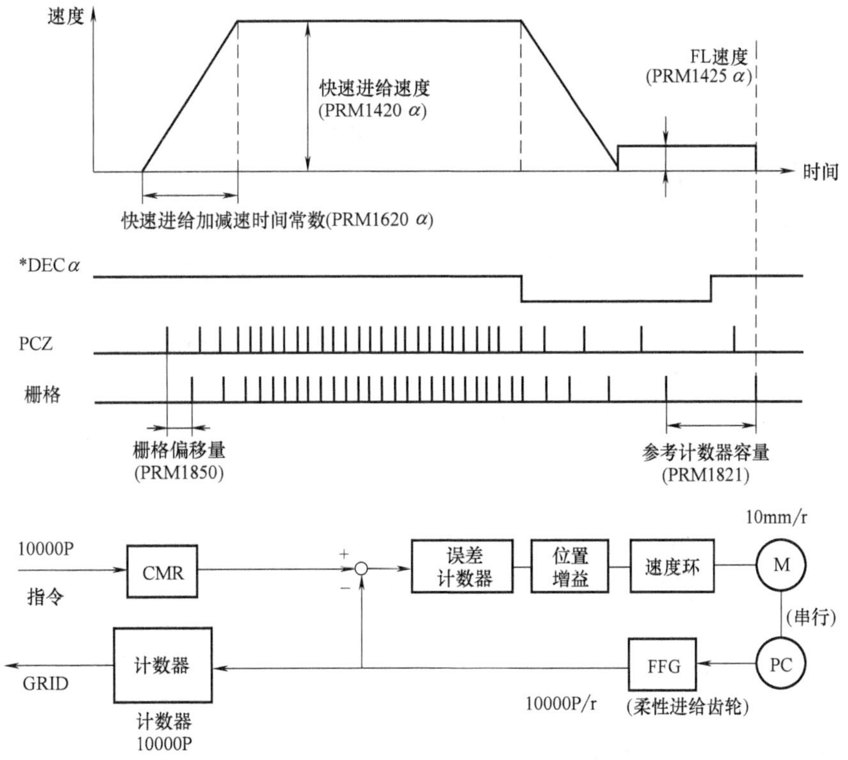

图 3-23　FANUC 数控系统回参考点原理图

3）微小误差。多数为电缆或连接器接触不良，或因主印制电路板及速度控制单元工作性能不良，造成位置偏量过大。此时，需有针对性地检查。

（2）机床不能正常返回参考点且有报警

主要是回参考点减速开关产生的信号或零标志位脉冲信号失效（包括信号未产生或在传输处理中丢失）。如采用脉冲编码器作位置检测装置，则表现为脉冲编码器每转的基准信号（零标志位信号）没有输入到主印制电路板，其原因常常是因为脉冲编码器断线或脉冲编码器的连接电缆、抽头断线。另外，返回参考点时，机床开始移动点距参考点太近也会产生此类报警故障。排除方法可采用先外后内和信号跟踪法。所谓的外，是指安装在机床上的挡块和参考点开关，可以用 CNC 系统 PLC 接口的 I/O 状态指示直接观察信号的有无；所谓的内，是指脉冲编码器中的零标志位或光栅尺上的零标志位，可采用示波器检测零标志位脉冲信号。

1）返回参考点过程中出现“NOT READY”（未准备好）状态且无报警

这多数为返回参考点用的减速开关失灵，触头压下后不能复位造成的。因此排除也较简单，只需检查减速开关复位弹簧是否损坏或直接更换减速开关即可。

2）故障时应重点检查的项目

① 检查减速挡块和减速开关的状态，如减速挡块有无松动现象，减速开关是否牢固、有无损坏。若无问题，应进一步用百分表或激光测量仪检查机械相对位置的漂移量，减速挡块的长度是否合适，移动部件回原点的起始位置、减速开关位置与原点位置的相对关系是否适当。

② 检查回原点的模式是否是开机的第一次回原点，是否采用绝对式的位置检测装置。

③ 检查伺服电动机每转的运动量、指令倍乘比及检测倍乘比的设置；检查回原点快速进给速度的参数设置、接近原点速度的参数设置、快速进给时间常数的参数设置以及参考计数器的设置是否合适等。

[例3-1]　一台 FANUC 0M 系统立式加工中心。

故障现象：对其进行回零操作时，Y 轴可以进行回零动作，但找不到零点，直至碰到轴限位开关才停下来，系统显示回零错误报警指示。

故障分析：经检查分析该机床 Y 轴能进行回零操作，说明控制系统和伺服系统基本无问题。经重点检查与回零操作直接有关的元器件，发现各元器件安装位置正常，无松动现象，通过对 I/O 接口状态指示观察，发现零点脉冲输入口根本无零点脉冲信号送入，经仔细检查判定测量元件脉冲编码器已损坏，无法发出零点脉冲信号。

故障处理：更换脉冲编码器后，故障排除。

[例3-2]　某配套 FANUC 0M 的加工中心。

故障现象：在开机手动回参考点的过程中，出现超程报警。

故障分析：经了解，该机床为用户新添设备，操作人员未进行过系统的培训，在开机后，未将工作台移出参考点减速区域之外，即开始了回参考点动作，造成了机床的越位。

故障处理：在退出超程保护后，手动移动工作台，移出参考点减速区后，重新回参考点，机床恢复正常。

任务三 国产数控系统概述

任务引入

国产数控系统基本占领了国内低端数控系统市场，在中高档数控系统的研发和应用上也取得了一定的成绩。其中，武汉华中数控股份有限公司、北京机电院高技术股份有限公司、北京航天数控系统有限公司和上海电气（集团）总公司等已成功开发了五轴联动的数控系统，分别应用于数控加工中心、数控龙门铣床和数控铣床。近期，武汉重型机床集团有限公司应用华中数控系统，成功开发了CKX5680型数控七轴五联动车铣复合加工机床。国内主要数控系统生产基地有华中数控、航天数控、广州数控和上海开通数控等。

任务内容

一、国产数控系统发展概况

伴随我国数控机床制造技术的发展，为之配套的数控系统和相关配套件，通过引进技术、消化吸收、自行开发，近年来也有较大发展和提高。在数控系统方面，20世纪80年代初，国内先后从日本、美国等国引进了一些CNC装置及主轴、伺服系统的生产技术，并陆续投入了批量生产，从而结束了数控机床发展徘徊不前的局面，推动了数控机床的发展。20世纪80年代至90年代初，北京机床研究所先后引进日本FANUC的系统3、5、7、6进行消化吸收，与FANUC合资生产的各类型数控系统最高年产量已达500套。航天数控集团先后开发了MNC862和MNC866车床数控系统及MNC861加工中心数控系统，最高年产量超过500套。东方西门子集团引进德国西门子公司的系统3、系统810和820。南京大方股份有限公司开发了JWK系列数控系统，适用于车床和铣床，用于2~3轴控制，年产量达3000套。到20世纪90年代初，国内的数控机床及数控系统的生产具有了一定的规模，但前进中的数控机床产业正面临十分严峻的形势。进入WTO后，中国将进入日趋完善的国内外相统一的大市场，大量数控机床及数控系统进口，将对发展中的数控产业造成巨大的冲击，其中国家“八五”重点科技攻关项目“中华I型数控系统”于1991年9月28日通过国家级鉴定。该系统是以通用的工业控制机（32位CPU）为基础的全功能数控系统。系统采用高集成变通件，结构紧凑，便于维修和调试，其功能可向上扩展和向下裁剪。派生品种方便，有很广的应用范围。航天数控集团生产的CASNUC-122数控系统，也是以32位CPU为总线、模块化结构的CNC装置，由国防科技大学研制的银河柔性制造控制系统具有硬件与软件容错和故障精确定位功能。此系统在我国首次将微机客户服务器模型用于窗口式操作系统，形成了一个集成化的软件环境。此外，有关数控系统生产厂商还根据客户需要开发有一批不同档次的数控系统产品，如大连大森、广州数控等。

二、国产数控系统介绍

1. 华中系统

华中数控系统是基于通用PC的数控装置，是武汉华中数控股份有限公司在国家“八五”“九五”科技攻关中的重大科技成果。华中数控系统发展为三大系列：世纪星系列、小博士系列、华中I型系列。华中I型系列为高档高性能数控装置。为满足市场要求，开发了世纪星系列、小博士系列高性能经济型数控装置。世纪星系列采用通用原装进口嵌入式工业PC、彩色 LCD、内置式 PLC，可与多种伺服驱动单元配套使用。华中世纪星数控系统如图 3-24 所示。小博士系列为外配通用 PC 的经济型数控装置，具有开放性好、结构紧凑、集成度高、可靠性好、性能价格比高、操作维护方便的特点。

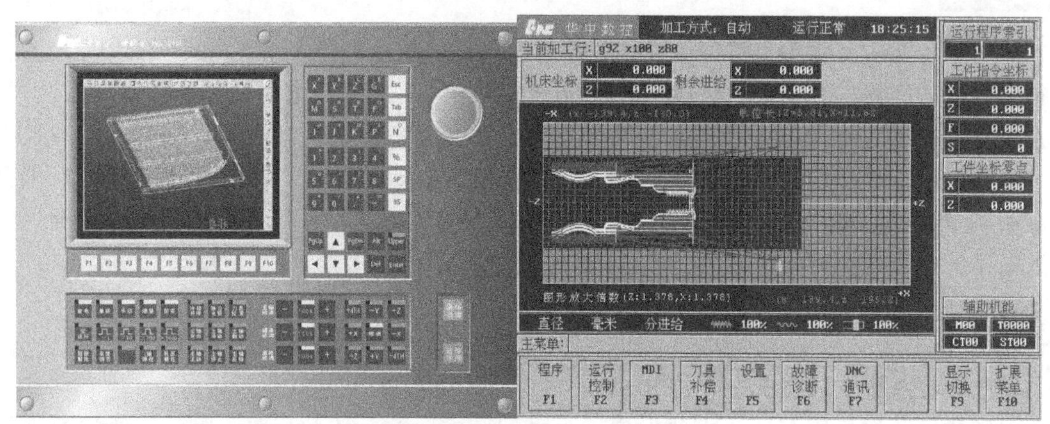

图 3-24　华中世纪星数控系统

华中数控系统是我国具有自主知识产权的高性能数控系统之一。它以通用的工业 PC（IPC）和 DOS、Windows 操作系统为基础，采用开放式的体系结构，使华中数控系统的可靠性和质量得到了保证。它适合多坐标（2~5）数控镗铣床和加工中心，在增加相应的软件模块后，也能适应于其他类型的数控机床（如数控磨床、数控车床等）以及特种加工机床（如激光加工机、线切割机等）。

华中数控装置的硬件基本结构如图 3-25 所示。系统的硬件由工业 PC（IPC）、主轴驱动单元和交流伺服单元等几个部分组成。各组成部分介绍如下：

1）图 3-25 中的虚线框为一台 IPC 的基本配置，其中 ALL-IN-ONE CPU 卡的配置是 CPU 80386 以上、内存 2MB 以上、缓存 128KB 以上、软硬驱接口、键盘接口、两串一并通信接口、DMA 控制器、中断控制器和定时器；外存是包括软驱、硬驱和电子盘在内的存储器件。

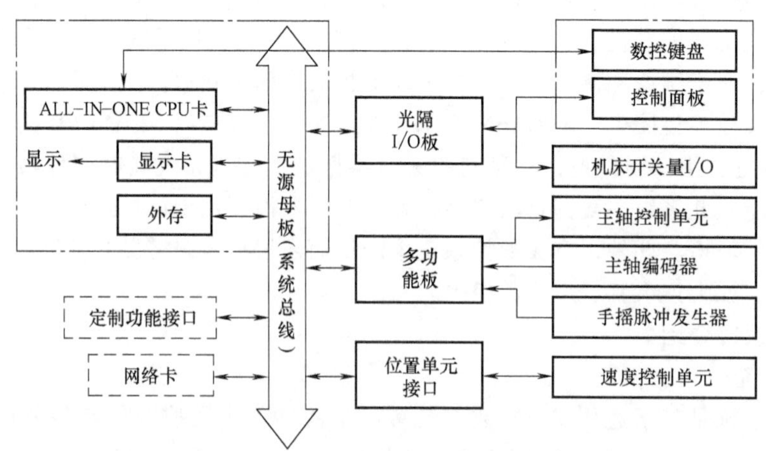

图 3-25　单机或主从结构的 CNC 装置硬件结构

2）系统总线是一块由四层印制电路板制成的无源母板。

3）图 3-25 中的点画线部分是数控系统的操作面板，其中数控键盘通过 COM2 口直接写标准键盘的缓冲区。

4）图 3-25 中的“定制功能接口”表示可根据用户特殊要求而定制的功能模块。

5）位置单元接口根据伺服单元的不同而有不同的具体实施方案：当伺服单元为数字交流伺服单元时，位置单元接口可采用标准 RS232C 串口；当伺服单元为模拟式交/直流伺服单元时，位置单元接口采用位置环板；当用步进电动机为驱动元件时（教学数控机床），位置单元接口采用多功能数控接口板。

6）光隔 I/O 板主要处理控制面板上以及机床测量的开关量信号。

7）多功能板主要处理主轴单元的模拟或数字控制信号，并回收来自主轴编码器、手摇脉冲发生器的脉冲信号。

华中数控的技术特点是基于通用工业微机的开放式体系结构，由于采用工业微机作为硬件平台，使得系统硬件可靠性得到保证。由于与通用微机兼容，能充分利用 PC 软、硬件的丰富资源，使得华中数控系统的使用、维护、升级和二次开发非常方便。华中数控系统提供了先进的控制软件技术和独创的曲面插补算法，用单 CPU 实现了国外多 CPU 结构的高档系统的功能。可进行多轴多通道控制，其联动轴数可达到 9 轴。国际首创的多轴曲面插补技术能完成多轴曲面轮廓的直接插补控制，可实现高速、高精和高效的曲面加工。此外，华中数控系统采用汉字菜单操作，并提供在线帮助功能和良好的用户界面。系统提供宏程序功能，具有形象直观三维图形仿真校验和动态跟踪，使用操作十分方便。作为一个完整的数控系统，华中系统还提供了完整的系统配套功能，除了自主研发的各类数控系统外，还具有全系列的交流伺服驱动单元、伺服电动机、主轴电动机的生产与研发能力。综上所述，华中数控系统具有高性能、低价位、易使用、高质量、多品种、易开发的特点。

2. 航天数控

十多年来，航天数控充分发挥航天工业的高技术优势，相继开发了高、中、低档的多个系列的产品，功能覆盖了车床、铣床、加工中心、磨床、火焰切割机等控制系统。广泛应用于军工、船舶、汽车、航空、航天、造纸、建筑等各领域。其主要数控系统产品为 CASNUC 2100 数控系统，如图 3-26 所示。

CASNUC 2100 数控系统是一个总线式、模块化的控制系统。该系统采用开放式体系结构，可以广泛借用丰富的外部软、硬件资源。可控制 8 轴、5 轴联动的机械设备。系统具有内装 PLC，及图形显示功能。系统可配有软、硬盘接口，通信接口。很好的通信功能，可以为 FMS、CIMS 提供技术支持。其典型应用有车床、铣床、钻床、磨床、加工中心、螺杆铣、凸轮加工、火焰切割、玻璃雕刻、4 轴机器人控制、4 轴激光表面处理控制等。这种开放式的平台结构系统既可以为用户提供最终产品，也可为其他数控系统生产厂家和工业过程控制用户提供 OEM 的软、硬件产品。

航天数控系统的特点可以归结为以下几点：

1）总线式、模块化、开放式结构。

2）与微机环境兼容。

3）微机标准键盘/自制微机兼容防水键盘。

4）彩色（VGA）显示器/TFT 液晶显示器。

5）软、硬盘及通信接口。

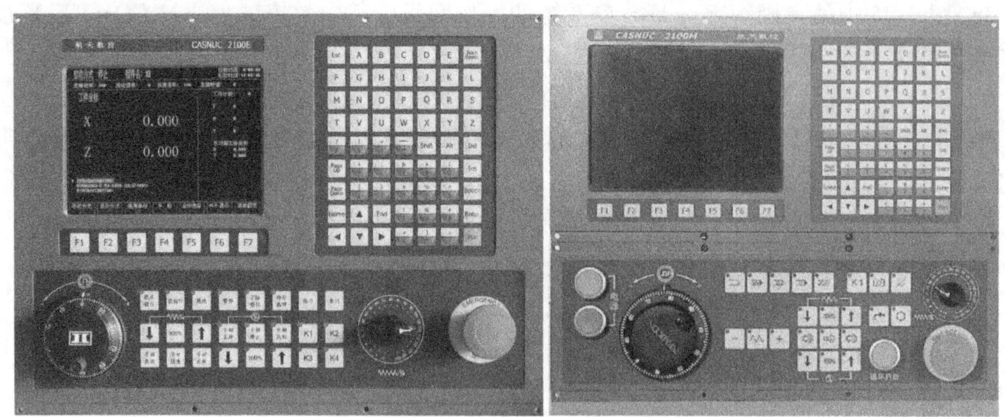

CASNUC 2100eT一体化车床数控系统　　CASNUC 2100eM一体化铣床数控系统

图3-26 航天数控系统

其系统性能介绍如下：

1）控制轴数为28轴。

2）联动轴数位25轴。

3）8. 4/10. 4 in TFT液晶显示器。

4）机床操作面板，带有1个手摇轮的I/O点式用自定义操作面板（选件）。

5）输入、输出控制。

6）标准输入点64路，输出点48路；最大输入点128路，输出96路。

7）存储器控制为14MB（标配），最大可选配56MB；硬盘（选件）。

8）通信采用RS232，通信最高速度115200bit/s。

9）DNC功能。

10）小线段加工速度达2m/min。

3. 广州数控

广州数控是近几年来发展比较迅速的数控系统，在我国特别是广大南方地区有着众多的用户。广州数控的主要产品有：GSK系列车床、铣床、加工中心数控系统，DA98系列全数字式交流伺服驱动装置，DY3系列混合式步进电动机驱动装置，DF3系列反应式步进电动机驱动装置，GSK SJT系列交流伺服电动机，以及加工中心数控系统GSK 218M。广州数控自主研发的普及型数控系统（适配加工中心及普通铣床），采用32位高性能的CPU和超大规模可编程序器件FPGA，实时控制和硬件插补技术保证了系统μm级精度下的高效率，可在线编辑的PLC使逻辑控制功能更加灵活强大，如图3-27所示。

广州数控加工中心系统标准配置为四轴三联动，旋转轴可由参数设定；最高定位速度可达30m/min，最高插补速度达15m/min；可以提供直线型、指数型和S型多种加减速方式供选择；具有双向螺距误差补偿、反向间隙误差补偿、刀具长度补偿、刀具半径补偿功能；提供多级密码保护功能，方便设备管理；中、英文界面参数选择；程序区空间为56MB，最大可存储400个程序，支持后台编辑功能；具有标准RS232及USB接口功能，可实现CNC与PC双向传输程序、参数及PLC程序；具有DNC控制功能，波特率可由参数设定；内置

PLC，实现机床的各种逻辑功能控制；梯形图可在线编辑、上传、下载；I/O 口可扩展；标准梯形图可适配斗笠式刀库和机械手刀库；手动干预返回功能使自动和手动方式灵活切换；手轮中断和单步中断功能可完成自动运行过程中的坐标系平移；程序再启动功能使断刀后的断点处启动成为可能；背景编辑功能允许在自动运行时编辑程序；刚性攻螺纹和主轴跟随方式攻螺纹可由参数设定；三级自动换档功能，可由设定主轴转速随时切换变频输出电压；具有旋转、缩放、极坐标和多种固定循环功能。

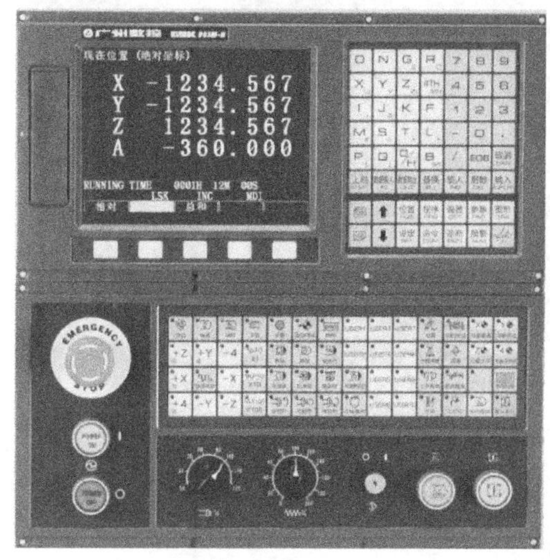

GSK 983M-H　　　　GSK 990MA

图 3-27　广州数控系统

三、国产数控系统组成

随着科学技术的高速发展，制造业发生了根本性变化。由于数控技术的广泛应用，普通机械逐渐被高效率、高精度的数控机械所代替，形成了巨大的生产力。未来机械制造技术的竞争，已成为数控技术的竞争。在众多国产数控系统中，以武汉华中数控和广州数控为代表，分别形成了自己鲜明的技术特征，本节主要以华中数控系统和广州数控系统为例介绍其组成结构。

1. 华中数控系统

华中数控系统的基本组成结构如图 3-28 所示。

（1）输入输出装置

输入输出装置主要用于零件加工程序的编制、存储、打印和显示或机床的加工信息的显示等。简单的输入输出装置只包括键盘和若干个数码管，较高级的系统一般配有 CRT 显示器和液晶显示器。一般的输入输出装置除了人

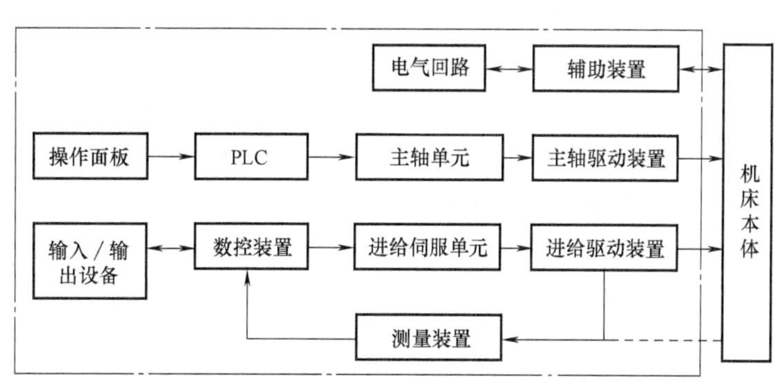

图 3-28　华中数控系统组成结构

机对话编程键盘和 CRT 显示器外，还有磁盘等。

（2）数控装置

数控装置是数控系统的核心，这一部分主要包括微处理器、存储器、外围逻辑电路及与数控系统其他组成部分联系的接口等。其原理是根据输入的数据段插补出理想的运动轨迹，然后输出到执行部件（伺服单元、驱动装置和机床），加工出所需要的零件。因此，输入、轨迹插补、位置控制是数控装置的三个基本部分，在数控系统中主要由数控板来完成硬件功能，如图3-29所示。

图 3-29　华中数控系统板

（3）伺服单元和驱动装置

伺服单元接受来自数控装置的进给指令，经变换和放大后通过驱动装置转变成机床工作台的位移和速度。因此伺服单元是数控装置和机床本体的联系环节，它把来自数控装置的微弱指令信号放大成控制驱动装置的大功率信号。根据接受指令的不同，伺服单元有脉冲式和模拟式之分，而模拟式伺服单元按电源种类又分为直流伺服单元和交流伺服单元。

驱动装置把放大的指令信号变成机械运动，通过机械连接部件驱动机床工作台，使工作台精确定位或按规定的轨迹作严格的相对运动，最后加工出符合图样要求的零件。华中伺服单元如图 3-30 所示。将电源模块和驱动模块集成为一体，具有结构小巧、使用方便、可靠性高等特点。HSV-16 采用最新运动控制专用数字信号处理器（DSP）、大规模现场可编程序逻辑阵列（FPGA）和智能化功率模块（IPM）等当今最新技术设计。它可以通过修改伺服驱动单元参数对伺服驱动系统的工作方式、内部参数进行设置，以适应不同应用环境和要求。HSV-16 伺服驱动单元的最高转速可设置为 3000r/min，最低转速为 0. 5r/min；调速比为 1 ∶ 6000 。HSV-16D 全数字交流伺服电动机驱动单元拥有以下四种控制方式。

图 3-30　HSV-16D 全数字交流伺服驱动单元

1）位置控制方式（脉冲量接口）：HSV-16 系列伺服驱动单元可以通过内部参数设置接收三种形式的脉冲指令（正交脉冲；脉冲+方向；正、负脉冲）。

2）速度控制方式（模拟量接口）：HSV-16 系列伺服驱动单元可以通过内部数设置为速度控制方式，可接收幅值不超过 10V 的（如−10V～+10V）模拟量。

3）JOG 控制方式：此种方式是 HSV-16 系列伺服驱动单元通过按键（而无需外部指令）操作使驱动单元驱动电动机运动，给用户提供的一种测试伺服驱动系统安装、连接是否正确的运行方式。

4）内部速度控制方式：HSV-16 系列伺服驱动单元在内部速度控制的方式下，可根据伺服驱动单元内部设定的速度运行。

（4）可编程序控制器

可编程序控制器（Programmable Controller，PC）是一种以微处理器为基础的通用型自动控制装置，专为在工业环境下应用而设计的。由于最初研究这种装置的目的是为了解决生产设备的逻辑及开关量控制，故也称为可编程序逻辑控制器（Programmable Logic Controller，PLC）。当PLC用于控制机床顺序动作时，也可称为可编程序逻辑机床控制器（Programmable Machine Controller，PMC）。

PLC主要完成与逻辑运算有关的一些动作，没有轨迹上的具体要求，它接受数控装置的控制代码M（辅助功能）、S（主轴转速）、T（选刀、换刀）等顺序动作信息，对其进行译码，转换成对应的控制信号，控制辅助装置完成机床相应的开关动作，如工件的装夹、刀具的更换、切削液的开关等一些辅助动作；它还接受机床操作面板的指令，一方面直接控制机床动作，另一方面将指令送往数控装置用于加工过程的控制。华中数控系统使用的是嵌入在数控系统内部的内嵌式PLC，也称PMC。

（5）主轴驱动系统

主轴驱动系统和进给伺服驱动系统有很大的差别，主轴驱动系统主要是旋转运动。现代数控机床对主轴驱动系统提出了更高的要求，这包括有很高的主轴转速和很宽的无级调速范围等，为满足上述要求，现在绝大多数数控机床均采用笼型异步电动机配矢量变换变频调速的主轴驱动系统，驱动器如图3-31所示。HSV-18S全数字交流主轴驱动单元是武汉华中数控股份有限公司继HSV-20S系列交流主轴驱动单元后推出的新一代高压交流主轴驱动产品。该驱动单元采用AC 380V电源输入，具有结构紧凑、使用方便、可靠性高等特点。HSV-18S全数字交流主轴驱动单元采用专用运动控制数字信号处理器（DSP）、大规模现场可编程序逻辑阵列（FPGA）和智能化功率模块（IPM）等当今最新技术设计，具有025A、050A、075A多种规格，具有很宽的功率选择范围。可以根据要求选配不同规格驱动单元和交流伺服主轴电动机，形成高可靠、高性能的交流伺服主轴驱动系统。

图3-31　HSV-18S全数字交流伺服主轴驱动单元

（6）测量装置

测量装置也称反馈元件，通常安装在机床的工作台或丝杠上，它把机床工作台的实际位移转变成电信号反馈给数控装置，与指令值比较产生误差信号以控制机床向消除该误差的方向移动。此外，由测量装置和数显环节构成数显装置，可以在线显示机床坐标值，大大提高工作效率和工件的加工精度。常见测量装置有光电编码器、光栅尺、旋转变压器等。华中数控系统可以与以上介绍的多种检测元件进行配合使用。

华中HNC-21TF数控系统与其他装置、单元连接的基本连线如图3-32所示。

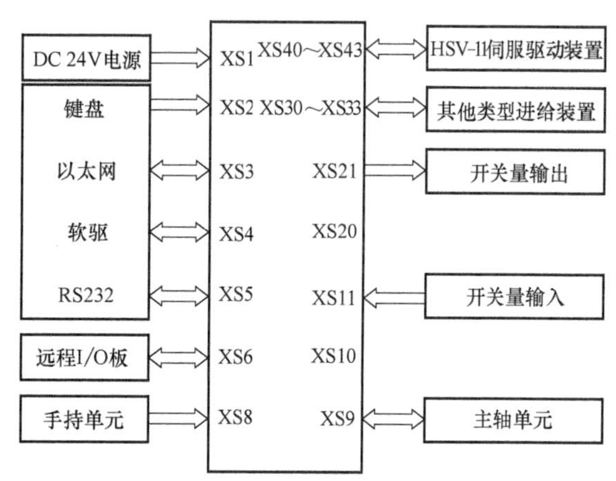

图3-32　系统联接框图

2. 广州数控

下面以广州数控GSK 990M型数控系

统为代表介绍广州数控系统的组成结构。GSK 990M 型数控系统采用高速微处理器（16 位 CPU）和超大规模可编程序门阵列（CPLD）进行硬件插补，实现高速 μm 级控制。GSK 990M 型数控系统是广州数控专门为经济型数控机床开发的控制步进电动机的钻、镗、铣床及加工中心用数控系统，控制电路采用了高速微处理器、超大规模定制式集成电路芯片、多层印制电路板，从而极大地提高了系统的可靠性。在控制软件上，系统将全功能数控系统的机能引入步进电动机控制系统中，并针对步进电动机的特点增加了许多适合于步进电动机的机能，使其发挥最佳的性能，从而使系统具有较高的性能价格比。

广州数控系统的组成与华中数控系统的组成一样是以数控单元为中心，集合其他各部分。GSK 990M 型数控系统主要由下列单元组成：

1）CNC 控制单元。

2）附加操作面板（选择件）。

3）步进电动机驱动器（数字交流伺服驱动器）。

4）步进电动机（伺服电动机）。

5）电源变压器。

系统的组成如图 3-33 所示。

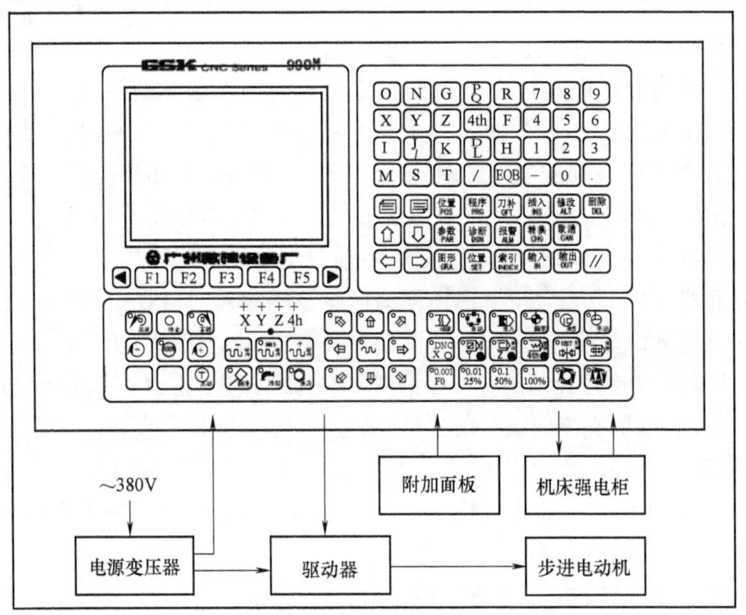

图 3-33　广州数控系统组成

在系统内部，键盘控制板通过电线与 LCD 连接，如图 3-34 所示。

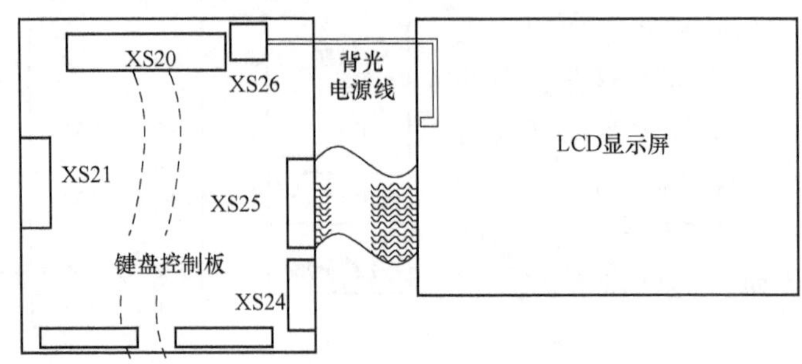

图 3-34　系统内部连接图

系统的主控板通过扁平电缆与板卡上的 DB 型插座进行转接，DB 型插座供外部使用。连接关系及各 IDC 插座的位置如图 3-35 所示。

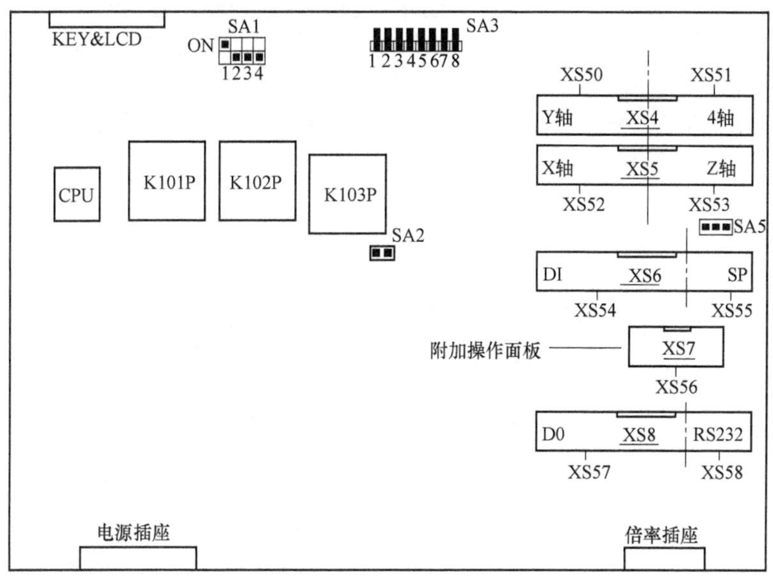

图 3-35　插座、设定开关位置图

GSK 990M 型数控系统可以连接步进电动机及伺服电动机，其连接图如图 3-36 及图 3-37 所示。

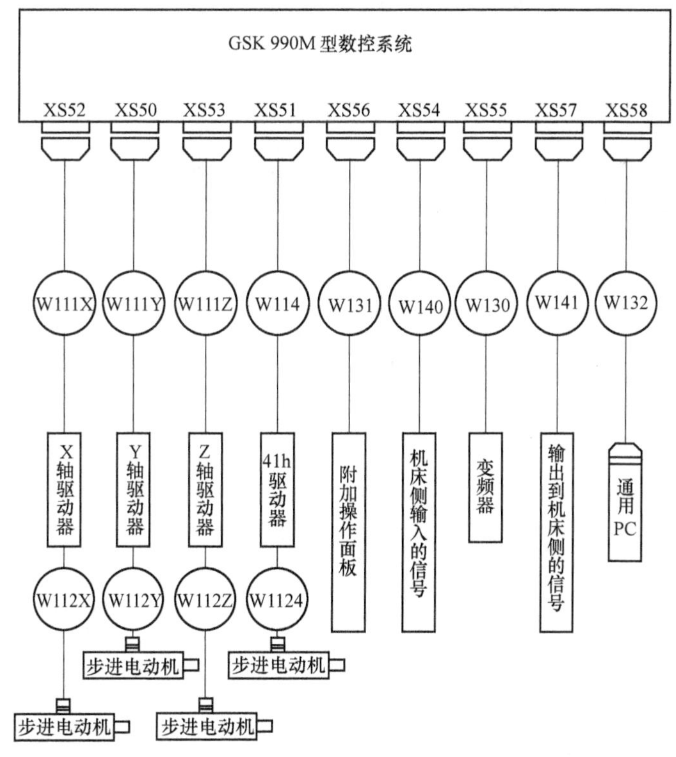

图 3-36　步进电动机系统连接图

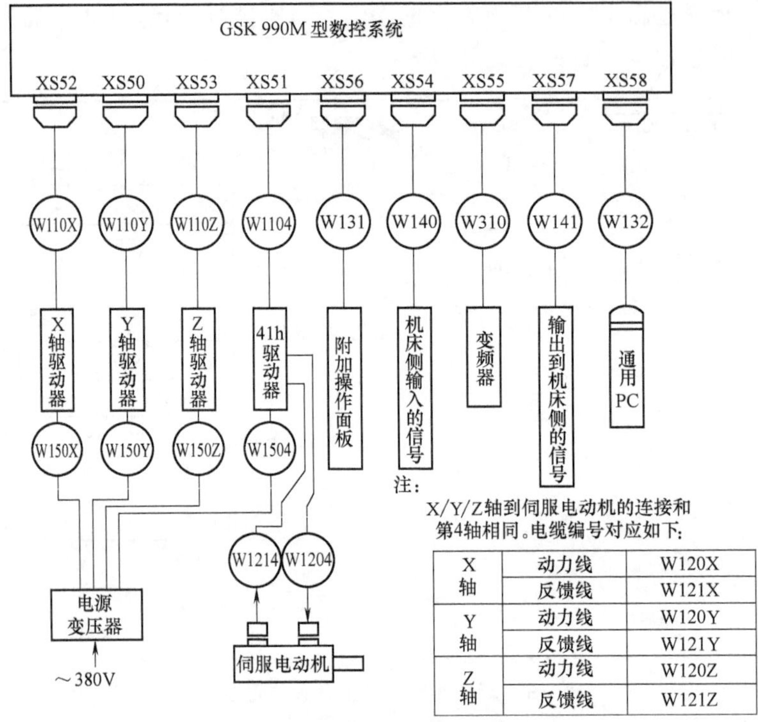

X轴	动力线	W120X
	反馈线	W121X
Y轴	动力线	W120Y
	反馈线	W121Y
Z轴	动力线	W120Z
	反馈线	W121Z

图 3-37　伺服电动机系统连接图

任务四　国产数控系统参数设置及故障诊断

任务引入

普通数控车床 NC 启动后进入交互界面，但机床无法执行任何操作，无故障显示。

故障分析：初步分析为系统驱动数据文件丢失或 PLC 参数设置不对，导致输入输出点不匹配。进入 PLC 参数存储目录下执行参数设置文件，检查 PLC 参数设置正常，后将备份的 Hnc-21. DRV、Hnc-21v4. DRV 文件复制至 DRV 驱动文件目录下覆盖，启动机床后正常，本故障由于机床断电读写错误造成数据丢失所致。

国产数控系统故障还有哪些故障，应该怎样诊断并维修呢？

任务内容

数控系统正确的运行，必须保证各种参数的正确设定，不正确的参数设置与更改，可能造成严重的后果。因此，必须理解参数的功能和熟悉设定值。

按功能和重要性划分了参数的不同级别，数控装置设置了三种级别的权限，允许用户修改不同级别的参数。通过权限口令的限制，对重要参数进行保护，防止因误操作而引起故障和事故。查看参数和备份参数不需要口令。

一、参数设置操作

1. 常用名词和按键说明

窗口：显示和修改参数值的区域。

部件：HNC-21 数控装置中的各种控制接口或功能单元。

权限：HNC-21 数控装置中，设置了三种级别的权限，即数控厂家、机床厂家、用户。不同级别的权限，可以修改的参数是不同的。数控厂家权限级别最高，机床厂家权限其次，用户权限的级别最低。

主菜单与子菜单：在某一个菜单中，用 Enter 键选中某项后，出现另一个菜单，则前者称主菜单，后者称子菜单。菜单可以分为两种：弹出式菜单和图形按键式菜单，如图 3-38 所示。

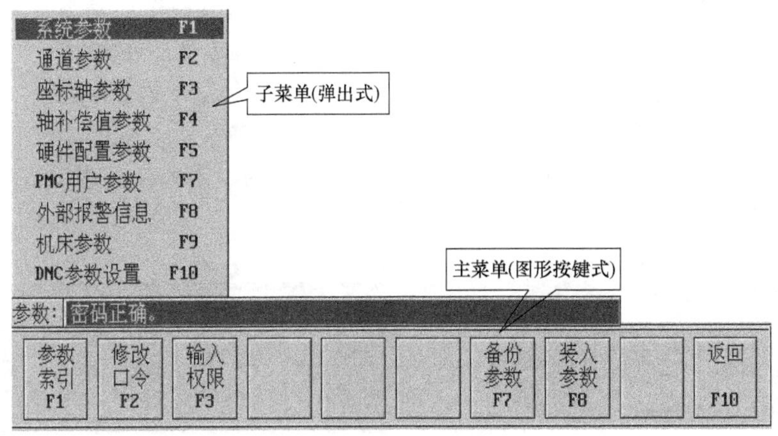

图 3-38　主菜单和子菜单

参数树：各级参数组成参数树，如图 3-39 所示。

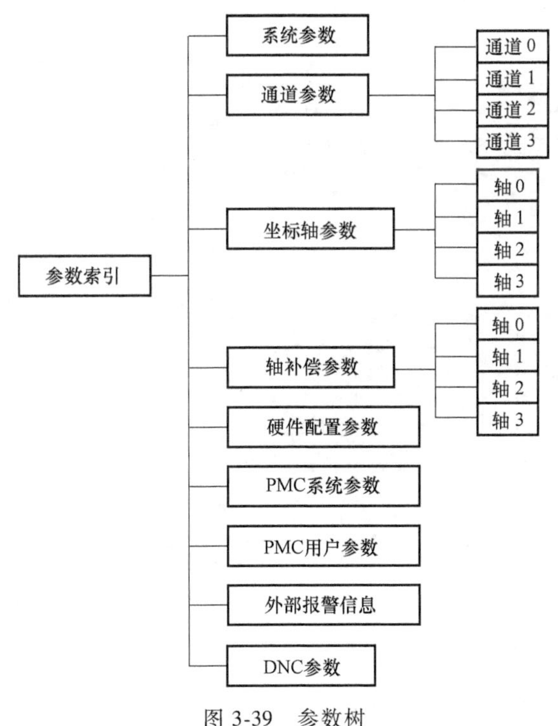

图 3-39　参数树

2. 输入权限口令

华中数控装置的运行，严格依赖于系统参数的设置，因此，对参数修改的权限分三级予以规定：

1）数控厂家：最高级权限，能修改所有参数。

2）机床厂家：中间级权限，能修改机床调试时需设置的参数。

3）用户厂家：最低级权限，仅能修改用户使用时需改变的参数。

数控机床在最终用户处安装调试后，一般不需修改参数。在特殊的情况下，如需要修改参数，首先应输入参数修改的权限口令，如图 3-40 所示。具体操作步骤如下：

1）在参数功能子菜单环境中按 F3 键，系统会弹出权限级别选择窗口。

2）用↑、↓选择权限，按 Enter 键确认，系统将弹出输入口令对话框。

3）在口令对话框中输入相应的权限口令，按 Enter 键确认。

4）若所输入的权限口令正确，则可进行此权限级别的参数修改；否则，系统会提示权限口令输入错误。

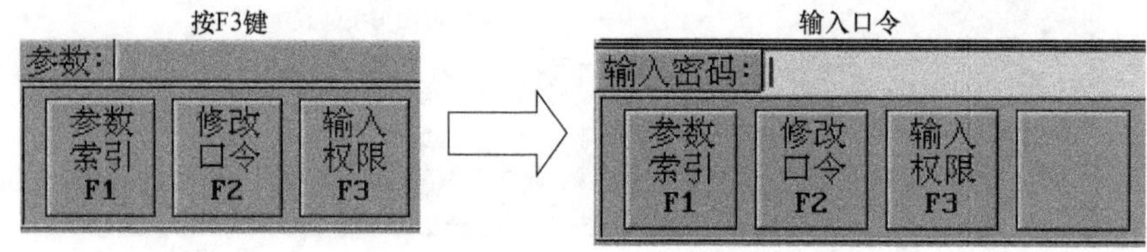

图 3-40　权限口令输入

3. 参数查看与设置

在图 3-41 所示的主操作界面下，按 F3 键进入参数功能子菜单。命令行与菜单条的显示如图 3-42 所示。

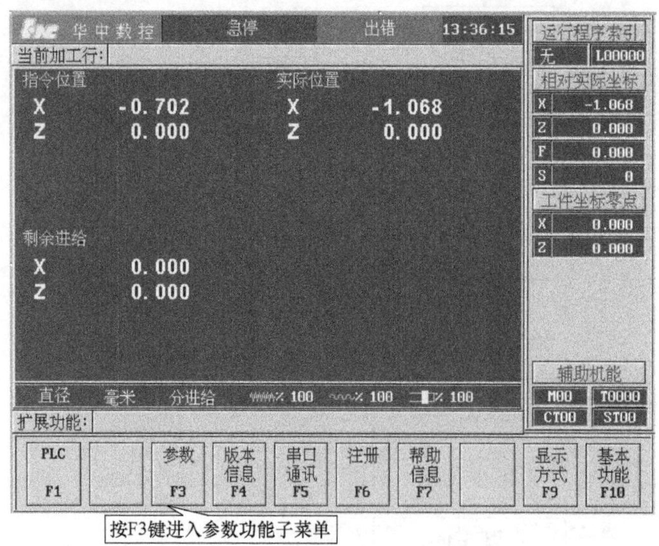

图 3-41　主操作界面

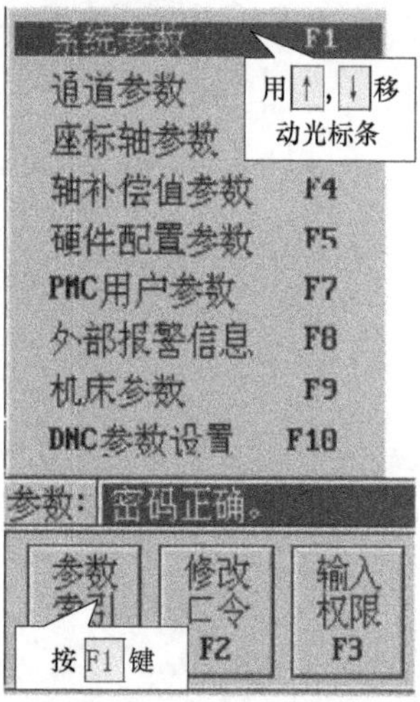

图 3-42　参数索引子菜单

参数查看与设置的具体操作步骤如下：

1）在参数功能子菜单下，按 F1 键，系统将弹出如图 3-42 所示的参数索引子菜单。

2）用↑、↓选择要查看或设置的选项，按 Enter 键进入下一级菜单或窗口。

3）如果所选的选项有下一级菜单，例如“坐标轴参数”，系统会弹出该坐标轴参数选项的下一级菜单，如图 3-43 所示的坐标轴参数菜单。

4）用同样的方法选择、确定选项，直到所选的选项没有更下一级的菜单，此时，图形显示窗口将显示所选参数块的参数名及参数值，例如在坐标轴参数菜单中选择轴 0，则显示如图 3-43 所示的坐标轴参数→轴 0 窗口；用↑、↓、←、→、Pgup、Pgdn 等键移动蓝色光标条，到达所要查看或设置的参数处。

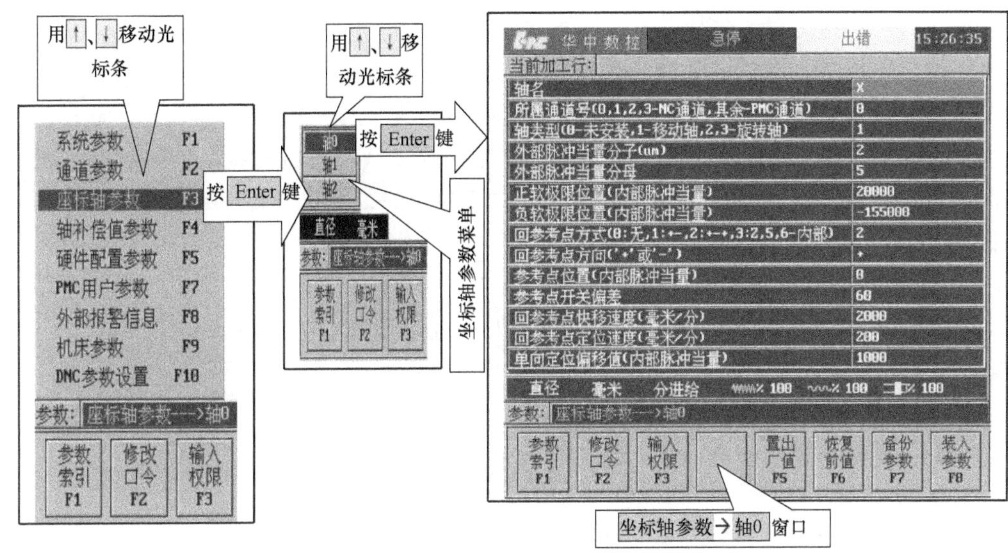

图 3-43　查看参数

5）继续用↑、↓、←、→、Pgup、Pgdn 等键在本窗口内移动蓝色光标条，到达需要查看或设置的其他参数处，直至完成窗口中各项参数的查看和修改。

6）按 Esc 或 F1 键，退出本窗口。如果本窗口中有参数被修改，系统将提示是否保存所修改的值，如图 3-44 所示，按 Y 键存盘，按 N 键不存盘；然后，系统提示是否将修改值作为缺省值保存，如图 3-45 所示，按 Y 键确认，按 N 键取消。

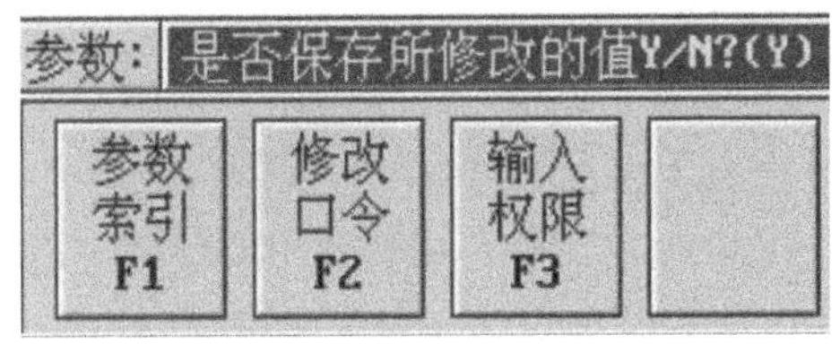

图 3-44　是否保存参数修改值

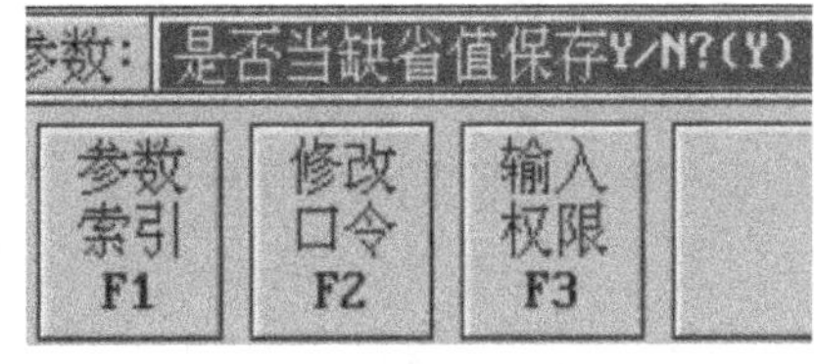

图 3-45　是否作为缺省值保存

7）系统回到参数索引菜单，可以继续进入其他的菜单或窗口，查看或修改其他参数；若连续按 Esc 键，将最终退回到参数功能子菜单。如果有参数已被修改，则需要重新启动系统，以便使新参数生效。此时，系统将出现如图 3-46 所示的提示。

图 3-46　是否重新启动系统，以使新参数生效

二、国产数控系统软件系统故障诊断与维修

配备数控系统的数控机床是机械、电力电子、液压传动、计算机编程与应用一体化产品。其中任何一个环节出了差错，都会导致数控机床不能正常运转甚至引发事故。现在数控设备使用越来越广泛，随之而来的是如何保证设备的有效利用，即当设备出现故障时，要尽快将设备恢复正常使用。

国产数控系统都是基于工业 PC 的，需要有相关驱动软件进行支持，而一些数控系统的故障也是与数控系统软件有关。下面以华中数控系统为例，介绍其软件基本组成。

1. 华中数控系统软件组成

（1）底层软件

主要负责系统的运动控制与硬件管理，如内存驻留程序文件 NCBIOS. COM，系统配置文件 NCBIOS. CFG。

（2）上层软件

完成人机交互与程序解释功能，即后缀为 *. EXE 的可执行文件。

（3）参数文件

系统的参数，包括参数的结构文件 PARM *. STR，参数的数据文件 PARM *. DAT，参数的初值文件 PARM * . DFT。

（4）数据文件

刀具信息与断电保护信息，其数据文件为 PRAM *. DAT。

（5）数控系统设备驱动程序

此类文件系统主要针对不同型号的数控系统及相应的数控板卡进行驱动。驱动文件的形式为 *. DRV，如数控系统的驱动程序 HNC2000. DRV 以及 HC5905. DRV，进给单元的驱动程序 SV-L9. DRV，14in 显示器面板键盘 HC5503. COM，10in 显示器面板键盘 HC5504. COM。

2. 数控系统软件相关故障实例与排除

（1）系统不能进入，造成死机

这类故障一般都是由于 DOS 系统文件损坏或电子盘（硬盘）损坏，或者是华中数控系统软件损坏。解决的方法可以首先确认 CONFIG. SYS 文件，是否调用了 HIMEM. SYS 和 EMM386. EXE 文件，以及指定的文件路径下是否有该文件。如果没有，需要重新安装数控系统全部软件。

（2）系统能够进入，但进入之前会显示“CAN'T OPEN……”，进入系统后也有出错报警。

此故障的引发是由于系统底层支持软件 NCBIOS. CFG 中板卡、伺服等驱动程序的调用路径不对，可重新设置新的路径。如果在 NCBIOS. CFG 中指定的路径找不到所需的驱动程序，可重新复制所需的驱动程序。

(3) 进入系统后，查看参数索引时，系统显示“无任何参数结构数据文件”

经文件查找确认，在 NCBIOS. CFG 文件中 BINPATH 指定的路径下找不到 PARM * . STR 文件，应该重新复制 PARM * . STR 文件或在 NCBIOS. CFG 中重新设置 BINPATH 的路径。

(4) 进入系统后，有出错报警，报警内容显示各种参数丢失，系统未联机，不能正常工作。

检查通信控制线缆、驱动程序及参数是否正确。在 NCBIOS. CFG 中 PARMPATH 指定的路径下找不到 PARM * . DAT 文件，应该重新复制 PARM * . DAT 文件或在 NCBIOS. CFG 中重新设置 PARMPATH 的路径，重新设置的路径一定要包括上述提到的 PARM * . DAT 文件。

此外，由于华中数控系统是基于 PC 开发的开放式系统，有可移植性强、普及性高等优点，但也不可避免地会遭受各种计算机病毒的侵扰。所以使用时应该及时做好系统备份，定期对系统进行查毒杀毒，避免发生不必要的损失。

3. 数控系统报警信息

数控系统为了帮助数控机床的使用及维护人员对数控系统出现的故障进行排除，会根据数控系统内部的故障数据库对系统出现的故障进行提示。当数控系统出现故障或运行不正常时，应立即观察坐标轴的指令值、坐标轴的实际值和坐标轴的跟踪误差的变化情况。当出现报警时，在屏幕的上方会有“出错”闪烁。此时，相应键操作即可显示报警信息，每条报警信息分两部分：错误号及错误信息。当故障消除后，对于一般性错误，报警信息会自动消除；对于产生了急停的报警，则需要重新松开急停按钮，使系统复位后，才能消除报警信息，有些故障，例如系统硬件参数错误引起的报警，则需要调整参数后，重新启动系统，才能消除报警信息。华中数控系统的常见报警信息见表 3-8。

4. 常见故障的诊断与分析处理实例

(1) 急停报警

对于简易数控机床，出现急停报警的原因一般为：因安全问题，人为按压“急停”按钮；行程开关控制的急停。对于半闭环或闭环数控机床，产生急停报警的原因还有其他因素，如伺服驱动系统出现故障产生的飞车急停等。简易数控机床的急停报警处理可按下述方法进行：

表 3-8 华中数控系统常见报警信息

报警号	报警信息	系统动作	处理方法
01h	初始化错误	急停	正确设置参数并正确连接坐标轴控制电缆
02h	参数错误	急停	正确设置参数
03h	通信错误	急停	正确设置参数并正确连接坐标轴控制电缆
04h	伺服失去联系	急停	正确连接坐标轴控制(串口)电缆;检查伺服驱动器控制电源
05h	机床位置丢失	急停	检查坐标轴控制电缆、电动机强电电缆、编码器电缆后,重新通电
09h	未知故障	急停	检查参数、接线与电源,重新通电

（续）

报警号	报警信息	系统动作	处理方法
20h	正向超程	急停	按住超程解除按钮，用手动方式负向移动，退出超程位置
21h	负向超程	急停	按住超程解除按钮，用手动方式正向移动，退出超程位置
22h	正软超程	超程轴停止正向移动	负向移动超程轴
23h	负软超程	超程轴停止负向移动	正向移动超程轴
30h	硬件故障	急停	关闭电源3min后，重新通电
31h	主回路故障	急停	更换HSV.11型伺服驱动器
32h	过热	急停	检查电动机、HSV.11型伺服驱动器；检查电动机热保护开关及电缆；更换驱动器
33h	熔断器熔断	急停	更换HSV.11型伺服驱动器熔丝；更换HSV. 11型伺服驱动器
34h	直流过电流	急停	增加轴参数中加减速时间常数和加减速度时间常数；更换HSV. 11型伺服驱动器
35h	直流过电压	急停	增加轴参数中加减速时间常数和加减速度时间常数；更换HSV.11型伺服驱动器
36h	泵升故障	急停	增加轴参数中加减速时间常数和加减速度时间常数，减小升降轴移动速度；更换HSV.11型伺服驱动器
37h	控制欠电压	急停	检查HSV.11型伺服驱动器控制电源，应该为AC 220V、单相
38h	反馈异常	急停	检查HSV.11型伺服驱动器的编码器反馈电缆
39h	伺服驱动器报警	急停	检查HSV.11型伺服驱动器的报警信息
40h	超速	急停	检查伺服驱动器的参数；检查伺服驱动器坐标轴控制电缆
41h	跟踪误差过大	急停	检查机械负载是否合理；检查伺服驱动器动力电源是否正常；检查抱闸电动机的抱闸；检查坐标轴参数中的最高快移速度是否超出了电动机额定转速；检查伺服驱动器内部参数的设置；检查电动机每转脉冲数是否正确；对于脉冲式伺服，检查伺服内部参数[0]和[1]
44h	找不到参考点	急停	检查参考点开关；检查编码器反馈电缆；检查编码器0脉冲信号

1）因安全原因，人为按压“急停”按钮后，要解除急停报警，则要顺着“急停”按钮箭头指示的方向转抬，即可解除。

2）有急停报警，且“超程”指示灯亮，则为进给轴超程引起。超程有两种：一种是硬超程；另一种是软超程。对于硬超程，则表示行程开关碰到了超程位置处的行程挡块。解除硬超程，需在点动工作方式下，按住“超程解除”键不放，再按超程的反方向进给键，使工作台（铣床）或刀架（车床）向超程的反方向移动，直至“超程”指示灯灭为止。对于软超程，是指进给轴实际位置超出了机床参数中设定的进给轴极限位置。解除软超程，需按如下步骤进行：数控系统基本功能菜单 F3 键（参数）→F3 键（输入权限）→数控厂家→输入密码（密码一般为数控厂家给定用户）→F1 键（参数索引）→轴（为软超程的轴序号）→软极限位置（为软超程的正极限位置或负极限位置方向）→输入值 1000（输入值比原来值大一些）→F10 键，保存退出→Alt+X（退出数控系统）→E，回车（从内存中退出）→N，回车（重新启动数控系统），即可解除软超程。

（2）联机不通

在联机不通时，数控机床操作面板上“联机”指示灯不亮，从如下方面进行检查和维修：

1）计算机并口和操作面板上的接口是否正常，连接电缆是否松动。

2）电源输入单元有无问题，输入单元的熔丝是否熔断。

3）电源单元的工作允许信号是否消失，NC 板是否有电源信号。一般通过测量比较法进行。

4）光电隔离板工作是否正常。

5）操作面板上的电源开关（ON/OFF 按钮）损坏或接触不良。

（3）屏幕无显示，或进入后黑屏或不能启动

1）检查电源是否正确、功率是否合适。

2）调节合适的亮度。

3）检查文件是否被破坏。

4）检查参数。

5）检查 CPU 主板。

（4）急停与复位不正常

1）检查急停回路，如急停按钮、超程限位开关、中间继电器等。

2）检查互锁逻辑电路。

3）确认 PLC 程序正确。

（5）伺服电动机运转不正常

检查驱动系统，经常用到交换法来确认故障范围，包括：

1）驱动器所用电动机的交换。

2）驱动器所用电缆线的交换。

3）驱动器所用控制接口的交换。

若检查、排除故障需要拆装线缆或插拔接插件，请关断电源进行。参数修改后应关闭电源 3min 以后，再重新启动。应确保进给驱动器或主轴驱动器的信号地与 PC（包括工业 PC 及通用 PC）的信号地可靠连接。

（6）伺服上电即报警

出现此故障的原因可能有以下几种：

1）伺服电动机动力线相序不正确。

2）位置反馈电缆不正确。

3）伺服电动机动力线、位置反馈电缆与伺服驱动未对应。

（7）电动机不能正常工作

若电动机不能正常工作，会有以下几种常见情况：

1）伺服电动机不能运行：检查所有连线、电源、数控系统及驱动参数是否正常，操作是否正确，电动机与驱动器是否损坏。

2）静止时伺服电动机抖动：检查位置反馈电缆、位置反馈编码器以及驱动 PID 参数是否调整好。

任务五　数控系统故障诊断及维修方法

任务引入

CNC 系统故障诊断与维修的基本步骤如下：

1. 确认报警号。
2. 根据 CNC 所显示的报警号，大致确定故障部位。
3. 分析发生故障的可能原因。
4. 进行相应的维修处理。

那么对于没有报警号的故障呢？故障诊断与维修都有哪些维修方法？

任务内容

一、装置自诊断法

大型的 CNC、PLC 装置都配有故障诊断系统，用各种开关、传感器等把油位、温度、油压、电流、速度等状态信息，设置成数百个报警提示，诊断故障的部位和地点。所以要首先利用自诊断提示进行故障处理。自诊断程序主要包括启动诊断、在线诊断、离线诊断等。所谓诊断程序就是对数控机床各部分包括 CNC 系统本身进行状态或故障监测的软件，当机床出现故障时，可利用该诊断程序诊断出故障源范围及其具体位置。诊断程序一般分为三套，即启动诊断、在线诊断和离线诊断。

1. 启动自诊断（初始化诊断）

启动自诊断主要的诊断内容有 CPU、ROM、RAM、EPROM、I/O 接口单元、CRT/MDI 单元（手动数据输入）、纸带阅读机、软盘单元等装置或外设。只有当全部诊断项目确认无误后，整个系统才能进入正常运行准备状态，即 CRT 显示进入正常运行的基本画面（一般是位置显示画面）。如果检查出有错，机床则不再转入正常运行过程，而是转向报警过程，通过 CRT 或硬件（发光二极管）等各种报警方式。整个启动自诊断过程只需数秒钟就结束，一般不超过 1min。

2. 在线诊断（后台诊断）

CNC 机床的在线诊断是指 CNC 系统通过系统的内装程序，在系统处于正常运行状态时，对 CNC 系统本身以及与 CNC 装置相连的各个进给伺服单元、伺服电动机、主轴伺服单元和主轴电动机以及外部设备等进行自动诊断检查。在线诊断包括 CNC 系统内部设置的自诊断功能和用户单独设计的对加工过程状态的监测与诊断系统，都是在机床正常运行过程中监视其运行状态的。除监视 CNC 系统内部的各种状态外，还监视与 CNC 系统相连接的机床各执行部件，如主轴和进给伺服系统、坐标位置、接口信号、ATC、APC、外部设备等。只要系统不断电，在线诊断就一直进行而不停止。

一旦监视的信息超限，诊断系统就通过显示器或指示灯等发出报警信号，提供报警号，配以适当注释，并显示在屏幕上。维修人员根据这些故障信息，经过分析处理，确诊故障点并及时排除故障。机床自诊断功能的故障报警显示给维修带来了极大的方便。故在使用和维修过程中，一定要充分重视，并利用故障报警显示的状态信息，经分析或加一些必要的测试，最后找出真正的故障原因。为此，要特别重视、注意保护系统软件及系统数据，特别是 CNC 与 PLC 机床数据、PLC 用户程序、报警文本等随机所带的 CNC 系统的关键技术资料，它们是用电池保存于 RAM 存储器中。

例如，从德国某公司引进的一台数控镗铣床，CNC 系统为西门子的 SINUMERIK 8MC，在数控模块 MS100 上的四个红色发光二极管 M、I/O、S、PC 指示故障存在的原因。同时，操作盘上的 CRT 监视器显示报警号，指出故障原因。

（1）故障现象

Z 轴运行抖动，瞬间出现 NC123 号报警，机床随即停止运行。根据报警号查阅报警内容表，显示报警原因是跟踪误差超出了机床数据设定的规定值，同时提示造成此报警的可能原因有：

1）位置测量系统检测元件与机械位移部分连接不良。

2）传动部件出现间隙。

3）位置闭环放大系数 KV（即增益）不匹配。

（2）检查分析

经初步检查，粗定为原因 2）、3），使得 Z 轴（滑枕）运行过程中产生负载扰动而造成位置闭环振荡。照此分析排除如下：修改原 Z 轴的机床设定环节（TEN152）的数据，将原值 S1333 改为 S800，即降低了放大系数，有助于位置闭环的稳定性。经试运行发现虽振动现象明显减弱，但未彻底消除，这说明是原因 2），即机械传动出现间隙的可能性增大，可能是滑枕楔铁松动造成滚珠丝杠或螺母窜动。这时，对机床各部位采取先易后难、先外后内逐一否定的办法，最后找到真正的故障源：滚珠丝杠螺母背帽松动，使传动出现间隙。当 Z 轴运动时，由于间隙造成负载扰动，导致位置闭环振荡而出现抖动现象。

（3）故障排除

调整好间隙，紧固松动的背帽，并将机床设定环节 TEN152 的数据恢复到原值，故障消除。

3. 离线诊断

当 CNC 系统出现故障或要判断系统是否真正有故障时，往往要停机检查，此时称为离线诊断（或脱机诊断）。其主要目的和任务是最终查明故障和进行故障定位，力求把故障定位在尽可能小的范围内，如缩小到某一模块上、某个电路板上或板上的某部分电路，甚至某个芯片或元器件上。这种诊断方法属于高层次诊断，其诊断程序存储及使用方法一般不相同。如美国 A-B 公司 8200 系统离线诊断时，才把专用的诊断程序读入 CNC 中运行检查故障。而有的将这些诊断程序与 CNC 控制程序一同存入 CNC 中，维修人员可随时用键盘调用这些程序并使之运行，在 CRT 上观察诊断结果。离线诊断可以在现场、维修中心或 NC 系统制造厂进行操作和控制。

具体做法：将运行控制计算机和与之相连的外部设备断开，启动运行各控制部分的自诊断程序（与系统运行控制程序分开的程序），有时还需要专门设计一些检测电路。诊断时，把整个系统划分为若干个诊断区（基本上按功能划分，有时也根据电路插件板划分），由诊断计算机向诊断区发送测试码，然后观测被诊断对象的响应，并与标准比较，判断有无故障及进行故障定位。离线诊断所用的仪器、软硬件有：①专用诊断纸带（早期的 NC 装置），它主要提供诊断所需的数据。诊断时，将纸带内容输入 NC 系统的随机存取存储器（RAM）中，系统中的微处理器则根据相应的输出数据，分析判断得出有无故障和故障位置的结论，可以诊断读入装置、CPU、RAM、I/O 接口等；②工程师面板；③改装过的 CNC 系统通过专用测试装置进行测试。

二、常规检查法

外观检查是指依靠人的五官等感觉器官并借助于一些简单的仪器来寻找机床故障的原因。这种方法在维修中是常用的，也是首先采用的。“先外后内”的维修原则要求维修人员在遇到故障时应先采取问、看、听、触、嗅等方法，由外向内逐一进行检查。有些故障采用这种方法可迅速找到故障原因，而采用其他方法则要花费许多时间，甚至一时解决不了。

1. 问

机床开机时有无异常？故障前后工件的精度和传动系统、走刀系统是否正常？出力是否均匀？切深和走刀量是否正确？润滑油牌号和用量是否正确？机床何时进行过保养检修？

2. 看

就是用肉眼仔细检查有无熔丝烧断、元器件烧焦、烟熏、开裂现象，有无异物，以此判断板内有无过电流、过电压、短路、断路等问题。看转速，观察主传动速度快慢的变化。看主传动齿轮、飞轮是否跳、摆，传动轴是否弯曲、晃动。

3. 听

利用人体的听觉功能可查询到数控机床因故障而产生的各种异常声响的声源，如电气部分常见的异常声响有：电源变压器、阻抗变换器与电抗器等因为铁心松动、锈蚀等原因引起的铁片振动的吱吱声；继电器、接触器等的磁回路间隙过大，短路环断裂，动静铁心或镶铁轴线偏差，线圈欠电压运行等原因引起的电磁嗡嗡声或者触点接触不良的嗡嗡声，以及元器件因为过电流或过电压运行失常引起的击穿爆裂声。而伺服电动机、气控器件或液控器件等发生的异常声响基本上和机械故障方面的异常声响相同，主要表现在机械的摩擦声、振动声与撞击声等。

例如，某立式加工中心，Z 轴电动机忽然出现异常振动声，马上停机，将电动机与丝杠分开，试车时仍然振动，可见振动不是由机械传动机构的原因所造成。为区分是伺服单元故障，还是电动机故障，采用 Y 轴伺服单元控制 Z 轴电动机，还是振动，所以判断为电动机故障，将该电动机修复后，故障排除。

4. 触

当 CNC 系统出现时有时无的故障现象时，宜采用此方法。CNC 系统是由多块电路板组成的，板上有许多焊点，板与板之间或模块与模块之间又通过插件或电缆相连。所以，任何一处的虚焊或接触不良，就会成为产生故障的主要原因。检查时，用绝缘物轻轻敲打可疑部位（即虚焊、接触不良等）。如果确实是因虚焊或接触不良而引起的故障，则该故障会重复出现。

5. 嗅

对电气设备或有各种易挥发物质的元器件的诊断采用此方法效果较好。如一些烧烤的烟气、焦煳味等异味。因剧烈摩擦，电气元器件绝缘处破损短路，使附着的油脂或其他可燃物质发生氧化蒸发或燃烧而产生的烟气、焦煳气等。

三、机、液、电综合分析法

数控机床是一种高度机、电、液一体化的产品，它应用了精密机械、液压技术、电气技术、微电子技术等，对数控机床的故障分析也要从机、液、电不同的角度对同一故障进行分析诊断，可以避免片面性，少走弯路。最后确认是机、液、电中的哪一个系统有问题，以便在哪个系统中做进一步的诊断及排除故障。

四、备件替换法

现代数控系统大都采用模块化设计，按功能不同划分为不同的模块，随着现代数控技术的发展，电路的集成规模越来越大，技术也越来越复杂，按照常规的方法，很难把故障定位在一个很小的区域，而一旦系统发生故障利用此方法可缩短停机时间，快速找到故障板。

将具有相同功能的两块板互相交换（一块好的，一块被怀疑是坏的），通过观察故障现象是随之转移，还是故障依旧来判断被怀疑板。这些板是指印制电路板、模块、集成电路芯片或元器件。若没有备用电路板或组件，可把故障区与无故障区的相同的电路板或组件互相交换，然后观察故障排除及转移情况，也可得到确诊。注意：①必须断电后才能更换电路板或组件；②有些电路板，例如 PLC 的 I/O 板上有地址开关，交换时要相应改变设置值；③有些电路板上有跳线及桥接调整电阻、电容，也应与原板相同，方可交换；④模块的输入输出必须相同。以驱动器为例，型号要相同，若不同，则要考虑接口、功率的影响，避免故障扩大。

应用场合：数控机床的进给模块，检测装置有多套，当出现进给故障时，可以考虑模块互换。例如爬行、窜动、抖动、加速度不平稳、只向一个方向运动等。

“替换”是电气修理中常用的一种方法，主要优点是简单和方便。在查找故障的过程中，如果对某部分有怀疑，只要有相同的替换件，换上后故障范围大都能分辨出来，所以在电气维修中经常采用。但是如果使用不当，也会带来许多麻烦，以致造成人为故障。因此，正确认识和掌握“替换”的使用范围和操作方法，是提高维修工作效率和避免人为故障发生的最好方法。

1.“替换”方法的使用范围

在电气修理中，采用“替换”方法来检查判断故障应注意应用场合。对一些比较简单的电器，如接触器、继电器、开关、保护电器及其他各种单一电器，在对其有怀疑而一时又不能确定故障部位的情况下，使用效果较好。而在由电子元器件组成的各种电路板、控制器、功率放大器及所接的负载，替换时应小心谨慎，如果无现成的备件替换，需从相同的其他设备上拆卸时更应慎重从事，以避免故障没找到，替换上的新部件又损坏，造成新的故障。

2.“替换”中的注意事项

1）低压电器的替换应注意电压、电流和其他有关的技术参数，并尽量采用相同规格的替换。

2）电子元器件的替换，如果没有相同的，应采用技术参数相近的，而且主要参数最好能胜过原来的。

3）拆卸时应对各部分做好记录，特别是接线较多的地方，可防止反馈错误引起的人为故障。

4）在有反馈环节的电路中，更换时要注意信号的极性，以防反馈错误引起其他的故障。

5）在需要从其他设备上拆卸相同的备件替换时，要注意方法，不要在拆卸中造成被拆件损坏。如果替换电路板，在新板换上前要检查一下使用的电压是否正常。

3. “替换” 前应做的工作

在确定对某一部分要进行替换前，应认真检查与其连接的有关电路和其他相关的电器。确认无故障后才能将新的替换上去，防止外部故障引起替换上去的部件损坏。

五、电路板参数测试对比法

当系统发生故障后，采用常规电工检测仪器、工具，按系统电路图及机床电路图，对故障部分的电压、电源、脉冲信号等进行实测，在各电路板的测试端子上进行电压值及波形的测试，与正常值和正常波形进行比较。若无原始记录，也可与对应无故障区的相同的电路板比较，从而确诊故障电路板是否发生故障。如电源的输入电压超限，应对电源监控，以排除其他原因。如发生位置控制环故障，可用示波器检查测量回路的信号状态，或用示波器观察其信号输出是否断相，有无干扰。

例如，某厂的数控系统发生报警，位置环硬件故障。用示波器检查发现有一干扰信号，维修人员在电路中用接一个电容的方法将其滤掉使系统工作正常。如果出现系统无法回基准点的情况，可用示波器检查是否有零标志脉冲，若没有，可考虑是测量系统损坏。

六、更新建立法

当 CNC 或 PLC 装置由于电网干扰，或其他偶然原因发生异常情况或死机时，应清除有关内存区，重新进行冷启动或热启动，并对 CNC 参数进行重新设置，便可排除故障。

七、升温、降温法

当设备运行时间比较长或者环境温度比较高时，机床容易出现软件故障。这时可用电吹风机或红外灯直接加热可疑的电路板或组件，人为通过采用升温法加速一些高温参数差的元器件恶化（要注意元器件的温度参数），使“症状”产生，从而确定有问题的组件或元器件。

例如，某厂配有 FANUC 6M 系统的加工中心机床，经长时间工作后，转动的主轴电动机出现间歇性的响声，后来逐渐变成强烈振动声，转速骤升、骤降，维修人员怀疑是伺服控制板上的整形电路有故障。采用局部升温法使可疑点的几块组件升温，当试验到 555 时钟集成电路时，H28 时钟输出脚波形出现异常，调换此定时电路后，故障消失。

八、拉偏电源法

有些不定期出现的软故障与外界电网电压波动有关。当机床出现此类故障时，可把电源电压人为地调高或调低，模拟恶劣的条件让故障容易暴露。

九、分段优选法

电缆断路或短路故障的查找，有时非常困难，特别是大型数控机床各轴的行程都很长，有时电枢到机床的电缆要分几段，每段有几十米长，这时应用优选法从中间部分分段查找故障点，可以加快速度。有时 PLC 的+24V 端子对地短路，此端子上接有上百个输入开关，单个检查太慢，也可用优选法，一半、一半地检查短路点在哪一半中，然后把有问题的一半再一分为二进行查找……，从而大大加快速度。

十、功能程序测试法

功能程序测试法是将所维修数控系统 G、M、S、T、F 功能的全部使用指令编写出一个试验程序，并存储在软盘上。在故障诊断时运行这个程序，可快速判定哪个功能不良或丧失。应用场合：①机床加工造成废品而一时无法确定是编程、操作不当，还是数控系统故障时；②数控系统出现随机性故障，一时难以区别是外来干扰，还是系统稳定性不好；③闲置时间较长的数控机床在投入使用时或数控机床进行定期检修时。

例如，某厂配有 FANUC 7CM 的加工中心，加工过程中出现零件尺寸相差较大的现象，使用功能程序测试法进行测试，当运行到含有 G01、G02、G18、G19、G40、G41 和 G42 的指令代码的四角带有圆弧过渡的长方形典型零件时，发现机床运动轨迹与所要求的加工图形不符合，从而确定机床的刀具补偿不良。该数控系统的刀具补偿软件存放在 EPROM 中，更换该集成电路，系统恢复正常。

十一、参数检查法

数控机床的参数是经过一系列试验、调整而获得的重要数据。例如工作范围、轴动态参数，数据需要根据具体的控制对象而修改。这种可读写的存储器有电池保持的 RAM、EPROM、Flash ROM、硬盘等。

应用场合：对于电池保持的 RAM，一旦电池电压不足（一般电池 2~3 年需更换）或机床长期闲置或有外部干扰会使参数丢失或混乱，从而使系统不能正常工作。EPROM、Flash ROM 由于不需要电池，在数控系统中应用越来越普遍。当机床长期闲置或无缘无故出现不正常现象或有故障而无应答时，就要根据故障特征检查和校对有关参数。

例如，MCV50 立式加工中心，配置西门子 810 系统，屏幕全黑，进给无使能，其他功能全部失效。经调查发现该现象是操作人员在更换电池时，关机引起的。重新安装机床参数及 PLC 用户程序，故障排除。在排除某些故障时，对一些参数还需进行调整。因为有些参数（如各轴的漂移补偿值、丝杠间隙值、KV 系数等）虽在机床安装时调整过，但由于机床使用时间较长，控制对象的参数发生变化。参数调整、修改前，通常应输入口令，只有拥有修改权限的用户才能修改关键参数。

十二、隔离法

隔离法是指将控制回路断开，从而达到缩小查找故障区域的目的。在机床维修时为了防止故障扩大，需切断某些部件的电源，也经常采用此法。

应用场合：数控机床反馈复杂，在切断某些控制回路时必须考虑到后果，采取必要措施，禁止断开保护回路。

十三、接口状态显示诊断法

接口是连接 CNC 系统、PLC、机床本体的节点，是信息传递和控制的主要通道。通过接口的状态信息（通“1”、断“0”），能够快速准确地确定故障范围，然后在小范围内查找故障点，从而避免维修的盲目性和故障扩大化。数控机床是机、电、液（气）、光等技术的结晶，所以在诊断中应紧紧抓住微电子系统与机、电、液（气）、光等装置的交接点，这些节点是信息传输的焦点，对故障诊断会大有帮助，可以很快初步判断故障发生的区段，如故障可能是在 CNC 系统、PLC、MT 及液压等系统的哪一侧，以缩小检查范围。

十四、测量比较法

这种方法是利用印制电路板上预先设置的检查用端子，确定该部分电路工作是否正常，通过实测这些端子的电压值或波形与正常时的电压值及波形比较，来分析故障原因和部位。甚至，可在正常电路板上人为地制造一些故障（如断开连线或短路，拔去接插件等），以判断真正的故障原因。为此，要求维修人员必须平时注意积累印制电路板上关键部位或易出故障部位正常时的电压值和波形。

十五、利用系统的自诊断功能判断法

现代数控系统尤其是全功能数控系统具有很强的自诊断能力，通过实施实时监控系统的各部分的工作，及时判断故障，给出报警信息，并做出相应的动作，避免发生事故。然而有时硬件发生故障时，就无法报警，有的数控系统可通过发光数码管不同的闪烁频率或不同的组合做出相应的指示。这些指示配合使用就可以较好地帮助维修人员准确地诊断出故障的位置。

十六、逻辑电路追踪法(原理分析法)

逻辑电路追踪法就是通过追踪与故障相关联的信号，从中找到故障单元，根据 CNC 系统原理图（即组成原理），从前往后或从后往前地检查有关信号的有无、性质、大小及不同运行方式的状态，与正常情况比较，看有什么差异或是否符合逻辑关系。对于“串联”电路，发生故障时，所有的元件或连接线都值得怀疑。对比较长的“串联”回路，可从中间开始向两个方向追踪，直到找到故障单元为止。对于两个相同的电路，可以对它们进行部分地交换试验。这种方法类似于把一个电动机从其电源上拆下，接到另一个电源上试验电动机。类似地，可以在这个电源上另接一个电动机试验电源，这样可以判断出电动机有问题还是电源有问题。但是对数控机床来说，问题就没有这么简单，交换一个单元，一定要保证该单元所处大环节（即位置控制环）的完整性；否则可能闭环受到破坏，保护环节失效，积分调节器输入得不到平衡。

对于硬接线系统（继电器-接触器系统），它具有可见接线、接线端子、测试点。当出现故障时，可用试电笔、万用表、示波器等简单测试工具测量电压、电流信号的大小、性质、变化状态、电路的短路、断路、电阻值变化等，从而判断出故障的原因。因此，要求维修人员必须对整个系统或每个电路的工作原理有清楚的了解。

十七、用 PLC 进行 PLC 中断状态分析法

PLC 发生故障时，其中断原因以中断堆栈的方式记忆。使用编程器可以在系统停止状态下，调出中断堆栈和块堆栈，按其所指示的原因，查明故障之所在，在 PLC 的维修中这是最常用、最有效和快速的方法。

若系统带有分立的 PLC 时，系统产生故障后，首先应判断故障是出现在 CNC 系统内部，还是在 PLC 或机床（MT）侧。这就要求熟悉 CNC 与 PLC 之间信息交换的内容，必须熟悉各测量反馈元件的位置、作用及发生故障时的现象与后果。搞清楚某一个动作不执行是由于 CNC 没有给 PLC 指令，还是由于 CNC 给了 PLC 指令而 PLC 未执行，或是由于 PLC 未准备好应答信号，CNC 不可能提供该指令等。

任务六 故障案例分析

[例 3-1] 某配套 FANUC 0M 系统的数控铣床。

故障现象：在批量加工零件时，某一天加工的零件产生批量报废。

故障分析：经对工件进行测量，发现零件的全部尺寸相对位置都正确，但 X 轴的全部坐标值都相差了整整 10mm。分析原因，导致 X 轴尺寸整螺距偏移（该轴的螺距是 10mm）的原因是由于参考点位置偏移引起的。

对于大部分系统，参考点一般设定于参考点减速挡铁放开后的第一个编程器的“零脉冲”上；若参考点减速挡块放开时刻，编码器恰巧在零脉冲附近，由于减速开关动作的随机性误差，可能使参考点位置发生 1 个整螺距的偏移。这一故障在使用小螺距滚珠丝杠的场合特别容易发生。

故障处理：对于此类故障，只要重新调整参考点减速挡块位置，使得挡块放开点与“零脉冲”位置相差在半个螺距左右，机床即可恢复正常工作。本机床经以上处理后，故障排除，机床恢复正常工作。

[例 3-2] 某配套 FANUC 0M 系统的数控机床。

故障现象：回参考点动作正常，但参考点位置随机性大，每次定位都有不同的值。

故障分析：由于机床回参考点动作正常，证明机床回参考点功能有效。进一步检查发现，参考点位置虽然每次都在变化，但却总是处在参考点减速挡块放开后的位置上。因此，可以初步判定故障的原因是由于脉冲编码器“零脉冲”不良或丝杠与电动机间的连接不良引起的故障。

为确认问题的原因，鉴于故障机床伺服系统为半闭环结构，维修时脱开了电动机与丝杠间的联轴器，并通过手动压参考点减速挡块，进行回参考点试验；多次试验发现，每次回参考点完成后，电动机总是停在某一固定的角度上。

以上证明，脉冲编码器“零脉冲”无故障，问题的原因应在电动机与丝杠的连接上。仔细检查发现，该故障是由于丝杠与联轴器间的弹性胀套配合间隙过大，产生连接松动。

故障处理：修整胀套，重新安装后机床恢复正常。

[例 3-3] 某配套 FANUC 0MD 系统的立式加工中心。

故障现象：回参考点过程中出现 ALM520 和 Y 轴过行程报警。

故障分析：经检查，机床“回参考点减速”开关以及 CNC 的信号输入均正常，因此初步分析原因是由于参数设定不当引起的故障。

仔细观察 Y 轴回参考点动作过程，发现“回参考点减速”开关未压到，CNC 就出现了 ALM520 报警，ALM520 报警的意义是，机床到达“软件限位”位置，即机床移动距离值超过了系统参数设定的软件行程极限值。此类故障可以通过重新设定参数解决。

故障处理：

1）将机床运动到正常位置，进行手动回参考点，并利用手动方式压上“回参考点减速”开关，进行回参考点，验证回参考点动作的正确性。

2）在回参考点动作确认正确后，通过 MDI/CRT 面板，修改软件限位参数（为了方便可以直接将其改为最大值±99999999）。

3）再次执行正常的手动回参考点操作，机床到达参考点定位停止。

4）恢复软件限位参数（由±99999999改回原参数值）。

5）再次执行正常的手动回参考点操作，机床动作正常，报警消除。

[例3-4] 刀库转动中突然停电的故障维修。

故障现象：一台配套FANUC 0MC系统，型号为XH754的数控机床，换刀过程中刀库旋转时突遇停电，刀库停在随机位置。

分析及处理过程：刀库停在随机位置，会影响开机刀库回零。故障发生后尽快用螺钉旋具打开刀库伸缩电磁阀手动钮让刀库伸出，用扳手拧刀库齿轮箱方头轴，将刀库转到与主轴正对，同时手动取下当前刀爪上的刀具，再将刀库电磁阀手动钮关掉，让刀库退回。经以上处理，来电后，正常回零可恢复正常。

[例3-5] 换刀过程有卡滞的故障维修。

故障现象：一台配套FANUC 0MC系统，型号为XH754的数控机床，换刀过程中，刀时有卡滞，同时声响大。

分析及处理过程：观察刀库无偏移错动，故怀疑主轴定向有问题，主轴定向偏移会影响换刀。将磁性表吸在工作台上，将百分表头压在主轴传动键上平面，用手摇脉冲发生器，移动X轴，看两键是否等高。通过调整参数6531，将两键调平，再换刀，故障排除。

[例3-6] 换刀不能拔刀的故障维修。

故障现象：一台配套FANUC 0MC系统，型号为XH754的数控机床，换刀时，手爪未将主轴中刀具拔出，报警。

分析及处理过程：手爪不能将主轴中刀具拔出的可能原因如下：

1）刀库不能伸出。

2）主轴松刀液压缸未动作。

3）松刀机构卡死。

复位，消除报警。如不能消除，则停电、再送电开机。用手摇脉冲发生器将主轴摇下，用手动换刀换主轴刀具，不能拔刀，故怀疑松刀液压缸有问题。在主轴后部观察，发现松刀时，松刀缸未动作，而气液转换缸油位指示无油，检查发现其供油管脱落，重新安装好供油管，加油后，打开液压缸放气塞放气两次，松刀恢复正常。

[例3-7] 换刀卡住的故障维修。

故障现象：一台配套FANUC 0MC系统，型号为XH754的数控机床，换刀过程快结束，主轴换刀后从换刀位置下移时，机床显示1001“spindle alarm 408 servo alarm (serialerr)”报警。

分析及处理过程：现场观察，主轴处于非定向状态，可以断定换刀过程中，定向偏移，卡住；而根据报警号分析，说明主轴试图恢复到定向位置，但因卡住而报警关机。手动操作电磁阀分别将主轴刀具松开，刀库伸出，手工将刀爪上的刀卸下，再手动将主轴夹紧，刀库退回；开机，报警消除。为查找原因，检查刀库刀爪与主轴相对位置，发现刀库刀爪偏左，主轴换刀后下移时刀爪右指刮擦刀柄，造成主轴顺时针转动偏离定向，而主轴默认定向为M19，恢复定向旋转方向与偏离方向一致，更加大了这一偏离，因而偏离很多造成卡死；而主轴上移时，刀爪右指刮擦使刀柄逆转，而M19定向为正转正好将其消除，不存在这一问题。调整刀库回零位置参数7508，使刀爪与主轴对齐后，故障消除。

[例 3-8] 换刀时间过长报警的故障维修。

故障现象：某配套 KND100T 系统的数控机床，在指定 2 号刀位时刀架旋转直至产生 05 号报警后停止。

分析及处理过程：05 号报警的含义为“换刀时间过长”。从刀架开始正转，经过 Ta 时间后指定的刀架到达信号仍然没有接收到，故产生报警。因此可适当延长 Ta 的值，但延长后仍然会产生报警。仔细多次观察换刀过程发现有时 2 号刀位能找到，有时找不到，通过检查发现换刀过程中刀架到位信号找不到，进一步检查发现刀架与刀架控制模块之间接触不是太好。重新连接后，故障排除。

思考题

1. FANUC 0i Mate D 与 FANUC 0i D 系统有何不同?
2. FANUC 0i 系统出现 900 号报警，试分析原因。
3. FANUC 系统使用存储卡进行系统备份的作用是什么?
4. 某配套 FANUC 0i MD 的加工中心，在开机手动回参考点的过程中，出现超程报警。请简单说明机床回参考点原理，并据此分析出现此故障可能的原因。
5. FANUC 数控系统的 RS232C 传输通信参数如何设定?
6. 如一台数控机床参考点位置出现偏差，应怎样处理?
7. 国内知名的数控厂商有哪些，其技术特点是什么?
8. 华中系统的组成部分有哪些? 其连接方式是怎样的?
9. 如何对华中数控系统进行参数修改操作?
10. 简述参数设置对数控系统运行的作用及影响。
11. 数控系统常见的故障诊断与维修方法有哪些?
12. 数控系统自诊断方法有哪些?
13. 怎样实现“离线诊断”?
14. 使用“备件置换法”更换电路板需注意哪些问题?
15. “功能程序测试法”应用在什么场合?
16. 什么是“逻辑电路追踪法”?

项目四
数控机床主传动系统的故障诊断与维修

能力目标

1. 了解主传动系统的类别及特点。
2. 掌握模拟主轴的常见故障及维修的一般方法。
3. 掌握串行数字主轴的报警信息查询过程。
4. 掌握 FANUC 串行数字主轴的常见故障及排除方法。
5. 了解数控机床维修所需要的常用备件。
6. 熟悉并会使用数控机床维修所需要的基本工具。
7. 能根据报警信息查找技术资料，分析主传动系统产生报警的原因。
8. 了解数控机床维修所需要的技术资料与内容。
9. 具有自主分析问题和解决问题的能力。

项目实施

任务一　数控机床主传动系统概述

任务引入

数控机床的主传动系统包括主轴电动机、传动系统和主轴组件，与普通机床的主传动系统相比，结构比较简单，这是因为变速功能全部或大部分由主轴电动机的无级调速来承担，省去了繁杂的齿轮变速机构，有些只有二级或三级齿轮变速系统用以扩大电动机无级调速的范围。

主轴控制有哪些种类，各有什么特点？

任务内容

一、数控机床对主轴控制的要求

机床的主轴驱动和进给驱动有较大的差别。机床主轴的工作运动通常是旋转运动，不像进给驱动需要丝杠或其他直线运动装置作往复运动。数控机床通常通过主轴的回转与进给轴的进给实现刀具与工件的快速相对切削运动。在 20 世纪 60~70 年代，数控机床的主轴一般采用三相感应电动机配上多级齿轮变速箱实现有级变速的驱动方式。随着刀具技术、生产技术、加工工艺以及生产效率的不断发展，上述传统的主轴驱动已不能满足生产的需要。

现代数控机床对主轴传动提出了更高的要求：

1. 调速范围宽并实现无级调速

为保证加工时选用合适的切削用量，以获得最佳的生产率、加工精度和表面质量，特别对于具有自动换刀功能的数控加工中心，为适应各种刀具、工序和各种材料的加工要求，对主轴的调速范围要求更高，要求主轴能在较宽的转速范围内根据数控系统的指令自动实现无级调速，并减少中间传动环节，简化主轴箱。

目前主轴驱动装置的恒转矩调速范围已可达 1∶100，恒功率调速范围也可达 1∶30，一般过载 1.5 倍时可持续工作达到 30min。

主轴变速分为有级变速、无级变速和分段无级变速三种形式，其中有级变速仅用于经济型数控机床，大多数数控机床均采用无级变速或分段无级变速。在无级变速中，变频调速主轴一般用于普及型数控机床，交流伺服主轴则用于中、高档数控机床。

2. 恒功率范围要宽

主轴在全速范围内均能提供切削所需功率，并尽可能在全速范围内提供主轴电动机的最大功率。由于主轴电动机与驱动装置的限制，主轴在低速段均为恒转矩输出。为满足数控机床低速、强力切削的需要，常采用分级无级变速的方法（即在低速段采用机械减速装置），以扩大输出转矩。

3. 具有 4 象限驱动能力

要求主轴在正、反向转动时均可进行自动加、减速控制，并且加、减速时间要短。目前一般伺服主轴可以在 1s 内从静止加速到 6000r/min。

4. 具有位置控制能力

即具有进给功能（C 轴功能）和定向功能（准停功能），以满足加工中心自动换刀、刚性攻螺纹、螺纹切削以及车削中心的某些加工工艺的需要。

5. 具有较高的精度与刚度，传动平稳，噪声低

数控机床加工精度的提高与主轴系统的精度密切相关。为了提高传动件的制造精度与刚度，采用齿轮传动时齿轮齿面应采用高频感应加热淬火工艺以增加耐磨性。最后一级一般用斜齿轮传动，使传动平稳。采用带传动时应采用齿形带。应采用精度高的轴承及合理的支撑跨距，以提高主轴的组件的刚性。在结构允许的条件下，应适当增加齿轮宽度，提高齿轮的重叠系数。变速滑移齿轮一般都用花键传动，采用内径定心。侧面定心的花键对降低噪声更为有利，因为这种定心方式传动间隙小，接触面大，但加工需要专门的刀具和花键磨床。

6. 良好的抗振性和热稳定性

数控机床加工时，可能由于持续切削、加工余量不均匀、运动部件不平衡以及切削过程中的自振等原因引起冲击力和交变力，使主轴产生振动，影响加工精度和表面粗糙度，严重时甚至可能损坏刀具和主轴系统中的零件，使其无法工作。主轴系统的发热使其中的零部件产生热变形，降低传动效率，影响零部件之间的相对位置精度和运动精度，从而造成加工误差。因此，主轴组件要有较高的固有频率，较好的动平衡，且要保持合适的配合间隙，并要进行循环润滑。

二、不同类型的主轴系统的特点和使用范围

1. 普通笼型异步电动机配齿轮变速箱

这是最经济的一种主轴配置方式，但只能实现有级调速，由于电动机始终工作在额定转速下，经齿轮减速后，在主轴低速下输出力矩大，重切削能力强，非常适合粗加工和半精加工的要求。如果加工产品比较单一，对主轴转速没有太高的要求，配置在数控机床上也能起到很好的效果。它的缺点是噪声比较大，由于电动机工作在工频下，主轴转速范围不大，不适合有色金属和需要频繁变换主轴速度的加工场合。

2. 普通笼型异步电动机配简易型变频器

可以实现主轴的无级调速，主轴电动机只有工作在约500r/min以上才能有比较满意的力矩输出，否则，特别是车床很容易出现堵转的情况，一般会采用两档齿轮或传动带变速，但主轴仍然只能工作在中高速范围，另外因为受到普通电动机最高转速的限制，主轴的转速范围受到较大的限制。

这种方案适用于需要无级调速但对低速和高速都不要求的场合，例如数控钻铣床。国内生产的简易型变频器较多。

3. 普通笼型异步电动机配通用变频器

目前进口的通用变频器，除了具有 U/f 曲线调节，一般还具有无反馈矢量控制功能，会对电动机的低速特性有所改善，配合两级齿轮变速，基本上可以满足车床低速（100~200r/min）小加工余量的加工，但同样受最高电动机速度的限制。这是目前经济型数控机床比较常用的主轴驱动系统。

4. 专用变频电动机配通用变频器

一般采用有反馈矢量控制，低速甚至零速时都可以有较大的力矩输出，有些还具有定向甚至分度进给的功能，是非常有竞争力的产品。以先马YPNC系列变频电动机为例，电压为三相200V、220V、380V、400V可选；输出功率为1.5~18.5kW；变频范围为2~200Hz；30min 150%过载能力；支持 U/f 控制、U/f+PG（编码器）控制、无PG矢量控制、有PG矢量控制。提供通用变频器的厂家以国外公司为主，如西门子、安川、富士、三菱、日立等。中档数控机床主要采用这种方案，主轴传动两档变速甚至仅一档即可实现转速在100~200r/min左右时车、铣的重力切削。一些有定向功能的还可以应用于要求精镗加工的数控镗铣床，若应用在加工中心上，还不很理想，必须采用其他辅助机构完成定向换刀的功能，而且也不能达到刚性攻螺纹的要求。

5. 伺服主轴驱动系统

伺服主轴驱动系统具有响应快、速度高、过载能力强的特点，还可以实现定向和进给功能，当然价格也是最高的，通常是同功率变频器主轴驱动系统的2~3倍以上。伺服主轴驱动系统主要应用于加工中心上，用以满足系统自动换刀、刚性攻螺纹、主轴C轴进给功能等对主轴位置控制性能要求很高的加工。

6. 电主轴

电主轴是主轴电动机的一种结构形式，驱动器可以是变频器或主轴伺服，也可以不要驱动器。电主轴由于电动机和主轴合二为一，没有传动机构，因此，大大简化了主轴的结构，并且提高了主轴的精度，但是抗冲击能力较弱，而且功率还不能做得太大，一般在10kW以下。由于结构上的优势，电主轴主要向高速方向发展，一般在10000r/min以上。

安装电主轴的机床主要用于精加工和高速加工，例如高速精密加工中心。另外，在雕刻机和有色金属以及非金属材料加工机床上应用较多，这些机床由于只对主轴高转速有要求，因此，往往不用主轴驱动器。

三、高速电主轴

自 20 世纪 80 年代以来，数控机床、加工中心主轴向高速化发展。高速主轴的发展是以航空工业、家电、汽车等工业追求机械零件的轻量化而普遍采用铝合金零件后，提出的轻铝合金高速加工的课题而产生的。对于钢铁等黑色金属的加工，由于刀具寿命的限制，目前的最高主轴转速在 10000r/min 已经足够充裕，而铝合金的切削性能就不同，根据日本大限铁工所做的铝合金切削试验，速度提高，表面粗糙度 R_a 值降低。表 4-1 是铝合金在切削实验中切削速度和表面粗糙度的关系。

表 4-1　铝合金在切削试验中切削速度和表面粗糙度的关系

转速/(r/min)	进给量/(mm/min)	切削速度/(m/min)	R_a/μm
10000	1000	785	0.56
20000	2000	1570	0.46
30000	3000	2356	0.32
40000	4000	3142	0.32

由于高速切削和实际应用的需要，随着主轴轴承及其润滑技术、精密加工技术、精密动平衡技术、高速刀具及其接口技术等相关技术的发展，数控机床用电主轴高速化已成为目前发展的普遍趋势，如钻、铣用电主轴，瑞士 IBAG 的 HF42 转速达到 140000r/min，英国 WestWind 公司的 PCB 钻孔机电主轴 D1733 更是达到了 250000r/min；加工中心用电主轴，瑞士 FISCHER 最高转速达到 42000r/min，意大利 CAMFIOR 达到了 75000r/min。根据实际使用的需要，多数数控机床需要同时能够满足低速粗加工时重切削、高速切削时精加工的要求，如意大利 CAMFIOR、瑞士 Step-Tec、德国 GMN 等制造商生产的加工中心用电主轴，低速段输出转矩达到 200N · m 以上已经不是难事，德国 CYTEC 的数控铣床和车床用电主轴的最大转矩更是达到了 630N · m；在高速段大功率方面，一般在 10~50kW；CYTEC 电主轴的最大输出功率为 50kW；瑞士 Step-Tec 电主轴的最大功率更是达到 65kW（S1），用于航空器制造和模具加工；更有电主轴功率达到 80kW 的报道。作为数控机床核心功能部件之一的电主轴，要求其本身的精度和可靠性随之越来越高。如主轴径向跳动在 0.001mm 以内、轴向定位精度在 0.0005mm 以下。同时，由于采用了特殊的精密主轴轴承、先进的润滑方法以及特殊的预负荷施加方式，电主轴的寿命相应得到了延长，其使用可靠性越来越高。有的还采用了传感技术对振动进行监测和诊断。瑞士的 IBAG、Step-Tec、Flscher、Starrag-Heckert，德国的 GMN、Cytec、INA，意大利的 Gamfier、Omlat 等公司的电主轴都各有特色。

1. 高速电主轴的结构

高速电主轴在结构上几乎全部是交流伺服电动机直接驱动的集成化结构，取消齿轮变速机构，并配备有强力的冷却和润滑设计。集成电动机主轴的特点是振动小、噪声低、体积紧凑。集成主轴有两种构成方式：一种是通过联轴器把电动机与主轴直接连接，另一种则是把电动机转子与主轴做成一体，即将无壳电动机的空心转子用压配合的形式直接装在机床主轴上，带有冷却套的定子则安装在主轴单元的壳体中，形成内装式电动机主轴。这种电动机与机床主轴“合二为一”的传动结构形式，把机床主传动链的长度缩短为零，实现了机床的

“零传动”，具有结构紧凑、易于平衡、传动效率高等特点，其主轴转速已可以达到每分钟几万转到几十万转，正在逐渐向高速大功率方向发展。

图 4-1 所示为用于立式加工中心的高速电主轴的组成。由于高速电主轴对轴上零件的动平衡要求很高，因此，轴承的定位元件与主轴不宜采用螺纹联接，电动机转子与主轴也不宜采用键联接，而普遍采用可拆的阶梯过盈联接。

电主轴的基本参数和主要规格包括套筒直径、最高转速、输出功率、转矩和刀具接口等，其中，套筒直径为电主轴的主要参数。

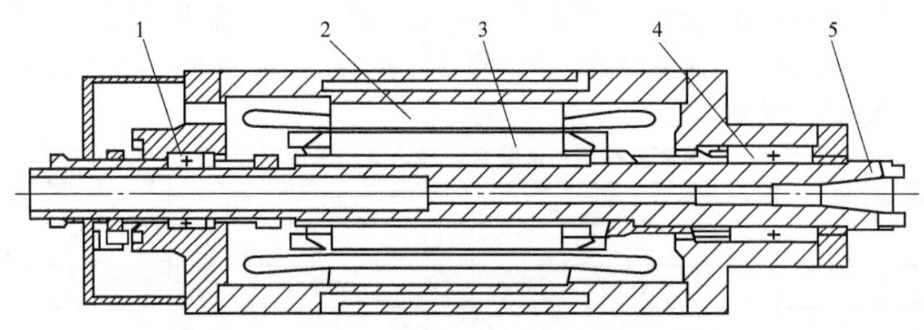

图 4-1　高速电主轴的组成

1—后轴承　2—电动机定子　3—电动机转子　4—前轴承　5—主轴

2. 冷却润滑技术

过去加工中心机床主轴轴承大都采用油脂润滑方式，为了适应主轴转速向更高速化发展的需要，新的润滑冷却方式相继开发出来，下面介绍为减小轴承温升，进而减小轴承内外圈的温差，以及为解决高速主轴轴承滚道处进油困难所开发的几种润滑冷却方式。主轴转速及润滑方式的变迁见表 4-2。

表 4-2　主轴转速及润滑方式变迁表

时间/年	转速/(r/min)	润滑方式	备注
1980	5000	油脂	
1984	7000	油气	
1986	10000	油脂	
	15000	油气	陶瓷轴承(滚动体)
1988	20000	喷注	陶瓷轴承(滚动体)
1990	20000~30000	喷注	全陶瓷轴承

(1) 油气润滑方式

这种润滑方式不同于油雾方式，油气润滑是用压缩空气把小油滴送进轴承空隙中，油量大小可达最佳值，压缩空气有散热作用，润滑油可回收，不污染周围空气。图 4-2 是油气润滑原理图。

根据轴承供油量的要求，定时器的循环时间可从 1~99min 定时，二位二通气阀每定时开通一次，压缩空气进入注油器，把少量油带入混合室，经节流阀的压缩空气，经混合室，把油带进塑料管道内，油液沿管壁被风吹进轴承内，油成小油滴状。

(2) 喷注润滑方式

这是一种新型的润滑方式，其原理如图 4-3 所示。它用较大流量的恒温油（每个轴承 3~4L/min）喷注到主轴轴承，以达到冷却润滑的目的。回油则不是自然回流，而是用两台排油液压泵强制排油。

（3）突入滚道式润滑方式

内径为 100mm 的轴承以 20000r/min 速度旋转时，线速度为 100m/s 以上，轴承周围的空气也伴随流动，流速可达 50m/s。要使润滑油突破这层旋转气流很不容易，采用突入滚道式润滑方式则可以可靠地将油送入轴承滚道处。

图 4-4 所示为适应该要求而设计的特殊轴承。润滑油的进油口在内滚道附近，利用高速轴承的泵效应，把润滑油吸入滚道。若进油口较高，则泵效应差，当进油接近外滚道时则成为排放口了，油液将不能进入轴承内部。

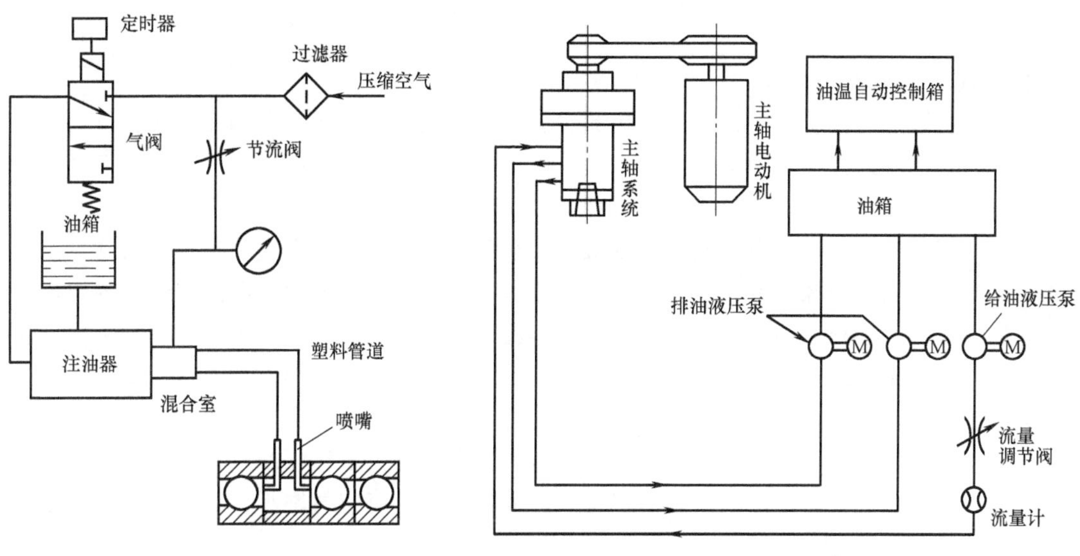

图 4-2 油气润滑原理图

图 4-3 喷注润滑系统

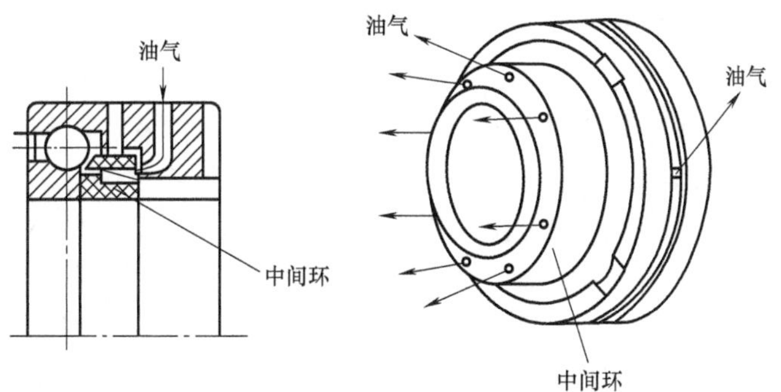

图 4-4 突入滚道润滑用特种轴承

（4）电动机内装式主轴

电动机转子装在主轴上，主轴就是电动机轴，多用在小型加工中心机床上。这也是近来高速加工中心主轴发展的一种趋势。结构示意及冷却油流经路线如图 4-5 所示。

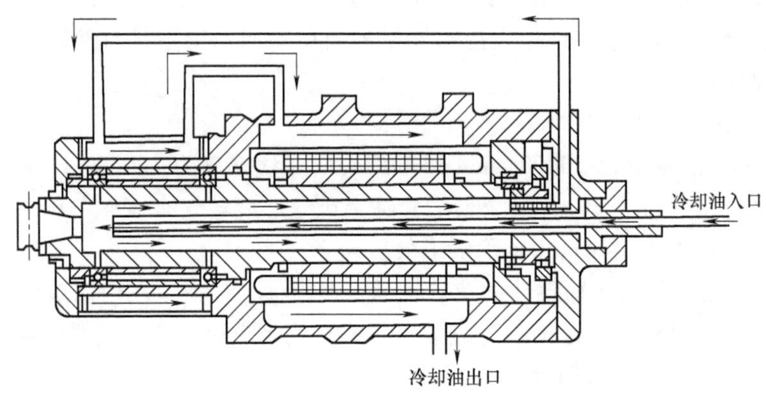

图 4-5　电动机内装式主轴

3. 高速精密轴承

高速精密轴承是支承主轴转速高速化的关键技术，其性能好坏将直接影响主轴单元的工作性能。随着速度的提高，轴承的温度升高，振动和噪声增大，寿命减少。因此，提高主轴转速的前提是需要性能优异的高速主轴轴承。

目前高速主轴支承用的高速轴承有接触式轴承和非接触式轴承两大类。接触式轴承由于存在金属摩擦，因此摩擦系数大，允许最高转速低。保持接触式轴承长期高速运转的技术措施是预加载荷的自动补偿和良好润滑。目前，实施预加载荷自动补偿的方法之一是采用液压补偿系统，通过检测高速主轴运动特性的变化可确定预加载荷的大小，并通过后轴承的轴向移动保持预加载荷的最佳值。目前用于支承高速主轴的接触式轴承有精密角接触球轴承。非接触式的流体轴承，其摩擦仅与流体本身的摩擦系数有关。由于流体摩擦系数很小，因而可达到最高的允许转速。目前用于支承高速主轴的非接触轴承有空气轴承、液体动、静压轴承和磁悬浮轴承。

角接触球轴承在转速为200000r/min以下的高速主轴单元中应用，无论是速度极限、承载能力、刚度、精度等各方面均能很好地满足要求，其标准化程度高，价格低廉。影响角接触球轴承高速性能的主要原因是高速下作用在滚珠上的离心力和陀螺力矩（惯性力矩称为陀螺力矩，它是圆盘加于转轴的力矩）增大。离心力增大会增加滚珠与滚道间的摩擦，而陀螺力矩增大则会使滚珠与滚道间产生滑动摩擦，使轴承摩擦发热加剧，因而降低轴承的寿命。为了提高轴承的高速性能，还可通过合理润滑、采用角接触陶瓷球轴承、合理的预紧力控制、对轴承滚道进行涂层处理等方法来提高性能。由于氮化硅（Si_3N_4）陶瓷材料的重量轻，只有轴承钢的40%，热膨胀率低，只有轴承钢的25%，弹性模量大，是轴承钢的1.5倍，硬度为轴承钢的2.3倍，并且耐高温、不导电、不导磁、导热率低，因此，用Si_3N_4陶瓷作为滚珠材料的小直径滚珠轴承，与同规格同一精度等级的钢质滚珠轴承相比，其速度可提高60%，温升可降低35%~60%，寿命可提高3~6倍，可不用润滑或只用油脂润滑。采用这种轴承的主轴，功率可达80kW，转速高达150000r/min，目前国外绝大多数高速机床主轴均采用这种轴承。

液体动静压轴承采用流体动、静力相结合的办法，使主轴在油膜支撑中旋转，具有径向和轴向跳动小、刚性好、阻尼特性好、寿命长的优点，功率达37.5kW，转速可达20000 r/min，主要用在低速重载场合。但其无通用性，维护、保养较困难。

空气轴承径向刚度低并有冲击，但高速性能好，一般用于超高速、轻载、精密主轴。空气轴承主轴也已经能够在 18.8kW 的功率下达到 10000～220000r/min 的转速，在 9.1kW 的功率下达到 30000～550000r/min 的转速。

磁悬浮轴承高速性能好、精度高，易实现实时诊断和在线监控，转速可达 450000r/min，功率达 20kW，可进行电子控制，回转精度高达 0.2μm，是超高速电主轴理想的支承元件，主要是用在大功率超高速的机床上，转速一般在 100000r/min 以上。但磁悬浮轴承价格较高，控制系统复杂，制造成本高，发热问题难以解决，因而在高速主轴单元上推广应用还有一定的困难。

4. 电主轴的动平衡

由于不平衡质量是以主轴转速的二次方影响主轴动态性能的，所以主轴的转速越高，主轴不平衡质量引起的动态问题越严重。对电主轴来说，由于电动机转子直接过盈固定在主轴上，增加了主轴的转动质量，使主轴的极限频率下降，因此，超高速电主轴的动平衡精度应严格要求，一般应达到 $G1$～$G0.4$ 级（$G=ew$，e 为偏心量，w 为角速度）。为此，必须进行电主轴装配后的整体精确动平衡，甚至还要设计专门的自动平衡系统来实现电主轴的在线动平衡。

在电主轴的动平衡中，刀具的定位夹紧及平衡也是主要的影响因素之一。回转刀具的刀头距回转中心的偏差，是主轴高速回转时产生振动的原因，同时导致刀具寿命缩短。因此，必须对包括刀具和刀夹的旋转总成充分地进行动平衡，以消除有害的动态不平衡力，避免高速下颤振和振动。

5. 刀具的夹紧

分析与实验表明高速主轴的前端由于离心力的作用会使主轴膨胀，如 30 号锥度的主轴前端在 30000r/min 时，膨胀量为 0.000004～0.000005μm，然而标准的 7∶24 圆锥实心刀柄不会有这样大的膨胀量，这样，就明显地减少了主轴与刀具的接触面积，从而降低了刀柄与主轴锥孔的接触刚度，而且刀具的轴向位置也会发生变化，很不安全。于是传统的长锥柄刀夹已不适用于超高速加工。解决这个问题的办法有两种：一种是采用主轴锥孔与主轴端部同时接触的双定位刀夹，使端面定位面具有很大的摩擦，以防止主轴膨胀，这是一种有效的措施。为使刀具在刀柄上夹紧，可采用流体压力夹紧的方式。这样既可提高夹紧刚度，又可保证刀柄和刀具高度的同心度。

利用短锥（1∶10 刀锥柄），且锥柄部分采用薄壁结构，刀柄利用短锥和端面同时实现轴向定位。这种结构对主轴和刀柄连接处的公差带要求特别严格，仅为 2～6μm。由于短锥严格的公差和具有弹性的薄壁，在拉杆轴向拉力的作用下，短锥会产生一定的收缩，所以刀柄的短锥和法兰端面较容易与主轴相应的结合面紧密接触，实现锥面与端面同时定位，因而具有很高的连接精度和刚度。当主轴高速旋转时，尽管主轴轴端会产生一定程度的扩张，使短锥的收缩得到部分伸张，但是短锥与主轴锥孔仍保持较好的接触，主轴转速对连接性能影响很小。

另一种是直接夹紧刀具的方式，即通过采用主轴锥孔内用拉杆操作的弹簧夹头而省去刀夹。直接夹紧最适合于直径小于 10mm，且需要较小功率的刀柄的超高速切削加工。

四、主轴准停

1. 概述

主轴准停功能又称主轴定位功能（Spindle Specified Position Stop），即当主轴停止时，控制其停于固定的位置，这是自动换刀所必需的功能。在自动换刀的数控镗铣加工中心上，切削转矩通常是通过刀杆的端面键来传递的。这就要求主轴具有准确定位于圆周上特定角度的功能。当加工阶梯孔或精镗孔后退刀时，为防止刀具与小阶梯孔碰撞或拉毛已精加工的孔表面，必须先让刀，再退刀，而要让刀，刀具必须具有准确定位功能。

主轴准停可分为机械准停与电气准停。

2. 机械准停

图4-6为典型的端面螺旋凸轮准停装置。在主轴1上固定有一个定位滚子2，主轴上空套有一个双向端面凸轮3，该凸轮和液压缸5中活塞杆4相连接，当活塞带动凸轮3向下移动时（不转动），通过拨动定位滚子2并带动主轴转动，当定位销落入端面凸轮的V形槽内，便完成了主轴准停。因为是双向端面凸轮，所以能从两个方向拨动主轴转动以实现准停。这种双向端面凸轮准停机构，动作迅速可靠，但是凸轮制造较复杂。

机械准停还有其他实现方式，如端面螺旋凸轮准停等，但基本原理是一样的。

3. 电气准停控制

目前中高档数控系统均采用电气准停控制，采用电气准停控制有如下优点：

（1）简化机械结构

与机械准停相比，电气准停只需在主轴旋转部件和固定部件上安装传感器即可。

（2）缩短准停时间

准停时间包括在换刀时间内，而换刀时间是加工中心的一项重要指标。采用电气准停，即使主轴在高速转动时，也能快速定位形成位置控制。

（3）可靠性增加

由于无需复杂的机械、开关、液压缸等装置，也没有机械准停所形成的机械冲击，因而准停控制的寿命与可靠性大大增加。

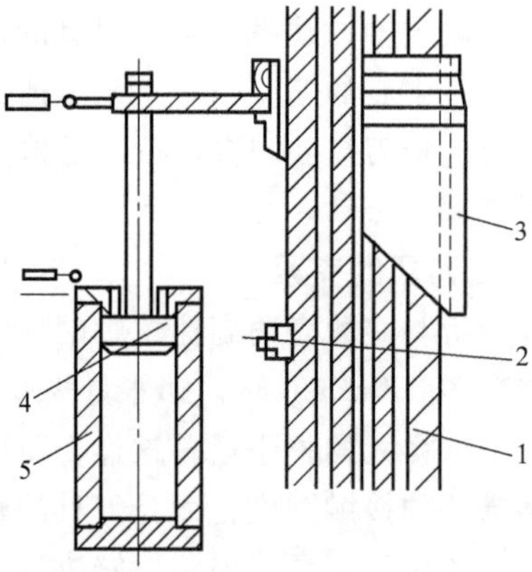

图4-6 凸轮准停装置
1—主轴 2—定位滚子 3—凸轮
4—活塞杆 5—液压缸

（4）性能价格比提高

由于简化了机械结构和强电控制逻辑，这部分的成本大大降低。但电气准停常作为选择功能，定购电气准停附件需要另外的费用。但从总体来看，性能价格比提高。

目前电气准停有如下三种方式：

（1）磁传感器主轴准停

安川YASKAWA主轴驱动VS-626MT使用不同的选件可具有三种主轴电气准停方式，即磁传感器型、编码器型以及由数控系统控制完成的主轴准停。YASKAWA主轴驱动加上可选定位件（Orientation Card）后，可具有磁传感器主轴准停控制功能。磁传感器主轴准停控制由主轴驱动自身完成。当执行M19时，数控系统只需发出准停起动命令ORT，主轴驱动完成准停后会向数控系统回答完成信号ORE，然后数控系统再进行下面的工作。其基本结构如图 4-7 所示。

由于采用了磁传感器，故应避免将产生磁场的元件如电磁线圈、电磁阀等与磁发体和磁传感器安装在一起，另外磁发体（通常安装在主轴旋转部件上）与磁传感器（固定不动）的安装是有严格要求的，应按说明书要求的精度安装。

采用磁传感器准停时，接收到数控系统发来的准停开关量信号 ORT，主轴立即加速或减速至某一准停速度（可在主轴驱动装置中设定）。主轴到达准停速度且准停位置到达时（即磁发体与磁传感器对准），主轴即减速至某一爬行速度（可在主轴驱动装置中设定）。然后当磁传感器信号出现时，主轴驱动立即进入磁传感器作为反馈元件的闭环控制，目标位置即为准停位置。准停完成后，主轴驱动装置输出准停完成信号 ORE 给数控系统，从而可进行自动换刀（ATC）或其他动作。磁发体与磁传感器在主轴上位置示意如图 4-8 所示，准停控制时序如图 4-9 所示。

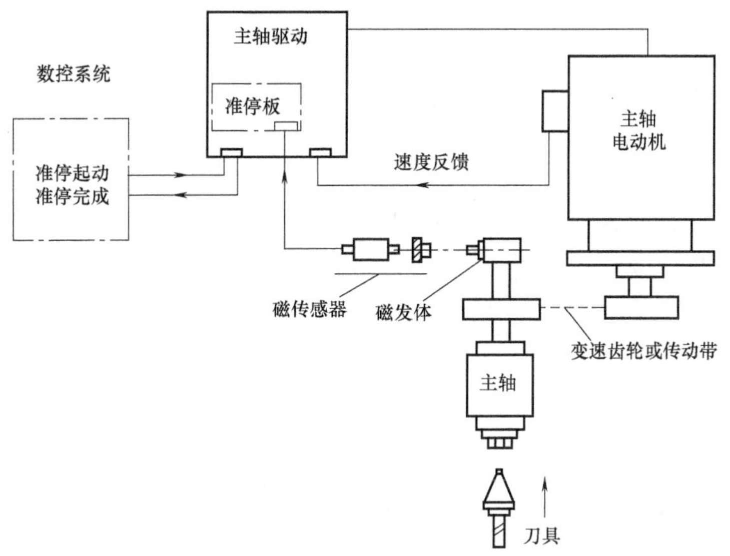

图 4-7　磁传感器准停控制系统构成图

（2）编码器型主轴准停

安川 YASKAWA 主轴驱动 VS-626MT 配置选件板则可具有编码器主轴准停功能。这种准停控制也是完全由主轴驱动完成的，CNC 只需发出准停命令 ORT 即可，主轴驱动完成准停后回答准停完成信号 ORE。

图 4-10 为编码器主轴准停控制结构图。可采用主轴电动机内置安装的编码器信号（来自主轴驱动装置），也可在主轴上直接安装另一个编码器。采用前一种方式要注意传动链对主轴准停精度的影响。主轴驱动装置内部可自动转换，使主轴驱动处于速度控制或位置控制状态。采用编码器准停，准停角度可由外部开关量（13 位）随意设定，这一点与磁准停不同，磁准停的角度无法随意指定，要想调整准停位置，只有调整磁发体与磁传感器的相对位置。编

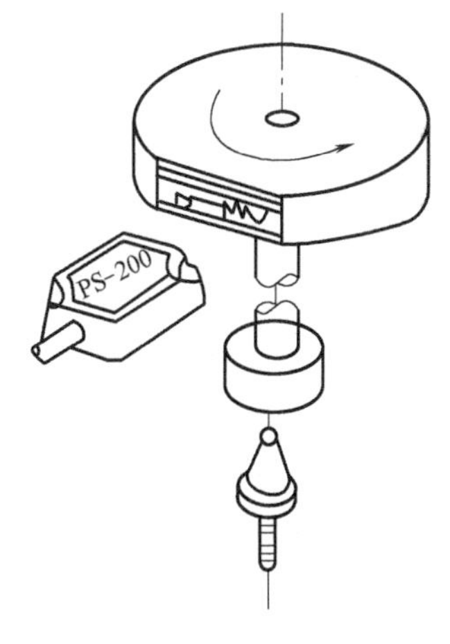

图 4-8　磁发体与磁传感器在主轴上位置示意图

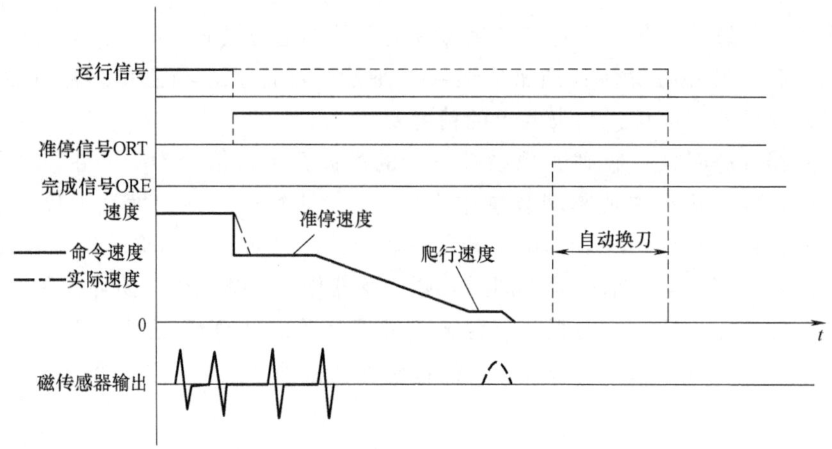

图 4-9 磁传感器准停时序图

码器准停控制时序与磁传感器类似。

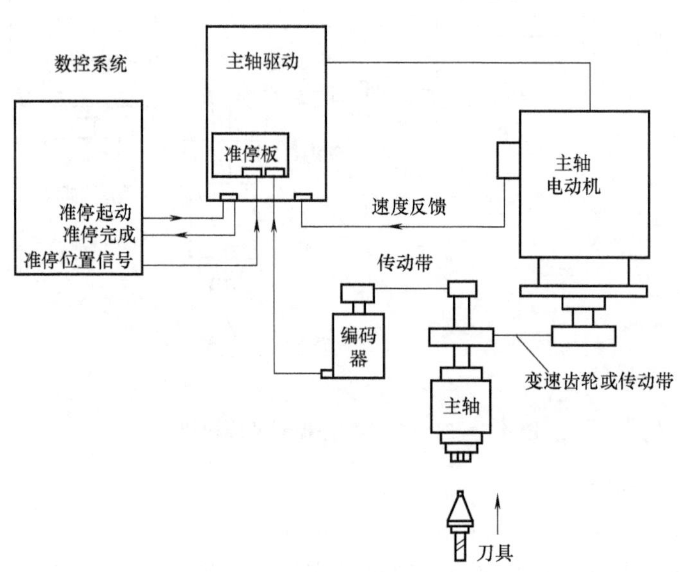

图 4-10 编码器型主轴准停结构

（3） 数控系统控制准停

这种准停控制方式是由数控系统完成的，采用这种准停控制方式需注意如下问题：

1） 数控系统须具有主轴闭环控制的功能。

2） 主轴驱动装置应有进入伺服状态的功能。通常为避免冲击，主轴驱动都具有软起动等功能。这对主轴位置闭环控制会产生不利影响。此时位置增益过低则准停精度和刚度（克服外界扰动的能力）不能满足要求，而过高则会产生严重的定位振荡现象。因此必须使主轴驱动进入伺服状态，此时特性与进给伺服装置相近，才可进行位置控制。

3）通常为方便起见，均采用电动机轴端编码器信号反馈给数控系统，这时主轴传动链精度可能对准停精度产生影响。

4）无论采用何种准停方案（特别对磁传感器主轴准停方式），当需在主轴上安装元件时，应注意动平衡问题。因为数控机床主轴精度很高，转速也很高，因此对动平衡要求严格。一般对中速以下的主轴来说，有一点不平衡还不至于有太大的问题，但当主轴高速旋转时，这一不平衡量可能会引起主轴振动。为适应主轴高速化的需要，国外已开发出整环式磁传感器主轴准停装置，由于磁发体是整环，动平衡性好。数控系统控制主轴准停示意图如图4-11所示。

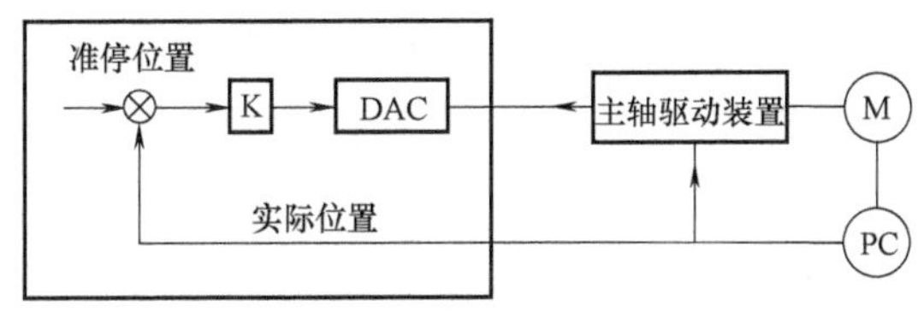

图 4-11　数控系统控制主轴准停结构

五、主轴与进给轴的关联控制

对于加工回转类零件的数控机床而言，主轴除了具有起停、调速、准停、转向等方面的控制以外，还有主轴旋转与进给轴运动的关联控制。

1. 脉冲编码器

在主轴与进给轴关联控制中都要使用脉冲编码器。它是精密数字控制与伺服控制设备中常用的角位移数字化检测器件，具有精度高、结构简单、工作可靠等优点。编码器可分为增量式和绝对式、接触式和非接触式（光电式、电磁式）等类型。

（1）增量式脉冲编码器

所谓增量式，是指脉冲发生器每次测量的角位移，都是相对上一次角度位置的增量。这种编码器结构最为简单，应用比较广泛。为了进一步提高其分辨率，通常还采用电子电路进行倍频细分。

增量式编码器一般可输出两个相位相差90°的A、B信号和一个零位C信号。其中A、B信号既可以用来计算角位移的大小，同时利用它们相位超前或滞后的相对关系还可以辨别旋转方向，例如A信号超前B信号表示正转的话，那么，B信号超前A信号就表示反转；C信号每转发出一个，可以当作零位信号，为A信号或B信号提供了计数的基准。例如，加工螺纹时可利用这个零位脉冲作为同步信号。

增量式脉冲编码器还可以用来测量主轴转速，但所测量的最高速度受其单个脉冲宽度的限制，相应计算公式如下：

$$n_{\max}=\frac{60}{NT_0} \tag{4-1}$$

式中　$n_{\max}$——脉冲编码器最高测量速度（r/min）；

N——脉冲编码器每转所产生的脉冲数；

T_0——单个脉冲宽度（s）。

（2）绝对式脉冲编码器

所谓绝对式脉冲编码器，就是码盘的每一转角位置都刻有表示该位置的唯一代码，然后通过读取码盘值就可直接获得主轴的角度坐标。单个码盘组成的绝对式脉冲编码器，只能测量 0°~360°范围内的角位移。如果需要测量大于 360°的角位移，就必须使用多个码盘的绝对式脉冲编码器。

码盘常用的码制有二进制码、循环码、十进制码等几种。最常用的码制为二进制循环码。由于二进制循环码制的特点是相邻两组数码之间只有一位是变化的，因此，即使制造与安装不太精确，所造成的误差也不会超过码盘自身的分辨率。

绝对式脉冲编码器具有如下一些显著特点：

1）可以直接读出角度坐标的绝对值，没有累积误差。这可使数控机床在开机后不必回零，如果发生故障，在故障处理完毕后可直接返回故障断点。

2）最高许用测量转速值较高。

3）断电后位置信号不会丢失。

4）为了提高测量精度和分辨率，必须增加码道数量，从而使码盘的结构更复杂，造价更昂贵。

2. 主轴旋转与轴向进给的关联控制

在数控车床上加工圆柱螺纹时，要求主轴的转速与刀具的轴向进给保持一定的协调关系，无论该螺纹是等距螺纹还是变距螺纹都是如此。为此，通常在主轴上安装脉冲编码器来检测主轴的转角、相位、零位等信号。

在主轴旋转过程中，与其相连的脉冲编码器不断发出脉冲送给数控装置，根据插补计算结果，控制进给坐标轴伺服系统，使进给量与主轴转速保持所需的比例关系，从而车出所需的螺纹。

通过改变主轴的旋转方向可以加工出左螺纹或右螺纹，而主轴方向的判别是通过脉冲编码器发出正交的 A 相、B 相脉冲信号相位的先后顺序判别出来的。

脉冲编码器还输出一个零位脉冲信号，对应主轴旋转的每一转，可以用于主轴绝对位置的定位。例如，在多次循环切削同一螺纹时，该零位信号可以作为刀具的切入点，以确保螺纹螺距不出现乱扣现象。也就是说，在每次螺纹切削进给前，刀具必须经过零位脉冲定位后才能切削，以确保刀具在工件圆周上按同一点切入。

另外，在切削螺纹时还应注意主轴转速的恒定性，以免因主轴转速的变化而引起跟踪误差的变化，从而影响了螺纹的正常加工。

3. 主轴旋转与径向进给的关联控制

利用数控车床或磨床进行端面切削时，为了保证加工端面的平整光洁，就必须使该表面的表面粗糙度值 R_a 小于或等于某值。要使表面粗糙度 R_a 为某值，需保证工件与切削刃接触点处的切削速度为一恒定值，即恒线速度加工。由于在车削或磨削端面时，刀具要不断地作径向进给运动，从而使刀具的切削直径逐渐减小。由切削速度与主轴转速的关系 $v=2\pi nD$ 可知，若保持切削速度 v 恒定不变，当切削直径 D 逐渐减小时，主轴转速 n 必须逐渐增大，但也不能超过极限值。因此，数控装置必须设计相应的控制软件来完成主轴转速的调整。

车削端面过程中，切削直径变化的增量为

$$\Delta D_i = 2F\Delta t_i \tag{4-2}$$

式中 ΔD_i——切削直径变化量；

F——径向进给速度；

Δt_i——切削时间。

则切削直径为

$$D_i = D_{i-1} - \Delta D_i \tag{4-3}$$

根据切削速度与主轴转速的关系，可以实时计算出主轴转速为

$$n_i = \frac{v}{2\pi D_i} \tag{4-4}$$

当然，所计算出的主轴转速不能超过其允许的极限转速，即

$$n_i \leqslant n_{\max}$$

任务二　FANUC 主轴驱动系统的故障诊断与维修

任务引入

一台 0i-MD 卧式加工中心，按下急停按钮后，再次执行 y 轴运动，发生坐标偏移现象。

故障处理：

1）按下急停按钮后，检查 y 轴坐标发生偏移。

2）用表测量急停后 y 轴的实际移动情况，发现实际机床位置没有发生变化。

3）检查 y 轴为光栅尺反馈，确认应该是光栅尺异常反馈数据。

5）经仔细检查发现，y 轴抱闸 24V 电源与连接光栅尺反馈的 SDU 共用一个稳压电源，且电源本身性能也有问题。

5）更换稳压电源并更改线路，故障解决。

若主轴驱动系统主轴不能旋转，那么可能的故障原因是什么呢？

任务内容

一、FANUC 主轴驱动系统概述

FANUC 公司生产的主轴驱动系统，分为直流主轴驱动系统与交流主轴驱动系统两大类。

直流主轴驱动系统通常用于 20 世纪 80 年代以前的数控机床上，多与 FANUC 5、6、7 系统配套使用。此类机床由于其使用时间已较长，一般都到了故障多发期，但由于当时数控机床的价格通常都比较昂贵，在用户中属于大型、精密、关键设备，保养、维护通常都较好，因此在企业中继续使用的情况比较普遍，维修过程中遇到的也较多。

在交流主轴驱动系统方面，FANUC 公司作为全世界最早开发交流主轴驱动系统的厂家之一，自 1980 年成功开发交流主轴系统以来，已经生产了多个系列的交流主轴驱动系统产品，本书以 FANUC α/αi 系列交流主轴驱动系统为讲述对象。

FANUC α/αi 系列主轴驱动系统，是 FANUC 公司的最新产品，其中 αi 系列主轴驱动系统为 21 世纪初开发的最新数控机床主轴驱动系统系列产品，是 α 系列的改进型。

α/αi 系列产品共有标准型 α/αi 系列、广域恒功率输出型 αP/αPi 系列、经济型 αC/αCi 系列、中空型 αT/αTi 系列、强制冷却型 αL/αLi 系列、高电压输入型 α(HV)/α(HV)i 系列、高电压输入广域恒功率输出型 αP(HV)/αP(HV)i 系列、高电压输入中空型 αT(HV)/

αT(HV)i 系列、高电压输入强制冷却型 αL(HV)/αL(HV)i 系列等产品。其中 αLi 系列最高输出转速为 20000r/min、α(HV)i 系列最大额定输出功率可达 100kW，可满足绝大多数数控机床的主轴要求。

该系列产品的主要特点如下：

1）通过绕组转换功能，进一步增加了高速输出范围，缩短了加/减速时间，对于 αPi 系列，其恒功率输出范围比 α 系列扩大了 1.5 倍。

2）采用了最新的定子直接冷却方式，进一步减小了电动机外形尺寸，提高了输出功率和转矩。

3）通过精密的铝合金转子和严格的动平衡，使电动机在高速时振动级达到了 V3 级。

4）可以选择不同的排风方向，尽可能减小机床热变形，同时通过最优的冷却通道设计，进一步改善了冷却性能。

5）根据不同的使用要求，主电动机可以选用两种不同类型的内装式位置/速度测量装置，即具有 A/B 两相输出的 Mi 型编码器与具有 A/B 两相输出及零脉冲输出的 Mzi 型编码器，以满足不同用户的使用要求。

αi 系列与 α 系列相比，其主要性能在以下两个方面作了改进：

1）通过使用高速绕组，提高了高速区的输出功率，解决了 α 系列在高速区域（8000～12000r/min）输出功率下降的问题。

2）广域恒功率输出型（αPi 系列）的电动机额定转速由 750r/min 降至 500r/min，使恒功率调速范围扩大了 1.5 倍（从 1：10.6 提高到 1：16）。

FANUC α/αi 系列数字式主轴驱动系统（驱动器型号为 A06-6078/6072 系列）一般与 FANUC 0C、FANUC 15、FANUC 16/18/20 等系列数控系统配套使用。

二、FANUC 系统模拟量主轴驱动装置与维修

1. 通用变频器的工作原理

变频器即电压频率变换器，是一种将固定频率的交流电变换成频率、电压连续可调的交流电，以供给电动机运转的电源装置。交流电动机变频调速与控制技术已经在数控机床、纺织、印刷、造纸、冶金、矿山以及工程机械等各个领域得到了广泛应用，特别是在数控机床领域，变频的使用使得主轴系统的控制更加简便与可靠。

目前，通用变频器几乎都是交-直-交型变频器，因此本节以交-直-交电压型变频器为例，介绍变频器的基本构成。变频器主要由整流器、逆变器、控制电路组成，如图 4-12 所示。

（1）主电路

交-直-交电压型变频器的主电路由整流电路、中间直流电路和逆变器电路三部分组成，如图 4-13 所示。

1）整流部分：

作用是将频率固定的三相交流电变换成直流电。由整流电路和滤波环节组成。主电路首选可以采用桥式全波整流电路来进行。在中、小容量的变频器中，整流器件采用不可控的整流二极管或二极管模块，如图 4-13 中的 D1～

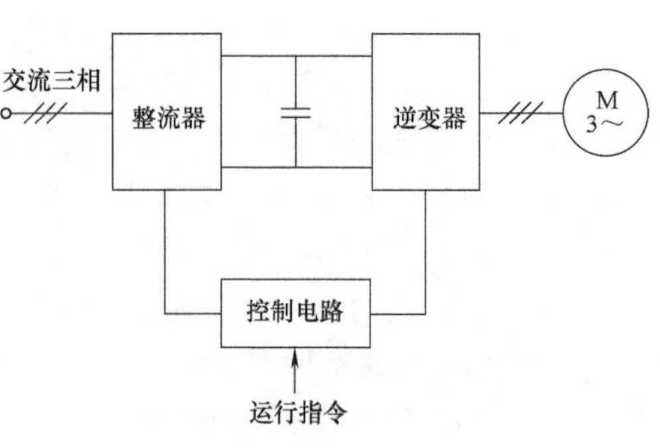

图 4-12　变频器的基本构成

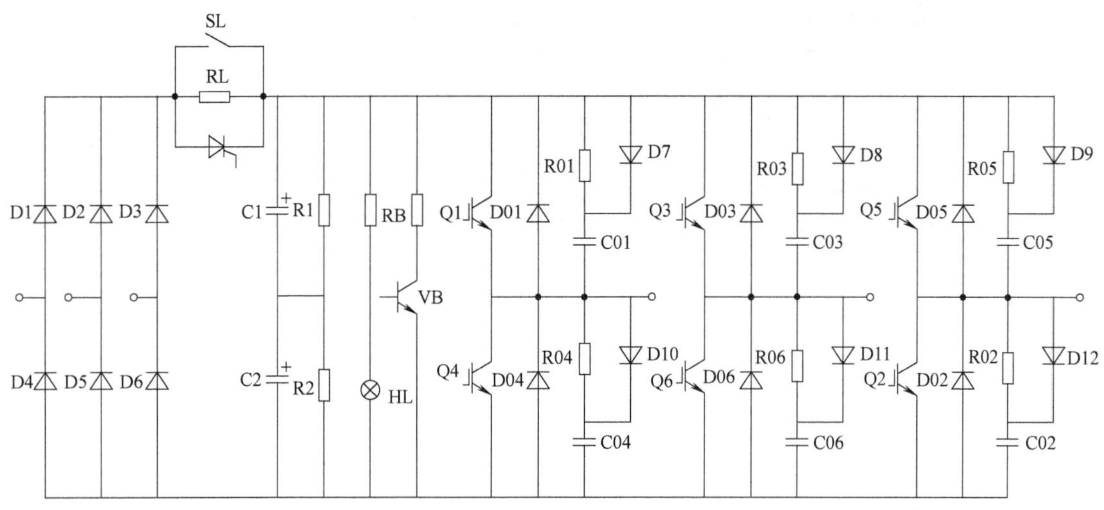

图 4-13　交-直-交电压型变频器主电路的基本结构

D6 所示。当三相线电压为 380V 时，整流后的峰值电压为 537V，平均电压为 515V。

由于受到电解电容的电容量和耐压能力的限制，滤波电路通常由若干个电容器并联成一组，可以将两个电容器组 C1 和 C2 串联而成。为了使 U_{D1}和 U_{D2}相等，在 C1 和 C2 旁边并联一个阻值相等的均压电阻 R1 和 R2。

2）控制电路：

主要任务是完成对逆变器开关器件的开关控制和提供多种保护功能。控制方式分为模拟控制和数字控制两种。目前已广泛采用了以微处理器为核心的全数字控制技术。硬件电路尽可能简单，各种控制功能主要靠软件来完成。

如果整流电路中电容的容量很大，还会使电源电压瞬间下降而形成对电网的干扰。限流电阻 RL 就是为了削弱该冲击电流而串接在整流桥和滤波电容之间的。短路开关 SL 的作用是，限流电阻 RL 如长期接在电路内，会影响直流电压和变频器输出电压的大小。所以，当增大到一定程度时，令短路开关 SL 接通，把 RL 切出电路。SL 大多由晶闸管构成，在容量较小的变频器中，也常由接触器或继电器的触点构成。

3）逆变部分：

逆变的基本工作原理是，将直流电变换为交流电。完成逆变功能的装置称为逆变器，它是变频器的重要组成部分。

交-直变换电路就是整流和滤波电路，其任务是把电源的三相（或单相）交流电变换成平稳的直流电。由于整流后的直流电压较高，且不允许再降低，因此，在电路结构上具有特殊性。

逆变桥电路的功能是把直流电转换成三相交流电，逆变桥电路由图中的开关器件 D7～D12 构成。目前中小容量的变频器中，开关器件大部分使用 IGBT，并可以为电动机绕组的无功电流返回直流电路时提供通路，当频率下降从而同步转速下降时，为电动机的再生电能反馈至直流电路提供通路。

（2）控制电路

控制电路的基本结构如图 4-14 所示，它主要由电源板、主控板、键盘与显示板、外接控制电路等构成。主控板是变频器运行的控制中心，其主要功能如下：

1）接受从键盘输入的各种信号。

2）接受从外部控制电路输入的各种信号。

3）接受内部的采样信号，如主电路中电压与电流的采样信号、各部分温度的采样信号、各逆变管工作状态的采样信号等。

4）完成正弦脉宽调制，将接受的各种信号进行判断和综合运算，产生相应的正弦脉宽调制指令，并分配给各逆变管的驱动电路。

5）发出显示信号，向显示板和显示屏发出各种显示信号。

6）发出保护指令，变频器必须根据各种采样信号随时判断其工作是否正常，一旦发现异常工况，必须发出保护指令进行保护。

7）向外电路发出控制信号及显示信号，如正常运行信号、频率到达信号、故障信号等。

2. 日立 SJ100 变频器面板

图 4-15 和图 4-16 所示为 SJ100 变频器面板。

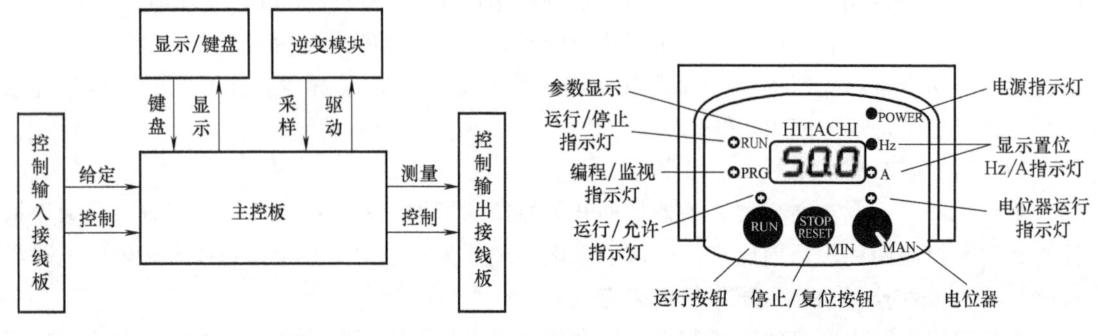

图 4-14　通用变频器的控制框图

图 4-15　变频器操作面板（1）

运行/停止指示灯：当变频器输出驱动电动机时（运行模式）灯亮，而当变频器输出关闭时（停止模式）灯灭。

编辑/监视指示灯：当变频器已准备好进行参数编辑时（编辑模式）灯亮，而当参数显示器正在监视数据时（监视模式）灯灭。

运行/允许指示灯：当变频器已准备好响应运行命令时灯亮，而运行指令不能执行时灯灭。

电位器：运行操作者在一定范围内选择输入一个与变频器输出频率相应的量程值。

电位器运行指示灯：当电位器运行输入量值时灯亮。

电源指示灯：当变频器通电时灯亮。

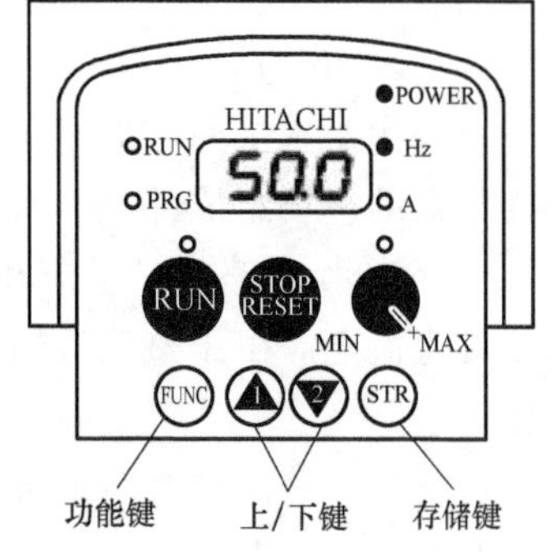

图 4-16　变频器操作面板（2）

RUN 键：按此键可起动电动机，前提是变频器处在键盘控制方式下。

STOP/RESET 键：按此键可以停止电动机的运转，前提是变频器处在键盘控制方式下。此键同时可在跳闸后使报警器复位。

FUNC（功能键）：此键用于设置和监测参数时搜索参数和功能菜单。

Ⓐ，Ⓥ：使用这两个键可以增大或减小参数值。

STR（存储键）：当变频器处于编辑模式时，可以对变频器的修改参数进行保存。

3. 变频器接线端子及连接

1）变频器电源及电动机强电接线端子排列如图 4-17a 所示。主电路端子表见表 4-3。

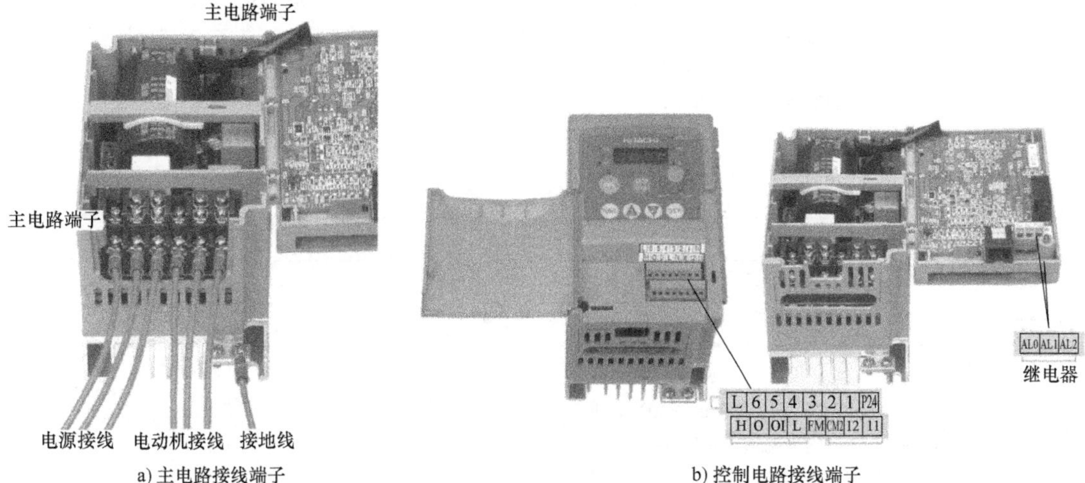

a) 主电路接线端子　　b) 控制电路接线端子

图 4-17　接线端子

2）变频器控制接线端子排列如图 4-17b 所示。控制接线端子表见表 4-4。

表 4-3　主电路端子表

端子符号	端子名称	功　能	
L1、L2、L3	主电源输入端子	接入主电源	短接片 上：+1 + − 下：L1 L2 L3/N U/T1 V/T2 W/T3 电动机 接地 电源输入（电源）
T1、T2、T3	变频器输出端子	连接电动机	
+、+1	直流电抗器连接端子	连接直流电抗器以抑制噪声，提高功率因数	
+、−	外部电抗器连接端子	连接再生制动单元（选件），以获得所需制动力矩	
⏚	接地端子	接地（接地以防雷击）抑制噪声	

表 4-4　控制接线端子表

端子符号	信号	端子功能	注释
FM	输入监视信号	监视端子（频率、电流等）	PWM 输出
L		监视频率命令公共端	—
P24		智能输入端子公共端	DC 24V

（续）

端子符号	信号	端子功能	注释
6	输入监视信号	智能输入端子，选择如下：正转命令（FW），反转命令（RV），多段速度命令1～4（CF1～CF4），2级加、减速（2CH），自由停车（FRS），外部跳闸（EXT），USP功能（USP），寸动（JG），模拟量输入选择（AT），软件锁（SFT），复位（RS），初始化设定（STN），热敏保护（PTC），外部直流制动命令（DB），第二设定（SET），远程控制加、减速（UP/DOWN）	触点输出 SW　P24　1～6 SW(闭合)操作
5			
4			
3			
2			
1			
H	频率命令	频率命令电源（DC 10V）	—
O		频率命令输入端（电压命令）（DC 0～10V）	输入抗阻10kΩ
OI		频率命令输入端（电流命令）（DC 4～20mA）	输入抗阻250Ω
L		频率命令公共端	—
12	输出信号	智能输出端，选择如下： 运转（RUN），过载信号（OL），报警（AL），频率到达（FA1），设定频率到达（FA2）	集电极开路输出动作（ON）时为低电平
11			
CM2			
AL2	报警输出	报警输出端： AL0　AL1　AL2 1C触电（继电器）输出 <初始设定> 正常：AL0-AL1闭合 异常，断电：AL0-AL2闭合	触点额定值 AC250V 2.5A（阻性负载） 0.2A（$\cos\theta=0.4$） DC30V 3.0A（阻性负载） 0.7A（$\cos\theta=0.4$）
AL1			
AL0			

4. CNC系统与变频器接线

（1）数控装置与模拟主轴连接信号原理

数控装置通过主轴控制接口和PLC输入/输出接口，连接各种主轴驱动器，实现正反转、定向、调速等控制，还可以外接主轴编码器，实现螺纹车削和铣床上的刚性攻螺纹功能。

1）主轴起停：

以FANUC系统为例，如使用数控系统的输出信号Y1.0、Y1.1输出即可控制主轴装置的正、反转及停止，一般定义接通有效；当Y1.0接通时，可控制主轴装置正转；当Y1.1接通时，主轴装置反转；两者都不接通时，主轴装置停止旋转。在使用某些主轴变频器或主轴伺服单元时，也用Y1.0、Y1.1作为主轴单元的使能信号。

部分主轴装置的运转方向由速度给定信号的正、负极性控制，这时可将主轴正转信号用作主轴使能控制，主轴反转信号不用。

部分主轴控制器有速度到达和零速信号，由此可使用主轴速度到达和主轴零速输入，实现 PLC 对主轴运转状态的监控。

2）主轴速度控制：

数控系统通过主轴接口中的模拟量输出可控制主轴转速，当主轴模拟量的输出范围为 -10～+10V，用于双极性速度指令输入的主轴驱动单元或变频器，这时采用使能信号控制主轴的起、停。当主轴模拟量的输出范围为 0～+10V，用于单极性速度指令输入的主轴驱动单元或变频器，这时采用主轴正转、主轴反转信号控制主轴的正、反转。模拟电压的值由用户 PLC 程序送到相应接口的数字量决定。

3）主轴编码器连接：

通过主轴接口可外接主轴编码器，用于螺纹切割、攻螺纹等，数控装置可接入两种输出类型的编码器，即差分 TTL 方波或单极性 TTL 方波。一般使用差分编码器，确保长传输距离的可靠性及提高抗干扰能力。数控装置与主轴编码器的接线图如图 4-18 所示。

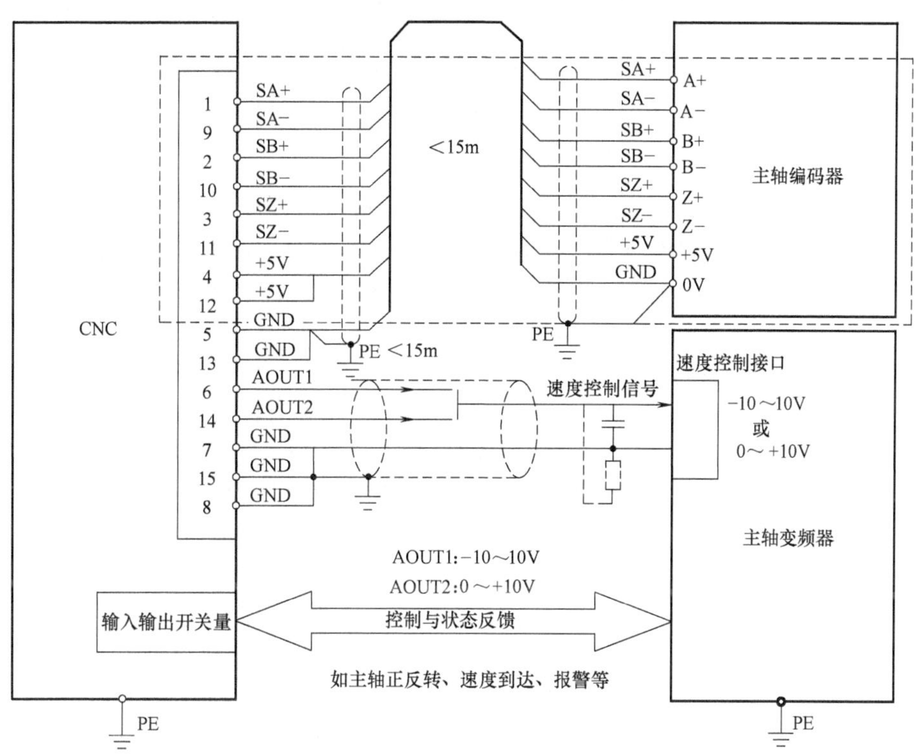

图 4-18　主轴编码器的连接

（2）数控装置与变频器的连接

下面以数控机床（系统为 FANUC 0i-MD）为例，具体说明 CNC 系统、数控机床与变频器的信号流程及其功能。图 4-19 所示为数控机床的主轴驱动装置（日立变频器）的接线图。

1）CNC 到变频器的信号：

① 主轴正转信号、主轴反转信号：用于手动操作（JOG 状态）和自动状态（自动加工 M03、M04、M05）中，实现主轴的正转、反转及停止控制。系统在点动状态时，利用机床面板上的主轴正转和反转按钮发出主轴正转或反转信号，通过系统 PMC 控制 KA2、KA3 的通断，向变频器发出信号，实现主轴的正、反转控制，此时主轴的速度是由系统存储的 S 值

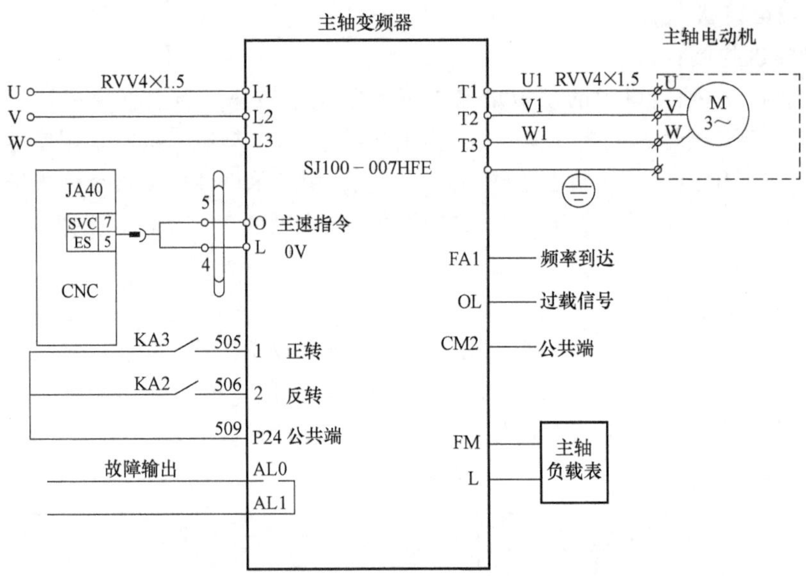

图 4-19 数控机床主轴驱动系统的接线图

与机床主轴的倍率开关决定的。系统在自动加工时，通过对程序辅助功能代码 M03、M04、M05 的译码，利用系统的 PMC 实现继电器 KA2、KA3 的通断控制，从而达到主轴的正、反转及停止控制，此时的主轴速度是由系统程序中的 S 指令值与机床的倍率开关决定的。

② 系统故障输入：当数控机床出现故障时，通过系统 PMC 发出信号控制 AL0、AL1 得电动作，使变频器停止输出，实现主轴自动停止控制，并发出相应的报警信息。

③ 主轴电动机速度模拟量信号：用来接收系统发出的主轴速度信号（模拟量电压信号），实现主轴电动机的速度控制。FANUC 系统将程序中的 S 指令与主轴倍率开关的乘积转换成相应的模拟量电压（0~10V），输入到变频器的模拟量电压频率给定端，从而实现主轴电动机的速度控制。

2）变频器到 CNC 的信号：

① 变频器故障输入信号：当变频器出现任何故障时，数控系统也停止工作并发出相应的报警（机床报警灯亮及发出相应的报警信息）。主轴故障信号是通过变频器的故障输出端发出，再通过 PMC 向系统发出急停信号，使系统停止工作。

② 主轴频率到达信号：数控机床自动加工时，主轴频率到达信号实现切削进给开始条件的控制。当系统的功能参数（主轴速度到达检测）设定为有效时，系统执行进给切削指令前要进行主轴速度到达信号的检测，即系统通过 PMC 检测来自变频器发出的频率到达信号，系统只有检测到该信号，切削进给才能开始，否则系统进给指令一直处于待机状态，使用 FA1 作为信号的输入。

3）变频器到机床侧的信号：

主轴负载表的信号，变频器将实际输出电流转换成模拟量电压信号（0~10V），通过变频器输出接口（FM-L）输出到机床操作面板上的主轴负载表（模拟量或数显表），实现主轴负载监控。

5. 变频器基本参数设定

（1）基本参数定义

1）控制方式设定（频率来源设定）：A01。

① 00：键盘电位器控制。

② 01：控制端子控制。

③ 02：功能 F01 设定。

2）运行选择（运行指令来源设定）：A02。

① 01：控制端子。

② 02：数字操作器。

3）基频设定：A03。

设置电动机的运行基频，通常为 50Hz 或 60Hz。

4）最大频率设定：A04。

允许变频器输出的最大频率，默认为 50Hz。

5）电动机电压等级选择：A82。

设置值范围：200~460V。

选择电动机的电压等级，要根据电动机的额定电压进行设置，另外此项功能还具有稳压的功能，可以在变频器电源电压出现较大波动时保持输出电压不变。

6）输出频率设定：F01。

确定电动机恒定转速的频率。

7）加速时间：F02；减速时间：F03。

加速时间就是输出频率从 0 上升到最大频率所需时间；减速时间是指从最大频率下降到 0 所需时间。通常用频率设定信号上升、下降来确定加/减速时间。在电动机加速时须限制频率设定的上升率以防止过电流，减速时则限制下降率以防止过电压。

加速时间设定要求：将加速电流限制在变频器过电流容量以下，不使过流失速而引起变频器跳闸；减速时间设定要求：防止平滑电路电压过大，不使再生过压失速而引起变频器跳闸。加/减速时间可根据负载计算出来，但在调试中常采取按负载和经验先设定较长加/减速时间，通过起、停电动机观察有无过电流、过电压报警；然后将加/减速设定时间逐渐缩短，以运转中不发生报警为原则，重复操作几次，便可确定出最佳加/减速时间。

8）电动机转向设定：F004。

① 00：正转。

② 01：反转。

9）频率上限设定：A061；频率下限设定：A062。

A061：设置小于最大频率（A04）的频率上限，0.5~360Hz，0.0—设置无效；>0.1—设置生效。

A062：设置大于 0 的频率下限，0.5~360Hz，0.0—设置无效；>0.1—设置生效。

即变频器输出频率的上、下限幅值。频率限制是为防止误操作或外接频率设定信号源出故障，而引起输出频率的过高或过低，以防损坏设备的一种保护功能。在应用中按实际情况设定即可。此功能还可作限速使用，如有的带式输送机，由于输送物料不太多，为减少机械和传动带的磨损，可采用变频器驱动，并将变频器上限频率设定为某一频率值，这样就可使带式输送机运行在一个固定、较低的工作速度上。

10）电动机极数选择：H004。

4种选择：2、4、6、8。

11）自整定选择：H001。

可以设定整定时电动机运转或不运转。

① 00：自整定关闭。

② 01：自整定（旋转电动机）。

③ 02：自整定（不旋转，测量电动机电阻和电感）。

12）电动机容量选择：H003。

9种选择：0.2、0.4、0.75、1.5、2.2、3.7、5.5、7.5和11。

（2）基本功能设定

1）变频器的3种控制方式设定。

① 面板控制：这种方式是通过变频器的操作键盘或变频器本身提供的控制参数来对变频器进行控制。具体操作步骤如下：

a）将参数A01设为“02”，A02设为“02”。

b）改变参数F01（变频器频率给定）的参数值来增加或减小给定频率。

c）完成上述步骤后，变频器已经进入待命状态。按“RUN”键，电动机运转。

d）按“STOP/RESET”键，电动机停止。

e）设置参数F04的值为“00”（正转）或“01”（反转）可改变电动机的旋转方向。

f）按“RUN”键，电动机运转，但方向已经改变。

② 电位器控制：SJ100日立变频器面板上配有调速电位器，可通过其旋钮来调节变频器所需要的指令电压，来控制变频器的输出频率，改变电动机的运行速度。采用这种控制方式的具体操作步骤如下：

a）将参数A01设为“00”，A02设为“02”，A04设为“60”。

b）通过调节电位器来控制电动机的运行转速，将电位器旋过一定的角度。

c）按“RUN”键，这时电动机应该可以旋转，通过改变电位器的旋转角度来改变变频器的输出频率，控制电动机的旋转速度。

③ 外部端子控制：这里用数控系统作为外部端子控制的上位控制器，变频器上的频率给定与运行指令给定都是利用数控系统进行控制的，具体做法如下：

a）接通各部分电源。

b）参照手操键盘给定方式的步骤，将参数A01和A02均恢复为01（默认值）。

c）通过由FANUC的主轴控制命令，控制变频器的运行。例如，在MDI下执行M03 S500，电动机就会以500r/min。

2）利用智能端子控制主轴正/反转运行。

本变频器具有6个智能端子，可以利用其中任意两个提供正/反转信号。

例如，如果想使用端子1和2来进行控制，那么可以把参数C01和C02分别设为00和01，然后将控制主轴正/反转的信号线505、506接到端子1和2上，如图4-20所示，当505接通时，主轴正转；当506接通时，主轴反转；两个都不接通时电动机停止。

如果想利用智能端子5和6来控制主轴正/反转，那么把参数C05和C06分别设为00和01，然后将控制主轴正/反转的信号线505、506接到端子5和6上，如图4-21所示，当505接通时，主轴正转；506接通时，主轴反转；两个都不接通时电动机停止。

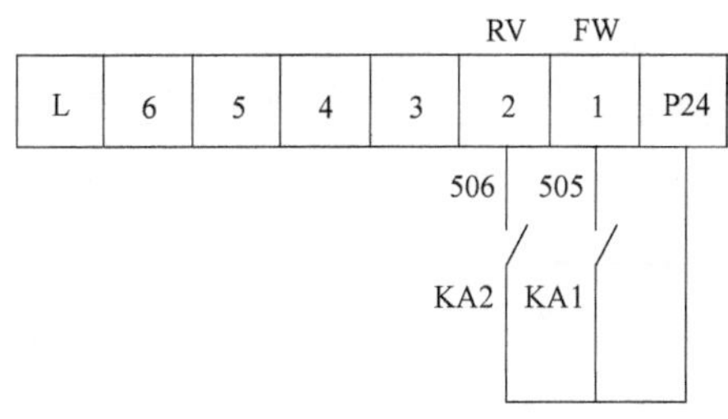

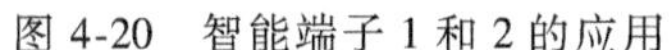
图 4-20　智能端子 1 和 2 的应用

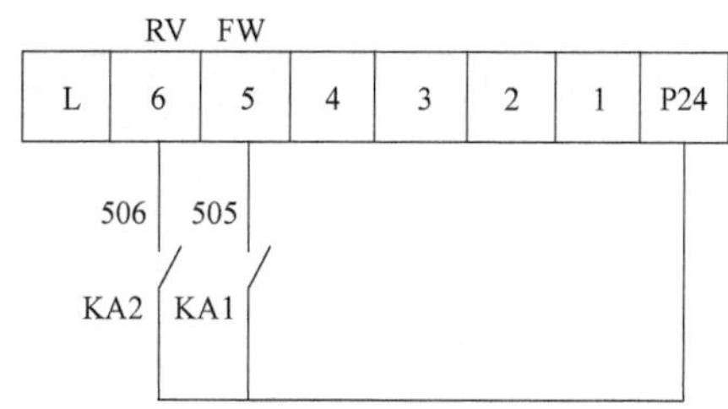

图 4-21　智能端子 5 和 6 的应用

3）利用智能端子控制变频器的速度。

一般情况下变频器是通过模拟电压或模拟电流来对变频器的输出频率进行调节，也可以通过调节变频器的参数来对变频器的输出频率进行控制，以改变电动机的控制速度。

这里再介绍另外一种速度控制方式，利用变频器的智能端子对变频器的速度进行控制。

① 可以利用 4 个智能端子提供 16 个目标频率进行选择，这 16 个目标频率由参数 A20～A35 进行设定，参数 A20～A35 分别对应速度 1～速度 16；选择哪个速度是由控制速度的智能端子的状态进行确定。

② 根据表 4-5 的端子定义，将智能端子 C01～C03 的数值分别设为 02、03、04、05，这 4 个智能端子就可以对速度进行选择控制了。

表 4-5　端子功能代码定义

选项代码	端子符号	功能名称	描述	
00	FW	正向运转、停止	ON	变频器处于运行模式，电动机正向运转
			OFF	变频器处于运行模式，电动机停止
01	RV	反向运转、停止	ON	变频器处于运行模式，电动机反向运转
			OFF	变频器处于运行模式，电动机停止
02	CF1	多速度选择，第 0 位（最低位）	ON	二进制编码速度选择，第 0 位为逻辑 1
			OFF	二进制编码速度选择，第 0 位为逻辑 0
03	CF2	多速度选择，第 1 位	ON	二进制编码速度选择，第 1 位为逻辑 1
			OFF	二进制编码速度选择，第 1 位为逻辑 0
04	CF3	多速度选择，第 2 位	ON	二进制编码速度选择，第 2 位为逻辑 1
			OFF	二进制编码速度选择，第 2 位为逻辑 0
05	CF4	多速度选择，第 3 位	ON	二进制编码速度选择，第 3 位为逻辑 1
			OFF	二进制编码速度选择，第 3 位为逻辑 0
06	JG	寸动	ON	变频器处于运行模式，电动机在寸动参数频率下运转
			OFF	二进制编码速度选择，第 2 位为逻辑 0
07	DB	外部直流制动	ON	减速时使用直流制动
			OFF	减速时不使用直流制动
08	SET	设定第 2 台电动机	ON	变频器使用第 2 电动机参数向电动机输出
			OFF	变频器使用第 1（主）电动机参数向电动机输出
09	2CH	两级加速和减速	ON	使用第二级加速和减速进行频率输出
			OFF	使用标准加速和减速进行频率输出

（续）

选项代码	端子符号	功能名称	描述	
11	FRS	自由运行停止	ON	关闭输出，允许电动机自由运转直到停止
			OFF	正常操作，控制电动机减速到停止

③ 利用参数 A20～A35，设定 16 种不同的速度。

④ 按照图 4-22 所示，利用实验台所提供的乒乓开关进行接线。

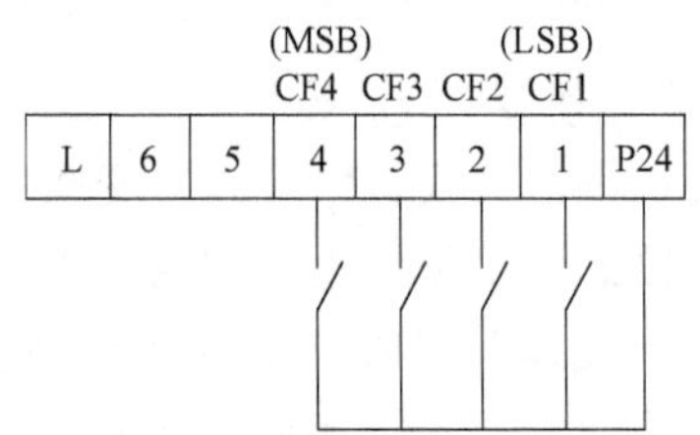

图 4-22　利用智能端子进行速度选择接线

⑤ 利用乒乓开关给变频器的智能端子提供不同的状态，见表 4-6，不同的状态应该对应不同的速度，进行实际操作观察变频器的输出频率是否与智能端子给定的频率一致。

表 4-6　多段速度输入端子状态

多段速度	输入端子状态			
	CF4	CF3	CF2	CF1
速度 1	0	0	0	0
速度 2	0	0	0	1
速度 3	0	0	1	0
速度 4	0	0	1	1
速度 5	0	1	0	0
速度 6	0	1	0	1
速度 7	0	1	1	0
速度 8	0	1	1	1
速度 9	1	0	0	0
速度 10	1	0	0	1
速度 11	1	0	1	0
速度 12	1	0	1	1
速度 13	1	1	0	0
速度 14	1	1	0	1
速度 15	1	1	1	0
速度 16	1	1	1	1

6. SJ100 变频器的常见故障报警

SJ100 变频器的常见故障报警详见表 4-7。

表 4-7 常见故障报警

功能	内容		数字操作器	远程操作器/拷贝单元
过电流保护	如果电动机突然减速，变频器会受到大电流（再生电流）冲击，引起故障，当变频器检测到205%峰值电流时，即会进行过电流保护	恒速	E01	OC.Drive
		减速	E02	OC.Decele
		加速	E03	OC.Dccel
		其他	E04	Over .C
过载保护	当变频器内部的热敏功能检测到电动机过载时，变频器的输出被关断		E05	Over .L
制动电阻过载	当再生制动电阻超过应用时间额定值时，由于 BRD 功能停止引起的过电压被检测到，变频器输出被切断		E06	OL .BRO
过电压保护	当变频器直流侧的电压由于电动机的再生能量超过一定值时，这一保护功能将工作，切断变频器输出		E07	Over .V
EEPROM 错误	由于外部噪声、异常升温或其他原因使内存出错，保护功能会切断变频器的输出		E08	EEPROM
欠电压保护	变频器输入电压降低会导致控制电路不能正常工作，还会使电动机发热，转矩减低		E09	Under .V
CT（电流互感器）出错	当 CT 出现异常时，变频器输出被切断		E10	C T
CPU 错误	变频器内部的误动作或异常会使得变频器输出被切断		E11	CPU2
外部跳闸	外部设备的异常信号将使变频器输出切断（当选择了外部跳闸功能时）		E12	EXTERNAL
USP 错误	当变频器运行时，打开电源，会指示这一错误（当选择 USP 功能时）		E13	USP
接地故障保护	上电时，变频器输出和电动机之间接地情况会受到检测，以保护变频器，也有可能是功率模块失效		E14	GND.FII
输入过电压保护	当变频器的供电电压超过特定值时，显示错误信息		E15	OV.SRC
过热保护	如果冷却风扇停止工作，主电路温度上升到一定程度即会关断输出（只适用于含冷却风扇的型号）		E21	O H.FIN
PTC 错误	当外部热敏电阻的阻值过大时，变频器检测到热敏电阻的异常情况并且切断输出（当选择 PTC 功能时）		E35	PTC
欠电压等待	如果变频器输入电压降低，输出关断后将保持一段时间的等待		U	U.WAIT

三、FANUC 串行数字主轴系统故障诊断与维修

1. 串行主轴与模拟主轴的差别

在 CNC 中，主轴转速通过 S 指令进行编程，S 指令通过数控系统处理可以转换为模拟电压或者数字量信号输出，因此主轴转速有两种控制方式：利用模拟量进行控制（简称模拟主轴）和利用串行总线进行控制（简称串行主轴）。

使用模拟主轴时，CNC通过内部附加的数-模转换器自动将S指令转换为-10～+10V的模拟电压。CNC所输出的模拟电压可通过主轴驱动装置实现主轴的速度控制。主轴驱动装置总是严格地保证给定的速度信号与电动机输出转速之间的对应关系。

在数控铣床中，模拟量主轴驱动装置主要应用于中低档数控铣床，一般采用通用变频器来实现主轴电动机控制。所谓的“通用变频器”包含两层的含义：一是该变频器可以和通用的笼型异步电动机配套使用；二是具有多种可供选择的功能。

为了提高主轴控制精度和可靠性，适应现代信息技术发展的需要，从CNC输出的控制指令通过网络进行传输，在CNC与主轴驱动装置之间建立通信，这种通信一般使用CNC的串行接口，因而称为“串行主轴控制”。模拟主轴和串行主轴的区别详见表4-8。

表4-8　模拟主轴控制与串行主轴控制的区别

项目	模拟主轴控制	串行主轴控制
主轴转速输出	0～10V的模拟量	通过串行通信传输的内部数字信号
主轴驱动装置	模拟量控制的主轴驱动单元(如变频器)	数控系统专用的主轴驱动装置
主轴电动机	普通的三相异步电动机或者变频电动机	数控系统专用的主轴伺服电动机
主轴参数设定	在主轴驱动装置上设定与调整	在CNC上设定与调整,并利用串行总线自动传送到主轴驱动装置中
主轴位置检测连接	直接由编码器连接到CNC	从编码器到主轴驱动装置,再由主轴驱动装置到CNC
主轴正、反转起动与停止控制	利用主轴驱动装置上的外部接点输入信号进行控制	利用CNC和PMC之间的内部信号进行控制

2. FAUNC串行主轴工作过程

由图4-23，可知FANUC串行主轴的工作过程：CNC侧输出主轴速度指令（M03/M04 Sxxx），将数据以串行数据方式传送给主轴驱动单元。但同时FANUC主轴单元还要受控于外围的PMC信号，如I/O信号，这些I/O信号最终控制主轴的起、停（但是不能控制主轴的速度），这些外围的PMC信号提高了主轴的安全性和外围接口的可控性。

第1次执行数控加工程序中的S指令时，CNC将首先以二进制代码形式把S代码信号输出到PMC特定的代码寄存器F22～F25中。第1次之后，CNC再执行S指令时将不再发出S指令选通信号SF；然后经过S代码延时时间TMF（由系统参数设定，标准设定时间为16ms）后发出S指令选通信号SF到PMC；当PMC接收到SF信号为1时，向CNC输入结束信号FIN，CNC接收到结束信号FIN后，经过结束延时时间TFIN（由系统参数设定）先切断S指令选通信号SF，再切断结束信号FIN，S指令就执行结束，CNC将读取下一条指令继续执行。同时，CNC根据编程转矩S值和主轴倍率信号（G30.0～G30.7），计算出实际指定的主轴转速值；CNC将实际指定的主轴转速值以12位二进制代码形式，通过12位实际指定转速输出信号输出到PMC中；CNC将实际指定的主轴转速值通过CNC串行主轴接口JA7A（JA41）向主轴放大器发出串行主轴转速命令。

3. 串行数字主轴连接

对于FANUC 0i-MD数控系统，由图3-3所示的FANUC 0i-MD系统硬件配置图可知，如果没有主轴电动机，伺服放大器是单轴型（SVU），如果包括主轴电动机，放大器是一体型（SVPM）。以βi SVSP一体型伺服单元为例说明，主轴电动机的型号为βiI3/10000。

(1) βi S 系列伺服单元端子的功能

βi SVSP 一体型伺服单元端子如图 4-24 所示，端子说明见表 4-9。

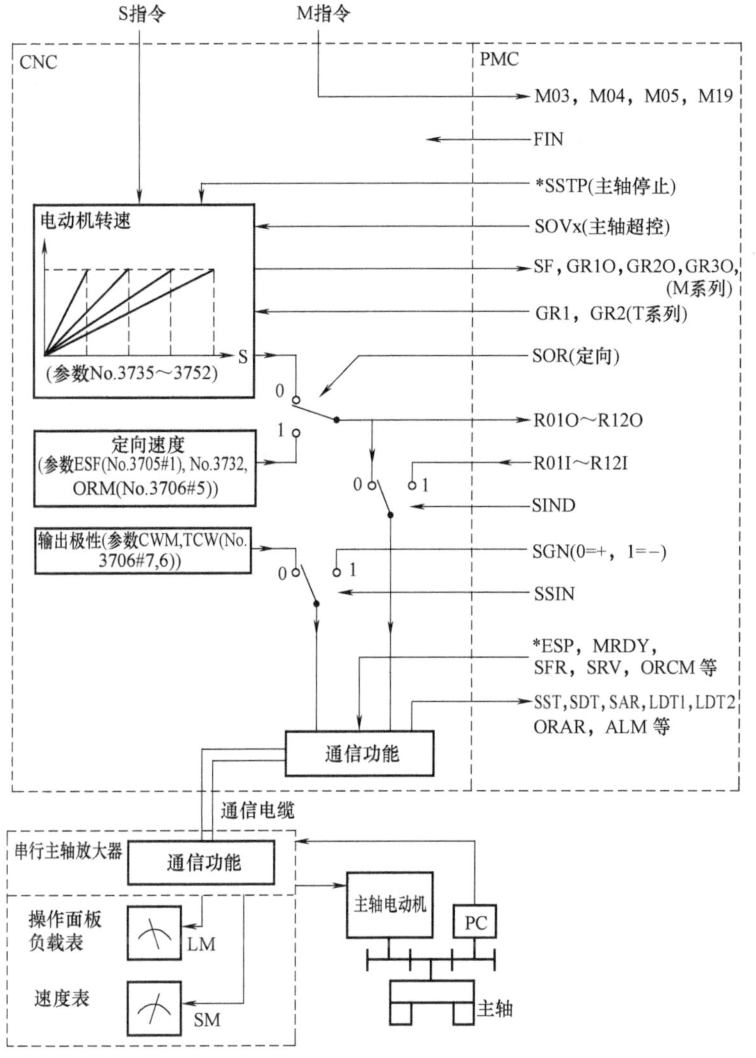

图 4-23 串行主轴工作过程

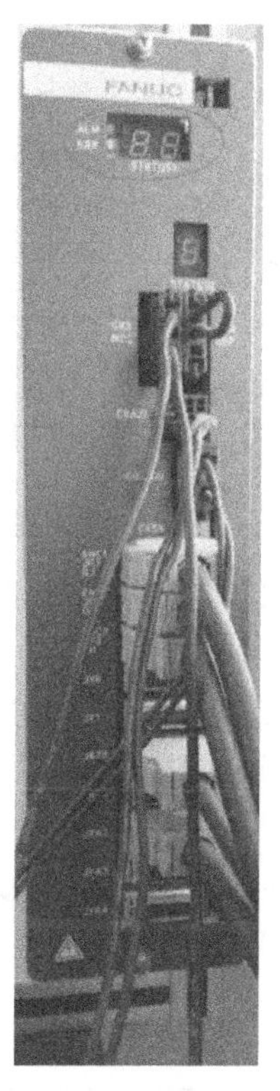

图 4-24 βi SVSP 一体型伺服单元外观图

表 4-9 βi SVSP 伺服单元端子说明

序号	名称	备注
1	STATUE1	状态 LED:主轴
2	STATUE2	状态 LED:伺服
3	CX3	主电源 MCC 控制信号
4	CX4	急停信号(ESP)
5	CXA2C	DC24V 电源输入
6	COP10B	伺服 FSSB 1/F
7	CX5X	绝对脉冲编码器电池

（续）

序号	名称	备注
8	JF1	脉冲编码器:L 轴
9	JF2	脉冲编码器:M 轴
10	JF3	脉冲编码器:N 轴
11	JX6	后备电源模块
12	JY1	负载表、速度表模拟倍率
13	JA7B	主轴接口:输入
14	JA7A	主轴接口:输出
15	JYA2	主轴传感器:Mi、Mzi
16	JYA3	α 位置编码器,外部一转信号
17	JYA4	未使用
18	TB3	DC Link 接口端子
19		DC Link 放电 LED(危险)
20	TB1	主电源接线端子板
21	CZ2L	伺服电动机动力线:L 轴
22	CZ2M	伺服电动机动力线:M 轴
23	CZ2N	伺服电动机动力线:N 轴
24	TB2	主轴电动机动力线
25	地线	地线抽头

（2） βi SVSP 一体型伺服单元（SVSP）连接

连接如图 4-25 所示。

动力电源 380V 经过伺服变压器转换成 200~230V 后分别连接到 X 轴、Y 轴、Z 轴伺服单元的 L1、L2、L3 端子，作为伺服单元的主电路的输入电源。外部 24V 直流稳压电源连接到伺服单元的 CXA2C。JF1 连接到相应的伺服电动机内装编码器的接口上，作为 X 轴、Y 轴、Z 轴的速度和位置反馈信号控制。

（3） 系统与主轴连接

系统与串行主轴连接的接口为 JA41，其引脚说明见表 4-10。

表 4-10　串行主轴或位置编码器插座（JA41）引脚信号说明

引脚	信号名称	信号说明	引脚	信号名称	信号说明
1	(SIN)		11		
2	(* SIN)		12	0V	0V 电压
3	(SOUT)		13		
4	(* SOUT)		14	0V	
5	PA	位置编码器 A 相脉冲	15	SC	位置编码器 C 相脉冲
6	* PA	位置编码器 * A 相脉冲	16	0V	
7	PB	位置编码器 B 相脉冲	17	* SC	位置编码器 * C 相脉冲
8	* PB	位置编码器 * B 相脉冲	18	+5V	
9	+5V	+5V 电压	19		
10			20	+5V	

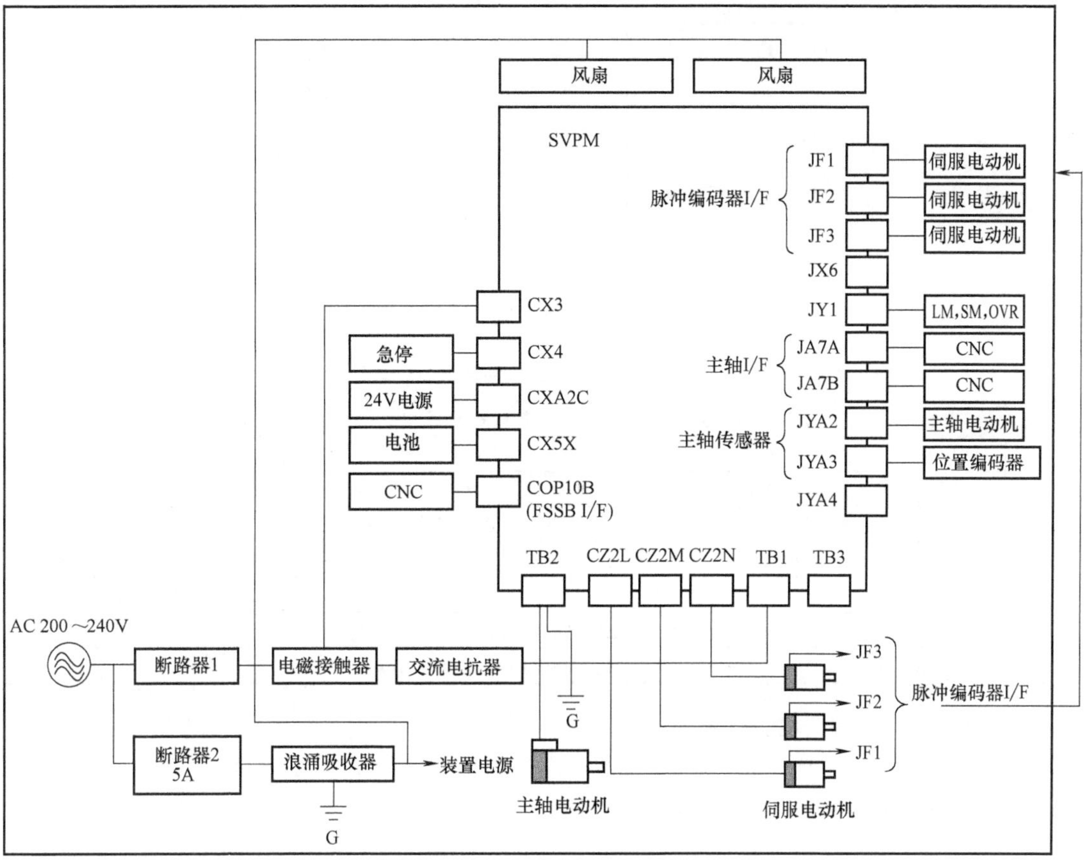

图 4-25　βi SVSP 一体型伺服单元（SVSP）连接

数控系统与主轴单元的连接图如图 4-26 所示，连接电缆接线如图 4-27 所示。

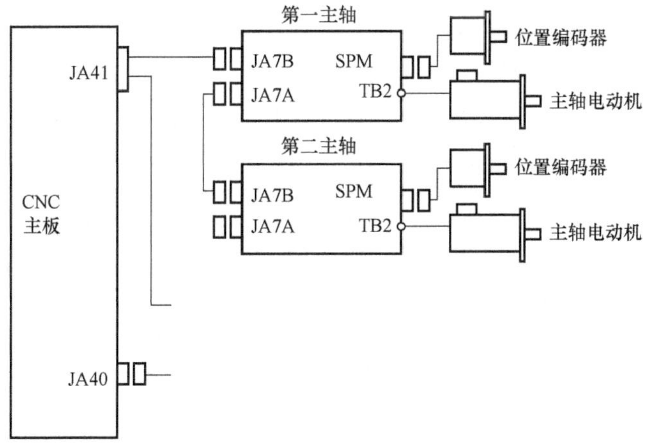

图 4-26　数控系统与主轴单元连接图

（4）与主轴控制相关的关键信号及参数

1）与主轴控制相关的 PMC 关键信号见表 4-11。

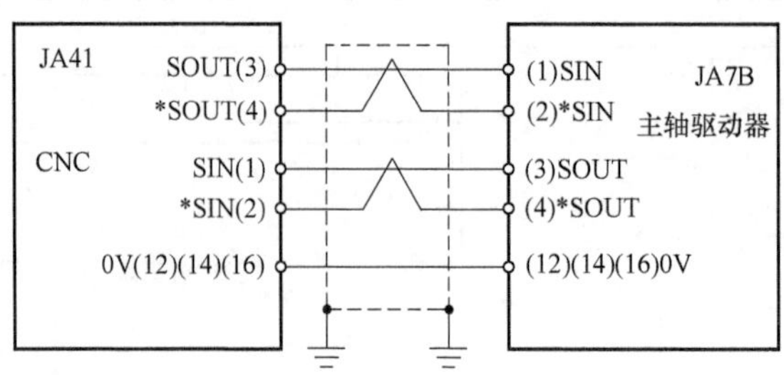

图 4-27　NC 与主轴放大器的通信电缆连接

表 4-11　与主轴控制相关的 PMC 信号

序号	符号	地址	信号名称	备注
1	＊SSTP	G29.6	主轴停止信号	
2	SRVA	G70.4	反向旋转指令信号(串行主轴)	主轴反转信号
3	SFRA	G70.5	正向旋转指令信号(串行主轴)	主轴正转信号
4	MRDYA	G70.7	机械准备就绪信号(串行主轴)	该信号为 0,主轴不能旋转
5	＊ESPA	G71.1	紧急停止信号(串行主轴)	该信号为 0,主轴不能旋转
6	SIND	G33.7	主轴电动机速度指令选择信号	
7	R01I～R12I	G32.0～G33.3	主轴电动机速度指令信号	

2）与主轴控制相关的关键参数。

① 3701#1（ISI）、#4（SS2）：设定路径内的主轴数，如图 4-28 所示。

具体设置见表 4-12。

表 4-12　3701 参数设置

SS2	ISI	路径内的主轴数
0	1	0
1	1	0
0	0	1
1	0	2

注意：该参数在主轴串行输出有效的情况下（参数 SSN（8133#5）=“0”）有效。

② 3716#0（A/S）：设定主轴电动机的种类，如图 4-29 所示。0：模拟主轴；1：串行主轴。

参数　O0000 N00000
主轴控制
03700　NRF　0 0 0 0 0 0 0 0
03701　SS2　ISI　0 0 0 0 0 0 0 0
03702　EMS　0 0 0 0 0 0 0 0
03703　SPR MPP　2P2　0 0 0 0 0 0 0 0
03704 CSS　SSY SSS　0 0 0 0 0 0 0 0
A)^
S　0 L　0%
MDI　**** *** ***　19:36:57
号搜索　ON:1　OFF:0　+输入　输入

图 4-28　参数 3701 设定画面

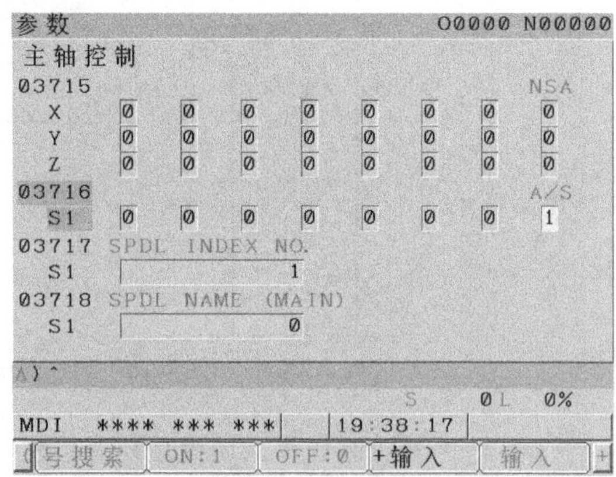

图 4-29　参数 3716 设定画面

③ 3717：各主轴的主轴放大器号，如图 4-30 所示。0：放大器尚未设定；1：使用连接于 1 号放大器号的主轴电动机；2：使用连接于 2 号放大器号的主轴电动机；3：使用连接于 3 号放大器号的主轴电动机。

④ 3736：主轴电动机的最高钳制速度，如图 4-31 所示。

设定值 =（主轴电动机的最高钳制速度/主轴电动机的最大速度）×4095

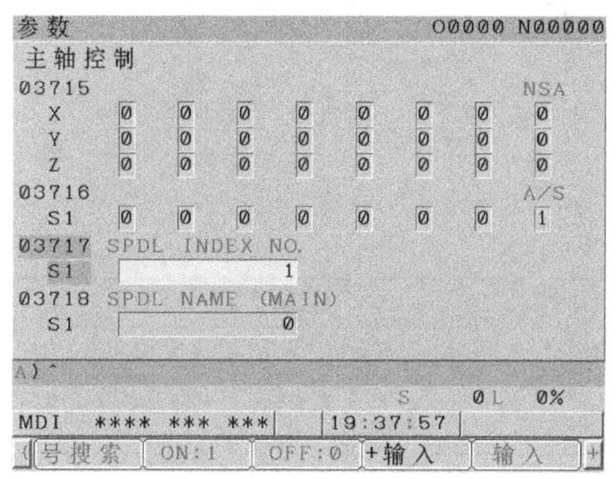

图 4-30 参数 3717 设定画面

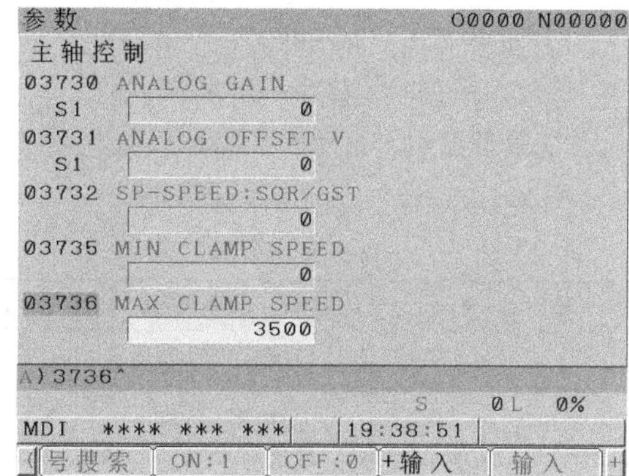

图 4-31 参数 3736 设定画面

⑤ 3741：与齿轮 1 对应的各主轴的最大转速，如图 4-32 所示。

⑥ 8133#5（SSN）：主轴的构成设定参数，如图 4-33 所示。

SSN 表示是否使用主轴串行输出，0：使用，1：不使用。

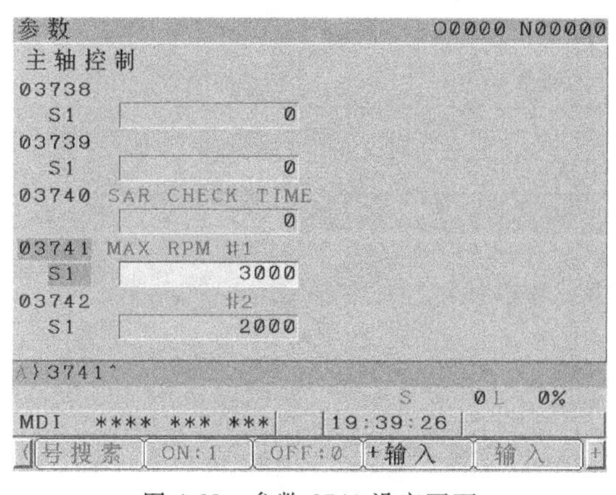

图 4-32 参数 3741 设定画面

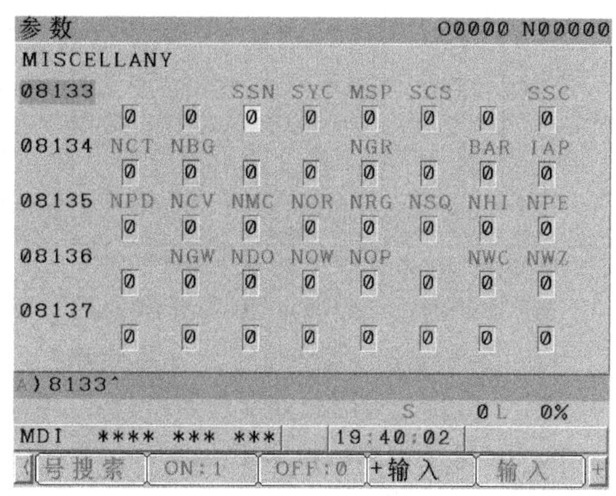

图 4-33 参数 8133 设定画面

参照表 4-13 所示进行设定。

表 4-13 参数 8133 的设置

主轴的构成	参数 SSN
系统的主轴全部都是串行的情况	0
系统的主轴是串行的和模拟混合的情况	0
系统的主轴全部都是模拟的情况	1

4. 串行数字主轴常见故障及维修

（1）主轴报警灯

如图 4-34 所示，STATUS1 为主轴报警 LED 灯，其旁边还有两个主轴报警指示灯，具体显示信息见表 4-14。

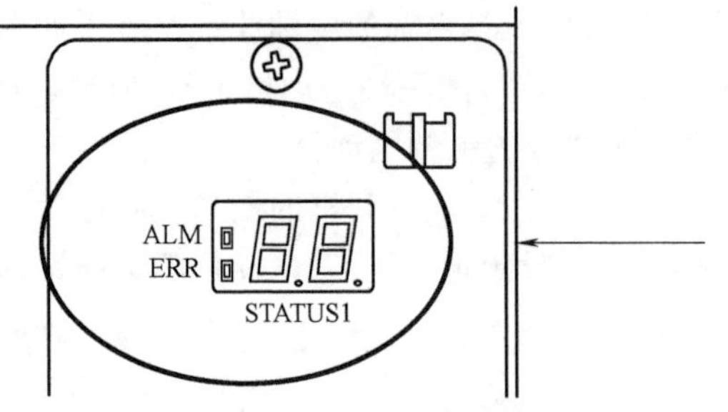

图 4-34　STATUS1 报警显示

（2）常见串行主轴报警诊断及维修

1）报警画面显示 SP9027。

该故障号表示位置编码器断线。

① 报警显示：主轴放大器数码管显示 27 号，ALM 灯点亮。

表 4-14　报警显示内容

序号	ALM	ERR	STATUS1	内　容
1			无显示	控制电源未接通，电源电路不良
2			50	控制电源接通后，在大约 1s 内显示主轴软件系列显示软件系列的后 2 位数
3			04	显示主轴软件版本，大约 1s 01、02、03、…，对应于 A、B、C、…
4			— 闪烁	CNC 电源未接通 等待串行通信以及参数加载的结束
5			— 点亮	参数加载结束。点击没有被激活
6			00	点击没有被激活
7	点亮		显示 01~	报警状态 SVPM 无法正常运行
8		点亮	显示 01~	错误状态 顺序不合适或参数设定有误

② 旋转时发生的故障诊断及维修：

a）传感器与 SVPM 间电缆屏蔽处理存在问题，请确认反馈线屏蔽。

b）与主轴动力线捆扎时，分离处理。

③ 开机时出现的故障诊断及维修：

a）位置反馈参数设定不当。

b）反馈电缆故障。

c）主轴单元控制侧板故障。

d）位置编码器故障。

2）报警画面显示 SP9073。

该故障号表示电机传感器断线。

① 报警显示：主轴放大器数码管显示 73 号，ALM 灯点亮。

② 旋转时发生的故障诊断及维修：

a）反馈电缆屏蔽处理。

b）动力电缆捆扎时，分离处理。

③ 开机时出现的故障诊断及维修：

a）反馈电缆故障。

b）电动机传感器故障。

c）主轴单元控制侧板故障。

3）报警画面显示 SP9056。

该报警号显示冷却风扇故障。

① 报警显示：主轴放大器数码管显示 56 号，ALM 点亮。

② 故障诊断及维修：可以确认放大器单元上的风扇故障。

4）电动机温度过高 SP9001。

该报警号显示电动机温度过高。

① 报警显示：主轴发光数码管显示 01 号，ALM 点亮。

② 切削过程中显示本报警时的故障诊断与维修：

a）主轴电动机冷却风扇是否正常工作。

b）对液冷电动机，检查冷却系统。

c）如果主轴电动机的环境温度高于指标时，请进行改善。

d）确认加工条件。

③ 轻负载下显示本报警时的故障诊断与维修：

a）频繁加/减速时，请在包含加/减速输出量的平均值小于或等于额定值的条件下使用。

b）检查电动机参数设定是否正确。

④ 电动机温度较低而显示报警时的故障诊断与维修：

a）检查主轴电动机反馈电缆。

b）检查电动机固有参数。

c）控制电路板故障，请更换控制电路板或主轴放大器。

d）电动机（内部温度传感器）故障，更换电动机。

5）速度偏差过大 SP7102。

该故障号表示主轴速度误差过大。

① 报警显示：主轴发光数码管显示 02 号，ALM 点亮。

② 故障原因及维修：

a）磁传感器老化，退磁。

b）反馈电缆屏蔽处理不良，受外部信号干扰，产生杂波。

c）主轴后轴承磨损，小模数齿轮跳动超过允许值。

d）主轴模块接口电路损坏。

e）主轴机械部分故障，机械负载过重。

任务三　华中数控主轴驱动系统的故障诊断与维修

任务引入

配套华中数控系统的数控车床，主轴驱动采用日立 SJ100 变频器，在加工过程中，变频器出现过电压报警。

分析与处理过程：仔细观察机床故障产生的过程，发现故障总是在主轴起动、制动时发生，因此，可以初步确定故障的产生与变频器的加/减速时间 F02/F03 设定有关。当加/减速时间设定不当时，如主轴起动/制动频繁或时间设定太短，变频器的加/减速无法在规定的时间内完成，则通常容易产生过电压报警。修改变频器参数，适当增加加/减速时间后，故障消除。

主轴报警发生时，应该遵循哪些原则去维修呢？

任务内容

一、华中数控主轴驱动系统

HNC-21 数控装置通过 XS9 主轴控制接口和 PLC 输入/输出接口，可连接各种主轴驱动器，实现正反转、定向、调速等控制，还可以外接主轴编码器，实现螺纹车削和铣床上的刚性攻螺纹功能。

1. 与主轴相关的接口定义

（1）主轴控制接口 XS9

XS9 主轴控制接口，包括主轴速度模拟电压指令输出和主轴编码器反馈输入，其信号定义见表 4-15。

表 4-15　XS9 信号表

信号名	说　明
SA+、SA-	主轴编码器 A 相位反馈信号
SB+、SB-	主轴编码器 B 相位反馈信号
SZ+、SZ-	主轴编码器 Z 脉冲反馈
+5V、+5V 地	DC 5V 电源
AOUT1	主轴模拟量指令-10~+10V 输出
AOUT2	主轴模拟量指令 0~+10V 输出
GND	模拟量输出地

（2）与主轴控制相关的输入/输出开关量

连接主轴装置时，需要使用输入/输出开关量控制主轴电动机的起停及接收相关的状态与报警信息，见表 4-16。

表 4-16　与主轴控制有关的输入/输出开关量信号

信号说明	标号(X/Y 地址)		所在接口	信号名	引脚号
	铣	车			
输入开关量					
主轴一档到位	X2.0	X2.0	XS10	I16	5
主轴二档到位	X2.1	X2.1		I17	17
主轴三档到位	X2.2			I18	4
主轴四档到位	X2.3			I19	16

（续）

信号说明	标号(X/Y 地址)		所在接口	信号名	引脚号
	铣	车			
主轴报警	X 3.0	X 3.0	XS11	I24	11
主轴速度到达	X 3.1	X 3.1		I25	23
主轴零速	X 3.2			I26	10
主轴定向完成	X 3.3			I27	22
输出开关量					
系统复位	Y0.1	Y0.1	XS20	O01	25
主轴正转	Y1.0	Y1.0		O08	9
主轴反转	Y1.1	Y1.1		O09	21
主轴制动	Y1.2	Y1.2		O10	8
主轴定向	Y1.3			O11	20
主轴一档	Y1.4	Y1.4		O12	7
主轴二档	Y1.5	Y1.5		O13	19
主轴三档	Y1.6			O14	6
主轴四档	Y1.7			O15	18

2. 主轴起停

主轴起停控制由 PLC 承担，标准铣床 PLC 程序和标准车床 PLC 程序中关于主轴起停控制的信号见表 4-17。

表 4-17　与主轴起停有关的输入/输出开关量信号

信号说明	标号(X/Y 地址)		所在接口	信号名	引脚号
	铣	车			
输入开关量					
主轴速度到达	X3.1	X3.1	XS11	I25	23
主轴零速	X3.2			I26	10
输出开关量					
主轴正转	Y1.0	Y1.0	XS20	O08	9
主轴反转	Y1.1	Y1.1		O09	21

利用 Y1.0、Y1.1 输出即可控制主轴装置的正、反转及停止，一般定义接通有效，这样当 Y1.0 接通时可控制主轴装置正转，Y1.1 接通时，主轴装置反转，两者都不接通时，主轴装置停止旋转。在使用某些主轴变频器或主轴伺服单元时也用 Y1.0、Y1.1 作为主轴单元的使能信号。部分主轴装置的运转方向由速度给定信号的正、负极性控制，这时可将主轴正转信号用作主轴使能控制，主轴反转信号不用。部分主轴控制器有速度到达和零速信号，由此可使用主轴速度到达和主轴零速输入，实现 PLC 对主轴运转状态的监控。

3. 主轴速度控制

HNC-21 通过 XS9 主轴接口中的模拟量输出可控制主轴转速，其中 AOUT1 的输出范围为-10～+10V，用于双极性速度指令输入的主轴驱动单元或变频器，这时采用使能信号控制主轴的起停；AOUT2 的输出范围为 0～+10V，用于单极性速度指令输入的主轴驱动单元或变频器，这时采用主轴正转、主轴反转信号控制主轴的正、反转。模拟电压的值由用户 PLC 程序送到相应接口的数字量决定。

4. 主轴定向控制

实现主轴定向控制的方案一般有：

1）采用带主轴定向功能的主轴驱动单元。

2）采用伺服主轴即主轴工作在位控方式下。

3）采用机械方式实现。

对应于第一种控制方式，标准铣床 PLC 程序中定义了相关的输入/输出的信号，见表 4-18。

表 4-18　与主轴定向有关的输入/输出开关量信号

信号说明	标号(铣)(X/Y 地址)	所在接口	信号名	引脚号
输入开关量				
主轴定向完成	X3.3	XS11	I27	22
输出开关量				
主轴定向	Y1.3	XS20	O11	20

由 PLC 发出主轴定向命令即 Y1.3 接通，主轴单元完成定向后送回主轴定向完成信号 X3.3。第二种控制方式主轴作为一个伺服轴控制，在需要时可由用户 PLC 程序控制定向到任意角度。第三种控制方式根据所采用的具体方式，使用者可自行定义有关的 PLC 输入/输出点，并编制相应 PLC 程序。

5. 主轴换档控制

主轴自动换档通过 PLC 控制完成，标准铣床 PLC 程序和标准车床 PLC 程序中关于主轴换档控制的信号见表 4-19。

表 4-19　与主轴换档控制有关的输入/输出开关量信号

信号说明	标号(X/Y 地址)		所在接口	信号名	引脚号
	铣	车			
输入开关量					
主轴一档到位	X2.0	X2.0	XS10	I16	5
主轴二档到位	X2.1	X2.1		I17	17
主轴三档到位	X2.2			I18	4
主轴四档到位	X2.3			I19	16
输出开关量					
主轴一档	Y1.4	Y1.4	XS20	O12	7
主轴二档	Y1.5	Y1.5		O13	19
主轴三档	Y1.6			O14	6
主轴四档	Y1.7			O15	18

使用主轴变频器或主轴伺服时，需要在用户 PLC 程序中根据不同的档位确定主轴速度

指令（模拟电压）的值。

车床通常为手动换档，如果安装了主轴编码器，则需要在用户 PLC 程序中根据主轴编码器反馈的主轴实际转速自动判断主轴目前的档位，以调整主轴速度指令（模拟电压）的值。

6. 主轴编码器连接

通过主轴接口 XS9 可外接主轴编码器，用于螺纹切割、攻螺纹等，此数控装置可接入两种输出类型的编码器，差分 TTL 方波或单极性 TTL 方波。一般建议使用差分编码器，从而确保长的传输距离的可靠性及提高抗干扰能力。

编码器规格要求：+5V 电源（200mA 以内，若超过 200mA 请设计外部电源供电）；TTL 电平输出；差分 A、B、Z 信号输出。

7. 主轴连接实例——普通三相异步电动机

当用无调速装置的交流异步电动机作为主轴电动机时，只需利用数控装置输出开关量控制中间继电器和接触器，即可控制主轴电动机的正转、反转、停止。如图 4-35 所示。图中，KA3、KM3 控制电动机正转，KA4、KM4 控制电动机反转。

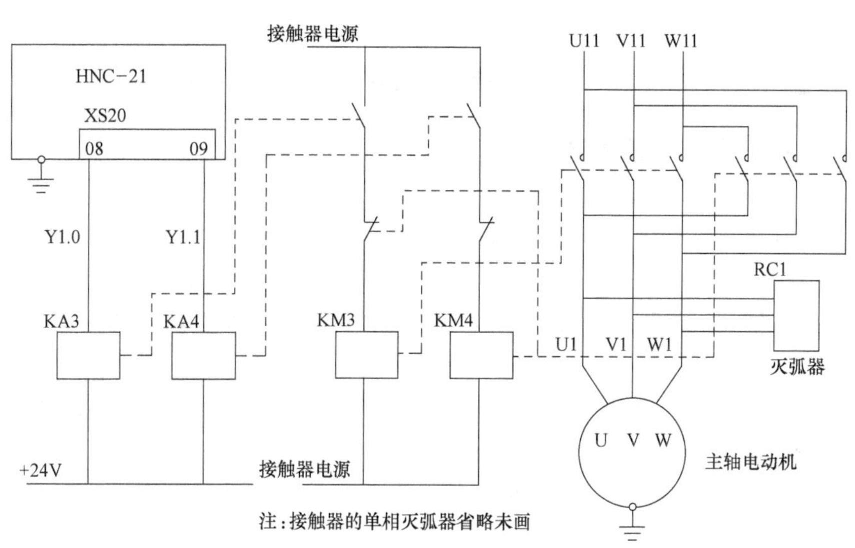

图 4-35 HNC-21 数控装置与普通三相异步主轴电动机的连接

8. 主轴连接实例——交流变频主轴

采用交流变频器控制交流变频电动机，可在一定范围内实现主轴的无级变速，这时需利用数控装置的主轴控制接口（XS9）中的模拟量电压输出信号，作为变频器的速度给定，采用开关量输出信号（XS20，XS21）控制主轴起、停（或正反转）。一般连接如图 4-36 所示（若没有主轴编码器，则点画线框中的内容没有）。

采用交流变频主轴时，由于低速特性不很理想，一般需配合机械换档以兼顾低速特性和调速范围。需要车削螺纹或攻螺纹时，可外接主轴编码器。若没有主轴编码器则点画线框中的内容没有。

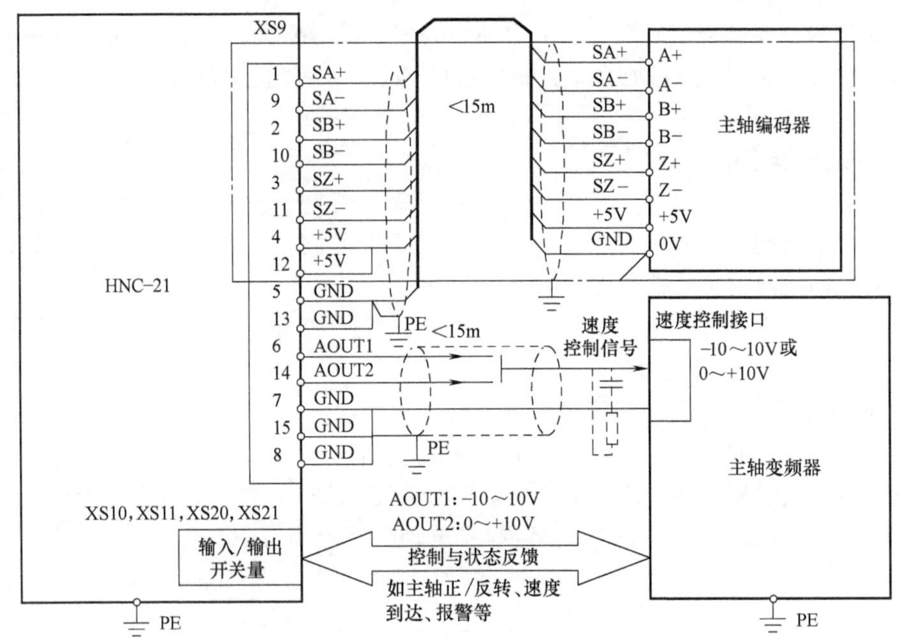

图 4-36　HNC-21 数控装置与主轴变频器的接线图

9. 主轴连接实例——伺服驱动主轴

数控机床对主轴要求在很宽范围内转速可调，恒功率范围宽。要求机床有螺纹加工功能、准停功能和恒功率加工等功能时，就要对主轴提出相应的速度控制和位置控制要求。

主轴驱动系统也可称为主轴伺服系统，相应的主轴电动机装配有编码器作为主轴位置检测；另一种方法就是在主轴上直接安装外置式的编码器，这在机床改造和经济型数控车床中用得较多。

与交流伺服驱动一样，交流主轴驱动系统也有模拟式和数字式两种形式，交流主轴驱动系统与直流主轴驱动系统相比，具有如下特点：

1）由于驱动系统必须采用微处理器和现代控制理论进行控制，因此其运行平稳、振动和噪声小。

2）驱动系统一般都具有再生制动功能，在制动时，既可将电动机能量反馈回电网，起到节能的效果，又可加快制动速度。

3）特别是对于全数字式主轴驱动系统，驱动器可直接使用 CNC 的数字量输出信号进行控制，不要经过 D-A 转换，转速控制精度得到了提高。

4）与数字交流伺服驱动一样，在数字式主轴驱动系统中，还可采用参数设定方法对系统进行静态调整与动态优化，系统设定灵活、调整准确。

5）由于交流主轴电动机无换向器，主轴电动机通常不需要进行维修。

6）主轴电动机转速的提高不受换向器的限制，最高转速通常比直流主轴电动机更高，可达到数万转。采用伺服驱动主轴可获得较宽的调速范围和良好的低速特性，还可实现主轴定向控制。这时可利用数控装置上的主轴控制接口（XS9）中的模拟量输出信号（模拟电压），作为主轴单元的速度给定。利用 PLC 输出控制起停（或正、反转）及定向。一般连接如图 4-37 所示。

需车削螺纹或攻螺纹时可利用主轴伺服本身反馈到数控装置接口 XS9 的主轴位置信息（见图 4-38），也可外接主轴编码器（见图 4-39）。

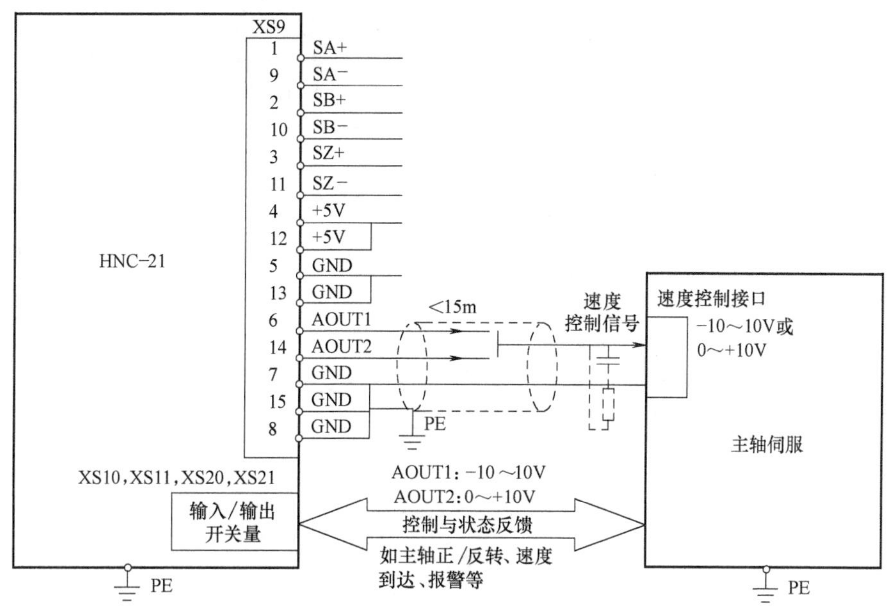

图 4-37　HNC-21 数控装置与主轴伺服的接线图

10. 与主轴相关的参数设置

与主轴控制相关的输入/输出开关量与数控装置其他部分的输入/输出开关量的参数统一设置，不需要单独设置参数。相关的输入/输出开关量的功能需要 PLC 程序的支持才能实现。主轴控制接口（XS9）中包含两个部件：主轴速度控制输出（模拟电压）和主轴编码器输入。需要在硬件配置参数、PMC 系统参数和通道参数中设定。通常在硬件配置参数中部件 22 被标识为主轴模拟电压输出（标识为 15，配置［0］为 4），并在 PMC 系统参数中引用。部件 22 的标识设定为 15，配置［0］设定为 4 表示该部件为 XS9 接口内主轴模拟速度指令部件。

主轴速度控制信号对应的数字量占用 PLC 开关量输出（Y）中两个字节共 16 位，将占用 Y［28］和 Y［29］。在 PLC 程序中对该端口设定的两个字节输出开关量（数字量），将转换为模拟电压指令由接口 XS9 的 6、7、8、14、15 脚输出（其中 7、8、15 脚为信号地）。输出控制量（数字量）与模拟电压的对应关系见表 4-20。

表 4-20　数字量十六进制表示输出与模拟电压的对应关系

数字量 / 模拟电压	0x0000～0x7FFF	0x8000～0xFFFF
6 脚	0～+10V	0～−10V
14 脚	0～+10V	

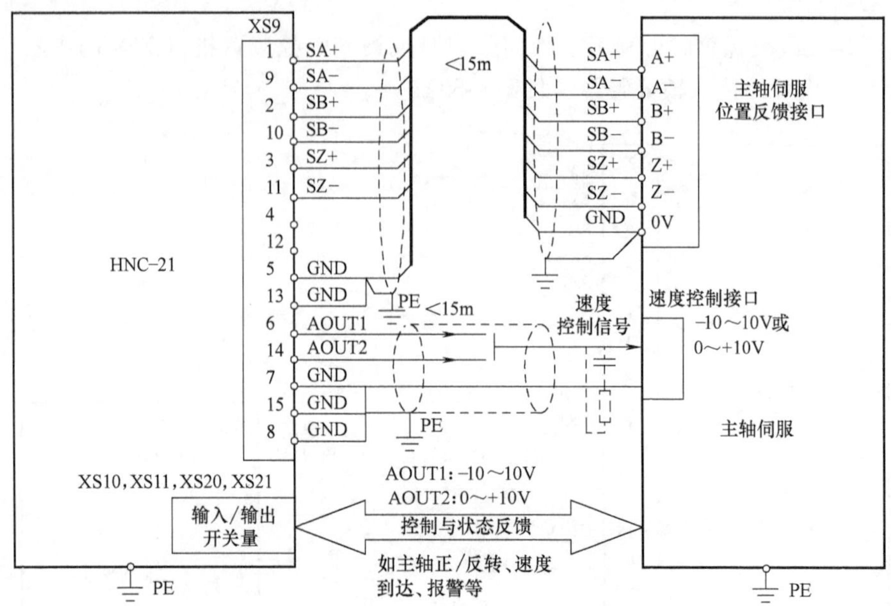

图 4-38　HNC-21 数控装置与主轴伺服的连接图——位置反馈来自主轴伺服

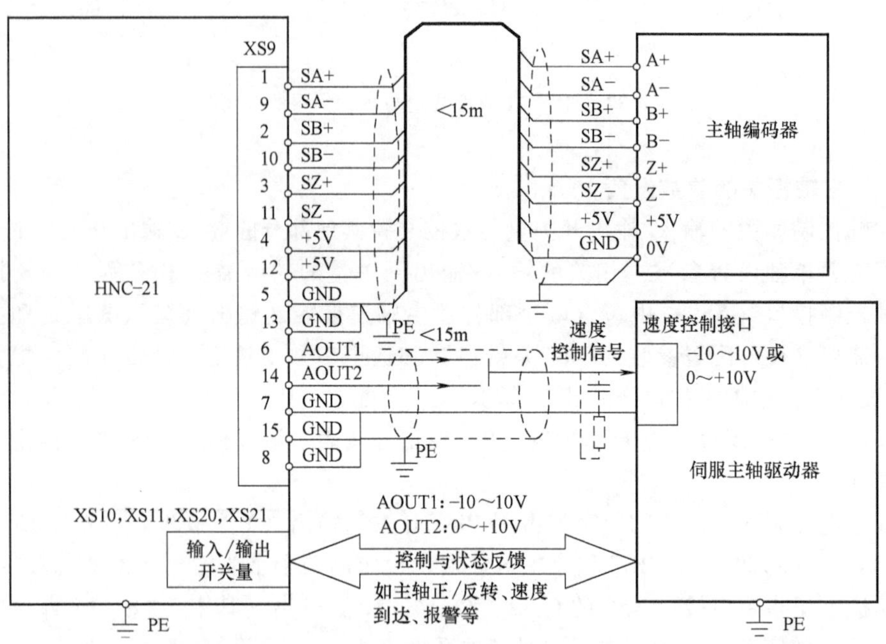

图 4-39　HNC-21 数控装置与主轴伺服的接线图——位置反馈来自外部编码器

通常在硬件配置参数中部件 23 标识为主轴编码器（标识为 32，配置［0］为 4），并在通道参数中引用。

二、华中数控主轴驱动系统的故障诊断与维修

1. 主轴变频系统常见故障及处理

（1）主轴电动机不转

主要有以下原因：

1）检查 CNC 系统是否有速度控制信号输出。

2）主轴驱动装置故障。

3）主轴电动机故障。

4）变频器输出端子 U、V、W 不能提供电源。造成此种情况可能有以下原因：报警；频率指定源和运行指定源的参数是否设置正确；智能输入端子的输入信号是否正确。

（2）电动机反转

造成电动机反转的原因主要有：

1）检查输出端子 U/T1、V/T2 和 W/T3 的连接是否正确（使得电动机的相序与端子连接相对应，通常来说，正转（FWD）= U-V-W，反转（REV）= U-W-V）。

2）检查控制端子（FW）和（RV）连线是否正确（端子（FW）用于正转，（RV）用于反转）。

（3）电动机转速不能到达

主要原因可能有：

1）如果使用模拟输入，是否用电流“OI”或电压“O”。检查连线；检查电位器或信号发生器。

2）负载太重。减少负载；重负载激活了过载限定。

（4）电动机过载

造成电动机过载的原因有：机械负载是否有突变；电动机配用太小；电动机发热绝缘变差；电压是否波动较大；是否存在断相；机械负载增大；供电电压过低。

（5）变频器过载

造成变频器过载的原因有：检查变频器容量是否配小，若是则加大容量；检查机械负载是否有卡死现象；*U/f* 曲线设定不良，重新设定。

（6）主轴转速不稳定

主要原因有负载波动是否太大；电源是否不稳（该现象是否出现在某一特定频率下。此现象可以稍微改变输出频率，使用跳频设定将此有问题的频率跳过）；外界干扰。

（7）主轴转速与变频器输出频率不匹配

主要原因有最大频率设定是否正确；验证 *U/f* 设定值与主轴电动机规格是否相匹配；确保所有比例项参数设定正确。

（8）主轴与进给不匹配（螺纹加工时）

主要原因有当进行螺纹切削或用每转进给指令切削时，会出现停止进给、主轴仍继续运转的故障。要执行每转进给的指令，主轴必须有每转一个脉冲的反馈信号，一般情况下为主轴编码器有问题。可以用以下方法来确定：CRT 画面有报警显示；通过 PLC 状态显示观察编码器的信号状态；用每分钟进给指令代替每转进给指令来执行程序，观察故障是否消失。

2. 主轴伺服系统故障诊断

当主轴伺服系统发生故障时，通常有三种表现形式：CRT 或操作面板上显示报警内容或报警信息；在主轴驱动装置上用报警灯或数码管显示主轴驱动装置的故障；主轴工作不正常，但无任何报警信息。

主轴伺服系统常见故障：

（1）过载

原因：切削用量过大，频繁正、反转等均可引起过载报警。

具体表现为：主轴电动机过热，主轴驱动装置显示过电流报警等。

（2）主轴不能转动

检查CNC系统是否有速度控制信号输出；检查使能信号是否接通；主轴电动机动力线断裂或主轴控制单元连接不良；机床负载过大；主轴驱动装置故障；主轴电动机故障。机械方面，主轴不转常发生在强力切削下，可能原因有：主轴与电动机连接带过松或连接带表面有油，造成打滑；主轴中的拉杆未拉紧夹持刀具的拉钉。

（3）主轴转速异常或转速不稳定

当主轴转速超过技术要求所规定的范围，可能原因有：CNC系统输出的主轴转速模拟量（通常为0~±10V）没有达到与转速指令对应的值，或速度指令错误；CNC系统中D-A转换器故障；主轴转速模拟量中有干扰噪声；测速装置有故障或速度反馈信号断线；电动机过载，电动机不良（包括励磁丧失）；主轴驱动装置故障。

（4）主轴振动或噪声太大

首先要区别噪声及振动发生在主轴机械部分还是电气部分。检查方法有：

1）在减速过程中发生，一般是由驱动装置造成的，如交流驱动中的再生回路故障。

2）在恒转速时，可通过观察主轴电动机自由停车过程中是否有噪声和振动来区别，如存在，则主轴机械部分有问题。

3）检查振动的周期是否与转速有关，如无关，一般是主轴驱动装置未调整好；如有关，应检查主轴机械部分是否良好，测速装置是否不良。

电气方面的原因：电源断相或电源电压不正常；控制单元上的电源开关设定（50/60Hz切换）错误；伺服单元上的增益电路和颤抖电路调整不好（或设置不当）；电流反馈回路未调整好；三相输入的相序不对。

机械方面的原因：主轴箱与床身的连接螺钉松动；轴承预紧力不够或预紧螺钉松动，游隙过大，使之产生轴向窜动，应重新调查；轴承损坏，应更换轴承；主轴部件上动平衡不好，应重新调整动平衡；齿轮有严重损伤，或齿轮啮合间隙过大，应更换齿轮或调整啮合间隙；润滑不良，因油不足，应改善润滑条件，使润滑油充足；主轴与主轴电动机的连接带过紧，应移动电动机座调整连接带使松紧度合适；连接主轴与电动机的联轴器故障；主轴负荷太大。

（5）主轴加/减速时工作不正常

减速极限电路调整不良；电流反馈回路不良；加/减速回路时间常数设定和负载惯量不匹配；驱动器再生制动电路故障；传动带连接不良。

（6）外界干扰

屏蔽或接地措施不良，主轴转速指令信号或反馈信号受到干扰，使主轴驱动出现随机和无规律性的波动。判断有无干扰的方法是当主轴转速指令为零时，主轴仍往复摆动，调整零速平衡和漂移补偿也不能消除故障。

（7）主轴速度指令无效

CNC模拟量输出（D-A）转换电路故障；CNC速度输出模拟量与驱动器连接不良或断线；主轴转向控制信号极性与主轴转向输入信号极性不一致；主轴驱动器参数设定不当。

(8) 主轴不能进行变速

CNC 参数设置不当或编程错误造成主轴转速控制信号输出为某一固定值；D-A 转换电路故障；主轴驱动器速度模拟量输入电路故障。

(9) 主轴只能单向运行或主轴转向不正确

主轴转速控制信号输出错误；主轴驱动器速度模拟量输入电路故障。

(10) 螺纹加工出现“乱牙”故障

数控车床加工螺纹，其实质是主轴的角位移与 Z 轴进给之间进行插补，主轴的角位移是通过主轴编码器进行测量的，一般螺纹加工时，系统进行的是主轴每转进给动作，要执行每转进给的指令，主轴必须有每转一个脉冲的反馈信号，“乱牙”往往是由于主轴与 Z 轴进给不能实现同步引起的，此外，还有以下原因：主轴编码器或 Z 轴“零位脉冲”不良或受到干扰；主轴编码器或联轴器松动（断裂）；主轴编码器信号线接地或屏蔽不良，被干扰；主轴转速不稳，有抖动；主轴转速尚未稳定，就执行了螺纹加工指令（G32），导致了主轴与 Z 轴进给不能实现同步，造成“乱牙”。

(11) 主轴定位点不稳定或主轴不能定位

主轴准停用于刀具交换、精镗进、退刀及齿轮换档等场合，有三种实现方式：

1) 机械准停控制。由带 V 形槽的定位盘和定位用的液压缸配合动作。

2) 磁传感器的电气准停控制。发磁体安装在主轴后端，磁传感器安装在主轴箱上，其安装位置决定了主轴的准停点，发磁体和磁传感器之间的间隙为 (1.5±0.5)mm。

3) 编码器性的准停控制。通过主轴电动机内置安装或在机床主轴上直接安装一个光电编码器来实现准停控制，准停角度可任意设定。

上述准停均要经过减速的过程，如减速或增益等参数设置不当，均可引起定位抖动。另外，准停方式 1 中定位液压缸活塞移动的限位开关失灵，准停方式 2 中发磁体和磁传感器之间的间隙发生变化或磁传感器失灵均可引起定位抖动。

任务四　故障案例分析

[例 4-1]　主轴定位不准确的故障维修。

故障现象：加工中心主轴定位不良，引发换刀过程中断。

分析及处理过程：某加工中心主轴定位不良，引发换刀过程中断。开始时，出现的次数不很多，重新开机后又能工作，但故障反复出现。在故障出现后，对机床进行了仔细观察，才发现故障的真正原因是主轴在定向后发生位置偏移，且主轴在定位后如用手碰一下（和工作中在换刀时当刀具插入主轴时的情况相近），主轴则会产生相反方向的漂移。检查电气单元无任何报警，该机床的定位采用的是编码器，从故障的现象和可能发生的部位来看，电气部分故障的可能性比较小，机械部分又很简单，最主要的是连接，所以决定检查连接部分。在检查到编码器的连接时发现编码器连接套的紧固螺钉松动，使连接套后退造成与主轴的连接部分间隙过大，从而使旋转不同步。将紧固螺钉按要求固定好后故障消除。

注意：发生主轴定位方面的故障时，应根据机床的具体结构进行分析处理，先检查电气部分，如确认正常后再考虑机械部分。

[例 4-2]　主轴出现噪声的故障维修。

故障现象：主轴噪声较大，主轴无载情况下，负载表指示超过40%。

分析及处理过程：首先检查主轴参数设定，包括放大器型号、电动机型号以及伺服增益等，在确认无误后，则将检查重点放在机械侧。发现主轴轴承损坏，经更换轴承之后，在脱开机械侧的情况下检查主轴电动机运转情况。发现负载表指示已正常但仍有噪声。随后，将主轴参数00号设定为1，也即让主轴驱动系统开环运行，结果噪声消失，说明速度检测器件PLG有问题。经检查，发现PLG的安装不正，调整位置之后再运行主轴电动机，噪声消失，机床能正常工作。

［例4-3］　变档滑移齿轮引起主轴停转的故障维修。

故障现象：机床在工作过程中，主轴箱内机械变档滑移齿轮自动脱离啮合，主轴停转。

分析及处理过程：带有变速齿轮的主传动，采用液压缸推动滑移齿轮进行变速，液压缸同时也锁住滑移齿轮。变档滑移齿轮自动脱离啮合，原因主要是液压缸内压力变化引起的。控制液压缸的O形三位四通换向阀在中间位置时不能闭死，液压缸前后两腔油路渗漏，这样势必造成液压缸上腔推力大于下腔，使活塞杆渐渐向下移动，逐渐使滑移齿轮脱离啮合，造成主轴停转。更换新的三位四通换向阀后即可解决问题；或改变控制方式，采用二位四通，使液压缸一腔始终保持压力油。

［例4-4］　电主轴高速旋转发热的故障维修。

故障现象；主轴高速旋转时发热严重。

分析及处理过程：电主轴运转中的发热和温升问题始终是研究的焦点，有两个主要热源：一是主轴轴承，另一个是内藏式主电动机。电主轴单元最凸出的问题是内藏式主电动机的发热。由于主电动机旁边就是主轴轴承，如果主电动机的散热问题解决不好，还会影响机床工作的可靠性。主要的解决方法是采用循环冷却结构，分外循环和内循环两种，冷却介质可以是水或油，使电动机与前后轴承都能得到充分冷却。主轴轴承是电主轴的核心支承，也是电主轴的主要热源之一。当前高速电主轴，大多数采用角接触陶瓷球轴承。因为陶瓷球轴承具有以下特点：①由于滚珠重量轻，离心力小，动摩擦力矩小；②因温升引起的热膨胀小，使轴承的预紧力稳定；③弹性变形量小，刚度高，寿命长。由于电主轴的运转速度高，因此对主轴轴承的动态、热态性能有严格要求。合理的预紧力、良好而充分的润滑是保证主轴正常运转的必要条件。采用油雾润滑，雾化发生器进气压为0.25~0.3MPa，选用20#透平油，油滴速度控制在80~100滴/min。润滑油雾在充分润滑轴承的同时，还带走了大量的热量。前后轴承的润滑油分配是非常重要的问题，必须加以严格控制。进气口截面大于前后喷油口截面的总和，排气应顺畅，各喷油小孔的喷射角与轴线呈15°夹角，使油雾直接喷入轴承工作区。

思　考　题

1. 简述主轴驱动系统的功能。
2. 数控机床主轴驱动常用的方法有哪些？
3. 什么是电主轴及特点？
4. 简述电主轴系统的结构及组成。
5. 简述电主轴的主要参数。
6. 简述交流主轴驱动系统的特点。

7. 数控机床主轴调速方法有哪些?

8. FANUC 交流主轴驱动系统的常见产品有哪些?

9. 简述 FANUC 交流主轴驱动系统电源指示灯 PIL 不亮的故障原因。

10. 华中 HNC-21 数控主轴驱动系统主轴控制接口是哪个，其中有哪些相关的输入/输出开关量。

项目五
数控机床进给伺服系统的故障诊断与维修

能力目标

1. 了解步进驱动系统的工作原理及常见故障现象。
2. 掌握 FANUC 进给伺服系统的典型故障现象分析及诊断方法。
3. 掌握数控机床位置检测装置的常见故障处理及维护方法。
4. 能够根据进给伺服系统的故障现象分析故障原因并排除故障。
5. 通过对数控机床常见故障的训练，掌握故障排除的常用方法。
6. 能根据伺服驱动器报警或故障现象，对进给系统进行故障诊断与维修。
7. 掌握位置检测系统常见故障的诊断与处理方法。
8. 掌握位置检测系统典型故障的分析与诊断流程。
9. 初步具备数控系统的故障判别及处理能力。

项目实施

任务一　数控机床进给系统概述

任务引入

进给驱动系统的性能在一定程度上决定了数控系统的性能，决定了数控机床的档次，因此，在数控技术发展的历程中，进给驱动系统的研制和发展总是放在首要的位置。

数控系统所发出的控制指令，是通过进给驱动系统来驱动机械执行部件，最终实现机床精确的进给运动的。数控机床的进给驱动系统是一种位置随动与定位系统，它的作用是快速、准确地执行由数控系统发出的运动命令，精确地控制机床进给传动链的坐标运动。它的性能决定了数控机床的许多性能，如最高移动速度、轮廓跟随精度、定位精度等。

进给系统有哪些类型呢?

任务内容

数控机床进给伺服系统主要由伺服驱动控制系统与数控机床进给机械传动机构两部分组成。机床进给机械传动机构通常由减速齿轮、滚珠丝杠、机床导轨和工作台拖板等组成，对于伺服驱动控制系统，按其反馈信号的有无，分为开环、半闭环和全闭环三种控制方式。按照系统的构造特点，大体上可以将其分为四种基本结构类型，即开环位置伺服系统、半闭环位置伺服系统、全闭环位置伺服系统和混合闭环位置伺服系统。

一、开环位置伺服系统

开环位置伺服系统是一种没有位置反馈的位置控制系统。它的伺服机构按照指令装置发出来的位置移动指令，驱动机械作相应的运动，但并不对机械的实际位移量或转角进行检测，从而也无法将其与指令值进行比较。它的位置控制精度只能靠伺服机构本身的传动精度来保证。

早期简易型的数控机床的进给驱动位置伺服系统，常采用步进电动机为主要部件的开环位置伺服系统，结构如图 5-1 所示。

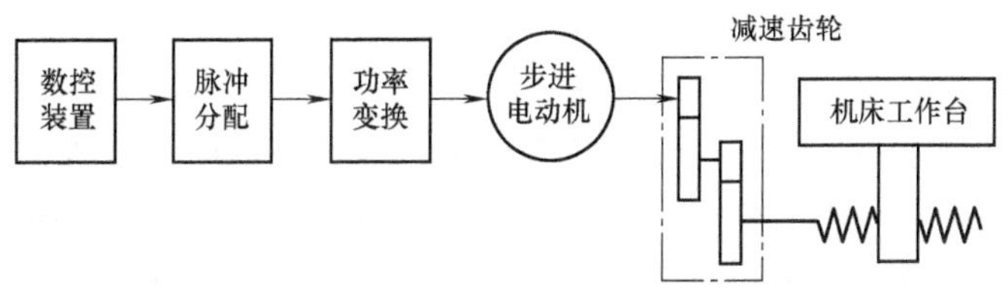

图 5-1　开环位置伺服系统

步进电动机实质上是一种同步电动机，每当数控装置向步进电动机发出一个进给脉冲指令的时候，步进电动机的转子就在此脉冲所产生的同步转矩作用下旋转一个固定的角度，通常称之为步距角，因此它是一种将电脉冲变为角位移的电磁装置。其特点是定位精度高，但转换速度不快，约在毫秒数量级。步进电动机步距角的大小与它的结构和控制方式有关，最常用的一般为 1.5°。步进电动机再经过减速齿轮带动丝杠旋转，通过丝杠、螺母的相对转动，最后形成机床工作台的运动。这样，工作台的位移量将与进给指令脉冲的数量成正比，而工作台的移动速度将与进给指令脉冲的频率，即单位时间的脉冲量成正比。显然，这种开环位置伺服系统的位置控制精度完全依赖于步进电动机的步距角精度和齿轮、丝杠等传动部件的精度。若传动链存在误差，系统是无法随时进行修正的。加上受步进电动机本身力矩频率特性的制约，系统的进给移动速度不能很高，所以这种开环位置伺服系统仅适用于那些对位置控制精度要求不高、位移速度较低的简易型数控系统。它的位置控制精度一般在 0.01mm 左右。但由于它结构简单、造价低、调试容易，所以仍被广泛用于各种低档的位置控制系统。开环位置伺服系统是最早被采用的伺服系统。

二、半闭环位置伺服系统

与开环位置伺服系统不同，半闭环位置伺服系统是具有位置检测和反馈的闭环控制系统。它的位置检测器与伺服电动机同轴相连，可通过它直接测出电动机轴旋转的角位移，进而推知当前执行机械（如机床工作台）的实际位置。由于位置检测器不是直接装在执行机械上，位置闭环只能控制到电动机轴为止，所以被称之为半闭环，它只能间接地检测当前的位置信息，且也难以随时修正、消除因电动机轴后传动链误差引起的位置误差。数控机床进给驱动最常用的半闭环位置伺服系统如图 5-2 所示。半闭环位置伺服系统中一般常用伺服电动机（交流伺服电动机或直流伺服电动机）作执行电动机，与普通电动机相比，它具有调速范围宽和短时输出转矩大的特点。这样，系统设计时不必再为保证低速性能和增大转矩而添置减速齿轮，而可将电动机轴与丝杠（一般采用滚珠丝杠）直接连接，使传动链误差和非线性误差（齿轮间隙）大大减小，在机床导轨几何精度和润滑良好时，一般可以达到微米数量级的位置控制精度。

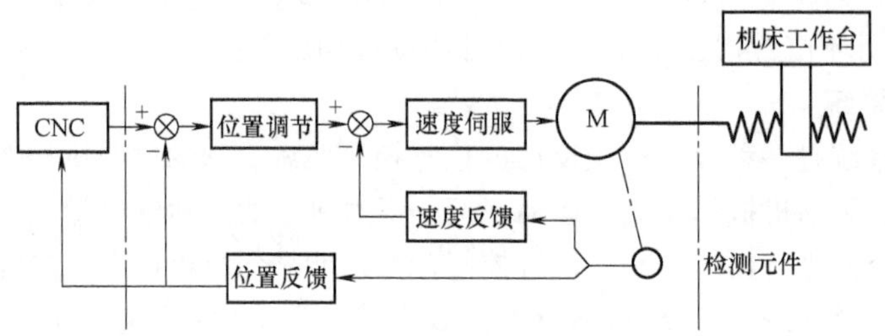

图 5-2　半闭环位置伺服系统

三、全闭环位置伺服系统

全闭环位置伺服系统典型构成方式如图 5-3 所示。它将位置检测器件直接安装在机床工作台上，从而可以获取工作台实际位置的精确信息，通过反馈闭环实现高精度的位置控制。从理论上说，这是一种最理想的位置伺服控制方案。但是，在实际的数控机床系统中却极少采用全闭环结构方案。这主要是当采用全闭环时，机床本身的机械传动链也被包含在位置闭环中，伺服的电气自动控制部分和执行机械不再相对独立，传动的间隙、摩擦特性的非线性、传动链的刚性等，都将会影响控制系统的稳定，使系统容易产生机电共振和低速爬行。同时，工作台上的负载变化也会对系统的摩擦特性、机械惯量等产生影响，给系统的整定造成困难。此外，由于机床的一部分被包含在位置闭环内，位置控制调节器的设计就不得不考虑这部分机械的传输特性。机床不同，被包含在位置闭环中的那部分机械的结构、特性往往也有差异，这就给全闭环位置伺服系统的通用性设计带来了困难，也不利于降低成本。

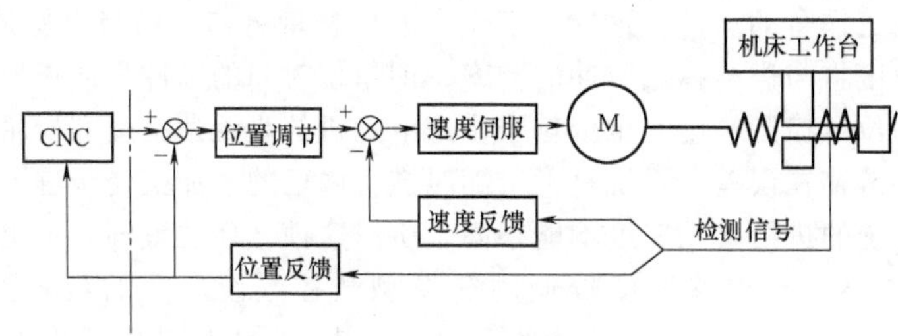

图 5-3　全闭环位置伺服系统

四、混合闭环位置伺服系统

对有的执行机械（如重型机床工作台），位置伺服系统采用半闭环结构虽然容易整定，但很难补偿其机械传动部分引起的位置误差，使位置控制精度不能达到要求的指标；采用全闭环结构系统又很难整定，系统闭环后因环内多种非线性因素诱发的振荡很难消除。于是，人们提出系统中同时存在半闭环和全闭环（见图 5-4）。系统工作时，半闭环起主要控制作用。由于半闭环中电气自动控制部分与执行机械相对独立，可以采用较高的位置增益，使系统易整定、响应快、跟踪误差小；而全闭环只用于稳态误差补偿，位置增益可选得较低以保证系统的稳定性。两者相结合可最后获得较高的位置控制精度和跟踪速度。但由于系统中同时存在两个闭环，使系统的控制复杂程度大大增加，它们之间的配合、增益调整等都必须仔细整定，位置伺服系统也因此不再具有通用性。

在位置伺服系统的上述四种基本结构形式中，半闭环是当前应用最为广泛的结构，并且由于它的电气自动控制部分与机械部分相对独立，可以根据机械惯量和负载情况划分为不同的等级，独立地对其电气部分进行通用化设计，因此，从狭义上讲，人们也习惯地把在半闭环机构中位置伺服的电气自动控制部分称为位置伺服系统。

从原理上说，数控机床的伺服系统应包括从位置指令脉冲给定到实际位置输出的全部环节，即包括位置控制、速度控制、驱动电动机、检测元器件等部分。但在很多系统中，为了制造方便，通常将伺服系统的位置控制部分与CNC装置制成一体，所以，人们平时习惯上所说的机床伺服进给系统，一般是指伺服进给系统的速度控制单元、伺服电动机、检测元器件部分，而不包括位置控制部分。

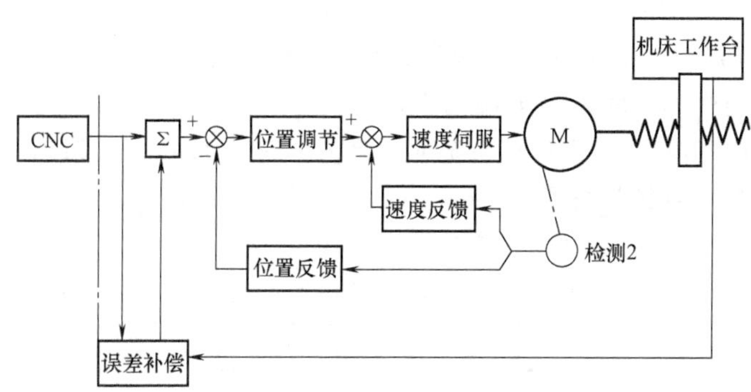

图 5-4　混合闭环位置伺服系统

任务二　FANUC 进给系统的故障诊断与维修

任务引入

某台配置FANUC数控系统的卧式加工中心，当NC系统电源启动后，接通伺服电源，显示器显示410号报警，同时显示Y轴出现故障。

分析与处理过程：

1）断电后再启动报警不再出现，但后来问题越来越严重，有几次断电后再启动报警仍出现，后来只要送电启动总是出现该报警。

2）报警具体内容为位置误差过大，超过1829号参数设定的值，将伺服参数重新设定仍不能排除该故障。

3）由于该机床为4个NC轴，配置两个相同的双轴驱动模块，将两个模块调换后，原先的Y轴410号报警变为第4轴410号报警，此现象说明这个模块出现故障。

4）将该模块更换后再未出现410号报警。

在该故障解除过程中，使用到了常用的置换法，那么在确定故障过程中，还可以采用哪些方法？如果伺服出现其他故障呢？

任务内容

FANUC公司从1982年开始开发了使用GTR的PWM交流伺服控制系统，1983年形成系列产品，先后经过模拟量交流伺服、数字交流伺服 S 系列和全数字交流伺服系统 α 系列。21 世纪初，FANUC 公司又成功地开发出高速串行总线（FSSB）控制的全数字交流伺服系统 αi 系列和 βi 系列，实现了数控机床的高精度、高速度、高可靠性及高效节能的控制。

FANUC 系统进给伺服接口形式有 A 型和 B 型两种形式。A 型伺服接口是指进给伺服电动机的内装编码器信号反馈到 CNC 系统；B 型伺服接口是指进给伺服电动机的内装编码器信号反馈到伺服放大器。FANUC 0C/0D 系统可采用 A 型和 B 型伺服接口两种形式，多数采用 A 型伺服接口。FANUC 16/18/0iA 系统和 FANUC 16i/18i/0iB/0iC 均为 B 型伺服接口。

FANUC 伺服装置按主电路的电压输入是交流还是直流，可分为伺服单元（SVU）和伺服模块（SVM）两种。伺服单元的输入电源通常为三相交流电（220V，50Hz），电动机的再生能量通常通过伺服单元的再生放电单元的制动电阻消耗掉。FANUC 伺服单元有 α 系列、β 系列、βi 系列。伺服模块的输入电源为直流电源（通常为 300V），电动机的再生能量通过系统电源模块反馈到电网。FANUC 系统的伺服模块有 α 系列、αi 系列。

一、FANUC 进给伺服系统的分类

FANUC 进给伺服系统的分类见表 5-1。

表 5-1　FANUC 进给伺服系统分类

序号	名称	特点简介	所配系统型号
1	直流晶闸管伺服单元	只有单轴结构，型号为 A06B-6045-HXXX。主回路由 2 个晶闸管模块组成（国产的为 6 个晶闸管），120V 三相交流电输入，6 路晶闸管全波整流，接触器，3 个熔断器 控制电路板有两种，带电源和不带电源，其作用是接受系统的速度指令（0～10V 模拟电压）和速度反馈信号，给主回路提供 6 路触发脉冲	配早期系统，如 5、7、330C、200C、2000C 等，市场上已不常见
2	直流 PWM 伺服单元	有单轴或双轴两种，型号为 A06B-6047-HXXX，主回路有整流桥将三相 185V 交流电变成 300V 直流电，再由 4 路大功率晶体管的导通和截止宽度来调整输出到直流伺服电动机的电压，以达到调节电动机的速度，有两个无保险断路器、接触器、放电二极管、放电电阻等。控制电路板作用原理与上述基本相同	较早期系统，如 3、6、0A 等，市场较常见
3	交流模拟伺服单元	有单轴、双轴或三轴结构，型号为 A06B-6050-HXXX，主回路比直流 PWM 伺服多一组大功率晶体管模块，其他结构相似，控制板的作用原理与上述基本相同	较早期系统，如 3、6、0A、10/11/12、15E、15A、0E、0B 等，市场较常见
4	交流 S 系列 1 伺服单元	有单轴、双轴或三轴结构，型号为 A06B-6057-HXXX，主回路与交流模拟伺服相似，控制板有较大改变，它只接受系统的 6 路脉冲，将其放大，送到主回路的晶体管的基极。主回路将电动机的 U、V 两相电流转换为电压信号经控制板送给系统	0 系列、16/18A、16/18E、15E、10/11/12 等，市场较常见
5	交流 S 系列 2 伺服单元	有单轴、双轴或三轴结构，型号为 A06B-6058-HXXX，原理同 S 系列，主回路有所改变，将接线改为螺钉固定到印制板上，这样便于维修，拆卸较为方便，不会造成接线错误。控制板可与上述通用	0 系列、16/18A、16/18E、15E、10/11/12 等，市场较常见
6	交流 C 系列伺服单元	有单轴、双轴结构，型号为 A06B-6066-HXXX，主回路体积明显减小，将原来的金属框架式改为黄色塑料外壳的封闭式，从外面看不到电路板，维修时需打开外壳，主回路有一个整流桥，一个 IPM 或晶体管模块，一个驱动板，一个报警检测板，一个接口板，一个焊接到主板上的电源板，需要外接 100V 交流电源提供接触器电源	0C、16/18B、15B 等，市场不常见

（续）

序号	名称	特 点 简 介	所配系统型号
7	交流 α 系列伺服单元 SVU、SVUC	有单轴、双轴或三轴结构，型号为 SVU：A06B-6089-HXXX，SVUC：A06B-6090-HXXX，可替代 C 系列伺服，结构和外形与 C 系列相似，电路板有接口板和主控制板，电源、驱动和报警检测电路都集成在主控制板上，无 100V 交流输入。常用于不配备 FANUC 交流主轴电动机系统的机床上，如数控车床、数控铣床、数控磨床等	0C、0D、16/18C、15B、i 系列，市场常见
8	交流 α 系列伺服单元 SVM	有单轴、双轴或三轴结构，型号为 SVMi：A06B-6079-HXXX，将伺服系统分成三个模块：PSMi（电源模块）、SPMi（主轴模块）和 SVMi（伺服模块）。电源模块将 200V 交流电整流为 300V 直流电和 24V 直流电给后面的 SPMi 和 SVMi 使用，以及完成回馈制动任务。SVMi 不能单独工作，必须与 PSMi 一起使用。其结构为一块接口板，一块主控制板，一个 IPM（智能功率模块），无接触器和整流桥。PSM 将在主轴伺服系统部分介绍	0C、0D、16/18C、15B、i 系列，市场常见
9	交流 αi 系列伺服单元 SVM	有单轴、双轴或三轴结构，型号为 SVM：A06B-6114-HXXX，将伺服系统分成三个模块：PSM（电源模块）、SPM（主轴模块）和 SVM（伺服模块）。电源模块将 200V 交流电整流为 300V 直流电和 24V 直流电给后面的 SPM 和 SVM 使用，以及完成回馈制动任务。SVM 不能单独工作，必须与 PSM 一起使用，而 SVU 以及前面的交、直流伺服单元都可单独使用。其结构为一块接口板，一块主控制板，一个 IPM（智能功率模块），无接触器和整流桥。PSMi 将在主轴伺服系统部分介绍	15/16/18/21/0i-B 系列，0i-C 系列
10	交流 β 系列伺服单元	单轴，型号为 A06B-6093-HXXX，有两种：一种是 I/O LINK 形式控制，控制刀库、刀塔或机械手，有 LED 显示报警号；另一种为伺服轴，由轴控制板控制，只有报警红灯点亮，无报警号，可在系统的伺服诊断画面查到具体的报警号。外部电源有三相交流 200V，直流 24V，外部急停，外接放电电阻及其过热线，这些插头很容易插错，一旦插错一个，就会将它烧坏。只有接口板和控制板两块	0C、0D、16/18C、15B、i 系列，市场常见。多用于小型数控机床或刀库、机械手等的定位
11	交流 βi 系列伺服单元	有单轴、双轴或三轴结构，型号为 SVPM：A06B-6134-H30X（三轴），H20X（两轴）；SVU：A06B-6130-H00X（只有单轴）	15/16/18/21/0i-B 系列，0i-C 系列，0i MATE-B/C 系列

二、FANUC 交流伺服系统连接

FANUC 交流 α 系列伺服单元、交流 βi 系列伺服单元、交流 α 系列伺服模块、交流 αi 系列伺服模块系统连接。

1. FANUC 系统 α 系列伺服单元连接

（1）α 系列伺服单元的端子功能

α 系列伺服单元的结构、接口如图 5-5、图 5-6、图 5-7 所示。

其中：

L1、L2、L3：三相输入动力电源端子，交流 200V。

L1C、L2C：单相输入控制电路电源端子，交流 200V（出厂时与 L1、L2 短接）。

TH1、TH2：为过热报警输入端子（出厂时，TH1-TH2 已短接），可用于伺服变压器及制动电阻的过热信号的输入。

RC、RI、RE：外接还是内装制动电阻选择端子。

RL2、RL3：MCC 动作确认输出端子（MCC 的常闭点）。

100A、100B：C 型放大器内部交流继电器的线圈外部输入电源（α 型放大器已为内部直流 24V 电源)。

UL、VL、WL：第一轴伺服电动机动力线。

UM、VM、WM：第二轴伺服电动机动力线。

JV1B、JV2B：A 型接口的伺服控制信号输入接口。

JS1B、JS2B：B 型接口的伺服控制信号输入接口。

JF1、JF2：B 型接口的伺服位置反馈信号输入接口。

JA4：伺服电动机内装绝对编码器电池电源接口（6V）。

CX3：伺服装置内 MCC 动作确认接口，一般可用于伺服单元主电路接触器的控制。

CX4：伺服紧急停止信号输入端，用于机床面板的急停开关（常闭触点）。

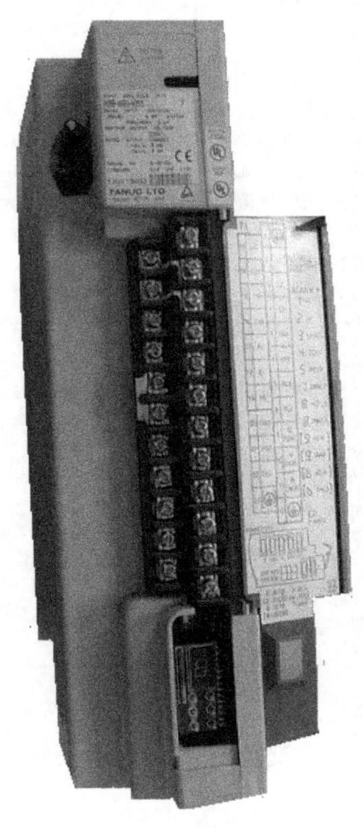

图 5-5　α 系列伺服单元实体图

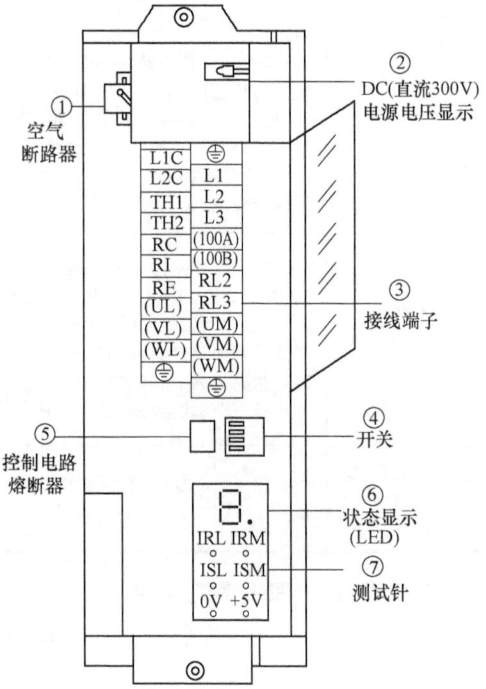

①
空气
断路器
②
DC(直流300V)
电源电压显示
L1C
L2C
TH1
TH2
RC
RI
RE
(UL)
(VL)
(WL)
L1
L2
L3
(100A)
(100B)
RL2
RL3
(UM)
(VM)
(WM)
③
接线端子
④
开关
⑤
控制电路
熔断器
⑥
状态显示
(LED)
IRL IRM
ISL ISM
0V +5V
⑦
测试针

图 5-6　α 系列伺服单元结构图

（2）α 系列伺服单元的连接

FANUC 0TD 与 α 系列伺服单元的连接如图 5-8 所示。

JA4
JF2
JF1
JS2B
JS1B
CX3
CX4
JV2B
JV1B

图 5-7　α 系列伺服单元电缆接口图

TC1 为伺服变压器，动力电源经过 TC1 后由 380V 变为 200V 后连接到伺服单元的 L1、L2、L3 端子，作为伺服单元的主电路的输入电源。L1C、L2C 分别与 L1、L2 相连，作为伺服单元控制电路的输入电源。伺服单

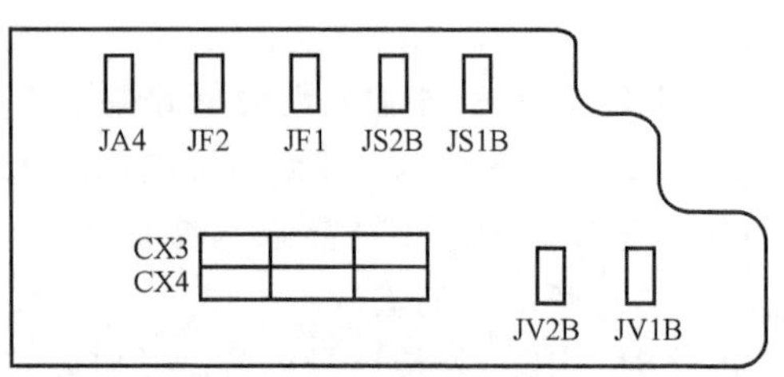

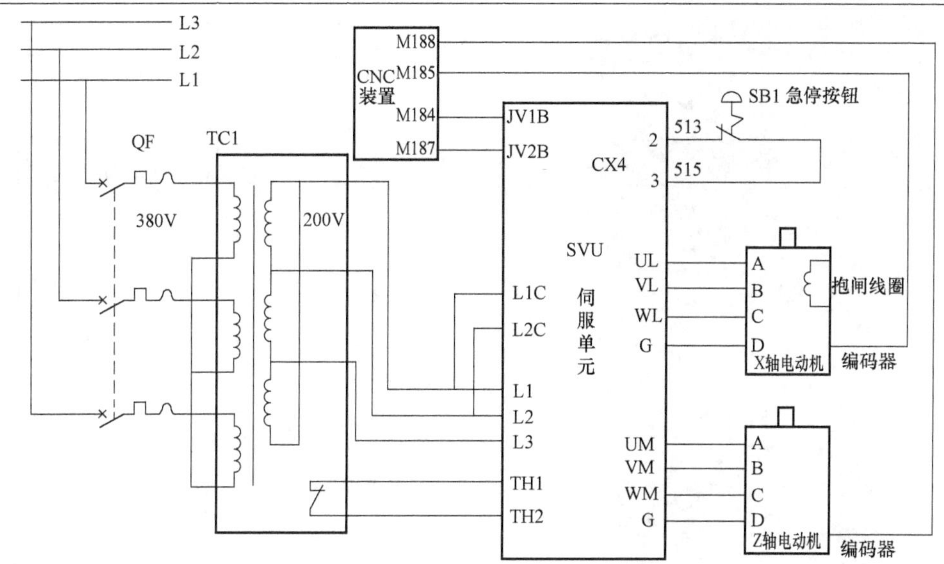

图 5-8　FANUC 0TD 与 α 系列伺服单元的连接图

元的 TH1、TH2 端子与伺服变压器绕组内装的热电偶开关连接，作为伺服变压器的过热保护检测信号。JV1B、JV2B 分别与系统轴板的 M184、M187 连接，作为机床 X 轴、Z 轴伺服电动机的信息信号。CX4 与机床面板的急停开关连接，作为伺服单元急停信号的输入控制。伺服单元的 UL、VL、WL、G 连接到 X 轴伺服电动机，作为 X 轴伺服电动机的动力电源。UM、VM、WM、G 连接到 Z 轴伺服电动机，作为 Z 轴伺服电动机的动力电源。X 轴、Z 轴伺服电动机的编码器分别与系统轴板的 M185、M188 连接，作为机床 X 轴、Z 轴的位置和速度反馈信号。

2. FANUC 系统 βi 系列伺服单元连接

(1) βi 系列伺服单元的端子功能

βi 系列伺服单元实物如图 5-9 所示，βi 系列伺服单元结构如图 5-10 所示。

其中：

L1、L2、L3：主电源输入端接口，三相交流电源 200V、50/60Hz。

U、V、W：伺服电动机的动力线接口。

DCC、DCP：外接 DC 制动电阻接口。

CX29：主电源 MCC 控制信号接口。

CX30：急停信号（＊ESP）接口。

CXA20：DC 制动电阻过热信号接口。

CX19A：DC24V 控制电路电源输入接口，连接外部 24V 稳压电源。

CX19B：DC24V 控制电路电源输出接口，连接下一个伺服单元的 CX19A。

COP10A：伺服高速串行总线（HSSB）接口。与下一个伺服单元的 COP10B 连接（光缆）。

COP10B：伺服高速串行总线（HSSB）接口。与 CNC 系统的 COP10A 连接（光缆）。

JX5：伺服检测板信号接口。

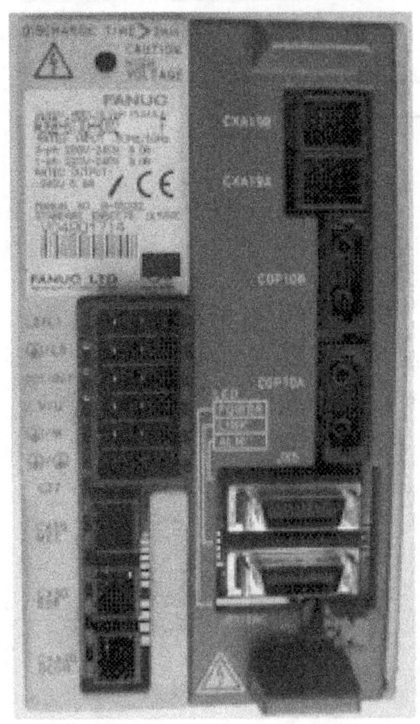

图 5-9　βi 系列伺服单元实体图

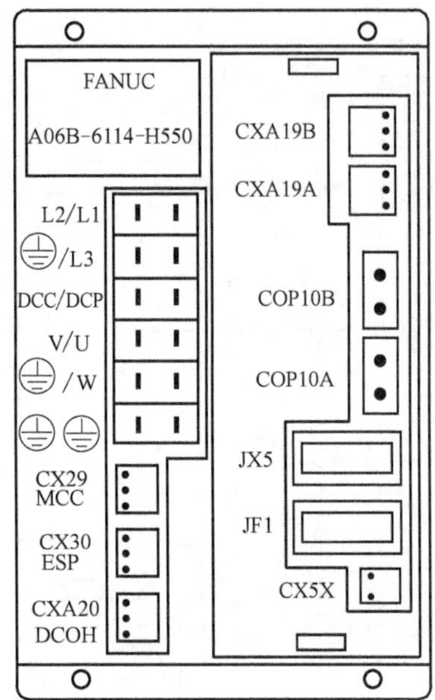

图 5-10　βi 系列伺服单元结构图

JF1：伺服电动机内装编码器信号接口。

CX5X：伺服电动机编码器为绝对编码器的电池接口。

(2) βi 系列伺服单元的连接

FANUC 0i Mate TB 系统与 βi 系列伺服单元的连接如图 5-11 所示。

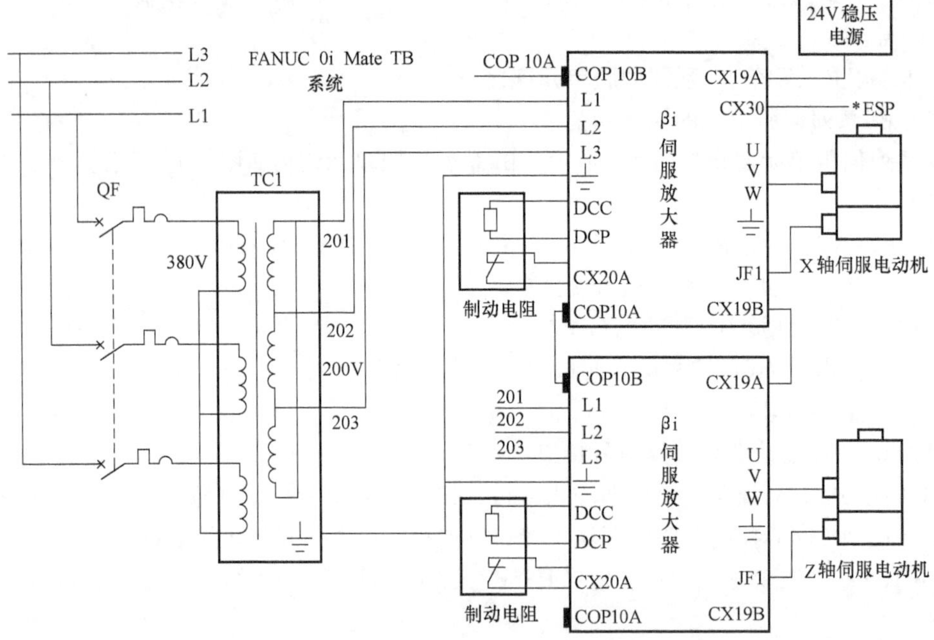

图 5-11　FANUC 0i Mate TB 与 βi 系列伺服单元的连接图

TC1 为伺服变压器，动力电源经过 TC1 后由 380V 变为 200V 后分别连接到伺服单元的 L1、L2、L3 端子，作为伺服单元的主电路的输入电源。外部 24V 稳压电源连接到 X 轴伺服单元 CX19A，X 轴伺服单元的 CX19B 连接到 Z 轴伺服单元的 CX19A，作为伺服单元的控制电路的输入电源。伺服单元的 DCC-DCP 分别连接到 X 轴、Z 轴的外接制动电阻，CXA20 连接到相应的制动电阻的热敏开关，JF1 连接到相应的伺服电动机内装编码器接口上，作为 X 轴、Z 轴的速度和位置反馈信号控制。

3. 交流 α 系列伺服模块

(1) α 系列伺服模块的端子功能

α 系列伺服模块的端口如图 5-12、图 5-13 所示。

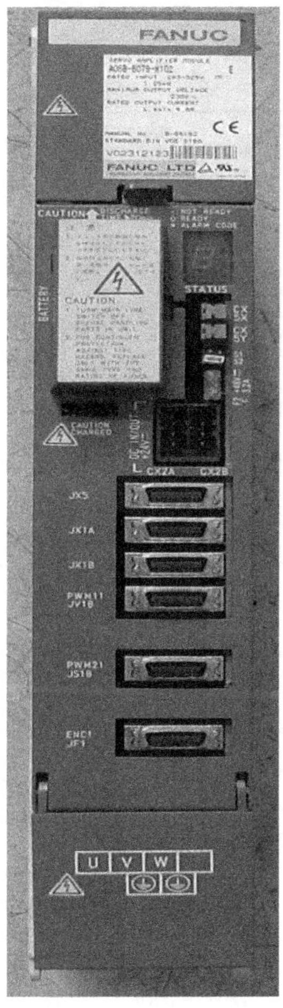

图 5-12 α 系列伺服模块实体图

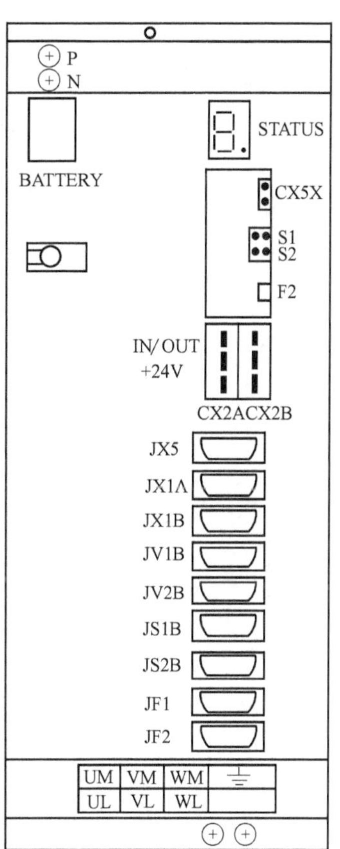

图 5-13 α 系列伺服模块结构图

其中：

P、N：DC Link 端子盒。

BATTERY：绝对脉冲编码器电池。

STATUS：伺服模块状态指示窗口。

CX5X：绝对编码器电池电源连接线。

S1/S2：接口型设定开关。

F2：24V 电源熔断器。

CX2A/CX2B：24V 电源 I/O 连接器。

JX5：信号检测板连接器。

JX1A：模块之间接口输入连接器。

JX1B：模块之间接口输出连接器。

JV1B/JV2B：A 型接口伺服信号连接器。

JS1B/JS2B：B 型接口伺服信号连接器。

JF1/JF2：B 型接口伺服电动机编码器连接器。

（2）α 系列伺服模块的连接

FANUC 0i MA 与 α 系列伺服模块的连接如图 5-14 所示。

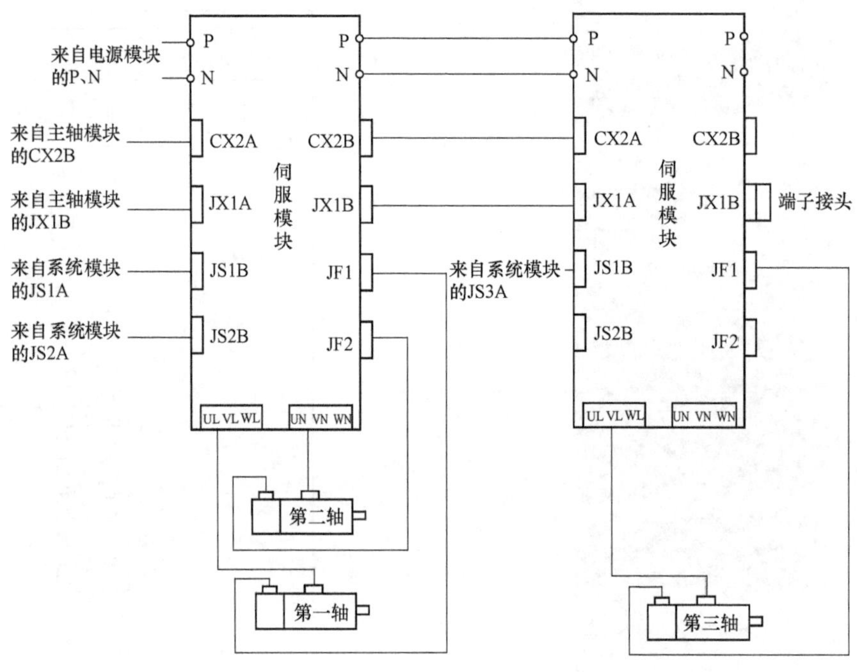

图 5-14　FANUC 0i MA 系统与 α 系列伺服模块连接图

伺服模块 1：UL、VL、WL 与机床第一轴电动机连接，UM、VM、WM 与机床第二轴电动机连接，分别作为 X 轴、Y 轴电动机的动力驱动电源，JF1、JF2 分别与 X 轴、Y 轴伺服电动机内装编码器连接，作为 X 轴、Y 轴的速度与位置反馈信号控制。JS1B、JS2B 分别与系统主模块 JS1A、JS2A 连接，作为 X 轴、Y 轴伺服电动机控制及信息信号。CX2A 与主轴模块的 CX2B 连接，作为伺服模块 1 的控制电源及机床急停信号的输入控制。CX2B 与伺服模块 2 的 CX2A 连接。JX1A 与主轴模块的 JX1B 连接，作为伺服模块间的信息信号传递控制。P、N 与主轴模块 P、N 连接，作为伺服模块 1 的主电路电压（DC300V）的输入电源。

伺服模块 2：UL、VL、WL 与机床第三轴电动机连接，作为 Z 轴电动机的动力驱动电源，JF1 与 Z 轴伺服电动机内装编码器连接，作为 Z 轴的速度与位置反馈信号控制。JS1B 与系统主模块 JS3A 连接，作为 Z 轴伺服电动机控制及信息信号。CX2A 与伺服模块 1 的 CX2B

连接，作为伺服模块 2 的控制电源及机床急停信号的输入控制。JX1A 与伺服模块 1 的 JX1B 连接，作为伺服模块间的信息信号传递控制。P、N 与伺服模块 1 的 P、N 连接，作为伺服模块 2 的主电路电压（DC300V）的输入电源。

4. 交流 αi 系列伺服模块

（1）αi 系列伺服模块的端子功能

αi 系列伺服模块结构如图 5-15、图 5-16 所示。

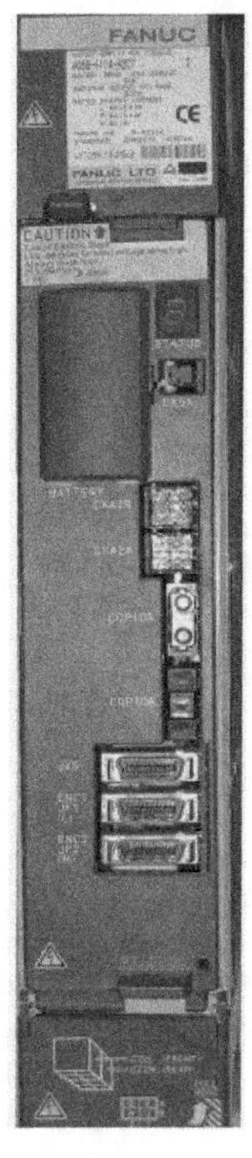

图 5-15　αi 系列伺服模块实体图

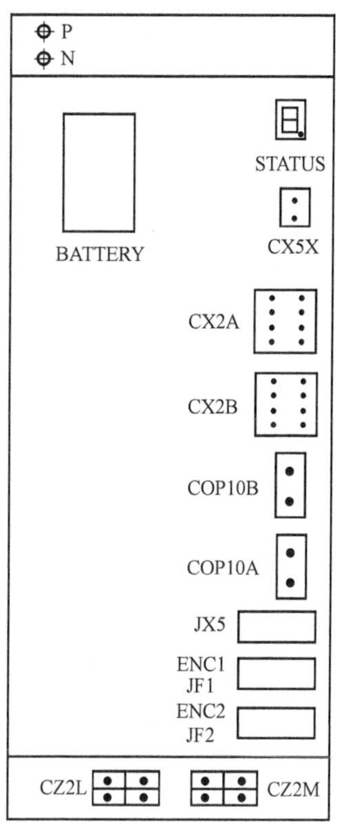

图 5-16　αi 系列伺服模块结构图

其中：

BATTERY：伺服电动机绝对编码器的电池盒（DC6V）。

STATUS：伺服模块状态指示窗口。

CX5X：绝对编码器电池的接口。

CX2A：DC24V 电源、＊ESP 急停信号、XMIF 报警信息输入接口，与前一个模块的 CX2B 相连。

CX2B：DC24V 电源、＊ESP 急停信号、XMIF 报警信息输出接口，与后一个模块的 CX2A 相连。

COP10A：伺服高速串行总线（HSSB）输出接口。与下一个伺服单元的 COP10B 连接（光缆）。

COP10B：伺服高速串行总线（HSSB）输入接口。与 CNC 系统的 COP10A 连接（光缆）。

JX5：伺服检测板信号接口。

JF1、JF2：伺服电动机编码器信号接口。

CZ2L、CZ2M：伺服电动机动力线连接插口。

（2） αi 系列伺服模块的连接

FANUC 0i MB 与 αi 系列伺服模块的连接如图 5-17 所示。

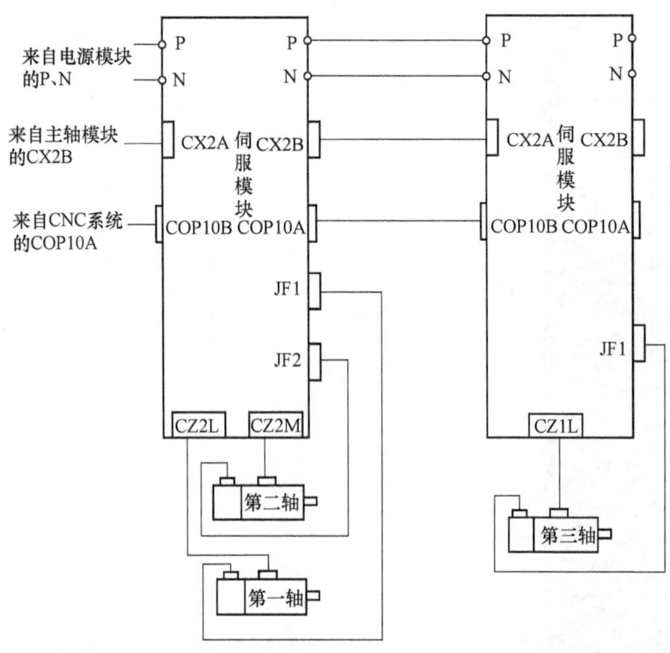

图 5-17　FANUC 0i MB 与 αi 系列伺服模块的连接图

可以看出，通过光缆的连接取代了电缆的连接，不仅保证了信号传输的速度，而且保证了传输的可靠性，并降低了故障率。各模块之间的信息传输是通过 CX2A/CX2B 的串行数据的传输，而不是通过信号电缆 JX1A/JX1B（BCD 代码形式）的传输，从而进一步减少了连接电缆。

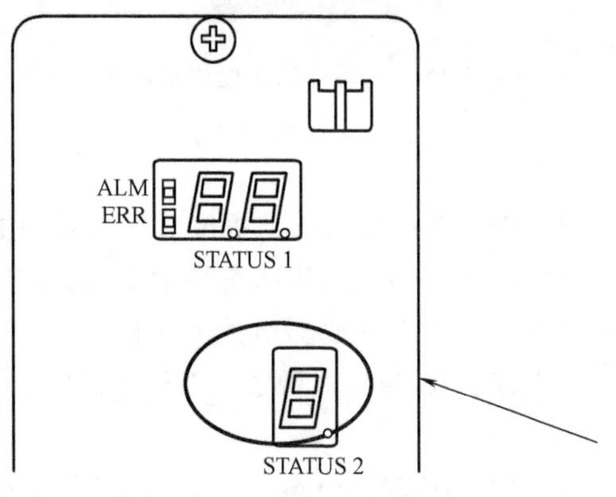

图 5-18　STATUS2 报警显示

5. 伺服主轴单元（βi -SVPM）

伺服驱动和主轴驱动一体型，有两轴或三轴和一个主轴的驱动模块。

由于伺服和主轴一体，故具体接口及连接见项目四中的任务二“三、FANUC 串行数字主轴系统故障诊断与维修”。

6. 报警显示信息

图 5-18 为报警信息显示 LED 数码管。表 5-2 为报警信息列表。

表 5-2 STATUS2 显示信息

STATUS2	内　容
	STATUS2 显示的 LED 不点亮时 1)电源没有接通 2)电缆的连接不良->请确认电缆 3)SVPM 的故障->请更换熔丝(FU1)或者伺服放大器
-.	从 NC 发出的 READY 信号等待
0.	伺服部分 READY 状态,伺服电动机被激活
1.	报警状态 伺服部分发生故障时,STATUS2 显示的 LED 上显示“0”或者“-”以外的内容

三、FANUC 进给伺服系统的常见故障分析

1. SV400，SV402（过载报警）

故障原因：400 为第一、二轴中有过载；402 为第三、第四轴中有过载。当伺服电动机的过热开关和伺服放大器的过热开关动作时发出此报警。过载信号示意图如图 5-19 所示。

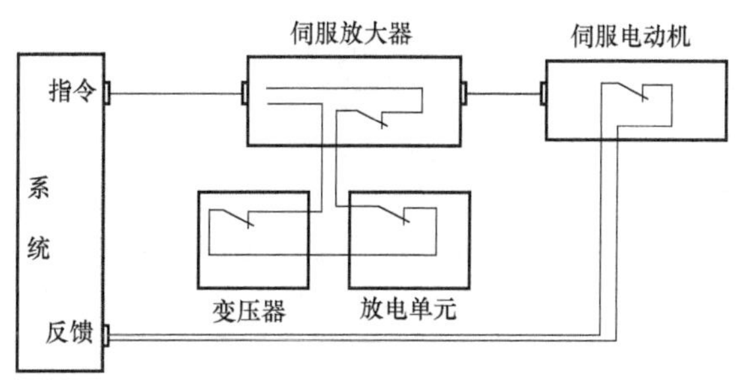

图 5-19　过载信号示意图

处理方法：当发生报警时，要首先确认是伺服放大器还是电动机过热，因为该信号是常闭信号，当电缆断线和插头接触不良也会发生报警，请确认电缆、插头。如果确认是伺服/变压器/放电单元、伺服电动机有过热报警，那么检查：

1）过热引起（测量 IS、IR 侧的负载电流，确认超过额定电流）：检查是否由于机械负载过大、加/减速的频率过高、切削条件引起的过载。

2）连接引起：检查以上连接示意图过热信号的连接。

3）有关硬件故障：检查各过热开关是否正常，各信号的接口是否正常。

2. SV401，SV403（伺服准备完成信号断开报警）

401：提示第一、第二轴报警

403：提示第三、第四轴报警

系统检查原理：系统开机自检后，如果没有急停和报警，则发出 * MCON 信号给所有轴伺服单元，伺服单元接收到该信号后，接通主接触器，电源单元吸合，LED 由两横杠（--）变为 00，将准备好的信号送给伺服单元，伺服单元再接通继电器，继电器吸合后，将 * DRDY信号送回系统，如果系统在规定时间内没有接收到 * DRDY 信号，则发出此报警，同时断开各轴的 * MCON 信号，因此，上述所有通路都是故障点。伺服准备信号示意图如

图 5-20所示。

处理方法：

358 诊断号：

#5（HRDY）：系统监控程序启动

#6（＊ESP）：急停信号

#7，#8，#9：MCON 信号（NC→放大器→转换器）

#10（CRDY）：转换器准备就绪信号

#11（RLY）：继电器信号（DB 继电器驱动）

#12（INTL）：联锁信号（DB 继电器解除状态）

#13（DRDY）：放大器准备就绪信号

#14（SRDY）：放大器准备结束（软件）

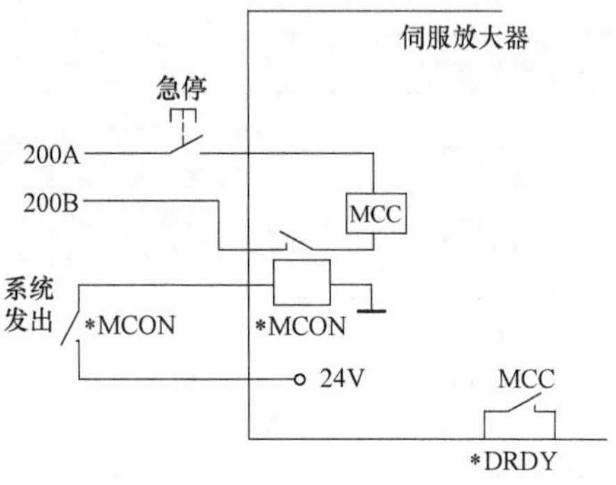

图 5-20　伺服准备信号示意图

当发生报警时首先可以借助 358 诊断号，显示 ALM401 报警的各轴相关信息，显示为十进制数，转换成 16 位二进制后如下。根据该信息，依次检查故障点。

#15	#14	#13	#12	#11	#10	#9	#8
	SRDY	DRDY	INTL	RLY	CRDY	MCOFF	MCONA
#7	#6	#5	#4	#3	#2	#1	#0
MCONS	＊ESP	HRDY					1

确认急停按钮是否处于释放状态。

检查各个插头是否接触不良，包括控制板与主回路的连接以及电源单元与伺服单元、主轴单元的连接。

检查 LED 是否有显示，如果没有显示，则是控制板上不能通电或电源回路烧坏。检查电源单元输出到该单元的 24V 是否正常，检查控制板上的电源回路是否烧坏。如果自己不能修好，将该单元送 FANUC 公司修理。

检查外部交流电压是否都正常，包括：电源单元三相 200V 输入（端子 R、S、T），单相 200V 输入。

检查控制板上各直流电压是否正常，如果有异常，检查板上的熔丝及板上的电源回路有无烧坏的地方，如果不能自己修好，可送 FANUC 公司修理。仔细观察电源单元 LED 是否变 00 后（吸合）再断开（变为两横杠），还是根本就不吸合（一直是两横杠不变）。如果是吸合后再断开，则可能是电源单元故障，在后面主轴部分有介绍。如果根本就不吸合，则可能是接线问题或接线有断线或电源单元有问题，仔细检查各单元之间的连线。检查电源单元的急停＊ESP 和＊MCC 回路（如果这两回路有问题也是两横杠不变），＊ESP 应为短路，＊MCC应与接触器的线圈串联接到交流电源上。

仔细观察单元的 LED 在变 00 后（吸合）所有伺服单元的一个横杠是否变为 0，还是根本就不吸合（一直是一横杠不变）。如果是双轴或三轴，则只要有一轴不好就不吸合。如果有一个轴一直不吸合，则可判断为该伺服单元的故障，检查该单元的继电器并更换，如果更换继电器还不能解决，则更换伺服单元的接口板。观察所有伺服单元的 LED 上是否有其他报警号，如果有，则先排除这些报警。如果是双轴伺服单元，则检查另一轴是否未接或接触不好或伺服参数封上了（0 系统为 8X09#0，16/18/0i 为 2009#0）。

检查 S1、S2 设定是否正确，S1、S2 设定如下：S1-TYPEA，S2-TYPEB。如果以上都正常，则为 CN1 指令线或系统轴控制板故障。

3. SV4n0（停止时位置偏差过大）

系统检查原理：当 NC 指令停止时，伺服偏差计数器的偏差（DGN800~803）超过了参数 PRM593~596 所设定的数值，则发生报警。

处理方法：当发生故障时通过诊断号（DGN800~803）的偏差计数器观察，一般在无位置指令情况下，该偏差计数器应在很小的范围内（±2），如果偏差较大说明有位置指令，无反馈位置信号。

检查：伺服放大器和电动机的动力线是否有断线情况；伺服放大器的控制不良，更换电路板再试验；轴控制板不良；参数不正确，按参数清单检查 PRM593~596、517。

4. SV4n1（运动中误差过大）

系统检查原理：当 NC 发出控制指令时，伺服偏差计数器（DGN800~803）的偏差超过 PRM504~507 设定的值则发出报警。

处理方法：当发生故障时，可以通过诊断（DGN800~803）来观察偏差情况，一般在给定指令的情况下，偏差计数器的数值取决于速度给定、位置环增益、检测单位。

原因：观察在发生报警时，机械侧是否发生了位置移动，当系统发出位置指令，机械哪怕有很小的变化，可能都是机械的负载引起；当没有发生移动时，检查放大器。

当发生报警前有位置变化时，有可能是机械负载过大或参数设定不正常引起的，请检查机械负载和相关参数（位置偏差极限，伺服环增益，加/减速时间常数 PRM504~507、518~521）。

当发生报警前机械位置没有发生任何变化时，请检查伺服放大器电路、轴卡，通过 PMC 检查伺服是否断开，检查伺服放大器和电动机之间的动力线是否断开。

5. SV4n4（数字伺服报警）

它是伺服放大器和伺服电动机有关的各种报警的总和，这些报警有可能是伺服放大器及伺服电动机本身引起的，也可能是系统的参数设定不正确引起的。

诊断方法：当发生此报警时，首先通过系统的诊断数据来确定是哪一类报警，对应的位为 1 说明发生了对应的报警。

DGN72

OVL	LV	OVC	HC	HV	DC	FB	OF

OVL：伺服过载报警；

LV：低电压报警；

OVC：过电流报警；

HC：高电流报警；

HV：高电压报警；

DC：放电报警；

6. SV4n6（反馈断线报警）

不管是使用 A/B 向的通用反馈信号还是使用串行编码信号，当反馈信号发生断线时，发出此报警。

系统检查原理：α 系列伺服电动机使用串行编码器组成半闭环时，由于电缆断开或由于编码器损坏引起数据中断，则发生报警。

普通的脉冲编码器，该信号用硬件检查电路直接检查反馈信号，当反馈信号异常时，则发生报警。

软件断线报警，当使用全闭环反馈时，利用分离型编码器的反馈信号和伺服电动机的反馈信号，软件进行判别检查，当出现较大偏差时，则发生报警。

四、伺服参数设定

首先进入伺服参数的设定画面，对于 FANUC 0i 系统具体操作是，按系统功能键［SYSTEM］，然后按下系统扩展软键，再按下系统软键【SV-PAM】即可进入。

1. 设定电动机 ID 号

FANUC 0i 系统参数为 2020，设定为各轴的电动机的类型号。常用电动机的类型号见表 5-3。

表 5-3　FANUC 系统常用的伺服电动机的 ID 代码

ID 代码	伺服电动机	ID 代码	伺服电动机
7	αC3/2000	176	αC8/2000i
8	αC6/2000	191	αC12/2000i
9	αC12/2000	196	αC22/2000i
10	αC22/1500	201	αC30/1500i
15	α3/2000	177	α8/3000i
16	α6/2000	193	α12/3000i
17	α6/3000	197	α22/3000i
18	α12/2000	203	α30/3000i
19	α12/3000	207	α40/3000i
20	α22/2000	36	β2/3000
22	α22/3000	33	β3/3000
28	α30/1200	34	β6/2000
30	α40/2000		

2. 设定伺服系统的 CMR 指令倍乘比

FANUC 0i 系统参数为 1820，设定各轴最小指令增量与检测单位的指令倍乘比。参数设定值：①指令倍乘比为 1/2~1/27 时设定值=1/指令倍乘比+100，有效数据范围：102~107；②指令倍乘比为 1~48 时设定值=2×指令倍乘比，有效数据范围：2~96。

3. 设定伺服系统的 AMR 电枢倍增比

FANUC 0i 系统参数为 2001，设定为 00000000，与电动机类型无关。

4. 设定伺服系统的柔性进给齿轮比 N/M

FANUC 0i 系统参数为 2084、2085。对不同丝杠的螺距或机床运动有减速齿轮时，为了使位置反馈脉冲数与指令脉冲数相同而设定进给齿轮比，由于通过系统参数可以修改，所以又叫作柔性进给齿轮比。半闭环控制伺服系统：N/M=（伺服电动机一转所需的位置反馈脉冲数/100 万）的约分数；全闭环控制伺服系统：N/M=（伺服电动机一转所需的位置反馈脉冲数/电动机一转分离型检测装置位置反馈的脉冲数）的约分数。

5. 设定电动机移动方向

FANUC 0i 系统参数为 2022，111 为正方向（从脉冲编码器端看为顺时针方向旋转）；-111为负方向（从脉冲编码器端看为逆时针方向旋转）。

6. 设定速度脉冲数

FANUC 0i 系统参数为 2023，串行编码器设定为 8192。

7. 设定位置脉冲数

FANUC 0i 系统参数为 2024，半闭环控制系统中，设定为 12500，全闭环系统中，按电动机一转来自分离型检测装置的位置脉冲数设定。

8. 设定参考计数器

FANUC 0i 系统参数为 1821，参考计数器用于在栅格方式下返回参考点的控制。必须按电动机一转所需的位置脉冲数或按该数能被整数整除的数来设定。

五、伺服参数初始化

伺服参数初始化就是将系统的参数按设定条件恢复到系统出厂时的标准设定。当数控系统的伺服驱动更换，或因为更换电池等原因，使伺服参数出现错误时，必须对伺服系统进行初始化处理与重新调整。

1. 伺服初始化参数设定

（1）分离型检测装置是否有效的系统参数

FANUC 0i 系统参数为 1815#1（OPTx），如果采用分离型检测装置作为位置检测装置，则把该位参数设定为 1，否则为 0。

（2）绝对位置检测是否使用参数

FANUC 0i 系统参数为 1815#5（APCx），如果采用绝对编码器作为位置检测装置，则把该位参数设定为 1，否则为 0。

2. 伺服参数初始化操作

1）在紧急停止状态，接通电源。

2）显示伺服参数的设定画面：系统功能键［SYSTEM］—系统扩展软件—系统软件［SV-PAM］。

3）使用光标、翻页键，将伺服初始化设定参数 2000#1 的 1 设定为 0，然后系统断电再重新上电，从而完成了数字伺服参数的初始化操作。当伺服初始化结束后，初始化定位#1 自动变为 1。

初始化设定为如下：

#7	#6	#5	#4	#3	#2	#1	#0
				PRMCAL		DGPRM	PLC01

#0（PLC01）：设定为 0 时，检测单位为 1μm，FANUC 0i MATE TC 系统使用参数 2023（速度脉冲数）、2024（位置脉冲数）。设定为 1 时，检测单位为 0.1μm，相应的系统参数为把上面系统参数的值乘 10 倍。

#1（DGPRM）：设定为 0 时，系统进行数字伺服参数初始化的设定，当伺服参数初始化后，该位自动变为 1。

#3（PRMCAL）：进行伺服初始化设定时，该位自动变成 1。根据编码器的脉冲数自动

计算下列参数：2043、2044、2047、2053、2054、2056、2057、2059、2074、2076。

任务三 华中数控进给系统的故障诊断与维修

任务引入

一台配置华中数控系统的普通数控车床在开始使用后发现机床工作台的 Z 轴移动时出现“啸叫”，振动较大，加工零件完成声，对零件质量进行检测，相应轴向尺寸偏大超差。

故障分析：

1）初步分析为系统参数中位置环和速度环参数设置不合理导致。

2）检查位置环开环增值和前馈系数，经过调整测试，故障排除。

系统参数中速度环和位置环的参数设置应根据机床的自身情况进行合理的设置，如果设置不对，常会导致工作台运动出现噪声、振荡或超调等现象，一般都在机床出厂时由机械专业和控制专业人员配合进行调整，因此此参数的设置谨慎，否则会影响所加工零件的精度。

任务内容

一、华中数控开环进给系统

1. 开环进给系统

华中开环进给系统是用步进电动机作为执行元件的一种进给形式。步进驱动系统没有位置反馈回路与速度反馈回路，一般用于对速度和精度要求不高的中、小型经济型数控机床上。其系统结构如图 5-21 所示。

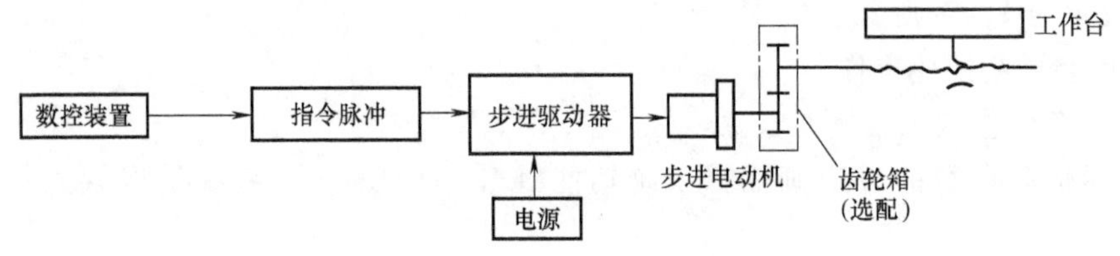

图 5-21 开环系统连接图

步进电动机将数字脉冲输入转换成旋转增量运动，每输入一个脉冲，转轴步进一个步距角增量，因此，步进电动机能很方便地将电脉冲转换为角位移，具有较好的定位精度，无漂移和无积累定位误差。能跟踪一定频率范围的脉冲列，可作同步电动机使用，广泛地应用于各种小型自动化设备及仪器，步进电动机按转矩产生的原理可分为反应式、永磁式及混合式步进电动机；从控制绕组数量上可分为二相、三相、四相、五相、六相步进电动机；从电流的极性上可分为单极性和双极性步进电动机；从运动的形式上可分为旋转、直线、平面步进电动机。华中系统也提供了对开环步进系统的支持，以雷塞 M535 步进电动机驱动器为例，说明开环系统与 HNC-21 世纪星数控系统的连接关系。

2. 步进电动机

(1) 步进电动机的技术指标

设备用的是雷赛两相混合式步进电动机，具体型号为雷赛 57HS13，具体技术规格见

表 5-4。

表 5-4　步进电动机技术规格

额定转矩	额定电压	额定功率	额定电流	步距角	保持转矩	相电感	相电阻	转子惯量	定位转矩
N · m	V	W	A	(°)	N · m	mH	Ω	g · cm^2	kg · cm
1.3	24	65	2.8	1.8	1.3	2.1	1.0	460	0.7
电动机相数	引线数目	电动机重量	机身长						
		kg	mm						
2	8	1.0	76						

（2）引线接法

该步进电动机引出线为 8 根，具体接线图如图 5-22所示。当电动机与伺服驱动器连接时有串联和并联两种接法，如图 5-23 所示，分别适用于低速和高速两种情况。串联时转矩大些，但高速特性要差一些；而并联时低速转矩特性要差一些，但高速特性要好一些。注意，并联是适当增加驱动装置的输出电流。具体接法见表 5-5。

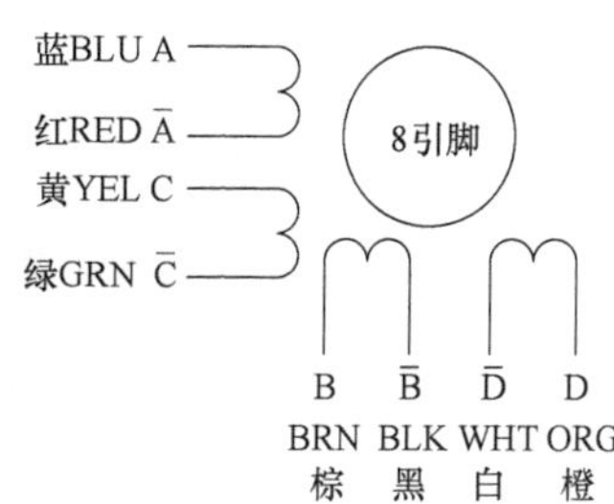

图 5-22　步进电动机引脚图

表 5-5　步进电动机接线图

接法	驱动器接线	对应电动机引线	适用场合
串联	A+	A	低速
	A−	B	
	B+	C	
	B−	D	
	悬空	$\overline{AC}$(相连)	
	悬空	$\overline{BD}$(相连)	
并联	A+	$\overline{AC}$	高速
	A−	$\overline{A}$ C	
	B+	$\overline{BD}$	
	B−	$\overline{B}$ D	

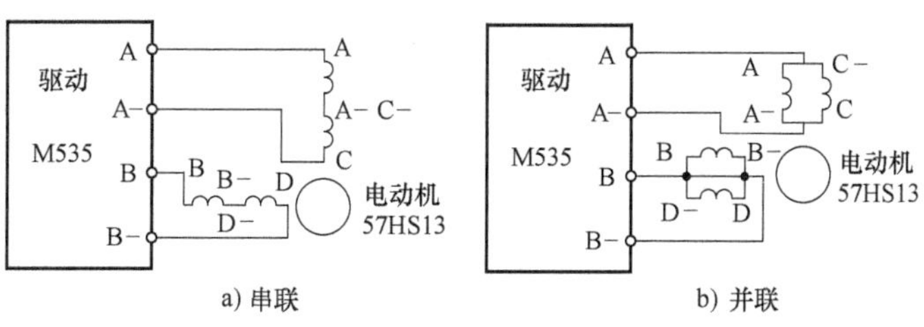

图 5-23　两相步进电动机的串联/并联连接图

3. 步进驱动器

M535 是采用美国先进技术生产的细分型高性能步进驱动器，适合驱动中小型的任何

3. 5A 相电流以下的两相或四相混合式步进电动机。其外观图如图 5-24 所示。接线端子见表 5-6、表 5-7。

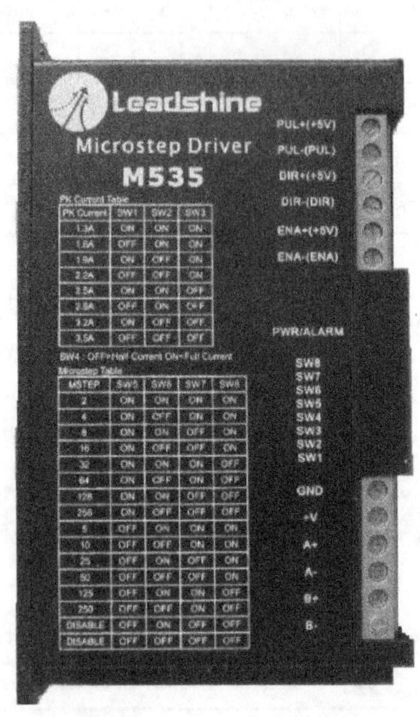

图 5-24　驱动器外观图

表 5-6　雷塞 M535 型步进电动机驱动器弱电 P1 引脚

<table>
<tr><th>信号</th><th>功　　能</th></tr>
<tr><td>PUL+</td><td rowspan="2">脉冲信号:单脉冲控制方式时为脉冲信号,此时脉冲上升沿有效;双脉冲控制方式时为正传脉冲信号,信号上升沿有效。为了可靠响应,脉冲的低电平时间应大于 2μs</td></tr>
<tr><td>PUL-</td></tr>
<tr><td>DIR+</td><td rowspan="2">方向信号:单脉冲控制方式时为高/低电平信号,双脉冲控制时为反转脉冲信号。脉冲上升沿有效。单/双脉冲控制方式设定由驱动器内部跳线排 JMP1 实现</td></tr>
<tr><td>DIR-</td></tr>
<tr><td>ENA+</td><td rowspan="2">使能信号:此输入信号用于使能/禁止,高电平使能,低电平时驱动器不能工作</td></tr>
<tr><td>ENA-</td></tr>
</table>

表 5-7　雷塞 M535 型步进电动机驱动器强电 P2 引脚

<table>
<tr><th>信号</th><th>功　　能</th></tr>
<tr><td>GND</td><td>直流电源地</td></tr>
<tr><td>+V</td><td>直流电源正极,+24~46V 间任何值均可,但推荐理论值(对应 AC220V)为 DC+40V 左右</td></tr>
<tr><td>A+</td><td rowspan="2">电动机 A 相</td></tr>
<tr><td>A-</td></tr>
<tr><td>B+</td><td rowspan="2">电动机 B 相</td></tr>
<tr><td>B-</td></tr>
</table>

其系统的连接图如图 5-25 所示。

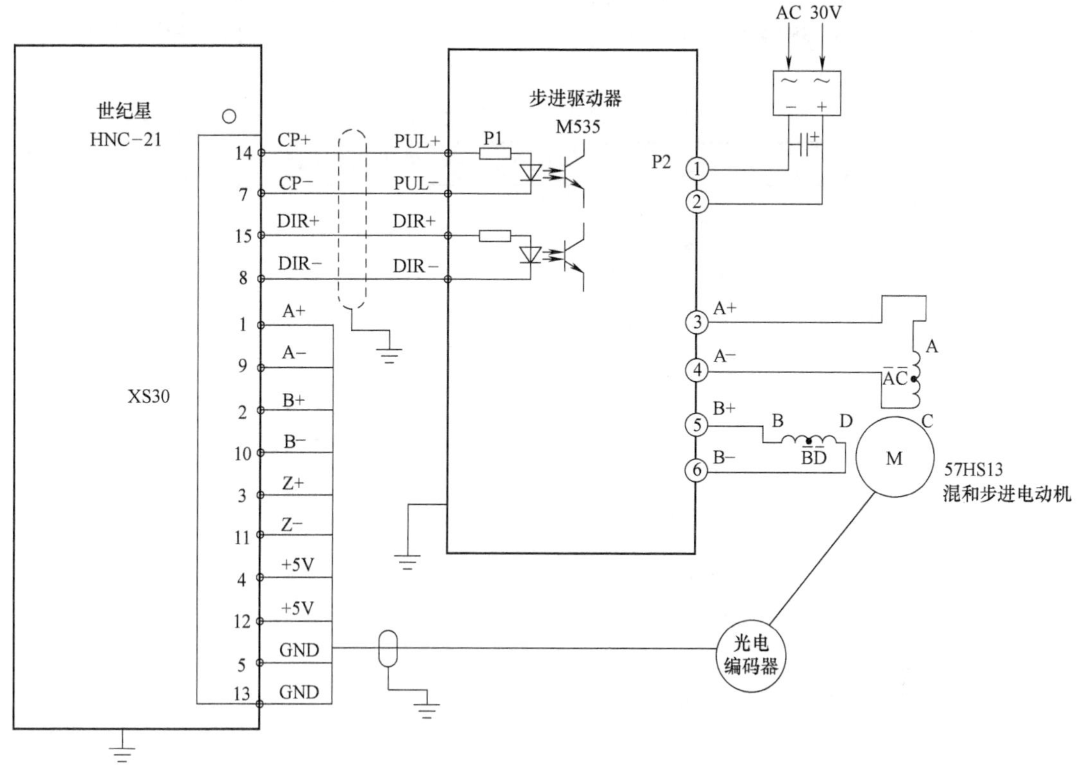

图 5-25　步进电动机驱动器与 HNC-21 数控装置的连接图

4. 华中开环系统的设置及维修

世纪星系统需要对参数进行配置，配置值见表 5-8，对步进电动机有关参数设置坐标轴参数，按表 5-9 设置硬件参数。

表 5-8　坐标轴参数

参数名	参数值
伺服驱动型号	46
伺服驱动器部件号	0
最大跟踪误差	0
电机每转脉冲数	400
伺服内部参数[0]	步进电动机拍数 8
伺服内部参数[1]	0
伺服内部参数[2]	0
伺服内部参数[3][4][5]	0
快移加/减速时间常数	0
快移加速度时间常数	0
加工加/减速时间常数	0
加工加速度时间常数	0

表 5-9　硬件配置参数

参数名	型号	标识	地址	配置[0]	配置[1]
部件 0	5301	不带反馈 46	0	0	0

同时，需要对M535步进电动机驱动器参数设置：按驱动器前面板表格将细分数设置为2，将电动机设置为57HS13步进电动机的额定电流。步进电动机的检修是比较简单的，可以通过表5-10来检测其故障并排除。

表5-10　华中开环系统故障排除

故障现象	故障原因
电动机不运转	驱动器无直流供电电压 驱动器熔丝熔断 驱动器报警(过电压、欠电压、过电流、过热) 驱动器与电动机连线断线 HNC-21轴参数设置不当 驱动器使能信号被封锁 接口信号线接触不良 指令脉冲太窄、频率过高、脉冲电平太低
电动机起动后堵转	指令频率太高 负载转矩太大 加速时间太短 负载惯量太大 直流电源电压降低
电动机运转不均匀,有抖动	指令脉冲不均匀 指令脉冲太窄 指令脉冲电平不正确 指令脉冲电平与驱动器不匹配 脉冲信号存在噪声 脉冲频率与机械发生共振
电动机运转不规则,正反转地摇摆	指令脉冲频率与电机发生共振
电动机定位不准	加/减速时间太小 存在干扰噪声 系统屏蔽不良

二、华中数控进给伺服系统概述

华中数控公司的交流驱动系列主要有HSV-9、HSV-11、HSV-16和HSV-20D四种型号。其中HSV-11运用了矢量控制原理和柔性控制技术，其额定电流为14A、20A、40A、60A；HSV-16采用专用运动控制DSP、大规模现场可编程逻辑阵列（FPGA）和智能化功率模块（IPM）等新技术设计，操作简单、可靠性高、体积小巧、易于安装。HSV-20D是武汉华中数控股份有限公司继HSV-9、HSV-11、HSV-16之后，推出的一款全数字交流伺服驱动器，具有025、050、075、100多种型号规格，具有很宽的功率选择范围。

本书将以HSV-16系列伺服进给系统为例进行介绍。

1. HSV-16交流伺服驱动器的特点

1）控制简单、灵活。通过修改伺服驱动器参数，可对伺服驱动器系统的工作方式、内部参数进行修改，以适应不同应用环境和要求。

2）状态显示齐全。HSV-16设置了一系列状态显示信息，方便客户在线调试、运用过程中浏览伺服驱动器的相关状态参数；同时也提供了一系列的故障诊断信息。

3）宽调速比（与电动机及反馈元件有关）。HSV-16伺服驱动器的最高转速可设置为3000r/min，最低转速为0.5r/min；调速比为1：6000。

4）体积小巧，易于安装。HSV-16伺服驱动器结构紧凑、体积小巧，非常易于安装、拆卸。与华中伺服进给系统相配套使用的是 GK6 系列交流永磁同步伺服电动机。GK6 系列交流伺服电动机与华中数控系列伺服驱动装置配套后构成的相互协调的系统，可广泛应用于机床、纺织、印刷、建材、雷达、火炮等领域。该电动机采用自冷式，防护等级为 IP64～IP67。GK6 系列电动机是永磁三相交流同步电动机，稀土永磁材料形成气隙磁场，由脉宽调制变频器控制运行，具有良好的转矩性能和宽广的调速范围。电动机带有装于定子绕组内的温度传感器，具有电动机过热保护输出。GK6 系列交流伺服电动机由定子、转子、高精度反馈元件（如光电编码器、旋转变压器等）组成。电动机根据不同的型号可以提供从 1.1N·m到 42N·m 不等的输出转矩。

2. 交流伺服电动机驱动器的组成

交流伺服系统主要由下列几个部分构成，如图 5-26 所示。

1）交流伺服电动机。可分为永磁交流同步伺服电动机、永磁无刷直流伺服电动机、感应伺服电动机及磁阻式伺服电动机。

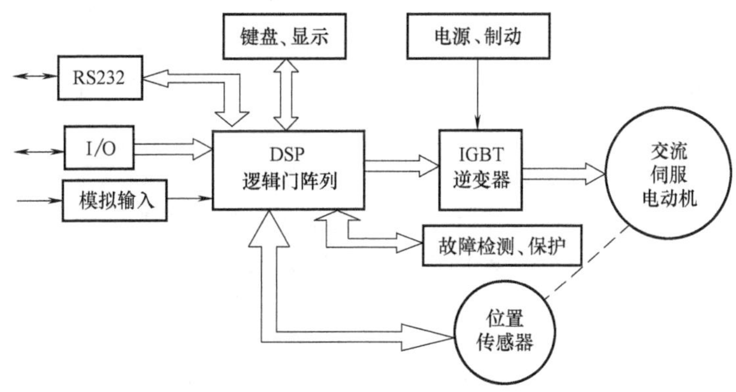

图 5-26 交流伺服系统组成

2）PWM 功率逆变器。可分为功率晶体管逆变器、功率场效应晶体管逆变器、IGBT 逆变器（包括智能型 IGBT 逆变器模块）等。

3）微处理器控制器及逻辑门阵列。可分为单片机、DSP（数字信号处理器）、DSP+CPU、多功能 DSP（如 TMS320F240）等。

4）位置传感器（含速度）。可分为旋转变压器、磁性编码器、光电编码器等。

5）电源及能耗制动电路。

6）键盘及显示电路。

7）接口电路。包括模拟电压、数字 I/O 及串口通信电路。

8）故障检测，保护电路。伺服驱动的控制技术主要包括：矢量控制技术、电流反馈跟踪技术、实时 PWM 技术（一般采用滞环法、次谐波法和空间矢量法）。

3. 伺服驱动装置的接口

在数控机床上进给驱动装置根据来自 CNC 的指令，控制电动机按指令运行，以满足数控机床工作的要求。因此进给驱动装置至少要求具备工作电源接口、接收 CNC 或其他设备指令以及控制电动机运行的接口，这些是最基本的接口。此外，为了安全，进给驱动装置一般提供工作状态信息和报警接口。为了方便，有些进给驱动装置还提供通信接口等。根据不同的类型和功能的强弱，除了基本接口外，进给驱动装置的接口会相差很多，例如，交流伺服驱动装置一般比步进电动机驱动装置具有更丰富的接口。

进给驱动装置的接口，可以按多种方法进行分类：

1）按连接对象的不同，可分为 CNC 及 PLC 接口、电动机接口、外部设备接口等。

2）按功能的不同，可分为指令接口、控制接口、状态接口、安全互锁接口、通信接口、显示接口等。

3）根据接口信号的电压高低，可分为高压电源接口、低压电源接口、无源接口。

4）根据接口信号的幅值特性，可分为开关量接口和模拟量接口。

下面将按功能的不同对进给驱动装置的接口分别进行介绍。要注意的是，这些是在进给驱动装置中常用到的接口，但对于具体的某个进给驱动装置，则不是所有的接口都具备的。

（1）电源接口

进给驱动装置的电源一般分为动力电源和逻辑电路电源，对于交流伺服进给驱动装置，还需要控制电源。动力电源是指进给驱动装置用于变换以驱动电动机运行的电源；逻辑电路电源是指进给驱动装置的开关量、模拟量等逻辑接口电路工作或电平匹配的电源，一般为直流 24V，也有采用直流 12V 或 5V；控制电源是指进给驱动装置自身的控制板卡、面板显示等内部电路工作用的电源，一般为单相，电压与动力电源相同，对于步进驱动装置，该部分电源与动力电源共用。

习惯上进给驱动装置的电源是指动力电源。进给驱动装置的（动力）电源种类很多，从三相交流 460V 一直到直流 24V，甚至更低。交流伺服驱动装置典型的供电方式是三相交流 200V；步进电动机驱动器，一般采用单相交流电源或直流电源，对于采用直流电源的步进电动机驱动装置，允许的电源电压的范围都比较宽（以 M535 为例，允许的电源电压是 DC24~48V），步进驱动装置一般不推荐使用稳压电源和开关电源。伺服驱动装置的电源一般允许 15%的变化范围，例如，对于采用三相交流 200V 的伺服驱动装置，允许电源电压额定值的范围是 200~230V。

使用交流电源的进给驱动装置一般由隔离变压器供电，以提高抗干扰能力和减小对其他设备的干扰，有时还需要增加电抗器以减小起动时对电源和电源控制器件的冲击，电源干扰较强时还要增加高压瓷片电容、磁环、低通滤波器等。进给驱动装置典型的供电线路如图 5-27 所示。

另外交流伺服驱动装置内部分为电源模块部分和控制模块部分，有些交流伺服驱动模块这两部分是集成在一起的，有些则采用分离的方式，即几个控制模块（有些产品还包括主轴控制模块）共用一个电源模块，此时也称控制模块为进给驱动装置，这种方式对于坐标轴数较多的数控设备要经济些，例如铣床。根据电源模块和电动机功率的不同，一个电源模块可以连接 1~5 个控制模块。

电源接口一般采用端子的形式，如图 5-28 所示。

（2）指令接口

进给驱动装置一般采用脉冲接口或模拟量接口作为指令接口，有些还提供通信和总线的方式作为指令接口，如图 5-29 所示。

1）模拟量指令接口

一般用于伺服进给驱动装置。采用模拟量指令时，进给驱动装置工作在速度模式下，位置闭环则由 CNC 和电动机（半闭环控制）或机床（全闭环控制）上的位置检测元件完成。

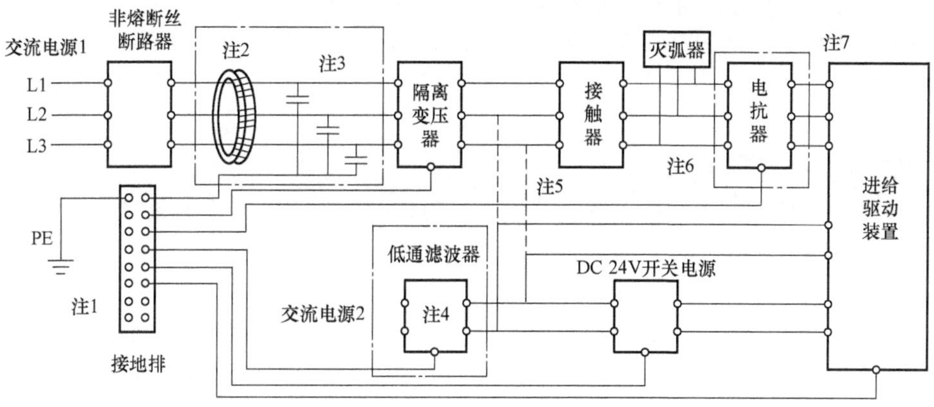

图 5-27　进给驱动装置电源供电示意图

注：1. 整机必须可靠接地，接地电阻小于 4Ω，并在控制柜内最近的位置接入 PE 接地排；各器件应单独接到接地排上；接地排采用不低于 3mm 厚的铜板制作，保证良好接触、导通。

2. 各线在磁环上绕 3~5 圈。

3. 电源线进入变压器的位置各相对地接高压（2000V）瓷片电容，可非常明显地减少从电源线进入的干扰（脉冲、浪涌）。

4. 采用低通滤波器，减少工频电源上的高频干扰信号。

5. 进给驱动装置的控制电源可以由另外的隔离变压器供电，也可以从伺服变压器取一相电源供电（注意，在接触器前端）。

6. 大电感负载（交流接触器线圈、接触器直接控制起/停的三相异步电动机、交流电磁阀线圈等）要采用 RC（灭弧器）吸收高压反电动势，抑制干扰信号。

7. 点画线框内为非必需的抗干扰措施。

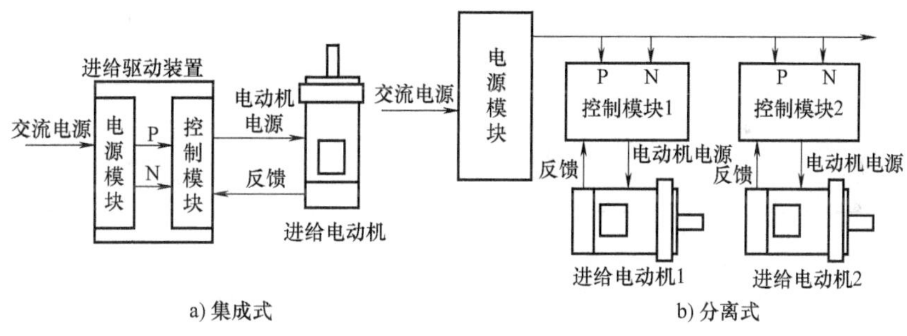

图 5-28　进给驱动装置电源与控制模块的关系

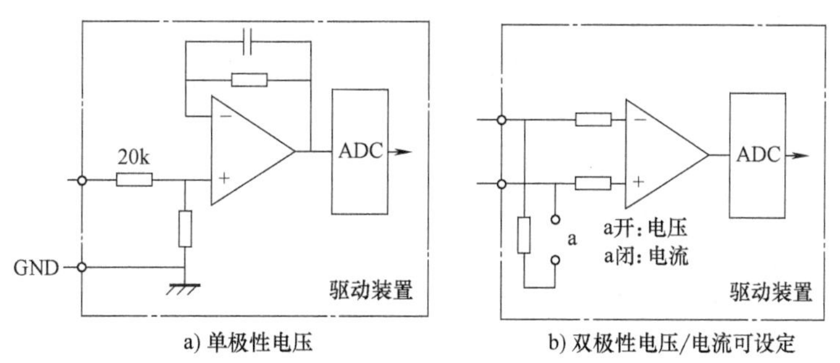

图 5-29　模拟指令输入接口原理图

模拟量指令分为模拟电压指令和模拟电流指令两种，模拟量指令输入接口原理如图 5-29 所示，一般电压指令的范围是-10～+10V；电流指令的范围是-20～+20mA。电压指令在远距离传输是衰减比较明显的，因此，若驱动装置两种指令可选，则推荐使用或设定为模拟电流指令接口。

2）脉冲指令接口

脉冲指令接口初期只用于步进驱动装置，目前，市场销售的通用伺服驱动装置一般也都采用或提供脉冲指令接口，接口电路原理如图 5-30 所示，外部输入电路有长线驱动和集电极开路两种形式。

采用脉冲指令接口时，伺服驱动装置一般工作在位置半闭环控制模式下，速度环和位置环的控制都由伺服驱动装置完成。位置信息由伺服驱动装置反馈给 CNC 作监控用，CNC 也可以不读取位置反馈信息，此时与控制步进电动机进给驱动装置相同。

脉冲指令接口有三种类型：单脉冲（脉冲+方向）方式、正反向脉冲方式、正交脉冲方式。步进电动机驱动装置一般只提供单脉冲方式，伺服驱动装置则三种方式都提供。假设 CP、DIR 为驱动装置的脉冲指令接口，则不同的工作模式 CP、DIR 的含义见表 5-11。

表 5-11　脉冲形式

脉冲模式	电动机正转	电动机反转
单脉冲	CP DIR	CP DIR
正交脉冲	90° CP DIR	90° CP DIR
正反向脉冲	CP DIR	CP DIR

单脉冲：CP 为脉冲信号，DIR 为方向信号；

正交脉冲：CP 与 DIR 的相位差为脉冲信号，CP 与 DIR 的相位超前和落后关系决定电动机的旋转方向；

正反向脉冲：CP 为正转脉冲信号，DIR 为反转脉冲信号。

3）通信指令接口

在图 5-30 中可以看到 CNC 通过内置式 PLC 的输入开关量接口可以读到进给驱动装置“准备好”和“报警”两种状态，若需要获得具体的报警内容等更多的信息则需要占用更多的 PLC 输入接口。因此，为了简化系统连线，增加 CNC 对进给驱动系统的管理功能，以及其他一些特殊功能，有些进给驱动装置提供通信指令接口及相应的编程说明，常用的通信指令接口有 RS232、RS422、RS485。采用该方式控制进给驱动装置时，数控装置和进给驱动装置之间只要一根通信线即可完成对进给驱动装置的所有控制，并获得其所有工作信息，系统连接框图如图 5-31 所示。

图 5-32 是连接伺服驱动的一个实例（以 HSV-11 为例）。通过 RS232 接口，数控装置不

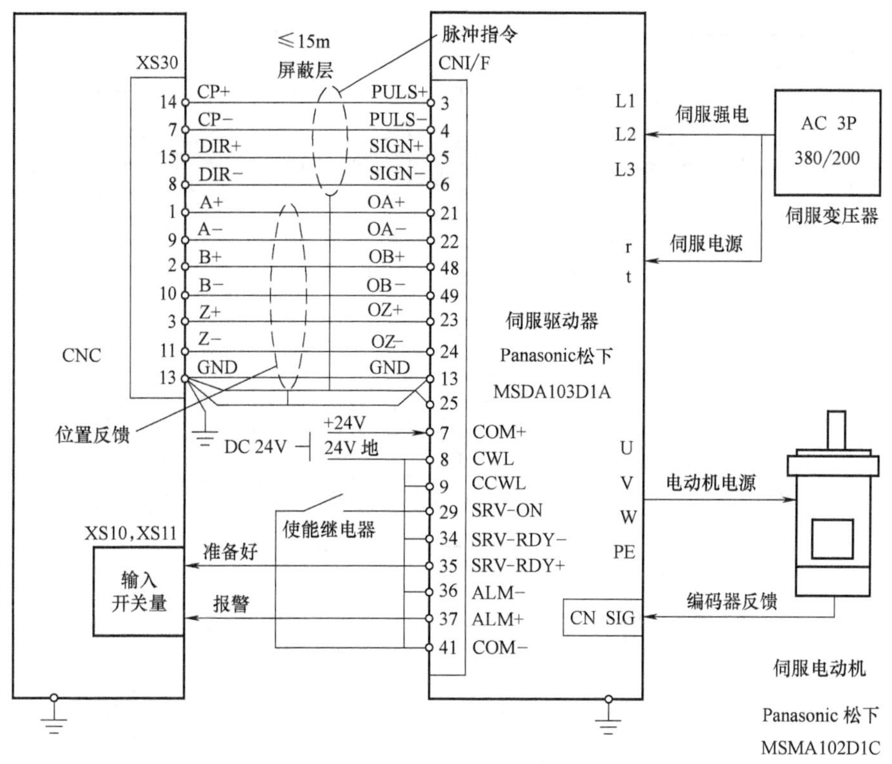

图 5-30　脉冲指令接口伺服驱动装置连线图实例

仅可以控制驱动装置运行，还可以获得驱动装置的工作状态信息、电动机实际位置反馈信息、所有的报警信息，这样在数控装置侧就可以获得进给驱动装置的所有信息，而连线仅是一根三芯的屏蔽电缆。

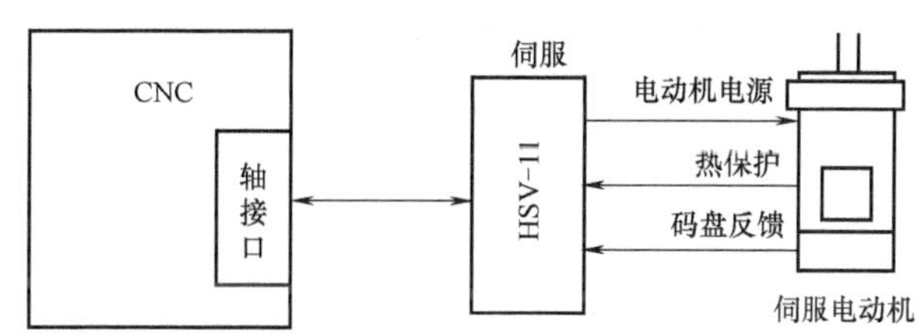

图 5-31　采用通信指令接口进给驱动装置连接框图

这种方式由于使用难度要大一些，因此一般与进给驱动装置生产厂家的数控装置一起使用。例如，图 5-32 中的 HSV-11 驱动装置与厂家自己的 HNC-21 数控装置共同使用时采用 RS232 通信控制，同时它也提供通用的模拟指令和脉冲指令接口，供单独选购进给驱动装置的用户使用。

（3）控制接口

控制接口对进给驱动装置而言是输入信号接口，用于接受 CNC、PLC 以及其他设备的控制指令，以便调整驱动装置的工作状态、工作特性或对驱动装置和电动机驱动的机床设备进行保护。控制接口有开关量信号接口和模拟电压信号接口两种，其中开关量信号接口典型的电路原理如图 5-33 所示，通常采用光电隔离接口，有低电平（NPN 型）有效和高电平（PNP 型）有效两种形式，有些还可以通过改变逻辑电路电源的接法来选择高/低电平有效。

控制接口常用的信号如下：

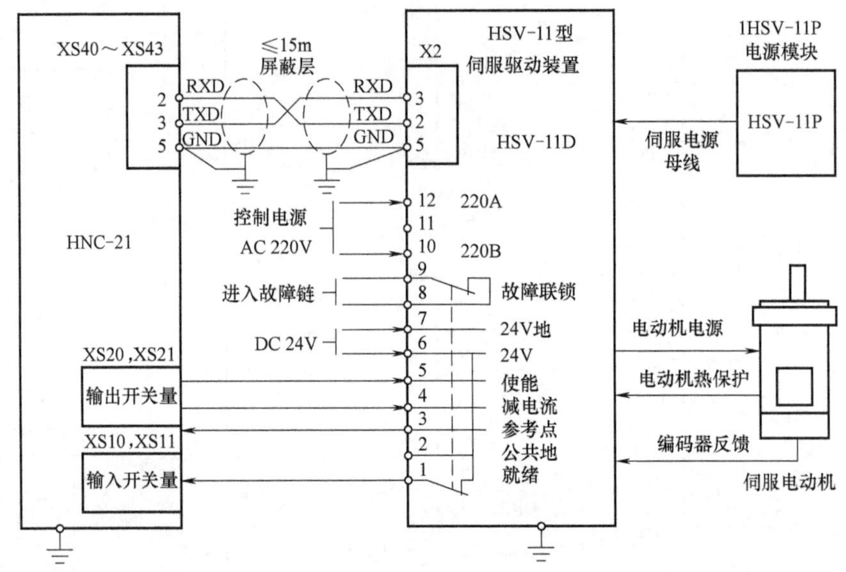

图5-32　采用通信指令接口控制的进给驱动装置的连线实例（以HSV-11为例）

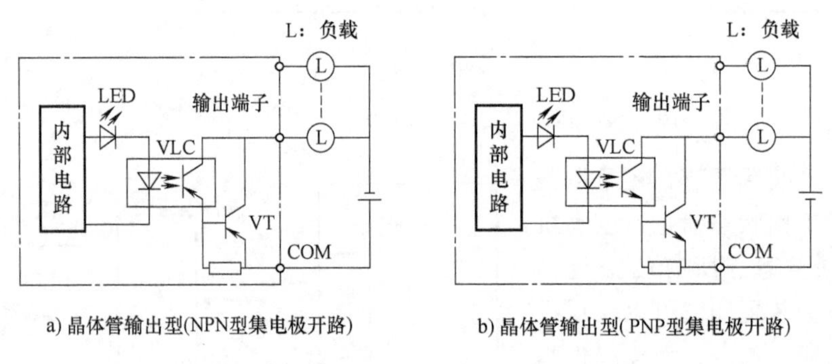

图5-33　控制（输入）接口原理示意图

1）伺服ON，允许进给驱动装置接受指令开始工作。

2）复位（清除报警）。进给驱动装置恢复到初始状态（清除可自恢复性故障报警）。

3）控制方式选择，允许进给驱动装置在两种工作方式之间切换，这两种工作方式可以通过参数在位置控制模式、速度控制模式、转矩控制模式中任选两种。

4）CCW驱动禁止和CW驱动禁止，禁止电动机正/反向旋转，可以应用于机床的限位保护功能。

5）CCW转矩限制输入（0~10V）和CW转矩限制输入（0~10V），限制电动机正/反转的输出转矩，由模拟电压的值确定转矩的限制值，模拟电压输入接口的电路原理如图5-34所示。在进给驱动装置内，可以通过参数对控制接口的各位信号做如下设定：

设定某位控制接口信号是否有效；

设定某位控制接口信号是常闭有效还是常开有效；

修改某位控制接口信号的含义。

因此这些接口又称为多功能输入接口。

(4) 状态与安全报警接口

状态与安全报警接口对进给驱动装置而言是输出信号接口，用于通知 CNC、PLC 以及其他设备驱动装置目前的工作状态。常用状态与安全报警接口有集电极开路输出、无源触点输出和模拟电压输出三种，信号源一般是接触器和继电器的控制线圈，连接这些感性负载时注意接保护电路（交流感性负载采用并接 RC 浪涌抑制器，直流感性负载采用并接续流二极管），如图 5-35 所示。

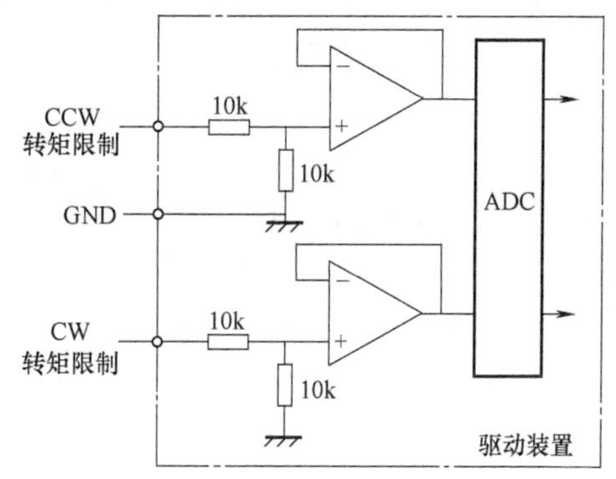

图 5-34　模拟电压输入接口图

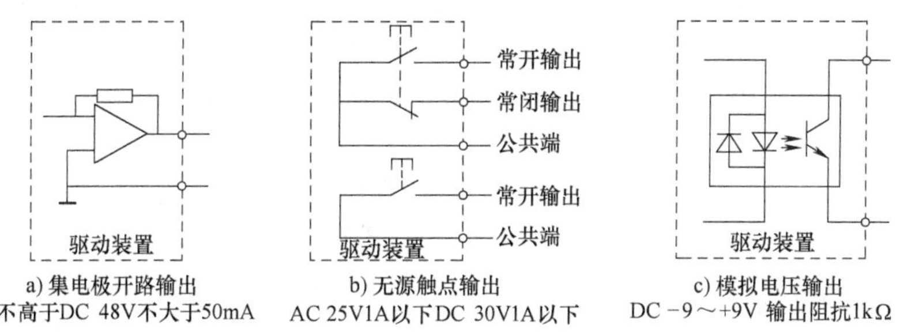

图 5-35　状态与安全报警输出接口原理示意图

状态与安全报警接口常用的信号如下：

1）伺服准备好——驱动正常工作。

2）伺服报警、故障——驱动、电动机有报警，不能工作。

3）位置到达——位置指令完成。

4）零速检出——电动机速度为 0。

5）速度到达——速度指令完成。

以上信号通常采用图 5-35a 方式输出，对于报警还可能采用图 5-35b 方式输出。

6）速度监视——以与电动机速度线性对应的关系输出模拟电压。

有些驱动装置的状态与安全报警接口的有效性和含义也可以通过参数设定，因此，这些接口又称为多功能输出接口。

(5) 通信接口

在伺服驱动装置上，通信接口主要用于高级调试和控制功能，常用的通信接口有 RS232、RS422、RS485、以太网接口以及厂家自定义的接口（如外部调试盒）等。利用通信接口可以实现如下功能：

1）查看和设置驱动装置的参数和运行模式。

2）监视驱动装置的运行状态，包括端子状态、电流波形、电压波形、速度波形等。

3）实现网络化远程监控和远程调试功能。

(6) 反馈接口

进给驱动装置的反馈接口包括来自位置、速度检测元件反馈接口。

检测元件一般有增量式光电编码器、旋转变压器、光栅、绝对式光电编码器等。对于增量式光电编码器、旋转变压器和光栅一般采用直接连接的方式。进给驱动装置提供的电源电压通常为+5V，额定电流小于 500mA，若超过此电流值或距离太远，应采用外置电源；而绝对式光电编码器则采用通信的方式，进给驱动装置还需增加有后备电源接口，电源电压为 3.6V，有闭环功能的驱动装置具备两个反馈输入接口。例如，驱动装置分别采用电动机上的绝对式编码器和机床上的光栅，构成混合闭环控制，一般将来自检测元件的信号分频或倍频后用长线驱动器（差分）电路输出。

（7）电动机电源接口

电动机电源接口一般采用端子的形式，小功率的电动机也会采用插接件的形式。伺服电动机一般输出线号是 U、V、W；步进电动机一般是 A、A-、B、B-（两相电动机），A、A-、B、B-、C、C-（三相电动机），A、B、C、D、E（五相电动机）等。

有些步进电动机为了适应用户不同应用的需要，电动机还提供串/并联的选择，一般应用于两相步进电动机。以 57HS 电动机为例，两相步进电动机的绕组出线不是通常的两组，而是四组：A、A-、B、B-、C、C-、D、D-，电动机的串/并联接线法如图 5-36 所示。

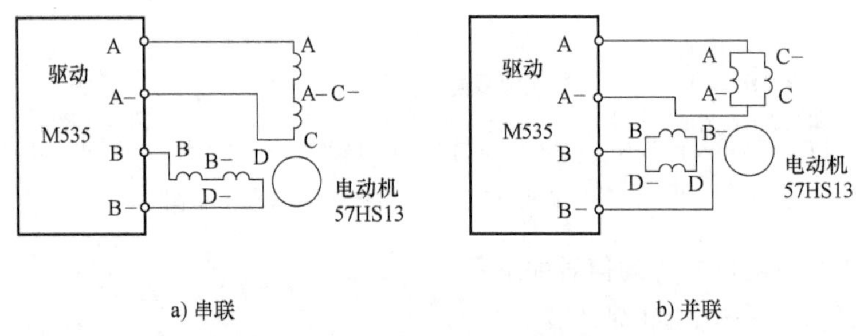

a) 串联　　b) 并联

图 5-36　两相步进电动机的串/并连接线图

串联转矩大些，但高速特性要差一些，而并联低速转矩特性要差一些，但高速特性要好一些。并注意，并联时适当增加驱动装置的输出电流。

三、华中数控交流伺服系统的故障诊断

HSV-16 型伺服提供了 15 种不同的保护功能和故障诊断。当其中任何一种保护功能被激活时，驱动器面板上的数码管显示对应的报警信息，伺服报警输出。在使用驱动器时要求将报警输出或故障联锁输出接入急停回路，当伺服驱动器保护功能被激活时，伺服驱动器回路可以及时断开主电源（切断三相主电源，控制电源继续得电）。在清除故障源后，可以通过关断电源，重新给伺服驱动器上电来清除报警，也可以通过面板按键进入辅助模式，采用报警复位方式来清除报警。

华中数控系统的报警主要以序号的形式通知用户，不同的序号代表着不同的故障。表 5-12 列出了常见的报警信息。

表 5-12　伺服系统报警信息

报警代号	报警名称	内容
—	正常	无
1	主电路欠电压	主电路电源电压过低

（续）

报警代号	报警名称	内容
2	主电路过电压	主电路电源电压过高
3	IPM 模块故障	IPM 智能模块故障
4	制动故障	制动电路故障
*5	熔丝熔断	主回路熔丝熔断
6	电动机过热	电动机温度过高
7	编码器 A、B、Z 故障	编码器 A、B、Z 信号错误
8	编码器 U、V、W 故障	编码器 U、V、W 信号错误
9	控制电源欠电压	控制电源±15V 偏低
10	过电流	电动机电流过大
11	系统超速	伺服电动机速度超过设定值
12	跟踪误差过大	位置偏差计数器的数值超过设定值
12	软件过热	电流值超过设定值
*13	控制参数读错误	读 EEPROM 参数故障
*14	DSP 故障	DSP 故障
*15	看门狗故障	软件看门狗叫唤

有*标记的保护不能以报警复位方式清除，只有切断电源，清除故障原因，再接通电源，才能清除。根据表 5-12 所列的故障类型，可以根据实际情况进行电路的检查与排除。下面就常见故障进行说明。

1. 主电路欠电压

此故障可以分在起动时和运行时两种不同的情况下出现。

1）起动时：出现故障的原因可能是电路板故障、电源熔断器损坏、软起动电路故障、整流器损坏等原因。此时可进行伺服驱动器更换处理。

2）运行时：在运行时出现这一故障说明伺服硬件故障可能性不大，可以检查是否过热或者是电源容量不够等。

2. 主电路过电压

此故障可以从以下三个方面进行排除诊断。

1）如果是在接通控制电源时出现此故障，可能是电路板故障，需要更换伺服驱动器。

2）如果是在接通动力电源时出现此故障，需要检查电源的电压是否过高或者电源波形是否正常。

3）如果是外部制动电阻接线断开，需要检查外部制动电路并重新接线。如果是制动晶体管损坏，或者内部制动电阻损坏，就需要更换新伺服驱动器。

3. 熔丝熔断

如果在运行过程当中出现熔丝熔断，需要首先确定其熔断原因。检查驱动器外部 U、V、W 之间是否短路、接地不良、电动机绝缘损坏、驱动器损坏等，并进行相应的接线和更换操作。如果是由于电动机的负载转矩超过额定转矩，就需要检查负载是否过大，进而降低起停频率、减小转矩限制、更换大功率的电动机。

4. 电动机过热

如果电动机过热，很可能是电动机长时间工作在大负载下，或者是传动过程中有机械损失，需要减少工作负载或者是检查机械部分，如果还不能解决，可能需要更换电动机。

5. 系统超速

造成系统超速的原因很多，同样可以分为起动时、刚起动时及运行时三种情况进行分析与排查。

1）起动时：可能是控制电路板故障或者是编码器故障，需要更换伺服驱动器或者是伺服电动机。

2）刚起动时：可能是负载惯量过大，需要减小负载惯量或者更换大功率的驱动器和电动机。另外一种情况是与编码有关，可能是编码器零点错误或者编码器电缆引线接错。此时需要更换编码器或者是重新接线。

3）运行时：在运行过程当中出现此故障一般是由伺服系统不稳定，引起超调造成的。可以重新设定有关增益。如果增益不能设置到合适值，则减小负载转动惯量比率。

6. 跟踪误差过大

此故障的出现原因也比较多，在保证接线没有错误的前提下，大部分是在运行过程当中出现的，出现故障后可以设定位置超差检测范围大小，或者是由于位置比例增益太小或者是转矩不足、指令脉冲频率太高等，可以相应地减小比例增益、使用更大转矩电动机和降低指令脉冲频率等来排除故障。

7. 编码器A、B、Z故障

此故障主要是由以下几种原因造成的：编码器接线错误、编码器损坏、外部干扰、编码器电缆不良、编码器电缆过长，造成编码器供电电压偏低等。可以分别采用检查接线、更换电动机、增加电路滤波器、远离干扰源、换电缆、缩短电缆、采用多芯并联供电等方法解决。

8. 伺服电动机运转不正常

检查驱动系统，经常用到交换法来确认故障范围。包括：

1）驱动器所用电动机的交换。

2）驱动器所用电缆线的交换。

3）驱动器所用控制接口的交换。

若检查、排除故障需要拆装线缆或插拔接插件，请关断电源进行。参数修改后应关闭电源3min以后，再重新起动。应确保进给驱动或主轴驱动器的信号地与PC（包括工业PC及通用PC）的信号地可靠连接。

9. 伺服上电立即报警

出现此故障的原因可能有以下几种：

1）伺服电动机动力线相序不正确。

2）位置反馈电缆不正确。

3）伺服电动机动力线、位置反馈电缆与伺服驱动未对应。

10. 若电动机不能正常工作，常会有以下几种情况

1）伺服电动机不能运行：检查所有连线、电源、数控系统及驱动参数，电动机是否堵转，操作是否正确，电动机与驱动是否损坏。

2）静止时伺服电动机抖动：检查位置反馈电缆、位置反馈编码器以及驱动PID参数是

否调整好。

四、华中数控伺服系统的维护

1. 日常保养

在系统正常动作的状态，日常检查时需要确认如下项目的正常：

1）环境温度、湿度是否正常，是否有尘粒、异物等。

2）电动机有否异常声音及振动。

3）有否异常发热或有异味。

4）周围温度是否过高。

5）面板是否清洁。

6）是否有松脱的连接或不正确的引脚位置。

7）输出电流监视表示是否与通常值相差很大。

8）伺服驱动器下部安装的冷却风扇是否正常运转。

2. 定期检查

定期保养时，请确认以下项目：

1）是否存在松开的螺钉。

2）是否存在过热迹象。

3）是否存在灼伤的端子。

任务四　位置检测装置的故障诊断与维修

任务引入

某立式加工中心采用 FANUC 0i 系统，系统振荡、噪声大，伴有 ALM416 号报警。系统 ALM416 号报警故障的分析与诊断流程如图 5-37 所示。

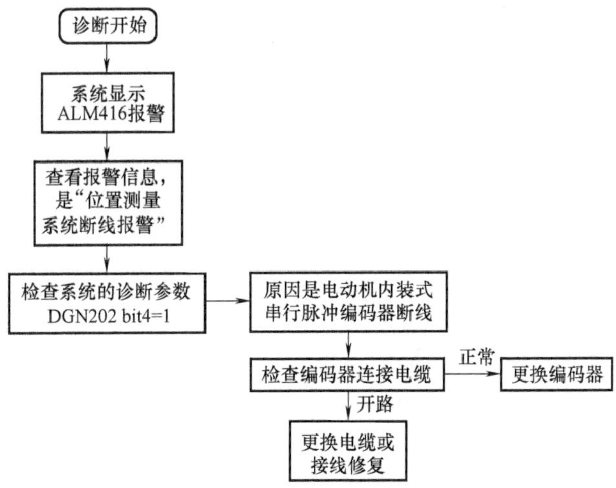

图 5-37　系统 ALM416 号报警故障的分析与诊断流程

故障分析及处理：

1）根据报警信息，查看 ALM416 为“位置测量系统断线报警”。

2）检查系统的诊断参数，DGN202 bit4 = 1，说明故障原因是电动机内装式串行脉冲编码器断线。

3）检查编码器连接电缆，发现正常，说明是编码器的问题。

4）更换编码器后，故障解除。

维修故障很重要的前提是不扩大故障，那么更换编码器有哪些注意事项呢？

任务内容

一、数控机床对位置检测装置的要求

1. 数控机床对检测元件的要求

检测元件是检测装置的重要部件，其主要作用是检测位移和速度，发送反馈信号。位移检测系统能够测量的最小位移量称为分辨率。分辨率不仅取决于检测元件本身，也取决于测量电路。

数控机床对检测元件的主要要求如下：

1）寿命长，可靠性高，抗干扰能力强。

2）满足精度和速度要求。

3）使用维护方便，适合机床运行环境。

4）成本低。

5）便于与计算机连接。

不同类型的数控机床对检测系统的精度与速度的要求不同。通常大型数控机床以满足速度要求为主，而中、小型和高精度数控机床以满足精度要求为主。选择测量系统的分辨率和脉冲当量时，一般要求比加工精度高一个数量级。

2. 数控机床对位置检测装置的要求

位置检测装置是数控机床伺服系统的重要组成部分。它的作用是检测位移和速度，发送反馈信号，构成闭环或半闭环控制。数控机床的加工精度主要由检测系统的精度决定。不同类型的数控机床，对位置检测元件检测系统的精度要求和被测部件的最高移动速度各不相同。现在检测元件与系统的最高水平是被测部件的最高移动速度高至 240m/min 时，其检测位移的分辨率（能检测的最小位移量）可达 1μm，如 24m/min 时可达 0.1μm。最高分辨率可达到 0.01μm。

数控机床对位置检测装置有如下要求：

1）受温度、湿度的影响小，工作可靠，能长期保持精度，抗干扰能力强。

2）在机床执行部件移动范围内，能满足精度和速度的要求。

3）使用维护方便，适应机床工作环境。

4）成本低。

二、位置检测装置的分类

对于不同类型的数控机床，因工作条件和检测要求不同，可以采用以下不同的检测方式。

1. 增量式和绝对式测量

增量式检测方式只测量位移增量，并用数字脉冲的个数来表示单位位移（即最小设定单位）的数量，每移动一个测量单位就发出一个测量信号。其优点是检测装置比较简单，任何一个测量点都可以作为测量起点。但在此系统中，位移是靠对测量信号累积后读出的，一旦累计有误，此后的测量结果将全错。另外在发生故障时（如断电）不能找到事故前的正确位置，事故排除后，必须将工作台移至起点重新计数才能找到事故前的正确位置。脉冲编码器、旋转变压器、感应同步器、光栅、磁栅、激光干涉仪等都是增量检测装置。

绝对式测量方式测出的是被测部件在某一绝对坐标系中的绝对坐标位置值，并且以二进制或十进制数码信号表示出来，一般都要经过转换成脉冲数字信号以后，才能送去进行比较和显示。采用此方式，分辨率要求越高，结构也越复杂。这样的测量装置有绝对式脉冲编码盘、三速式绝对编码盘（或称多圈式绝对编码盘）等。

2. 数字式和模拟式测量

数字式检测是将被测量单位量化以后以数字形式表示。测量信号一般为电脉冲，可以直接把它送到数控系统进行比较、处理。这样的检测装置有脉冲编码器、光栅。数字式检测有以下 3 个特点：

1）被测量转换成脉冲个数，便于显示和处理。

2）测量精度取决于测量单位，与量程基本无关，但存在累计误差。

3）检测装置比较简单，脉冲信号抗干扰能力强。

模拟式检测是将被测量用连续变量来表示，如电压的幅值变化、相位变化等。在大量程内做精确的模拟式检测时，对技术有较高要求，数控机床中模拟式检测主要用于小量程测量。模拟式检测装置有测速发电机、旋转变压器、感应同步器和磁尺等。模拟式检测的主要特点有以下几个：

1）直接对被测量进行检测，无需量化。

2）在小量程内可实现高精度测量。

3）能进行直接检测和间接检测。

位置检测装置安装在执行部件（即末端件）上直接测量执行部件末端件的直线位移或角位移，都可以称为直接测量，可以构成闭环进给伺服系统，测量方式有直线光栅、直线感应同步器、磁栅、激光干涉仪等测量执行部件的直线位移；由于此种检测方式是采用直线型检测装置对机床的直线位移进行的测量，其优点是直接反映工作台的直线位移量，缺点是要求检测装置与行程等长，对大型的机床来说，这是一个很大的限制。

位置检测装置安装在执行部件前面的传动元件或驱动电动机轴上，测量其角位移，经过传动比变换以后才能得到执行部件的直线位移量，这样的称为间接测量，可以构成半闭环伺服进给系统，如将脉冲编码器装在电动机轴上。间接测量使用可靠方便，无长度限制；其缺点是在检测信号中加入了直线转变为旋转运动的传动链误差，从而影响测量精度。一般需对机床的传动误差进行补偿，才能提高定位精度。

除了以上位置检测装置，伺服系统中往往还包括检测速度的元件，用以检测和调节电动机的转速。常用的测速元件是测速发动机。

数控机床常见的位置检测装置见表 5-13。

表 5-13　常见的位置检测装置

类型	增量式	绝对式
回转型	脉冲编码器、旋转变压器、圆磁栅、圆感应同步器、圆光栅	多速旋转变压器、绝对脉冲编码器、三速圆感应同步器
直线型	直线感应同步器、计量光栅、磁尺激光干涉仪	三速感应同步器、绝对值式磁尺

三、常用位置检测元件

1. 光栅尺

光栅利用光的透射、衍射原理，通过光敏元件测量莫尔条纹移动的数量来测量机床工作台的位移量。一般用于机床数控系统的闭环控制。光栅主要由标尺光栅和光栅读数头两部分组成。通常，标尺光栅固定在机床运动部件上（如工作台或丝杠上），光栅读数头产生相对移动。

光栅安装在机床上，容易受到油雾、冷却液污染，造成信号丢失，影响位置控制精度，所以对光栅要经常维护，保持光栅的清洁。另外特别是对于玻璃透射光栅要防止振动和敲击，以免损坏光栅。下面以透射光栅为例介绍光栅的工作原理。

透射光栅的工作原理、透射光栅测量系统原理如图 5-38 所示，它由光源、透镜、标尺光栅、指示光栅、光敏元件和信号处理电路组成。信号处理电路又包括放大、整形和鉴相倍频等。通常情况下，标尺光栅与工作台装在一起随工作台移动外，光源、透镜、指示光栅、光敏元件和信号处理电路均装在一个壳体内，做成一个单独部件固定在机床上，这个部件称为光栅读数头，其作用是将光信号转换成所需的电脉冲信号。光栅读数是利用莫尔条纹的形成原理进行的。图 5-39 是莫尔条纹形成原理图。将指示光栅和标尺光栅叠合在一起，中间保持 0.01~0.1mm 的间隙，并且指示光栅和标尺光栅的线纹相互交叉保持一个很小的夹角 θ。当光源照射光栅时，在 a-a 线上，两块光栅的线纹彼此重合，形成一条横向透光亮带；在 b-b 线上，两块光栅的线纹彼此错开，形成一条不透光的暗带。这些横向明暗相间出现的亮带和暗带就是莫尔条纹。直线光栅尺外观如图 5-40 所示。

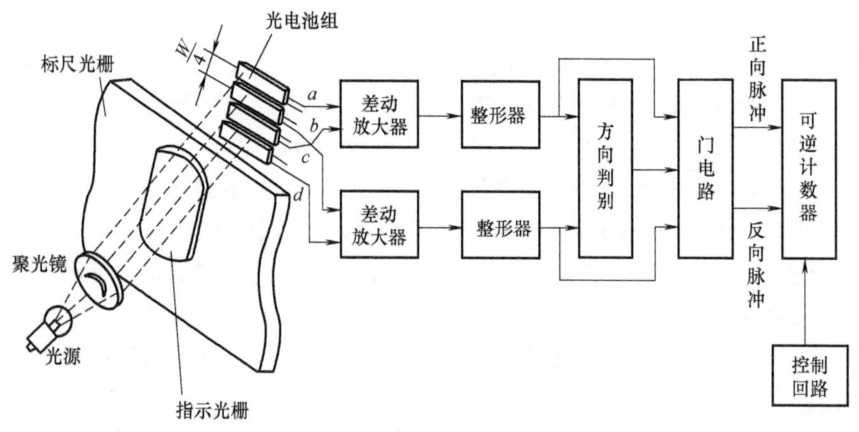

图 5-38　透射光栅测量系统工作原理示意图

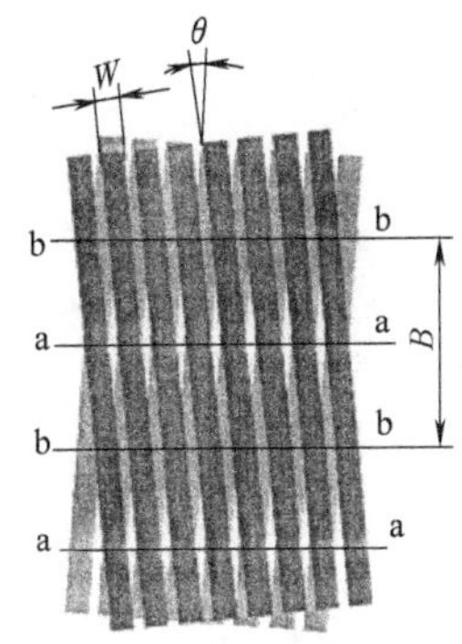

图 5-39 莫尔条纹形成原理图

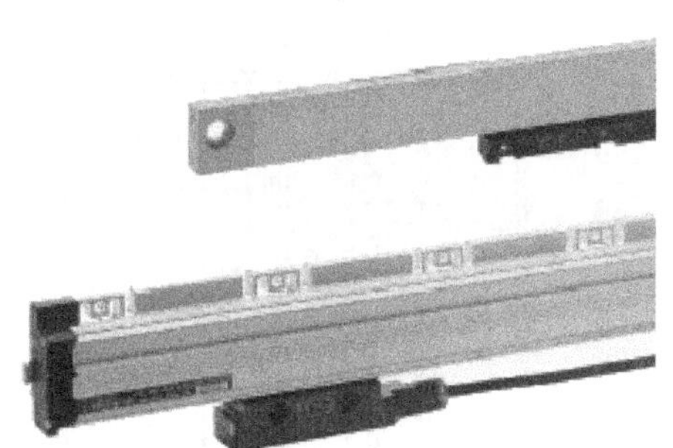

图 5-40 直线光栅尺

两条暗带或两条亮带之间的距离叫莫尔条纹的间距 B，设光栅的栅距为 W，两光栅线纹夹角为 θ，则它们之间的几何关系为

$$B=\frac{W}{2\sin(\theta/2)}$$

因为夹角 θ 很小，所以可取 $\sin(\theta/2)\approx\theta/2$，故上式可改写成

$$B=\frac{W}{\theta}$$

由上式可见，θ 越小，则 B 越大，相当于把栅距 W 扩大了 $1/\theta$ 倍后，转化为莫尔条纹。例如，栅距 $W=0.01\text{mm}$，夹角 $\theta=0.001\text{rad}$，则莫尔条纹的间距 B 等于 10mm，扩大了 1000 倍。

两块光栅每相对移动一个栅距，则光栅某一固定点的光强按明-暗-明规律变化一个周期，即莫尔条纹移动一个莫尔条纹的间距。因此，光电元件只要读出移动的莫尔条纹数目，就可以知道光栅移动了多少栅距也就知道了运动部件的准确位移量。

2. 光电脉冲编码器

图 5-41 为增量式光电编码器结构示意图。在一个圆盘的圆周上刻有等间距线纹，分为透明和不透明的部分，称为圆光栅。圆光栅与工作轴一起旋转。与圆光栅相对，平行放置一个固定的扇形薄片，称为指示光栅，上面制有相差 1/4 节距的两个狭缝（辨向狭缝）。此外，还有一个零位狭缝（每转发出一个脉冲）。脉冲发生器通过十字连接头或键与伺服电动机相连。

当圆光栅与工作轴一起转动时，光线透过两个光栅的线纹部分，形成明暗相间的条纹。光电元件接受这些明暗相间的光信号，并转换为交替变换的电信号。该电信号为两组近似于正弦波的电流信号 A 和 B，如图 5-42 所示。A 和 B 信号相位相差 90°，经放大和整形变成方波，将该信号送入鉴相电路，即可判断圆光栅的旋转方向。

通过两个光栅的信号，还有一个“每转脉冲”，称为 Z 相脉冲，该脉冲也是通过上述处理得来的。Z 脉冲用来产生机床的基准点。后来的脉冲被送到计数器，根据脉冲的数目和频率可测出工作轴的转角及转速。其分辨率取决于圆光栅的圈数和测量电路的细分倍数。

增量式光电编码器的测量精度取决于它所能分辨的最小角度 α（分辨角或分辨率），而这与光电码盘圆周内所分狭缝的条数有关。

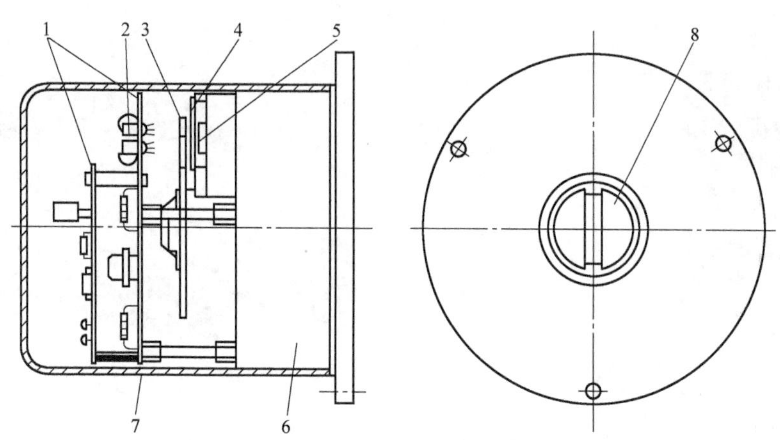

图 5-41　增量式光电编码器结构示意图

1—印制电路板　2—光源　3—圆光栅　4—指示光栅　5—光电池组　6—底座　7—护罩　8—轴

$\alpha = 360°/$缝数

由于光电编码器每转过一个分辨角就发出一个脉冲信号，因此根据脉冲数目可得出工作轴的回转角度，由传动比换算出直线位移距离；根据脉冲频率可得工作轴的转速；根据光栅板上两个狭缝中信号的相位先后，可判断光电码盘的正、反转。

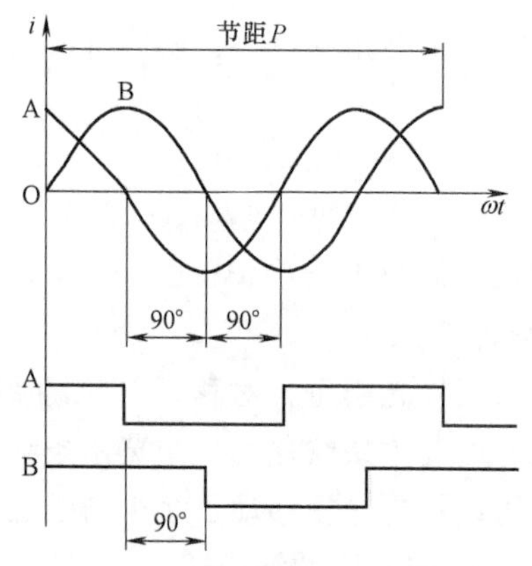

图 5-42　脉冲编码器输出波形

此外，在光电编码器的内圈还增加一条透光条纹Z，每转产生一个零位脉冲，在进给电动机所用的光电编码器上，零位脉冲用于精确确定机床的参考点，而在主轴电动机上，则可用于主轴准停以及螺纹加工等。

数控装置的接口电路通常会对接收到的增量式光电编码器差动信号作四倍频处理，从而提高检测精度，方法是从A和B的上升沿和下降沿各取一个脉冲，则每转所检测的脉冲数为原来的四倍频。

进给电动机常用增量式光电编码器的分辨率有2000p/r、2024p/r、2500p/r等。目前，光电编码器每转可发出数万至数百万个方波信号，因此可满足高精度位置检测的需要。

光电编码器的安装有两种形式：一种是安装在伺服电动机的非输出轴端，称为内装式编码器，用于半闭环控制；另一种是安装在传动链末端，称为外置式编码器，用于闭环控制。光电编码器安装要保证连接部位可靠、不松动，否则会影响位置检测精度，引起进给运动不稳定，机床产生振动。

3. 旋转变压器

旋转变压器又称分解器，是一种控制用的微电动机，它是将机械转角变换成与该转角呈某一函数关系的电信号的一种间接测量装置。

在结构上与二相线绕转子异步电动机相似，由定子和转子组成。定子绕组为变压器的一次，转子绕组为变压器的二次。励磁电压接到转子绕组上，感应电动势由定子绕组输出。常用的励磁频率为400Hz、500Hz、1000Hz和5000Hz。

旋转变压器结构简单，动作灵敏，对环境无特殊要求，维护方便，输出信号幅度大，抗干扰性强，工作可靠。因此，在数控机床上广泛应用。

通常应用的旋转变压器为二极旋转变压器，其定子和转子绕组中各有互相垂直的两个绕组。另外，还有一种多极旋转变压器。也可以把一个极数少的和一个极数多的两种旋转变压器做在一个磁路上，装在一个机壳内，构成“粗测”和“精测”电气变速双通道检测装置，用于高精度检测系统和同步系统。

根据旋转变压器的工作原理，旋转变压器作为位置检测装置有两种应用方式：鉴相方式和鉴幅方式。

（1）鉴相工作方式

旋转变压器定子的两相正交绕组（正弦用 s 表示，余弦用 c 表示），一般称为正弦绕组和余弦绕组，分别输入幅值相等、频率相同的正弦、余弦励磁电压：

$$U_s = U_m \sin\omega t \qquad U_c = U_m \cos\omega t$$

两相励磁电压在转子绕组中会产生感应电动势。根据线性叠加原理，在转子绕组中感应电压为

$$U = kU_s \sin\theta_{机} + kU_c \cos\theta_{机} = kU_m \cos(\omega t - \theta_{机})$$

式中，k 为变压比，由上式可知感应电压的相位角就等于转子的机械转角 $\theta_{机}$。因此只要检测出转子输出电压的相位角，就知道了转子的转角，而且旋转变压器的转子是和伺服电动机或传动轴连接在一起的，从而可以求得执行部件的直线位移或角位移。

（2）鉴幅工作方式

给定子的两个绕组分别通上频率、相位相同但幅值不同的电压，即调幅的励磁电压

$$U_s = U_m \sin\theta_{电} \sin\omega t \qquad U_c = U_m \cos\theta_{电} \sin\omega t$$

则在转子绕组上得到感应电压为

$$\begin{aligned} U &= kU_s \sin\theta_{机} + kU_c \cos\theta_{机} \\ &= kU_m \sin\omega t(\sin\theta_{电} \sin\theta_{机} + \cos\theta_{电} U_c \cos\theta_{机}) \\ &= kU_m \cos(\theta_{电} - \theta_{机}) \sin\omega t \end{aligned}$$

在实际应用中，不断修改励磁调幅电压值的电气角 $\theta_{电}$，使之跟踪 $\theta_{机}$ 的变化，并测量感应电压幅值，即可求得机械角位移 $\theta_{机}$。

4. 感应同步器

感应同步器与旋转变压器一样，是利用电磁耦合原理，将位移或转角转化成电信号的位置检测装置。实质上，感应同步器是多极旋转变压器的展开形式。感应同步器按其运动形式和结构形式的不同，可分为旋转式（或称圆盘式）和直线式两种。前者用来检测转角位移，用于精密转台，各种回转伺服系统；后者用来检测直线位移，用于大型和精密机床的自动定位、位移数字显示和数控系统中，两者工作原理和工作方式相同。

（1）感应同步器的结构

直线式感应同步器的结构如图5-43所示。感应同步器由定尺和滑尺两部分组成。定尺和滑尺通常以优质碳素钢作为基体，一般选用导磁材料，其膨胀系数尽量与所安装的主基体相近。定尺与滑尺平行安装，且保持一定间隙。定尺表面制有连续平面绕组（在基体上用绝缘的粘合剂贴上铜箔，用光刻或化学腐蚀方法制成方形开口平面绕组）；滑尺的绕组周围

常贴一层铝箔，防止静电干扰，滑尺上制有两组分段绕组，分别称为正弦绕组和余弦绕组，这两段绕组相对于定尺绕组在空间错开 1/4 的节距，节距用 2τ 表示，安装时定尺组件与滑尺组件安装在机床的不动和移动部件上，例如工作台和床身，滑尺安装在机床上，并自然接地。工作时，当在滑尺两个绕组中的任一绕组加上激励电压时，由于电磁感应，在定尺绕组中会感应出相同频率的感应电压，通过对感应电压的测量，可以精确地测量出位移量。感应同步器就是利用感应电压的变化进行位置检测的。

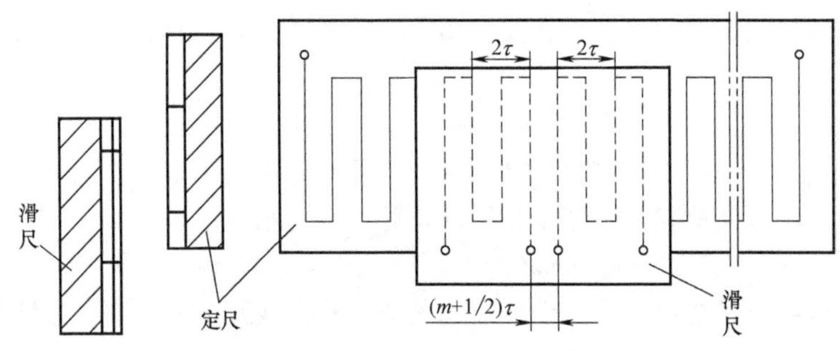

图 5-43　直线式感应同步器的结构原理

（2）感应同步器的应用

与旋转变压器一样，有鉴相式和鉴幅式两种工作方式，原理也相同。

（3）感应同步器的特点

1）精度高

因为定尺的节距误差有平均自补偿作用，所以尺子本身的精度能做得较高。直线感应同步器对机床位移的测量是直接测量，不经过任何机械传动装置，测量精度主要取决于尺子的精度。感应同步器的灵敏度（或称分辨率），取决于一个周期进行电气细分的程度，灵敏度的提高受到电子细分电路中信噪比的限制，只要对电路进行精心设计和采取严密的抗干扰措施，可以把电噪声减到很低，并获得很高的稳定性。

2）测量长度不受限制

当测量长度大于 250mm 时，可以采用多块定尺接长，相邻定尺间隔可用块规或激光测长仪进行调整，使总长度上的累积误差不大于单块定尺的最大偏差。行程为几米到几十米的中型或大型机床中，工作台位移的直线测量，大多数采用直线式感应同步器来实现。

3）对环境的适应较高

因为感应同步器金属基板和床身铸铁的热胀系数相近，当温度变化时，还能获得较高的重复精度，另外，感应同步器是非接触式的空间耦合器件，所以对尺面防护要求低，而且可选择耐温性能良好的非导磁性涂料作保护层，加强感应同步器的抗温防湿能力。

4）维护简单，寿命长

感应同步器的定尺和滑尺互不接触，因此无任何摩擦、磨损，使用寿命长，且无需担心元件老化等问题。另外，感应同步器的抗干扰能力强，工艺性好，成本较低，便于复制和成批生产。

5. 磁尺

磁尺又称为磁栅，是一种计算磁波数目的位置检测元件。可用于直线和转角的测量，其优点是精度高、复制简单及安装方便等，且具有较好的稳定性，常用在油污、粉尘较多的场合。因此，在数控机床、精密机床和各种测量机上得到了广泛使用。

磁尺由磁性标尺、磁头和检测电路组成，其结构如图 5-44 所示。磁性标尺是在非导磁材料的基体上，采用涂敷、化学沉积或电镀上一层很薄的磁性材料，然后用录磁的方法使敷层磁化成相等节距周期变化的磁化信号。磁化信号可以是脉冲，也可以为正弦波或饱和磁波。磁化信号的节距（或周期）一般有 0.05mm、0.10mm、0.20mm、1mm 等几种。

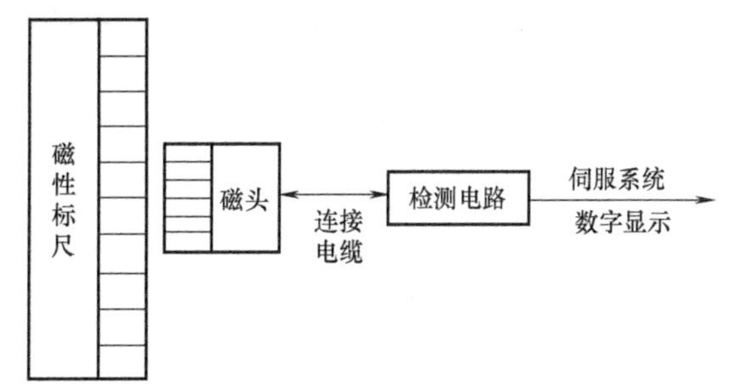

图 5-44　磁尺结构与工作原理

磁头是进行磁-电转换的器件，它把反映位置的磁信号检测出来，并转换成电信号输送给检测电路。

磁尺是利用录磁原理工作的。先用录磁磁头将按一定周期变化的方波、正弦波或电脉冲信号录制在磁性标尺上，作为测量基准。检测时，用磁头将磁性标尺上的磁信号转化成电信号，再送到检测电路中去，把磁头相对于磁性标尺的位移量用数字显示出来，并传输给数控系统。

四、检测器件的常见故障及维修

当机床出现如下故障现象时，首先要考虑到是否是由检测器件的故障引起的，并正确分析查找故障部位。

1. 机械振荡（加 / 减速时）

引发此类故障的常见原因：

1）脉冲编码器出现故障，此时应重点检查速度检测单元上的反馈线端子的电压是否在某几点电压下降，如有下降，表明脉冲编码器不良，更换编码器。

2）脉冲编码器十字联轴节可能损坏，导致轴转速与检测到的速度不同步，更换联轴节。

3）测速发电机出现故障，修复、更换测速发电机。维修实践中，测速发电机电刷磨损、卡阻故障较多，应拆开测速发电机，小心将电刷拆下，在细砂纸上打磨几下，同时清扫换向器的污垢，再重新装好。

2. 机械运动异常快速（飞车）

检修此类故障，应在检查位置控制单元和速度控制单元工作情况的同时，还应重点检查：

1）脉冲编码器接线是否错误，检查编码器接线是否为正反馈，A 相和 B 相是否接反。

2）脉冲编码器联轴节是否损坏，如损坏，更换联轴节。

3）检查测速发电机端子是否接反和励磁信号线是否接错。

3. 主轴不能定向移动或定向移动不到位

检修此类故障，应在检查定向控制电路的设置调整，检查定向板、主轴控制印制电路板调整的同时，应检查位置检测器（编码器）是否不良，此时一般要测编码器的输出波形，通过判断输出波形是否正常来判断编码器的好坏。（维修人员应注意在设备正常时测录编码器的正常输出波形，以便故障时查对。)

4. 坐标轴进给时振动

检修时应在检查电动机线圈是否短路、机械进给丝杠与电动机的连接是否良好，检查整个伺服系统是否稳定的情况下，检查脉冲编码是否良好、联轴节连接是否平稳可靠、测速发电机是否可靠。

5. 出现 NC 错误报警

NC 报警中因程序错误、操作错误引起的报警，如 FANUC 6ME 系统的 NC 报警 090.091。出现 NC 报警，有可能是主电路故障和进给速度太低引起。同时，还有可能是

1）脉冲编码器不良。

2）脉冲编码器电源电压太低（此时调整电源电压的 15V，使主电路板的+5V 端子上的电压值在 4.95~5.10V 内）。

3）没有输入脉冲编码器的一转信号而不能正常执行参考点返回。

6. 出现伺服系统报警

伺服系统故障时常出现如下的报警号：如 FANUC 6ME 系统的伺服报警：416、426、436、446、456。此时要注意检查：

1）轴脉冲编码器反馈信号断线、短路和信号丢失，用示波器测 A 相、B 相一转信号，看其是否正常。

2）编码器内部故障，造成信号无法正确接收，检查其是否受到污染、变形等。

任务五　故障案例分析

[例 5-1]　一台配套 FANUC 11M 的加工中心。

故障现象：开机时，CRT 显示 SV008 号报警，Z 轴发生周期性振动。

分析与处理过程：FANUC 11M 系统出现 SV008 报警的含义是“坐标轴停止时的误差过大”，引起本报警的可能原因：

1）系统位置控制参数设定错误。

2）伺服系统机械故障。

3）电源电压异常。

4）电动机和测速发电机、编码器等部件连接不良。

根据上述可能的原因，再结合 Z 轴做周期性振动的现象综合分析，并通过脱开电动机与丝杠的连接试验，初步判定故障原因在伺服驱动系统的电气部分。

为了进一步判别故障原因，维修时更换了 X、Z 轴的伺服电动机，进行试验，结果发现故障不变，由此判定故障原因不在伺服电动机。

由于 X、Y、Z 轴伺服驱动器的控制板规格一致，在更改设定、短接端后，更换控制板试验，证明故障原因在驱动器的控制板上。

更换驱动器控制板后，故障排除，机床恢复正常。

[例 5-2]　一台配套 FANUC 0M 系统的加工中心。

故障现象：机床起动后，在自动方式运行下，CRT 显示 401 号报警。

分析与处理过程：FANUC 0M 出现 401 号报警的含义是“轴伺服驱动器的 VRDY 信号断

开，即驱动器未准备好”。

根据故障的含义以及机床上伺服进给系统的实际配置情况，维修时按下列顺序进行了检查与确认：

1）检查X/Y/Z轴的伺服驱动器，发现驱动器的状态指示灯PRDY、VRDY均不亮。

2）检查伺服驱动器电源AC100V、AC18V均正常。

3）测量驱动器控制板上的辅助控制电压，发现±24V、±15V异常。

根据以上检查，可以初步确定故障与驱动器的控制电源有关。

仔细检查输入电源，发现X轴伺服驱动器上的输入电源熔断器电阻大于2MΩ，远远超出规定值。经更换熔断器后，再次测量直流辅助电压，±24V、±15V恢复正常，状态指示灯PRDY、VRDY均恢复正常，重新运行机床，401号报警消失。

［例5-3］ 某配套FANUC 0i系统、αi系列伺服驱动的立式数控铣床。

故障现象：在自动加工过程中突然出现ALM414、ALM411报警。

分析与处理过程：FANUC 0i系统发生ALM411报警的含义是移动过程中位置偏差过大；ALM414的含义是数字伺服报警（Z-Axis DETECTION SYSTEM ERROR）。

检查Z轴驱动器显示“8”，表明Z轴IPM报警，可能的原因是Z轴过电流、过热或IPM控制电压过低。利用系统诊断参数DGN200检查发现DGN200 bit5=“1”，表明Z轴驱动器出现过电流报警。

根据以上诊断、检查，可以初步确认故障原因为Z轴过电流。考虑到机床的伺服进给系统为半闭环结构，维修时脱开了电动机与丝杠间的联轴器，手动转动丝杠，发现该轴运动十分困难，由此确认故障原因在机械部分。

进一步检查机床机械部分，发现Z轴导轨表面无润滑油，检查机床润滑系统的定量分油器，确认定量分油器不良。更换定量分油器后，通过手动润滑较长时间，保证Z导轨润滑良好后，再次开机试验，报警消失，机床恢复正常工作。

［例5-4］ 某采用FANUC 0T数控系统的数控车床。

故障现象：开机后，只要Z轴一移动，就出现剧烈振荡，CNC无报警，机床无法正常工作。

分析与处理过程：经仔细观察、检查，发现该机床的Z轴在小范围（约2.5mm以内）移动时，工作正常，运动平稳无振动，但一旦超过以上范围，机床即发生激烈振动。根据这一现象分析，系统的位置控制部分以及伺服驱动器本身应无故障，初步判定故障在位置检测器件，即脉冲编码器上。考虑到机床为半闭环结构，维修时通过更换电动机进行了确认，判定故障原因是脉冲编码器的不良。

为了深入了解引起故障的根本原因，维修时做了以下分析与试验：

1）在伺服驱动器主回路断电的情况下，手动转动电动机轴，检查系统显示，无论电动机正转、反转，系统显示器上都能够正确显示实际位置值，表明位置编码器的A、B、＊A、＊B信号输出正确。

2）由于本机床Z轴丝杠螺距为5mm，只要Z轴移动2mm左右即发生振动，因此，故障原因可能与电动机转子的实际位置有关，即脉冲编码器的转子位置检测信号C1、C2、C4、C8信号存在不良。

根据以上分析，考虑到Z轴可以正常移动2.5mm左右，相当于电动机实际转动180°，因此，进一步判定故障的部位是转子位置检测信号中的 C8 存在不良。

取下脉冲编码器后，根据编码器的连接要求（见表 5-14），在引脚 N/T、J/K 上加入 DC5V 后，旋转编码器轴，利用万用表测量 C1、C2、C4、C8，发现 C8 的状态无变化，确认了编码器的转子位置检测信号 C8 存在故障。

表 5-14　编码器引脚连接表

引脚	A	B	C	D	E	F	G	H	J/K	L	M	N/T	P	R	S
信号	A	B	C1	*A	*B	Z	*Z	屏蔽	+5V	C4	C8	0V	C2	OH1	OH2

进一步检查发现，编码器内部的 C8 输出驱动集成电路已经损坏；更换集成电路后，重新安装编码器，并调整转子角度后，机床恢复正常。

[例 5-5]　某配套 FANUC 0T MATE 系统的数控车床。

故障现象：在加工过程中，经常出现伺服电动机过热报警。

分析与处理过程：本机床伺服驱动器采用的是 FANUC S 系列伺服驱动器，当报警时，触摸伺服电动机温度在正常的范围，实际电动机无过热现象。所以引起故障的原因应是伺服驱动器的温度检测电路故障或是过热检测热敏电阻不良。

通过短接伺服电动机的过热检测热敏电阻触点，再次开机进行加工试验，经长时间运行，故障消失，证明电动机过热是由于过热检测热敏电阻不良引起的，在无替换元件的条件下，可以暂时将其触点短接，使其系统正常工作。

[例 5-6]　某配套 FANUC 0T 系统的数控车床。

故障现象：在工作运行中，被加工零件的 Z 轴尺寸逐渐变小，而且每次的变化量与机床的切削力有关，当切削力增加时，变化量也会随之变大。

分析与处理过程：根据故障现象分析，产生故障的原因应在伺服电动机与滚珠丝杠之间的机械连接上。由于本机床采用的是联轴器直接联接的结构形式，当伺服电动机与滚珠丝杠之间的弹性联轴器未能锁紧时，丝杠与电动机之间将产生相对滑移，造成 Z 轴进给尺寸逐渐变小。

解决联轴器不能正常锁紧的方法是压紧锥形套，增加摩擦力。如果联轴器与丝杠、电动机之间配合不良，依靠联轴器本身的锁紧螺钉无法保证锁紧时，通常的解决方法是将每组锥形弹性套中的其中一个开一条 0.5mm 左右的缝，以增加锥形弹性套的收缩量，这样可以解决联轴器与丝杠、电动机之间配合不良引起的松动。

[例 5-7]　X 轴振荡的故障维修。

故障现象：一台配套 FANUC 0MC，型号为 XH754 的数控机床，加工中 X 轴负载有时突然上升到 80%，同时 X 轴电动机嗡嗡作响；有时又正常。

分析与处理过程：现场观察发现 X 轴电动机嗡嗡作响的频率较低，故判断 X 轴发生低频振荡。发生振荡的原因如下：

1）轴位置环增益不合适。

2）机械部分间隙大，传动链刚性差，有卡滞。

3）负载惯量较大。

经查 X 轴位置增益未变，负载也正常，经询问，操作工介绍此机床由于一直进行重切削加工，X 轴间隙较大，刚进行过间隙补偿。经查 X 轴间隙补偿参数 0535，发现设定值为

250，用百分表测得 X 轴实际间隙为 0.22mm，看来多补了；直至将设定值改为 200 后，X 轴振荡才消除。注：X 轴这么大间隙，要想提高加工精度，只有消除机械间隙。

［例 5-8］ 超程报警的故障维修。

故障现象：一台配套 FANUC 0MC，型号为 XH754 的数控机床，X 轴回零时产生超程报警“OVERTRAVEL-X”。

分析与处理过程：检查发现 X 轴报警时离行程极限相差甚远，而显示器显示的 X 坐标超过了 X 轴范围，故确认是软限位超程报警。检查参数 0704 正常，断电，按住［P］键同时接通 NC 电源，在系统对软限位不做检查的情况下完成回零；也可将 0704 改为-99999999 后回零，若没问题，再将其改回原值即可；还可按［P］键和［CAN］键开机以消除报警。

［例 5-9］ 一台配套 FANUC 0 系统的数控车床，开机后就出现 414、401 号报警。

分析与处理过程：FANUC 0 数控系统的 414、401 号报警属于数字伺服报警，报警的具体含义分别是“X、Z 位置测量系统出错”“X、Z 轴伺服放大器未准备好”。向操作人员询问得知，因工厂基建，该机床刚搬至新址不久，第一次开机就出现上述状况，此前该机床工作一直很稳定，因此怀疑在搬运过程中导致电动机、驱动器等元器件的连接损坏。用万用表测量电动机各电缆的连接，经检查未发现异常。将插头插拔确认连接牢固、无错误后再开机，报警仍未解除。于是，按［SYSTEM］键进入系统自诊断功能，检查 0200 号参数，发现该参数第 6 位显示为“1”，即#6（LV）= 1，参阅维修手册，提示此时为低电压报警。检查驱动器输入电压，发现无输入电压，依据电气原理图继续检查，发现断路器 QF4 始终处于断开状态。更换新的开关，重新开机，机床恢复正常工作。

［例 5-10］ FANUC 0 系统 351 号报警的故障维修。

故障现象：一台配套 FANUC 0 系统的数控磨床，长期停用后第一次开机出现 351 号报警。

分析与处理过程：FANUC 0 数控系统的 351 号报警属于数字伺服报警，该报警的含义为“串行脉冲编码器通信出现错误”。向工作人员了解情况后得知，停用前对该机床进行了维护、保养，并对电气柜进行了打扫，因此首先怀疑是工作人员在打扫过程中误碰驱动器的连接线导致该报警的产生。将驱动器的连接插头重新连接牢固后重新开机，报警解除。数日后报警又出现，再次连接驱动器插头仍无法解除报警。于是按［SYSTEM］键进入系统自诊断功能，检查 0203 参数，发现该参数第 7 位显示为“1”，即#7（DTE）= 1，提示为串行脉冲编码器无响应。导致此类状况的原因如下：

1）信号反馈电缆断线。

2）串行脉冲编码器的+5V 电压过低。

3）串行脉冲编码器出错。

检查信号反馈电缆，拆下 Z 轴信号反馈电缆插头即发现插头内有数根电线脱落。重新连接后再开机，报警解除，机床恢复正常工作。

［例 5-11］ FANUC 0 系统 401 号报警的故障维修。

故障现象：一台配套 FANUC 0 系统的数控磨床，开机后出现 401 号报警。

分析与处理过程：FANUC 0 数控系统的 401 号报警属于数字伺服报警，该报警的含义为“X、Z 轴伺服放大器未准备好”。遇到此类报警通常做如下检查，首先查看伺服放大器的 LED 有无显示，若有显示，则故障原因有以下 3 种可能：

1）伺服放大器至 PowerMate 之间的电缆断线。

2）伺服放大器出故障。

3）基板出故障。

若伺服放大器的 LED 无显示，则应检查伺服放大器的电源电压是否正常，电压正常则说明伺服放大器有故障，电压不正常就基本排除了伺服放大器有故障的可能，应继续检查强电电路。

根据上述排查故障的思路进行诊断，经检查发现伺服放大器的 LED 无显示，检查伺服放大器的输入电源电压，发现+24V 的输入连接线已脱落。重新连接后开机，机床恢复正常。

[例 5-12] 连接不良引起跟随超差的报警维修。

故障现象：一台配套 SIEMENS 810M 系统、611A 驱动器的卧式加工中心机床，开机后，在机床手动回参考点或手动时，系统出现 ALM1120 报警。

分析与处理过程：SIEMENS 810M 系统 ALM1120 的含义是“X 轴移动过程中的误差过大”，引起故障的原因较多，但其实质是 X 轴实际位置在运动过程中不能及时跟踪指令位置，使误差超过了系统允许的参数设置范围。

观察机床在 X 轴手动时，电动机未旋转，检查驱动器也无报警，且系统的位置显示值与位置跟随误差同时变化，初步判定系统与驱动器均无故障。

进一步检查 810M 位置控制板至 X 轴驱动器之间的连接，发现 X 轴驱动器上来自 CNC 的速度给定电压连接插头未完全插入。测量确认在 X 轴手动时，CNC 速度给定有电压输出，因此可以判定故障是由于速度给定电压连接不良引起的；重新安装后，故障排除，机床恢复正常工作。

[例 5-13] 一台 16D 伺服驱动报警，电动机不转。

分析与处理过程：首先打开机盖查看，没有明显烧坏的地方。然后将伺服放大器的 U、V、W，分别对应连接，R、S、T 须由三相 380V 降压为三相 220V 连接，将编码器插座分别与伺服电动机对应连接。检查无误后通电，依说明书试机，听到继电器吸合马上又断开，报警显示 AL32，查说明书为过电流报警。因有多台此型号伺服放大器，为求快稳，将故障机的两块线板分别装回正常机上试机，一切正常。证明是底座有故障，再检修底座；用万用表测整流桥，正常，断开输出模块的连接，电路用万用表测量，发现有一个模块的输出端与电流负端击穿。在另一台同型号的伺服放大器上拆一个好的模块装回维修机上，连接好后再检查一次接线是否有错，最后通电试机，伺服电动机运转正常，再试正转、反转、快与慢全部正常。此机故障已排除。

[例 5-14] X 轴运动中，伺服电动机有异声，发出吱吱的声音，并相继出现跟踪误差过大报警。

分析与处理过程：关机后重新开机，报警消失，正常加工 2min 后又出现相同报警。对此，判断应为机械故障，通过拆装排除 X 轴伺服电动机抱死的可能性。拆开防护罩，仔细检查丝杠和导轨，未发现异常。拆下电动机，用手转动丝杠，发现阻力太大，再拆下轴承，检查轴承与丝杠，发现异常，有铁屑进入，经清理后，稍松 X 轴嵌铁。安装好 X 轴伺服电动机，故障消除。

[例 5-15] 一台配套华中 HSV-16 伺服驱动系统的数控车床，开机或加工过程中有时出

现急停报警，关机后重新开机，故障可以自动消失。

分析与处理过程：在故障发生时检查数控系统，发现伺服驱动器上的报警指示灯亮，表明伺服驱动器存在问题。为了尽快判断故障原因，维修时通过与另一台机床上同规格的伺服驱动器对调，开机后两台机床均能正常工作，证明驱动器无故障。但数日后，该机床又出现相同报警，初步判断故障可能与驱动器安装、连接有关。将驱动器拆下清理、重新安装，发现安装编码器的螺钉已经没有紧固力，更换螺钉，确认安装、连接后，该故障不再出现。

［例 5-16］ “伺服没有准备好”报警，机床急停状态不变。伺服驱动单元的 LED 报警显示码为“5”。

分析与处理过程：通过查看伺服系统维修说明书可知 5 号报警为“X 轴的伺服系统异常”，表示该伺服轴过电流报警，所以伺服系统出错时，伺服准备好信号消失。检查伺服驱动器模块，用万用表测得电源输入端阻抗只有 6Ω，低于正常值，因而可判断该轴伺服驱动单元模块损坏。更换后正常。

［例 5-17］ 配备华中数控系统的经济型车床，X 轴配置为步进驱动器，一旦起动，驱动器外接熔丝即烧毁，设备不能运行。

分析与处理过程：维修人员在检查时，发现一功率管已损坏，但由于没有资料，弄不清该管的作用，以为是功率驱动的前置推动，换上一功率管，通电后，熔丝再度被烧，换上的管子也损坏。经专业维修人员检查，初始分析是对的，即熔丝一再熔断，驱动器肯定存在某一不正常的大电流，并检查出一功率管损坏，但对该管的作用没有弄清楚。实际上该管为步进电动机电源驱动管，步进电动机为高压起动，因而要承受高压大电流。静态检查，发现脉冲环形分配器的电路中，其电源到地端的阻值很小，但也没有短路。根据电路中的元器件数量及其功耗分析电源到地端的阻值不应如此之小，因此怀疑电路中已有元器件损坏。通电检查，发现一芯片异常发热。断电后将该芯片的电源引脚切断，静态检查，电源到地的阻值增大应属正常。测该芯片的电源到地的阻值很小。查该芯片的型号，为一非标型号，众多手册中没有查到。经电路分析，确认其为该板中的主要器件：环形脉冲分配器。为进一步确认该芯片的问题，首先换耐压电流功率相当的步进电动机电源驱动管，恢复该芯片的电源引脚，用发光二极管电路替代步进电动机各绕组做模拟负载。通电后，发光二极管皆亮，即各绕组皆通电，这是不符合电路要求的，输入步进脉冲无反应，因此确认该芯片已损坏。但是该芯片市场上没有，在驱动器壳体内空间允许的情况下，采用了组合电路，即用手头上已有的 D 触发器和与非门的组合设计了一个环形脉冲发生器，制作在一个小印制板上，拆除原芯片，将小印制板通过引脚装在原芯片的焊盘上。仍用发光二极管作模拟负载，通电后加入步进脉冲按相序依次发光。拆除模拟负载，接入主机，通电，设备运行正常。

本例说明，维修人员不仅要能分析现象（过电流），找出比较明显的原因（功率管损坏），还要能步步深入地分析故障原因（脉冲发生器损坏），并且能运用手头上现有的元器件组合替代难于解决的器件问题。

［例 5-18］ CNC862 数控车床 X 向切削零件时尺寸出现较大误差，达到 0.32mm/250mm，CRT 无报警显示。

故障分析：本机床的 X、Z 轴为伺服单元控制直流伺服电动机驱动，用光电脉冲编码器作为位置检测，据分析造成加工尺寸误差的原因一般为①X 向滚珠丝杠与螺母副存在比较大的间隙或电动机与丝杠相连接的轴承受损，导致实际行程与检测到的尺寸出现误差；②测量电路不良。

故障排除：根据上述分析，经检查发现丝杠与螺母间隙正常，轴承也无不良现象，测量电路的电缆连线和接头良好，最后用示波器检查编码器的检测信号，波形不正常。拆下编码器，发现光电盘不透光部分不知什么原因出现三个透明点，致使检测信号出现误差，更换编码器，问题解决。因为 CNC862 系统的自诊断功能不是特别强，因此出现这样的故障时，机床不停机，也无 NC 报警显示。

[例 5-19] FANUC 6ME 系统双面加工中心 X 向在运动的过程中产生振动，并且在 CRT 上出现 NC416 报警。

故障分析：根据故障现象，分析引起故障的原因可能有以下几种：

1） 速度控制单元出现故障。

2） 位置检测电路不良。

3） 脉冲编码器反馈电缆的连线和连接不良。

4） 脉冲编码器不良。

5） 伺服电动机及测速机故障。

6） 机床数据是否正确。

故障排除：针对上述分析的原因，对速度控制单元、主电路板、脉冲编码器反馈电缆的连接和连线进行检查，发现一切正常，机床数据正常，然后将电动机与机械部分脱开，用手转动电动机，观察 713 号诊断状态，713 号诊断内容：713.3 为 X 轴脉冲编码器反馈信号，如果断线，此位为 1；713.2 为 X 轴编码器反馈一转信号；713.1 为 X 轴脉冲编码器 B 相反馈信号；713.0 为 X 轴脉冲编码器 A 相反馈信号。713.2、713.1、713.0 正常时电动机转动应为“0”“1”不断变化，在转动电动机时，发现 713.0 信号只为“0”不变“1”，我们又用示波器检测脉冲编码器的 A 相、B 相和一转信号，发现 A 相信号不正常，因此通过上述检查可判定调轴脉冲编码器不良，经更换新编码器，故障解决。

思考题

1. 按照系统的构造特点，伺服系统可以分成几类，各有什么特点？
2. 位置环的作用是什么？
3. FANUC 进给伺服系统有哪几种？各有什么特点？
4. 当 FANUC 数控系统出现 401 号报警时应怎样处理？
5. 怎样设定 FANUC 伺服系统的柔性进给齿轮比？
6. 简述伺服参数初始化步骤。
7. 华中数控公司的交流驱动系列有哪些？各有什么特点？
8. 华中伺服系统超速的原因有哪些？应该如何解决？
9. 华中数控伺服系统在日常保养过程当中应该注意哪些问题？
10. 数控机床对位置检测装置的要求有哪些？
11. 位置检测装置的常见故障有哪些？应怎样处理？

项目六 数控机床 PLC 技术与故障诊断

能力目标

1. 学习 PLC 的概念和其在数控机床控制系统中的作用，明确数控系统中的 PMC 信息交换。

2. 能正确识读数控机床 PMC 梯形图。

3. 学习如何运用数控机床中 CNC、PLC 和 MT（机床本体）之间接口地址的信息状态（通“1”、断“0”）来判断数控机床的工作状态是否正常，并对常见故障加以排除。

4. 能够识记 PLC 的概念和在数控机床控制系统中的作用，明确数控系统中的 PMC 信息交换。

5. 培养 PLC 梯形图识读和综合逻辑分析能力。

6. 初步掌握运用数控机床中 CNC、PLC 和 MT 之间接口地址的信息状态判断数控机床的工作状态是否正常，并对出现故障予以排除的基本技能。

项目实施

任务一　PLC 在数控机床中的应用

任务引入

可编程序控制器（PLC）是近几十年才形成和发展起来的一种新型工业控制装置，因其具有较高的性价比、强大功能等诸多优点，近些年来在工业自动控制领域应用越来越广。随着数控机床的发展需要，PLC 广泛应用于数控机床中。其在数控机床中的作用分为数字控制和顺序控制两部分，数字控制部分包括对各坐标轴位置的连续控制，而顺序控制包括对主轴正/反转和起动/停止、换刀、卡盘夹紧和松开、冷却、尾架运动、排屑等辅助动作的控制。它可以取代传统的低压控制电器，从而实现逻辑顺序动作控制、计数和算术运算等各种操作功能，同时也使数控机床的结构更紧凑。

PLC 如何与 CNC 和机床进行通信呢?

任务内容

1. 数控机床中 PLC 的分类

通常的 PLC 是一个独立的控制装置，由 CPU、存储器、电源、I/O 接口等构成独立的控制系统。从数控机床应用的角度分，PLC 可分为两类：一类是 CNC 的生产厂家将数控装置（CNC）和 PLC 综合起来而设计的内装型 PLC。内装型 PLC 从属于 CNC 装置，PLC 与 CNC 装置之间的信号传送在 CNC 装置内部即可实现；PLC 与数控机床之间则通过 CNC 输入/输出接口电路实现信号传送，如图 6-1 所示。另一类是专业的 PLC 生产厂家的产品，称为独立型 PLC。独立型 PLC 独立于 CNC 装置，具有完备的硬件结构和软件功能，能够独立完成规定的控制任务，性能价格比不如内装型 PLC。采用独立型 PLC 的数控系统框图如图 6-2 所示。很多数控系统采用独立型 PLC 作为逻辑控制器。西门子 840SL 系统就是采用独立型 PLC，FANUC 系统就是采用内装型 PLC，与数控装置共用一个 CPU，也称内嵌式 PLC。

2. CNC、PLC、机床之间的信号

在数控机床上用 PLC 代替传统的机床强电顺序控制的继电器逻辑控制，利用逻辑运算实现各种开关量控制。PLC 在数控装置和机床之间进行信号的传送和处理，即可以把数控装置对机床的控制信号，传送给 PLC 去控制机床动作；也可把机床的状态信号送还给数控装置，便于数控装置进行机床自动控制。

（1）CNC 侧与 MT 侧的概念

在讨论数控机床的 PLC 时，常以 PLC 为界把数控机床分为 CNC 侧和 MT 侧两大部分。CNC 侧包括 CNC 系统的硬件、软件以及 CNC 系统的外部设备。MT 侧则包括机床的机械部分、液压、气压、冷却、润滑、排屑等辅助装置，以及机床操作面板、继电器电路、机床强电电路等。MT 侧顺序控制的最终对象的数量随数控机床的类型、结构、辅助装置等的不同而有很大的差别。机床结构越复杂，辅助装置越多，受控对象数量就越多。相比而言，柔性制造单元（FMC）、柔性制造系统（FMS）的受控对象数量多，而数控车床、数控铣床的受控对象数量较少。

（2）PLC、CNC 、机床间的信息交换

对于不同数控系统，所交换的信息内容、数量各有区别，但基本思路和作用是一样的。对于不带 PLC 的数控系统产品，其信息交换主要以开关量为主，并通过 CNC 与 PLC 之间的硬件 I/O 连接来实现。对于内装型 PLC 的数控系统产品，不仅可通过开关量交换信息，而且可以通过内部寄存器、内部标志位等交换信息，在 CNC 与 PLC 之间无需硬件 I/O 连接，数据处理能力强，可靠性高。

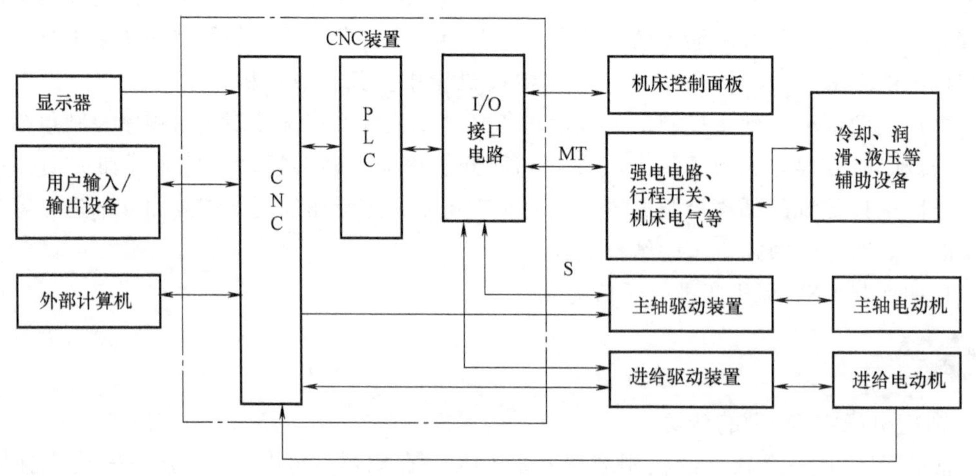

图 6-1　内装型 PLC 的 CNC 系统框图

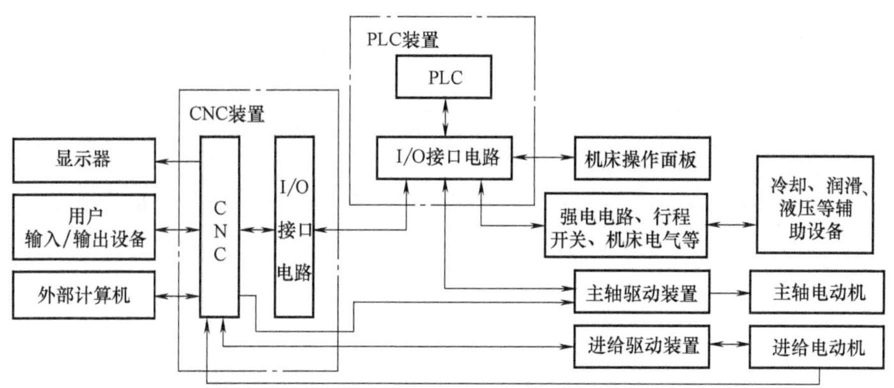

图 6-2　独立型 PLC 的 CNC 系统框图

数控系统中 PLC 的信息交换，是以 PLC 为中心，在 CNC 、PLC 和机床之间的信息传递。PLC 与 CNC 之间交换的信息分两个方向进行，其中由 CNC 发给 PLC 的信息主要包括各种功能代码 M 、S 、T 的信息、手动/自动方式信息、各种使能信息等。而由 PLC 发给 CNC 的信息主要包括 M 、S 、T 功能的应答信息和各坐标轴对应的机床参考点信息等。

同样，PLC 与机床之间交换的信息也分为两部分。例如，机床的起动/停止，主轴正转/反转/停止、机械变速选择、切削液的开/关、倍率选择、各坐标轴点动和刀架动作、卡盘的夹紧/松开等信号，以及上述各部件的限位开关等保护装置、主轴伺服状态监视信号和伺服系统运行准备等信号。

FANUC 系统是内装型 PLC。由于 PLC 在数控系统中的特殊作用，FANUC 系统将 PLC 称为 PMC，其编程方法详见本项目任务二。西门子数控系统大多数采用独立型 PLC，一般用西门子 S7 系列，编程用 STEP 软件，其编程方法可参照其他参考书，这里不再赘述。国产数控系统的 PLC 编程方法详见本项目任务三。掌握 PLC 的编程方法是利用 PLC 进行故障诊断和维修的前提条件。

任务二　FANUC 系统 PMC 编程技术

任务引入

如图 6-3 所示，换刀动作过程：系统得到换刀信号后，主轴自动返回到换刀点，且实现主轴准停控制；刀盘从原位自动换刀，当刀盘到位开关接通后刀盘立即停止，做好接刀动作准备；主轴自动松刀并进行吹气控制，完成主轴送刀控制动作；当主轴送刀到位开关接通后，主轴上移（返回到机床参考点位置）；刀盘根据程序的 T 码指令，进行就近选刀控制，同时刀盘计数器开关计数，当选刀到位时，电动机立即停止；主轴从参考点下移到换刀点，进行主轴接刀控制动作，同时主轴自动夹紧刀具；当主轴刀具夹紧到位开关接通后，刀盘自动返回到原始位置，完成自动换刀全过程。

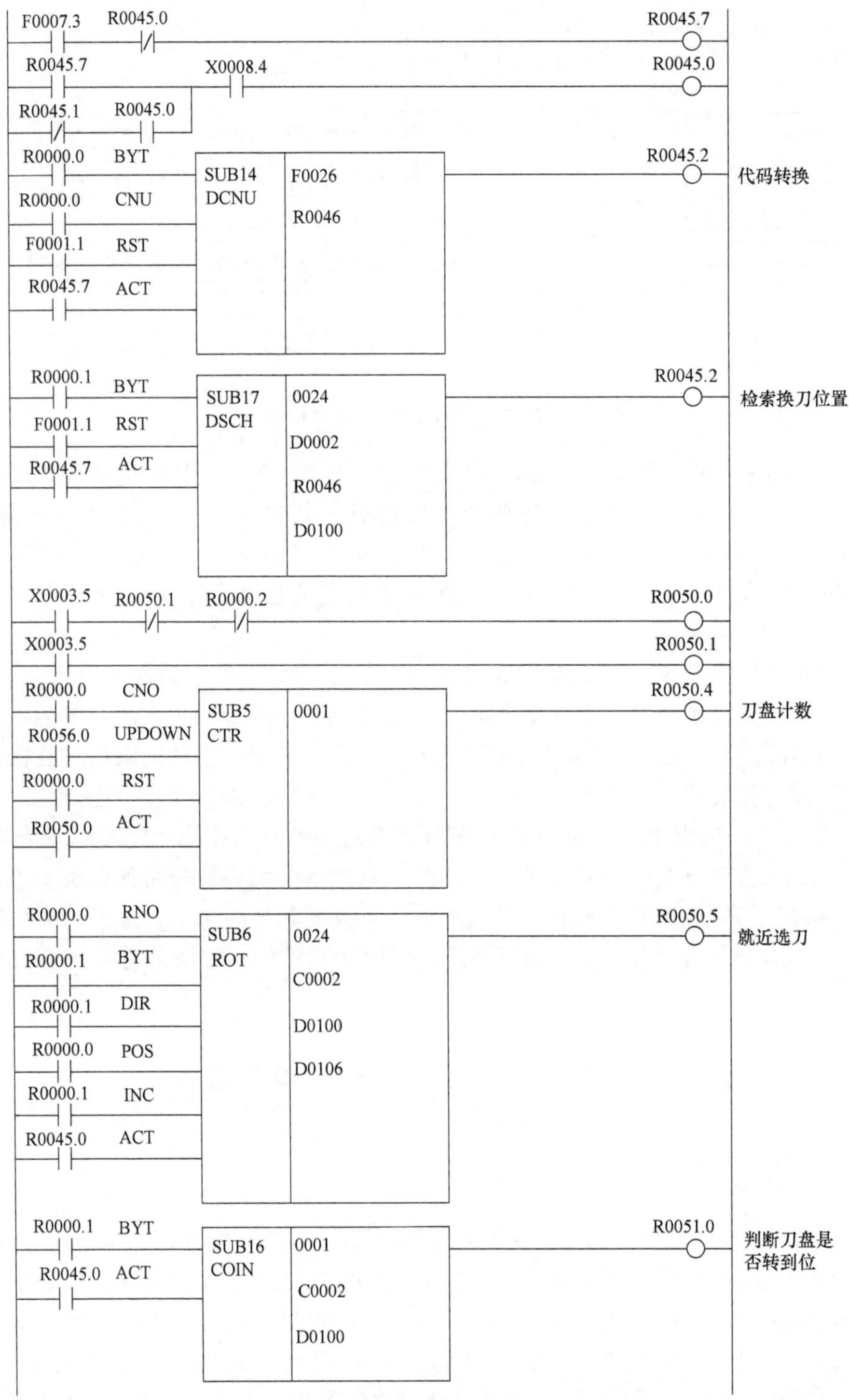

图 6-3 斗笠式刀库自动换刀 PMC 控制梯形图

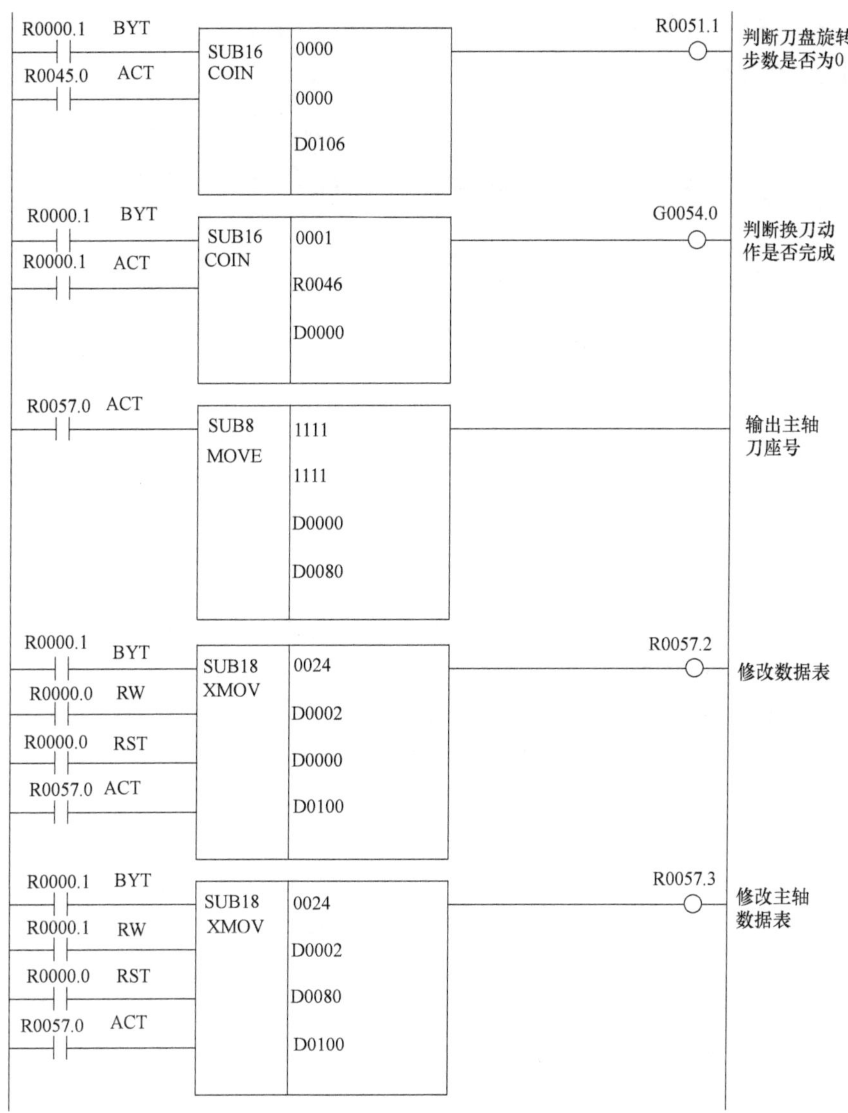

图 6-3　斗笠式刀库自动换刀 PMC 控制梯形图（续）

如何去识读数控机床 PMC 梯形图？

任务内容

一、PMC 程序执行顺序

数控系统内部处理的信息大致可分为两大类：一类是控制坐标轴运动的连续数字信息，这种信息主要由 CNC 系统本身去完成；另一类是控制刀具更换、主轴起停、换向变速、零件装卸、切削液的开停和控制面板、机床面板的输入输出处理等离散信息，这些信息一般用 PLC 来实现。PLC 在 CNC 系统中是介于 CNC 装置与机床之间的中间环节。它根据输入的离散信息，在内部进行逻辑运算并完成输出功能。

FANUC 系统可以分为两部分：控制伺服电动机和主轴电动机动作的系统部分与控制辅助电气部分的 PMC。FANUC 系统信息交换如图 6-4 所示。

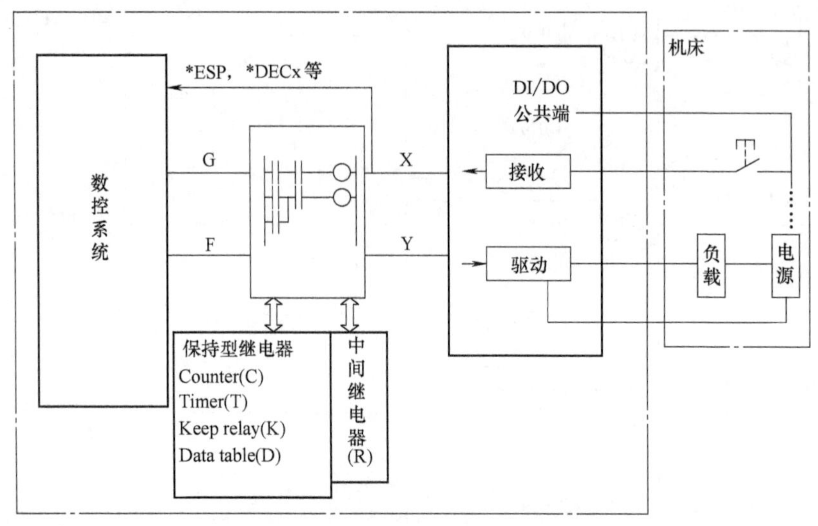

图 6-4　FANUC 系统信息交换图

PMC 的程序称为顺序控制程序，用于机床或其他系统顺序控制，使 CPU 执行算术处理。顺序程序的编制步骤如下：

1）根据机床的功能确定 I/O 点的分配情况。

2）根据机床的动作和系统的要求编制梯形图。

3）利用系统调试梯形图。

4）将梯形图程序固化在 ROM 芯片内。

PMC 程序的工作原理可以简述为由上至下，由左至右，循环往复，顺序执行。因为它是对程序指令的顺序执行，应注意到在微观上与传统继电器控制电路的区别，后者可认为是并行控制的。

以图 6-5、图 6-6 两个电路为例，在触点 A 接通以后，线圈 B、C 会有什么动作？如果是继电器电路，可以认为是并行控制，动作与电路的分布位置无关，图 6-5、图 6-6 的情况相同，均为 B、C 先同时接通，而后 B 断开。如果是 PMC 程序的话，那么两图的情况会有所不同。在图 6-5 中，与继电器的情况相同，B、C 先接通，而后由于 C 的接通断开 B。在图 6-6 中，按顺序执行的话，却只有 C 接通，因为 C 的接通使线圈 B 不能接通。在实际运用中，图 6-5 中的线圈 B 可以用作输入信号 A 的上升沿脉冲信号。B 的接通时间只有一个循环周期。

图 6-5　电路 1

图 6-6　电路 2

PMC 顺序程序按优先级别分为两部分：第一级和第二级顺序程序。划分优先级别是为了处理一些宽度窄的脉冲信号，这些信号包括紧急停止信号以及进给保持信号。第一级顺序程序每 8ms 执行一次，这 8ms 中的其他时间用来执行第二级顺序程序。如果第二级顺序程序很长的话，就必须对它进行划分，划分得到的每一部分与第一级顺序程序共同构成 8ms

的时间段。梯形图的循环周期是指将 PMC 程序完整执行一次所需要的时间。循环周期等于 8ms 乘以第二级程序划分所得的数目，如果第一级程序很长的话，相应的循环周期也要扩展。PMC 程序执行顺序框图如图 6-7 所示。

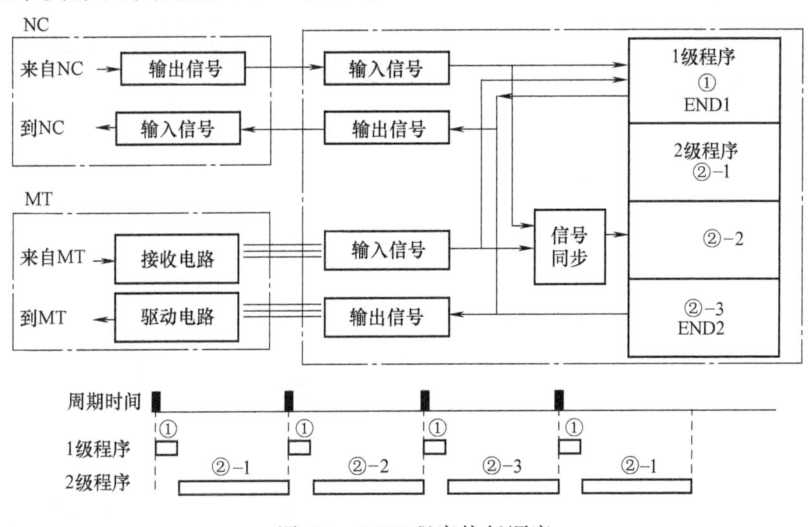

图 6-7　PMC 程序执行顺序

FANUC 数控系统 PMC 控制方式如图 6-8 所示。

PMC 的梯形图程序采用类似继电器触点、线圈的符号，如图 6-8 所示。梯形图左右两条竖直线称为母线，梯形图是母线和夹在母线之间的节点（或称触点）、线圈（或称继电器线圈）、功能块（功能指令）等构成的一个或多个“网络”。每个梯形图由一行或数行构成。梯形图两边的母线没有电源，当控制节点全部接通时，并没有电流在梯形图中流过，在分析梯形图工作状态时沿用了继电逻辑电路的分析方法，故流过梯形图的“电流”是一种虚拟的电流。梯形图只描述了电路工作的顺序和逻辑关系。

梯形图中触点代表逻辑“输入”条件，如行程开关、面板按钮等。线圈通常代表逻辑“输出”结果，用来控制外部的指示灯、交流接触器、中间继电器和内部的输出条件等。如果输出为“1”状态，则表示梯形图中对应软继电器的线圈“通电”；如果该存储单元为“0”状态，其常开触点断开，常闭触点接通，表示线路“不通”。

梯形图中的继电器线圈和触点都被赋予了一个地址。梯形图程序执行过程是从梯形图的开头从上到下，由左至右，到结尾后再返回程序头继续循环执行，如此周期性地往复扫描 CNC、MT 接口地址信息，顺序执行。

为了提高安全性，梯形图中应该注意使用互锁处理。对于顺序程序的互锁处理是必不可少的，然而在机床电气柜中的电气电路终端的互锁也不能忽略。因为即使在顺序程序上使用了逻辑互锁（软件），但当用于执行顺序程序的硬件出现问题时，互锁将失去作用，所以在电气柜中也应提供互锁以确保机床的安全。

二、PMC 编址

PMC 顺序程序的地址表明了信号的位置。这些地址包括对机床的输入/输出信号和对 CNC 的输入/输出信号、内部继电器、计数器、保持型继电器、数据表等。每一地址由地址号（每 8 个信号）和位号（0~7）组成。可在符号表中输入数据，表明信号名称与地址之

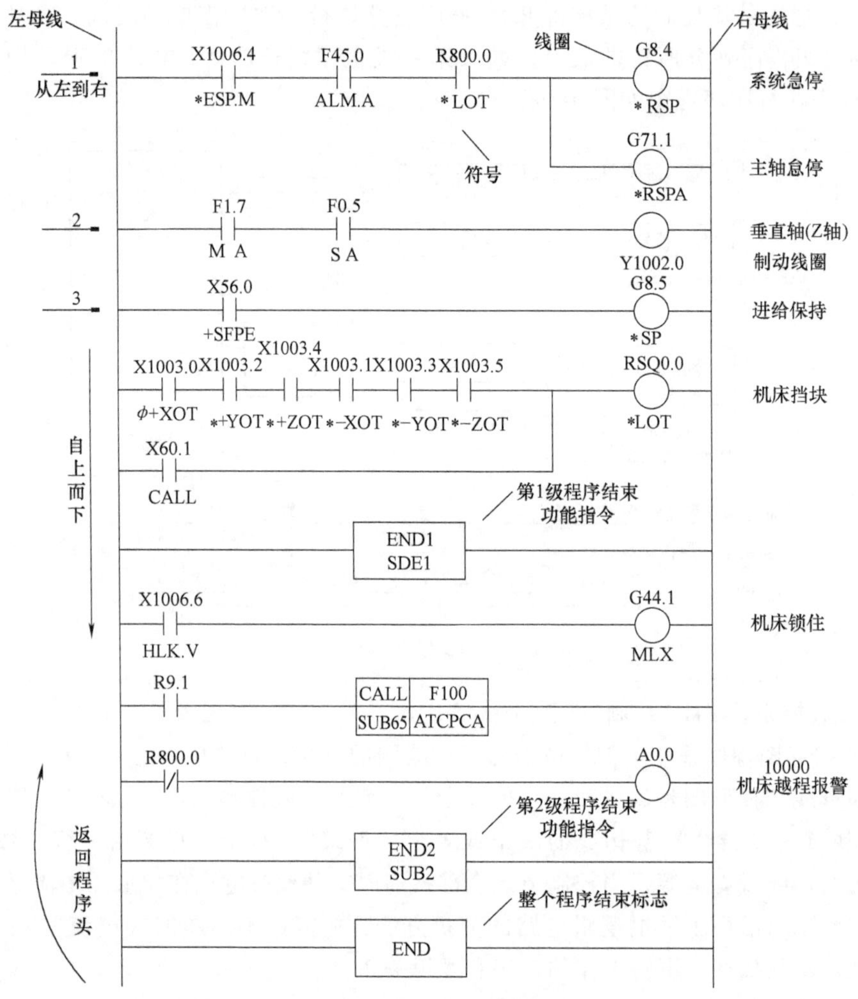

图 6-8　梯形图控制原理

间的关系。地址有以下种类，不同类别地址符号也不相同。

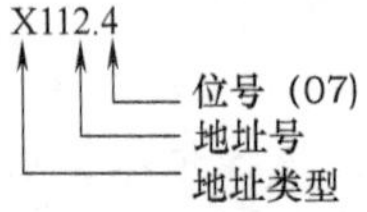

X：由机床至 PMC 的输入信号（MT→PMC）

Y：由 PMC 至机床的输出信号（PMC→MT）

F：由 NC 至 PMC 的输入信号（CNC→PMC）

G：由 PMC 至 NC 的输出信号（PMC→CNC）

R：内部继电器

D：非易失性存储器

PMC 的地址中有 R 与 D，它们都是系统内部存储器，但是它们之间有所区别。R 地址中的数据在断电后会丢失，再上电时其中的内容为 0。而 D 地址中的数据断电后可以保存，因而常用作 PMC 的参数或用作数据表。通常情况下，R 地址区域 R300~R699 共 400 字节。应注意，D 区域与 R 区域的地址范围总和也是 400 字节。此时在 R 地址内为 D 地址划分出一定范围。比如，给 D 地址定义出 200 字节，那么它们的地址范围为 D300～D499，而此时 R 地址的区域为 R500～R699。我们必须在编辑顺序程序时在参数设定中为 D 地址的数目做出设定。

在 PMC 顺序程序的编制过程中，应注意到输入触点 X 不能用作线圈输出，系统状态输出 F 也不能作为线圈输出。对于输出线圈而言，输出地址不能重复，否则该地址的状态不能确定。到这里，还要提到 PMC 的定时器指令和计数器指令，每条指令都要用到 5 字节的存储器地址，通常使用 D 地址，这些地址也只能使用一次而不能重复。另外，定时器号不能重复，计数器号也不能重复。

信号的地址含义及范围见表 6-1。

表 6-1　PMC 信号地址表

字符	含义	地址范围		
		PMC-SA1	PMC-SA3	PMC-SB7
X	由机床至 PMC 的输入信号(MT→PMC)	X0～X127 X1000～X1011		X0～X127 X200～X327 X1000～X1127
Y	由 PMC 至机床的输出信号(PMC→MT)	Y0～Y127 Y1000～Y1008		Y0～Y127 Y200～Y327 Y1000～Y1127
F	NC 至 PMC 的输入信号(CNC→PMC)	F0～F225 F1000～F1255		F0～F767 F1000～F1767 F2000～F2767 F3000～F3767
G	由 PMC 至 NC 的输出信号(PMC→CNC)	G0～G225 G1000～G1225		G0～G767 G1000～G1767 G2000～G2767 G3000～G3767
R	内部继电器	R0～G1999 R9000～G9099	R0～G1999 R9000～G9117	R0～C7999 C9000～C9499
C	计数器 CTR	C0～C79		C0～C339 C5000～C5199
T	定时器 TMR	T0～T79		T0～T499 T9000～T9499
K	保持型继电器	K0～K19		K0～K99 K900～K919
A	信息请求信号	A0～A24		A0～A249
D	数据表	D0～D1589		D0～D9999
L	标号	—	L1～L9999	
P	子程序号	—	P1～P512	P1～P2000

CNC 与 PLC 通信常用指令地址见表 6-2。

表 6-2　CNC 与 PLC 通信表

信号地址	16/18/21/0i/PM 系列	
	T	M
自动循环启动(ST)	G7/2	G7/2
进给暂停(＊SP)	G8/5	G8/5
方式选择(MD1,MD2,MD4)	G43/0. 1. 2	G43/0. 1. 2
进给轴方向(+J1 ～ +J4;-J1 ～ -J4)	G100/0. 1. 2. 3	G102/0. 1. 2. 3
手动快速进给(RT)	G19/7	G19/7
手摇进给轴选择/快速倍率(HS1A ～ JS1D)	G18/0. 1. 2. 3	G18/0. 1. 2. 3
手摇进给轴选择/空运行(DRN)	G46/7	G46/7
手摇进给/增量进给倍率(MP1,MP2)	G19/4. 5	G19/4. 5
单程序段运行(SBK)	G46/1	G46/1

（续）

信号地址	16/18/21/0i/PM 系列	
	T	M
程序段选跳(BDT)	G44/0;G45	G44/0;G45
零点返回(ZRN)	G43/7	G43/7
回零点减速(*DECX,*DECY,*DECZ,*DEC4)	X1004/0.1.2.3	X1009/0.1.2.3
机床锁住(MLK)	G44/1	G44/1
急停(*ESP)	G8/4	G8/4
进给暂停中(SPL)	F0/4	F0/4
自动循环启动灯(STL)	F0/5	F0/5
回零点结束(ZP1,ZP2,ZP3,ZP4)	F94/0.1.2.3	F94/0.1.2.3
进给倍率(*FV0~*FV7)	G12	G12
手动进给倍率(*JV0~*JV15)	G10,G11	G10,G11
进给锁住(*IT)	G8/0	G8/0
进给轴分别锁住(*IT1~*IT4)	G130/0.1.2.3	G130/0.1.2.3
各轴各方向锁住(+MIT1~+MIT4;-MIT1~-MIT4)	X1004/2~5	G132/0.1.2.3 G134/0.1.2.3
启动锁住(STLK)	G7/1	
辅助功能锁住(AFL)	G5/6	G5/6
M功能代码(M00~M31)	F10~F13	F10~F13
M00,M01,M02,M30代码	F9/4.5.6.7	F9/4.5.6.7
M功能(读M代码)(MF)	F7/0	F7/0
进给分配结束(DEN)	F1/3	F1/3
S功能代码(S00~S31)	F22~F25	F22~F25
S功能(读S代码)(SF)	F7/2	F7/2
T功能代码(T00~T31)	F26~F29	F26~F29
T功能(读M代码)(TF)	F7/3	F7/3
结束(FIN)	G4/3	G4/3
MST结束(MFIN,SFIN,TFIN,BFIN)	G5/0, G5/4,G5/2,G5/3	G5/0, G5/7,G5/2,G5/3
倍率无效(OVC)	G6/4	G6/4
外部复位(ERS)	G8/7	G8/7
复位(RST)	F1/1	F1/1
NC准备好(MA)	F1/7	F1/7
伺服准备好(SA)	F0/6	F0/6
自动(存储器)方式运行(OP)	F0/7	F0/7
程序保护(KEY)	F46/3.4.5.6	F46/3.4.5.6
工件号检索(PN1,PN2,PN4,PN8,PN16)	G9/0~4	G9/0~4
外部动作指令(EF)	F8/0	F8/0
进给轴硬超程: *+LX,*+LY,*+LZ,*+L4;*-LX,*-LY,*-LZ,*-L4(0) *+L1~*+L4; *-L1~*-L4 (16)	G114/0.1.2.3 G116/0.1.2.3	G114/0.1.2.3 G116/0.1.2.3
伺服断开(SVFX,SVFY,SVFZ,SVF4)	G126/0.1.2.3	G126/0.1.2.3
位置跟踪(*FLWU)	G7/5	G7/5
位置误差检测(SMZ)	G53/6	
手动绝对值(*ABSM)	G6/2	G6/2
镜像(MIRX,MIRY,MIR4)	G106/0.1.2.3	G106/0.1.2.3
螺纹倒角(CDZ)	G53/7	
系统报警(AL)	F1/0	F1/0
电池报警(BAL)	F1/2	F1/2
DNC加工(DNCI)	G43/5	G43/5
跳转(SKIP)	X4/7	X4/7

（续）

信号地址	16/18/21/0i/PM 系列	
	T	M
主轴转速到达(SAR)	G29/4	G29/4
主轴停止转动(＊SSTP)	G29/6	G29/6
主轴定向(SOR)	G29/5	G29/5
主轴转速倍率(SOV0～SOV7)	G30	G30
主轴换档(GR1,GR2(T); GR1O,GR2O,GR3O(M))	G28/1.2	F34/0.1.2
串行主轴正转(SFRA)	G70/5	G70/5
串行主轴反转(SRVA)	G70/4	G70/4
S12 位代码输出(R01O～R12O)	F36;F37	F36;F37
S12 位代码输入(R01I～R12I)	G32;G33	G32;G33
SSIN	G33/6	G33/6
SGN	G33/5	G33/5
机床就绪(MRDY(参数设置))	G70/7	G70/7
主轴急停(＊ESPA)	G71/1	G71/1
定向指令(ORCMA)	G70/6	G70/6
定向完成(ORARA)	F45/7	F45/7

机床与 PLC 通信常用地址见表 6-3 和表 6-4。

表 6-3 机床操作面板及信号地址

面板	功能及信号地址	面板	功能及信号地址
	机床工作方式选择 X17.4～X17.6	0 10 20 30 40 50 60 70 80 90 100 110 120 130 140 150 m/min %	点动/切削进给倍率 X17.0～X17.3
0.001 0.01 0.1 mm 25 50 100 Z F0	手轮/快速倍率 X16.0, X16.1	NC	停止/启动指示灯 Y0.0,Y0.1
	电源钥匙开关		单段 X11.2
	存储器钥匙开关 X17.7		进给保持 X11.1
	空运行 X11.4		循环启动 X11.0
	机床锁住 X11.5		超程解除 X16.7
M01	M01 功能 X11.3	X Z	手轮方式轴选择 X11.6,X11.7

表 6-4　输入/输出地址分配

地址	功能	地址	功能	地址	功能
X8.0	主轴驱动故障	X11.1	进给保持	Y0.0	机床故障灯
X8.4	急停	X11.2	单段	Y0.1	机床正常灯
X8.5	X 左右极限	X11.3	M01 功能	Y0.2	单段指示灯
X8.6	Z 左右极限	X11.4	空运行	Y0.3	M01 有效灯
X9.0	X 回零	X11.5	机床锁住	Y0.4	空运行指示灯
X9.1	Z 回零	X11.6	手轮 X 选择	Y0.5	机床锁住指示灯
X9.4	手动润滑	X11.7	手轮 Z 选择	Y0.6	循环启动指示灯
X9.5	润滑油面检测	X16.0,X16.1	手轮/快速倍率	Y0.7	进给保持指示灯
X9.6	润滑电气故障	X16.2	点动 +X	Y1.0	主轴正转
X9.7	主轴高低档位	X16.3	点动 -X	Y1.1	主轴反转
X10.0	1 号刀位	X16.4	点动 +Z	Y1.2	刀架正转
X10.1	2 号刀位	X16.5	点动-Z	Y1.3	刀架反转
X10.2	3 号刀位	X16.6	快速移动	Y1.4	冷却泵开
X10.3	4 号刀位	X16.7	超程解除	Y1.5	润滑电动机开
X10.4	5 号刀位	X17.0~X17.3	点动/切削倍率	Y1.6	润滑油不足
X10.5	6 号刀位	X17.4~X17.6	工作方式选择	Y1.7	变频器电源通
X11.0	循环启动	X17.7	存储器钥匙开关		

三、PMC 基本指令

基本指令只是对二进制位进行与、或、非的逻辑操作。PMC 基本指令操作示意如图 6-9 所示。

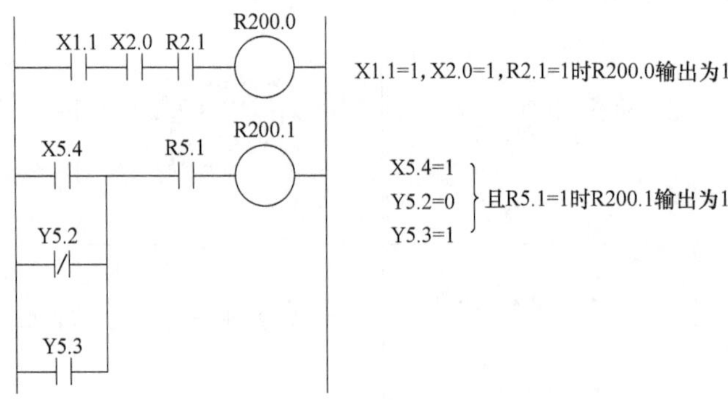

图 6-9　PMC 基本指令操作

四、PMC 功能指令

数控机床用 PMC 的指令必须满足数控机床信息处理和动作控制的特殊要求。例如，由 NC 输出的 M、S、T 二进制代码信号的译码，机械部件动作状态或液压系统动作状态的延时确认，加工零件计数，刀库、分度台沿最短路径旋转和现在位置至目标位置步数的计算等。

在为数控机床编辑顺序程序时，对于上述译码、定时、计数、最短路径选择，以及比较、检索、代码转换、数据四则运算、信息显示等控制功能，仅用执行一位操作的基本指令编程，实现起来将会十分困难。因此，就需要增加一些具有专门控制功能的指令来解决基本指令无法处理的那些控制问题。这些专门指令就是功能指令，本节将以 FANUC 0i 系统的 PMC-SA1/SA3/SB7 为例，介绍 FANUC 系统常用 PMC 功能指令的功能、指令格式，见表 6-5。

表 6-5 FANUC 系统常用 PMC 功能指令的功能、指令格式

功能指令格式	功能指令介绍
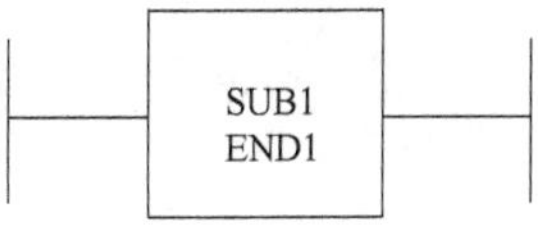 SUB1 END1	第一级程序结束指令 说明:如果程序中不使用第一级程序,必须在 PMC 程序开头指定 END1,否则 PMC 无法正常运行
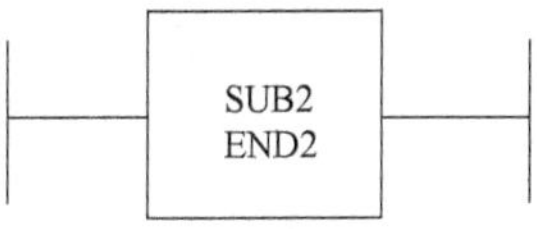 SUB2 END2	第二级程序结束指令 说明:END2 程序结束包含在 END1 中,属于循环程序嵌套中的结束程序
 SUB64 END	程序结束指令 说明:编写子程序时,在子程序最后写入该程序
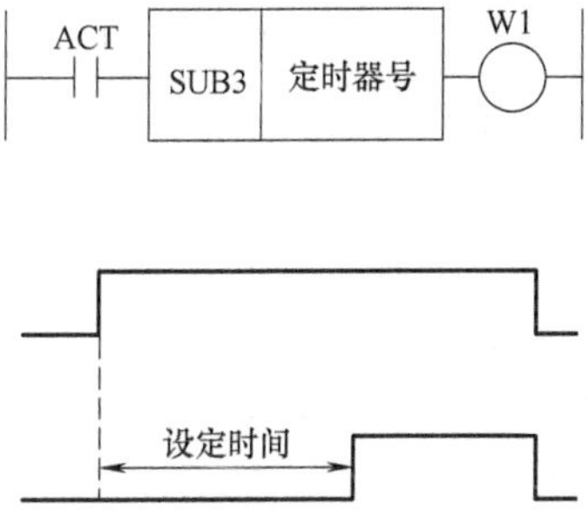 ACT SUB3 定时器号 W1 设定时间	定时器指令 说明:该定时器为延时定时器。定时时间可通过 PMC 参数进行修改 控制条件:当 ACT=1 后经设定时间时,输出 W1 即接通 定时器号:PMC-SA3 为 1~40,1~8 号定时单位为 48s,最大为 1572. 8s。9 号以后定时单位为 8s,最大为 262. 1s 工作原理:ACT=0,断开定时器,ACT=1,启动定时器 W1=1,ACT 接通后经设定时间时,输出即接通
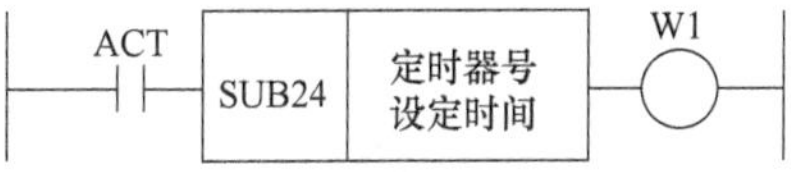 ACT SUB24 定时器号 设定时间 W1	固定定时器指令 说明:该定时器为设定时间固定的延时定时器,用功能指令参数指定时间控制条件:ACT=0,断开定时器,ACT=1,启动定时器 W1=1,ACT 接通后经设定时间时,输出即接通 定时器号:1~100 设定时间:用 ms 为单位的十进制数设定时间,最大为 262136
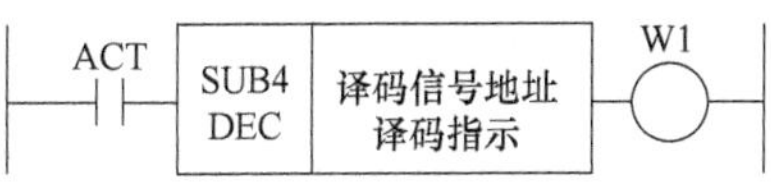 ACT SUB4 DEC 译码信号地址 译码指示 W1	译码指令 说明:数控机床在执行加工程序中规定的 M、S、T 功能时,CNC 装置以 BCD 码或二进制码形式输出 M、S、T 代码信号。这些信号需要经过译码才能从 BCD 或二进制状态转换成具有特定功能含义的一位逻辑状态。该指令就是对 2 位 BCD 码进行译码,当与指示的值相同时,W1 接通,如不一致,则 W1 断开 译码条件:ACT=1,进行译码;W1=1,译码已一致 代码信号地址:制定译码对象地址 译码指示: 00 00←—位指示 01:只对低位数进行译码 10:只对高位数进行译码 11:对两位数均进行译码 值指示:指示进行译码的位数

（续）

功能指令格式	功能指令介绍
 ACT SUB25 DECB 形式指定 代码信号地址 译码指示 译码结果输出地址	二进制译码指令 说明：对 1、2、4 字节长的二进制形式的代码数据进行译码。 代码数据一致时，对应的位即为“1”，如不一致，则为“0” 代码数据的形式：1：1 字节长；2：2 字节长；4：4 字节长 代码信号地址：制定进行译码的数据的起始地址 译码指示：8 个译出代码号的第 1 个号 译码结果输出地址：由译码指示指定号的译码结果被输出到位 0，+1 号的译码结果被输出到位 1，+7 号的译码结果被输出到位 7 译码结果输出： # 7 # 6 # 5 # 4 # 3 # 2 # 1 （空） +7 +6 +5 +4 +3 +2 +1
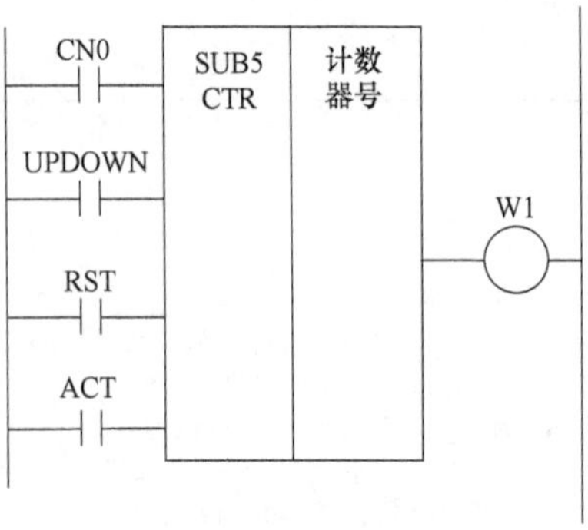 CN0 UPDOWN RST ACT SUB5 CTR 计数器号 W1	计数器指令 说明：进行加/减计数的环形计数器 控制条件：CN0＝0：计数器的初始值为 0 CN0＝1：计数器的初始值为 1 UPDOWN＝0：加计数器（初始值为 CN0 设定） UPDOWN＝1：减计数器（初始值为计数器预置值） RST＝1：将计数器复位。累计值被复位，加计数器时，根据 CN0 的设定变为 0 或 1，减计数器时变为计数器预置值 ACT＝1：取 0 到 1 的上升沿进行计数 W1＝1：计数结束输出。加计数器为最大值，减计数器为最小值为 1 计数器号：PMC-SA3 为 1～20
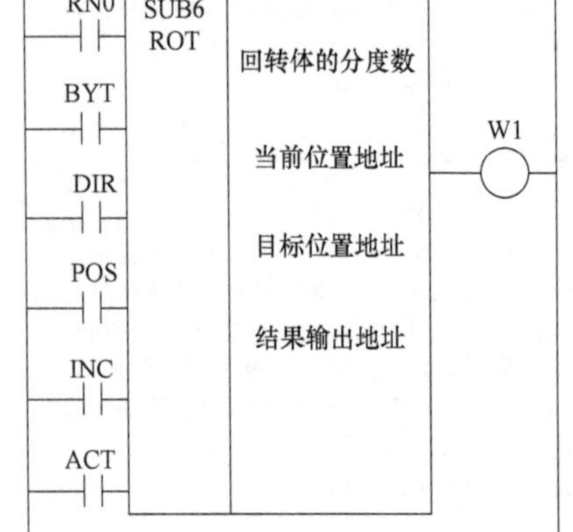 	回转控制指令 说明：判别回转体的下一步的回转方向，计算出进行回转的步数，或计算到达目标位置前一步的步数 控制条件：RN0＝0：回转体的位置号是从 0 开始的连续号 RN0＝1：回转体的位置号是从 1 开始的连续号 BYT＝0：回转体的位置号是 2 位 BCD 码（1 字节）的数据 BYT＝1：回转体的位置号是 4 位 BCD 码（2 字节）的数据 DIR＝0：不判别下一步回转方向（始终正转） DIR＝1：判别下一步回转方向（方向输出到 W1） POS＝0：计算到达目标位置的步数 POS＝1：计算到达目标位置前一步的步数 INC＝0：计算目标位置的号 INC＝1：计算到达目标位置的步数 ACT＝1：执行 ROT 指令 W1＝0：回转方向为正转 W1＝1：回转方向为反转 回转体分度数：设定回转体转位的数目 当前位置地址：存储回转体当前步数的起始地址 目标位置地址：存储目标位置的起始地址 结果输出地址：算出的步数的输出地址

（续）

功能指令格式	功能指令介绍
RN0 DIR POS INC ACT SUB26 ROTB 形式指定 回转体的分度数地址 当前位置地址 目标位置地址 结果输出地址 W1	二进制回转控制指令 说明：可用地址指定回转体的分度数。另外，进行处理的数值都为二进制形式，其他功能与 ROT 指令相同 控制条件：RN0＝0：回转体的位置号是从 0 开始的连续号 RN0＝1：回转体的位置号是从 1 开始的连续号 DIR＝0：不判别下一步回转方向（始终正转） DIR＝1：判别下一步回转方向（方向输出到 W1） POS＝0：计算到达目标位置的步数 POS＝1：计算到达目标位置前一步的步数 INC＝0：计算目标位置的号 INC＝1：计算到达目标位置的步数 ACT＝1：执行 ROT 指令 W1＝0：回转方向为正转 W1＝1：回转方向为反转 形式指定：1：1 字节长，2：2 字节长，4：4 字节长 回转体分度数：设定回转体转位的数目 当前位置地址：存储回转体当前步数的起始地址 目标位置地址：存储目标位置的起始地址 结果输出地址：算出的步数的输出地址
 	代码转换指令 说明：用 2 位 BCD 码指定变换数据表内号，将与输出的表内号对应的 2 位或 4 位 BCD 码输出 控制条件：BYT＝0：变换数据表的数据为 2 位 BCD 码 BYT ＝1：变换数据表的数据为 4 位 BCD 码 RST＝1：把错误输出 W1 复位 ACT＝1：执行 COD 命令 W1＝1：变换输入号超过了变换数据数，数据出错 变换输入数据地址：指定表内号的地址（1 字节） 变换输出数据地址：变换结果的存储地址
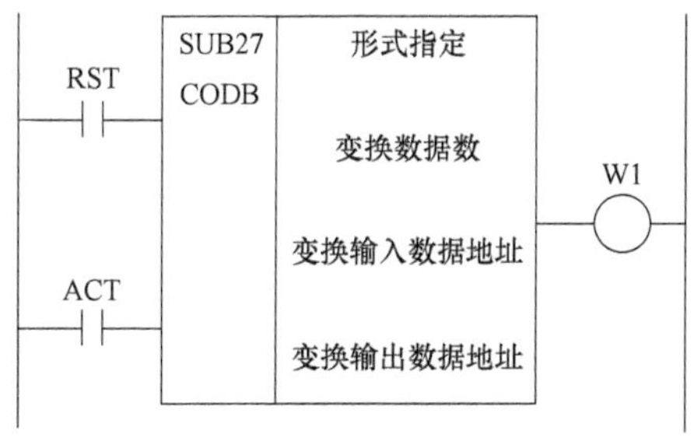 	二进制代码转换指令 说明：用 2 位二进制码指定变换数据表内的号，将与输入的表内号对应的 1、2、4 字节数据输出 控制条件：RST＝1：把错误输出 W1 复位 ACT＝1：执行 COD 命令 W1＝1：变换输入号超过了变换数据数，数据出错 形式指定：1：1 字节长，2：2 字节长，4：4 字节长 变换输入数据地址：指定表内号的地址（1 字节） 变换输出数据地址：变换结果的存储地址
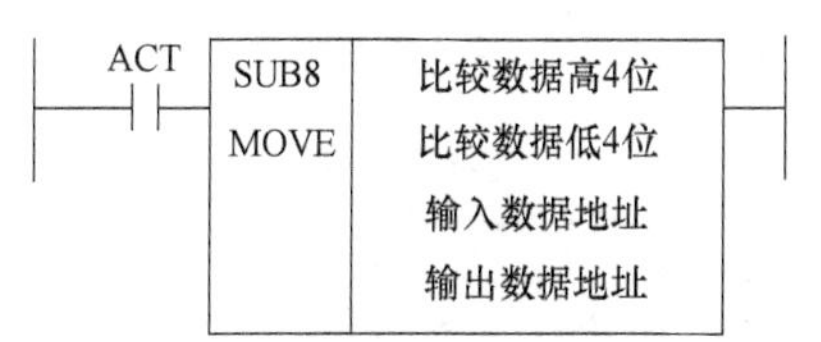 	逻辑乘后数据传送指令 说明：数据传送地址指定的 1 字节的数据与比较数据进行逻辑乘（AND），并把结果写入输出数据地址

（续）

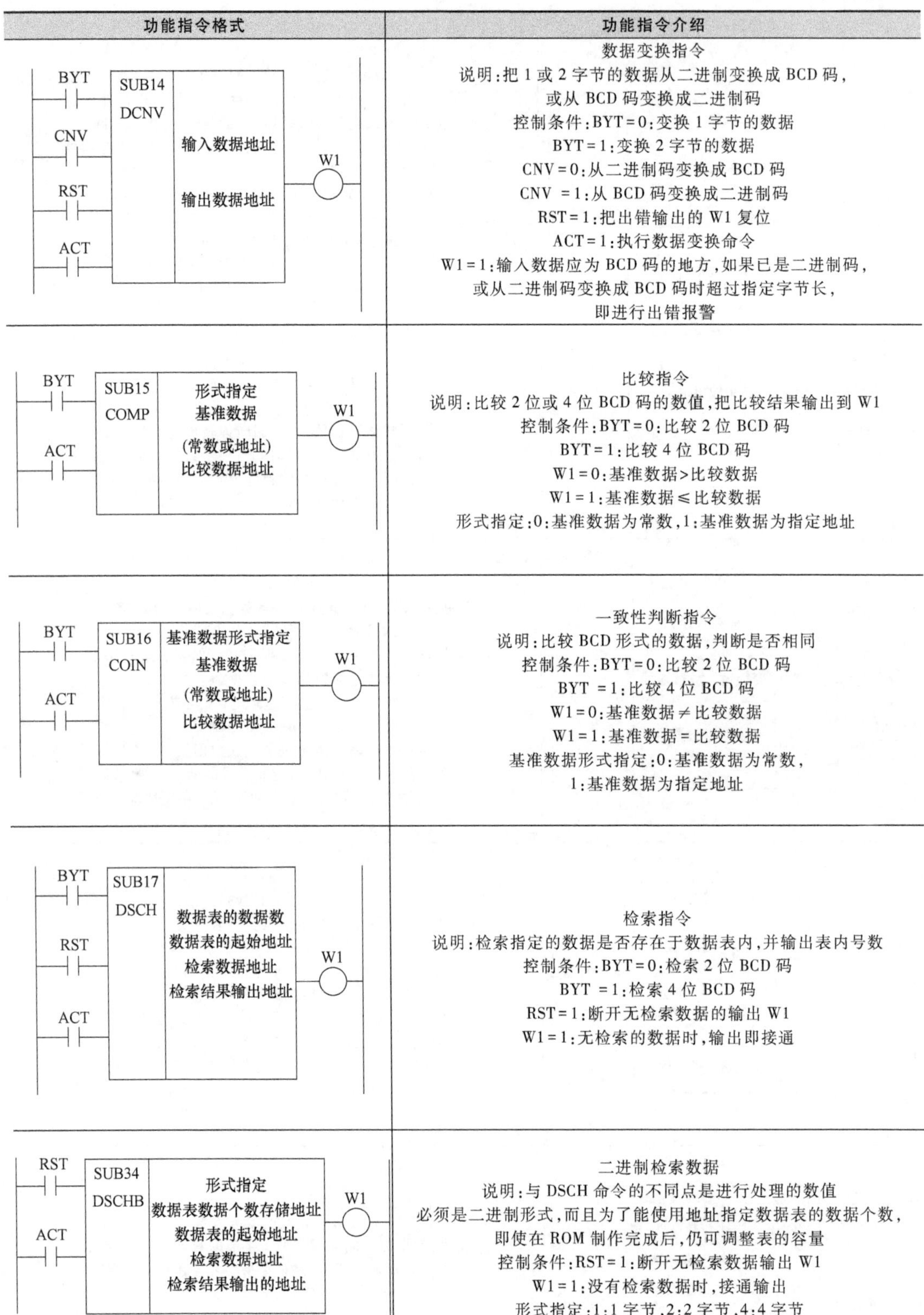

功能指令格式	功能指令介绍
BYT　CNV　RST　ACT SUB14 DCNV 输入数据地址 输出数据地址 W1	数据变换指令 说明：把 1 或 2 字节的数据从二进制变换成 BCD 码， 或从 BCD 码变换成二进制码 控制条件：BYT=0：变换 1 字节的数据 BYT=1：变换 2 字节的数据 CNV=0：从二进制码变换成 BCD 码 CNV =1：从 BCD 码变换成二进制码 RST=1：把出错输出的 W1 复位 ACT=1：执行数据变换命令 W1=1：输入数据应为 BCD 码的地方，如果已是二进制码， 或从二进制码变换成 BCD 码时超过指定字节长， 即进行出错报警
BYT　ACT SUB15 COMP 形式指定 基准数据 (常数或地址) 比较数据地址 W1	比较指令 说明：比较 2 位或 4 位 BCD 码的数值，把比较结果输出到 W1 控制条件：BYT=0：比较 2 位 BCD 码 BYT=1：比较 4 位 BCD 码 W1=0：基准数据>比较数据 W1=1：基准数据≤比较数据 形式指定：0：基准数据为常数，1：基准数据为指定地址
BYT　ACT SUB16 COIN 基准数据形式指定 基准数据 (常数或地址) 比较数据地址 W1	一致性判断指令 说明：比较 BCD 形式的数据，判断是否相同 控制条件：BYT=0：比较 2 位 BCD 码 BYT =1：比较 4 位 BCD 码 W1=0：基准数据≠比较数据 W1=1：基准数据=比较数据 基准数据形式指定：0：基准数据为常数， 1：基准数据为指定地址
BYT　RST　ACT SUB17 DSCH 数据表的数据数 数据表的起始地址 检索数据地址 检索结果输出地址 W1	检索指令 说明：检索指定的数据是否存在于数据表内，并输出表内号数 控制条件：BYT=0：检索 2 位 BCD 码 BYT =1：检索 4 位 BCD 码 RST=1：断开无检索数据的输出 W1 W1=1：无检索的数据时，输出即接通
RST　ACT SUB34 DSCHB 形式指定 数据表数据个数存储地址 数据表的起始地址 检索数据地址 检索结果输出的地址 W1	二进制检索数据 说明：与 DSCH 命令的不同点是进行处理的数值 必须是二进制形式，而且为了能使用地址指定数据表的数据个数， 即使在 ROM 制作完成后，仍可调整表的容量 控制条件：RST=1：断开无检索数据输出 W1 W1=1：没有检索数据时，接通输出 形式指定：1：1 字节，2：2 字节，4：4 字节

（续）

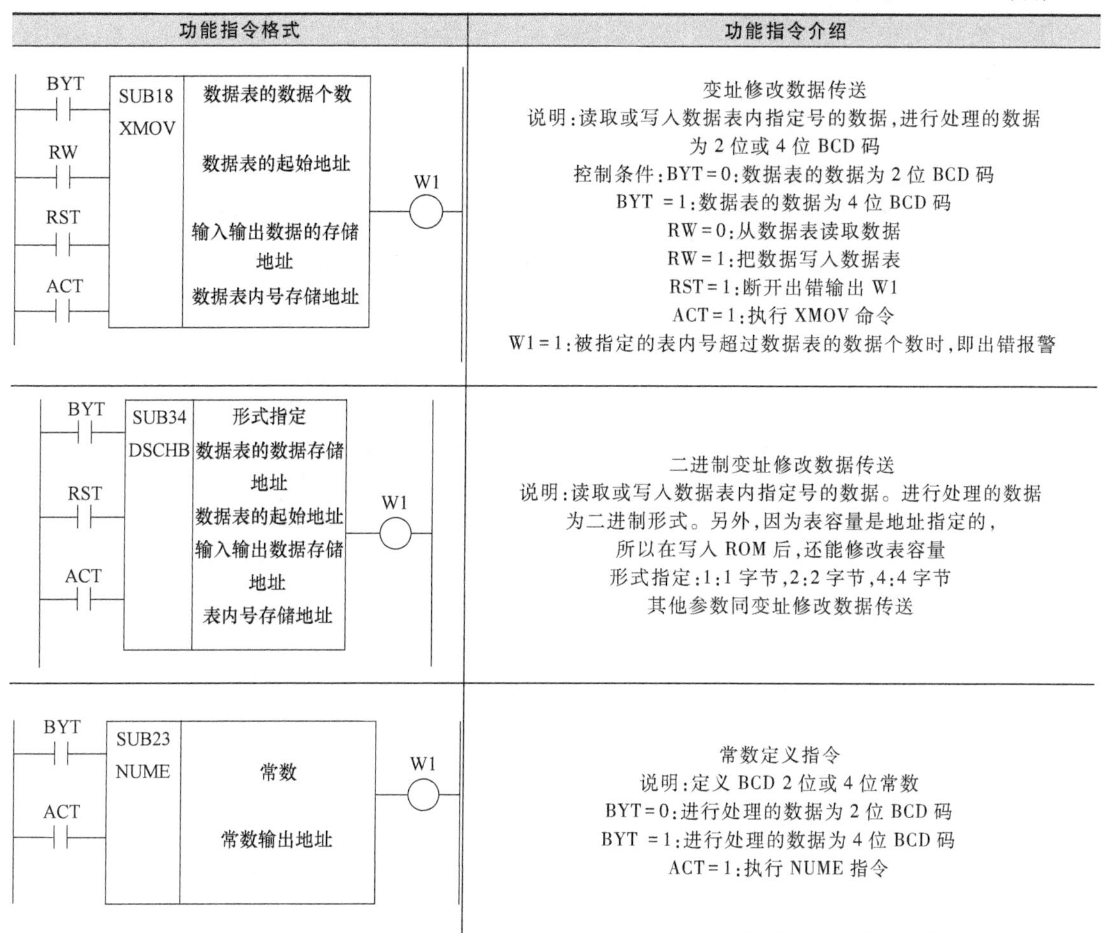

功能指令格式	功能指令介绍
BYT RW RST ACT SUB18 XMOV 数据表的数据个数 数据表的起始地址 输入输出数据的存储地址 数据表内号存储地址 W1	变址修改数据传送 说明：读取或写入数据表内指定号的数据，进行处理的数据为 2 位或 4 位 BCD 码 控制条件：BYT＝0：数据表的数据为 2 位 BCD 码 BYT ＝1：数据表的数据为 4 位 BCD 码 RW＝0：从数据表读取数据 RW＝1：把数据写入数据表 RST＝1：断开出错输出 W1 ACT＝1：执行 XMOV 命令 W1＝1：被指定的表内号超过数据表的数据个数时，即出错报警
BYT RST ACT SUB34 DSCHB 形式指定 数据表的数据存储地址 数据表的起始地址 输入输出数据存储地址 表内号存储地址 W1	二进制变址修改数据传送 说明：读取或写入数据表内指定号的数据。进行处理的数据为二进制形式。另外，因为表容量是地址指定的，所以在写入 ROM 后，还能修改表容量 形式指定：1：1 字节，2：2 字节，4：4 字节 其他参数同变址修改数据传送
BYT ACT SUB23 NUME 常数 常数输出地址 W1	常数定义指令 说明：定义 BCD 2 位或 4 位常数 BYT＝0：进行处理的数据为 2 位 BCD 码 BYT ＝1：进行处理的数据为 4 位 BCD 码 ACT＝1：执行 NUME 指令

五、数控机床 PMC 屏幕画面功能

下面以 FANUC 0i mate TD 为例，说明数控机床 PMC 画面功能及具体操作。

按“SYSTEM”功能键，出现如图 6-10 画面。按下扩展软键三次，显示 PMC 画面如图 6-11 所示。

图 6-10　参数设定画面

图 6-11　PMC 画面

1. 实时梯形图画面

按下图 6-11 中的［PMCLAD］键，即进入实时梯形图画面，如图 6-12 所示。在实际屏幕中，触点和线圈断开（状态为 0）以低亮线显示，触点和线圈闭合（状态为 1）以暗线显示。

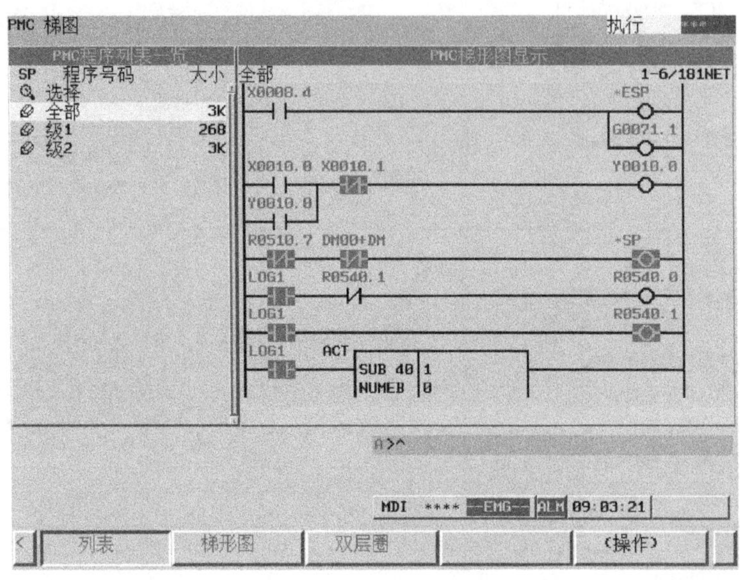

图 6-12　梯形图画面

2. 系统梯形图的诊断画面

按下图 6-11 中的［PMCMNT］键，就会显示图 6-13 所示的系统 PMC 诊断画面。

3. PMC 参数画面

按下图 6-11 中的［PMCMNT］键，再按下扩展软键即进入参数设定画面，如图 6-14 所示。按下［TIMER］键时对可变定时器时间进行设定，按下［COUNTER］键对计时器的一系列参数进行设定，按下［KEEPRL］键对保持型继电器参数进行设定，按下［DATA］键对数据表进行设定。

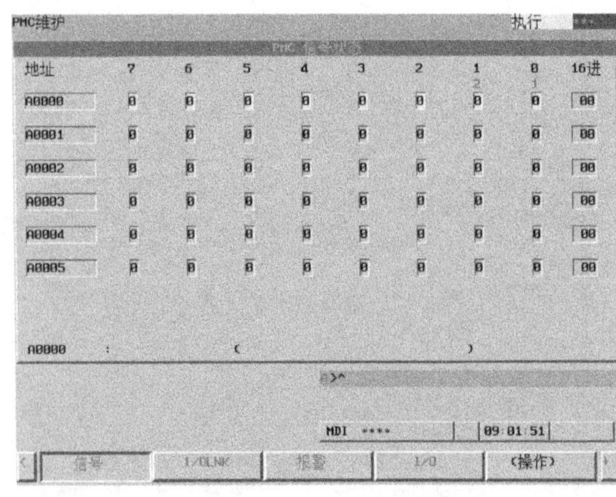

图 6-13　PMCMNT 画面

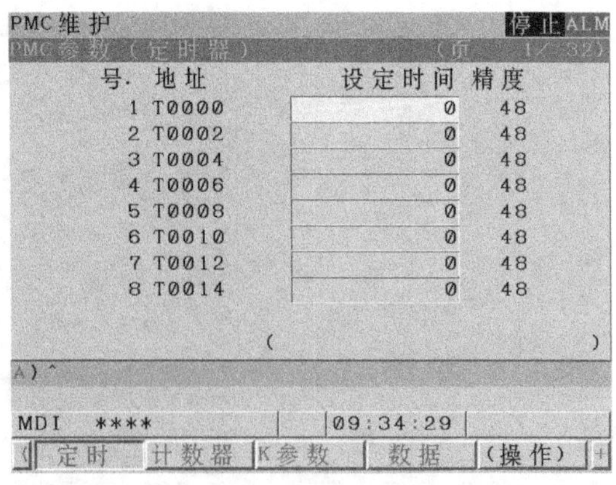

图 6-14　参数设定画面

六、使用 LADDER 软件编辑数控机床梯形图

FAPT LADDER-Ⅲ是在 Window 95/98、Windows 2000、Windows XP 环境下运行的 FANUC PMC 程序的系统开发软件。

1. 新建梯形图程序

运行 LADDER 软件，利用鼠标单击［File］菜单，选择［New Program］（见图 6-15），出现如图 6-16 所示画面。

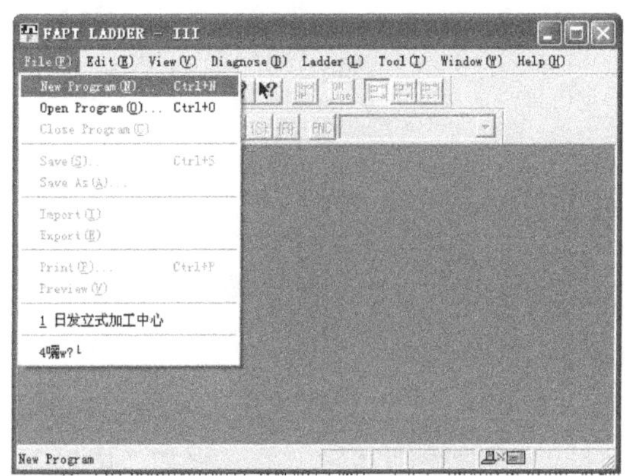

图 6-15 PMC 编程环境图

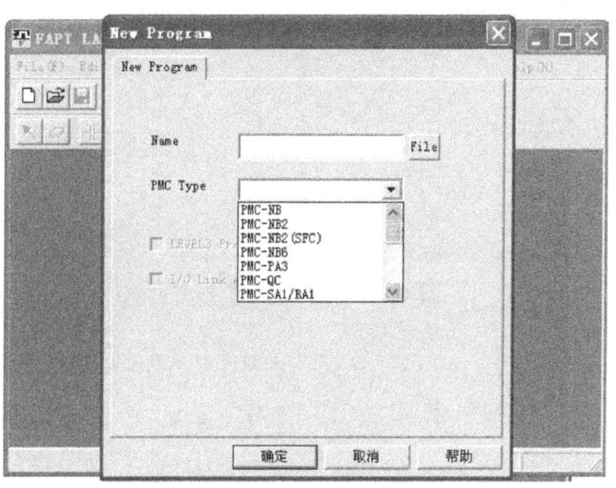

图 6-16 新建项目界面

然后，输入程序名称（例如 pmc1）及 PMC 类型（比如 FANUC 0i 系统 PMC 类型位 SA3），确定后出现图 6-17，即可编写自己的程序。

2. 存储卡格式 PMC 的转换

通过存储卡备份的 PMC 梯形图称为存储卡格式的 PMC（Memory Card Format File）。由于其为机器语言格式，不能由计算机的 LADDER Ⅲ直接识别和读取并进行修改和编辑，所以必须进行格式转换。同样，在计算机上编辑好的 PMC 程序也不能直接存储到 M-CARD 上，也必须通过格式转换，然后才能装载到 CNC 中。

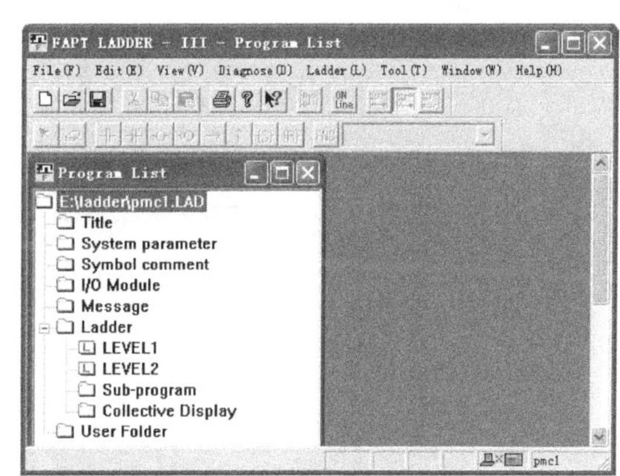

图 6-17 编程界面

（1）M-CARD 格式（PMC-SA.000 等）→计算机格式（PMC. LAD）

1）运行 LADDER Ⅲ软件，在该软件下新建一个类型与备份的 M-CARD 格式 PMC 程序类型相同的空文件，方法如前。

2）选择［File］中的［Import］（即导入 M-CARD 格式文件）（见图 6-18），软件会提示导入的源文件格式，选择 M-CARD 格式，然后再选择需要导入的文件名（找到相应的路径），出现如图 6-19 所示的画面。

执行下一步找到要进行转换的 M-CARD 格式文件（见图 6-19），按照软件提示的默认操作一步步执行即可将 M-CARD 格式的 PMC 程序转换成计算机可直接识别的 .LAD 格式文件，这样就可以在计算机上进行修改和编辑操作了。

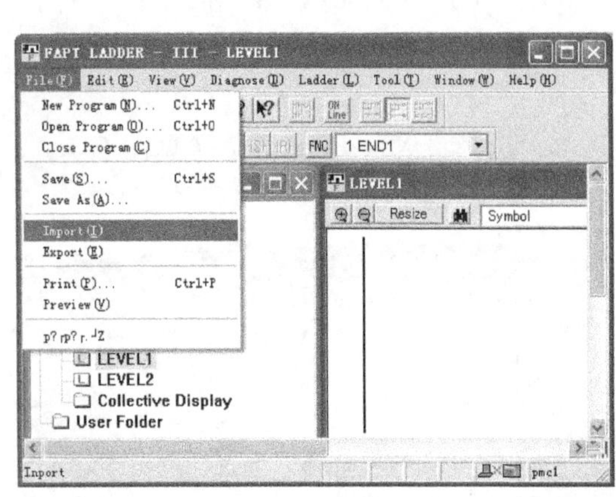

图 6-18 导入文件主界面

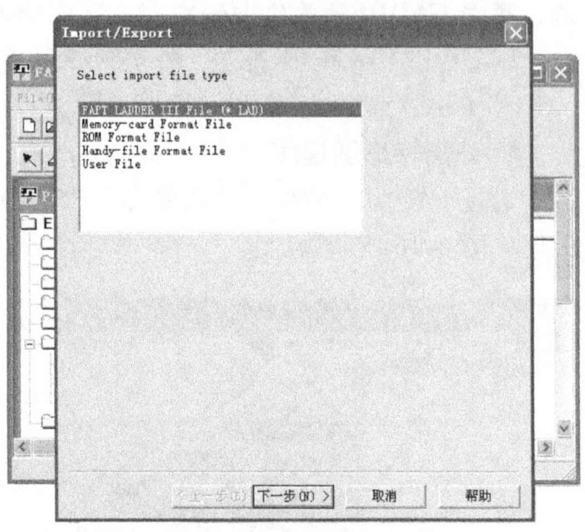

图 6-19 导入文件格式选择界面

(2) 计算机格式 (PMC. LAD)→M-CARD 格式

当把计算机格式 (PMC. LAD) 的 PMC 转换成 M-CARD 格式的文件后，可以将其存储到 M-CARD 上，通过 M-CARD 装载到 CNC 中，而不用通过外部通信工具 (例如，RS232C 或网线) 进行传输。

1) 在 LADDER Ⅲ软件中打开要转换的 PMC 程序。先在 [Tool] 中选择 [Compile] (见图 6-20) 将该程序编译成机器语言，如果没有提示错误，则编译成功，如果提示有错误，要退出修改后重新编译，然后保存，再选择 [File] 中的 [Export]，出现图 6-21 所示画面。

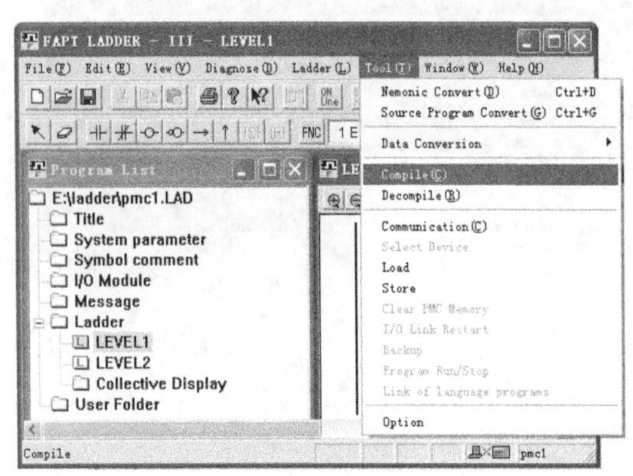

图 6-20 编译界面

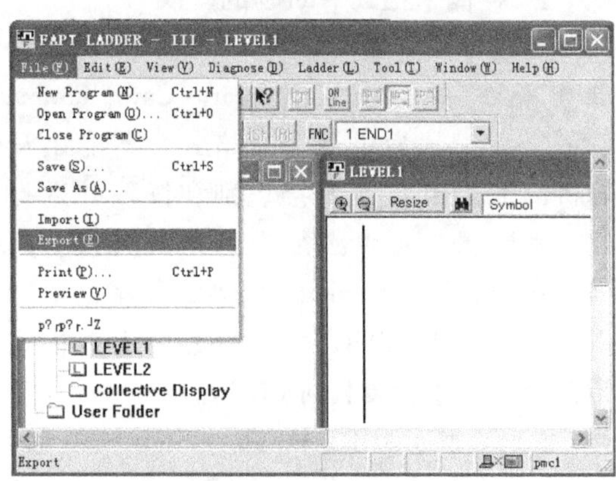

图 6-21 输出文件界面

注意：如果要在梯形图中加密码，则在编译的选项中单击，再输入两遍密码就可以了。

2) 在选择 [Export] 后，软件提示选择输出的文件类型，选择 M-CARD 格式，如图 6-22所示。

确定 M-CARD 格式后，选择下一步指定文件名，按照软件提示的默认操作即可得到转换了格式的 PMC 程序，注意该程序的图标是一个 Windows 图标 (即操作系统不能识别的文件格式，只有 FANUC 系统才能识别)。转换好的 PMC 程序即可通过存储卡直接装载到 CNC 中。

3. 不同类型的 PMC 文件之间的转换

1）运行 FANUC “FAPT LADDER Ⅲ” 编程软件。

2）单击［File］栏，选择［Open Program］项，打开一个希望改变 PC 种类的 Windows 版梯形图的文件。

3）选择工具栏［Tool］中助记符转换项［Mnemonic Convert］，则显示［Mnemonic Conversion］页面。其中，助记符文件（Mnemonic File）栏需新建中间文件名，含文件存放路径。转换数据种类（Convert Data Kind）栏需选择转换的数据，一般为 ALL。

4）完成以上选项后，单击［OK］确认，然后显示数据转换情况信息，无其他错误后关闭此信息页，再关闭［Mnemonic Conversion］页面。

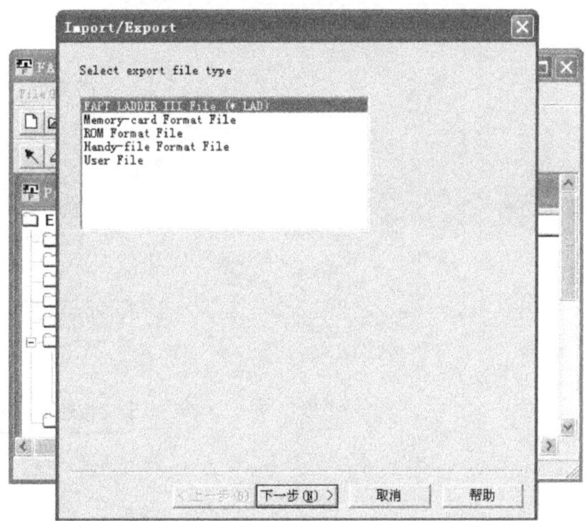

图 6-22　输出文件格式选择界面

5）单击［File］栏，选择［New Program］项，新建一个目标 Windows 版的梯形图，同时选择目标 Windows 版梯形图的 PC 种类。

6）选择工具栏［Tool］中源程序转换项［Source Program Convert］，则显示［Source Program Conversion］页面。其中，中间文件（Mnemonic File）栏需选择刚生成的中间文件名，含文件存放路径。

7）完成以上选项后，单击［OK］确认，然后显示数据转换情况信息，“All the content of the source program is going to be lost. Do you replace it?”，单击［是］确认，无错误后关闭此信息页，再关闭［Source Program Conversion］页面。这样便完成了 Windows 版下同一梯形图不同 PC 种类之间的转换，例如将 PMC_ SA1 的 KT13. LAD 梯形图转换为 PMC_ SA3 的 MM. LAD 梯形图，并且转换完后的 MM. LAD 梯形图与 KT13. LAD 梯形图的逻辑关系相同。

七、实例应用——车床刀架 PMC 程序设计与修改

1. 设计思路

1）编制刀架换刀程序，包括 T 译码、换刀功能等，独立完成 MDI 状态下的换刀控制。

2）使用 FAPT LADDER-Ⅲ软件，将编好的梯形图编译并转换成 CF 卡格式，使用 CF 卡输入到数控系统中。

3）程序调试，正确完成换刀动作。

2. 设计过程

（1）工作原理

当数控系统发出换刀指令后，刀架电路会将现有刀位和接收到换刀信号的刀位做比较，如在同一个刀位上，刀架不会旋转，如在不同刀位上，刀架自动判断是否需要旋转，并判断旋转几个工位，当刀架旋转到所需要的工位时，判断是不是编程指令给出的刀号，如果是，进行下一步，电动机反转延时，延时后刀架进行锁紧。如果不是所需刀号，将返回判断工位，重新选择换刀信号。

（2）刀架控制流程图（见图 6-23）

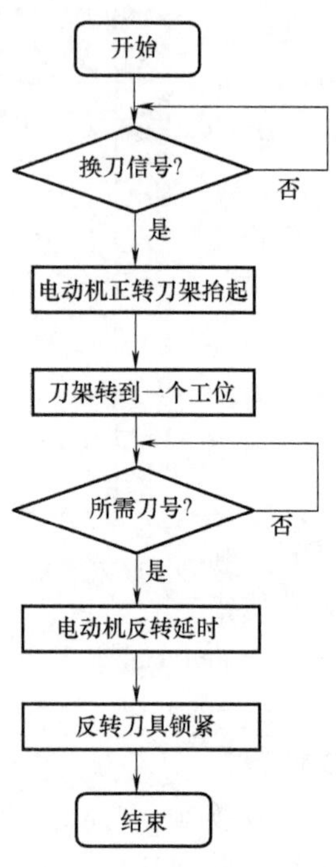

图 6-23　刀架控制流程图

（3）PLC 梯形图（见图 6-24）

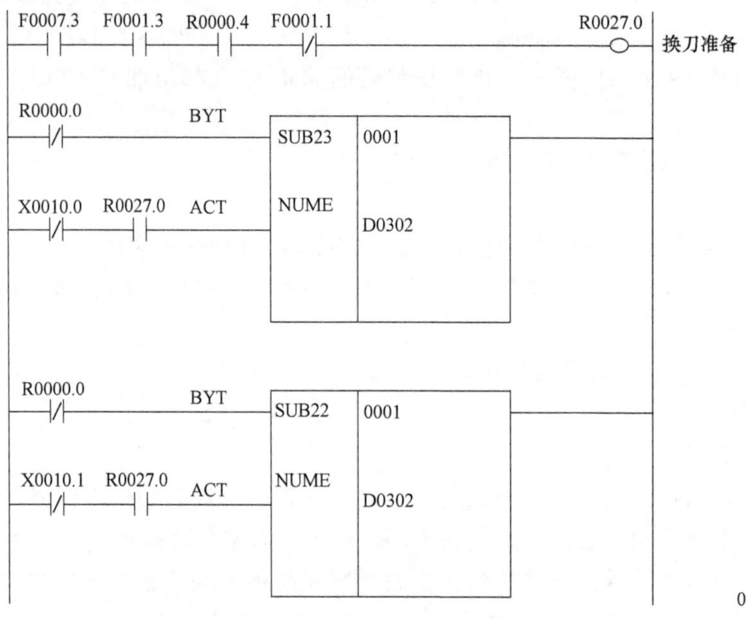

图 6-24　PLC 梯形图

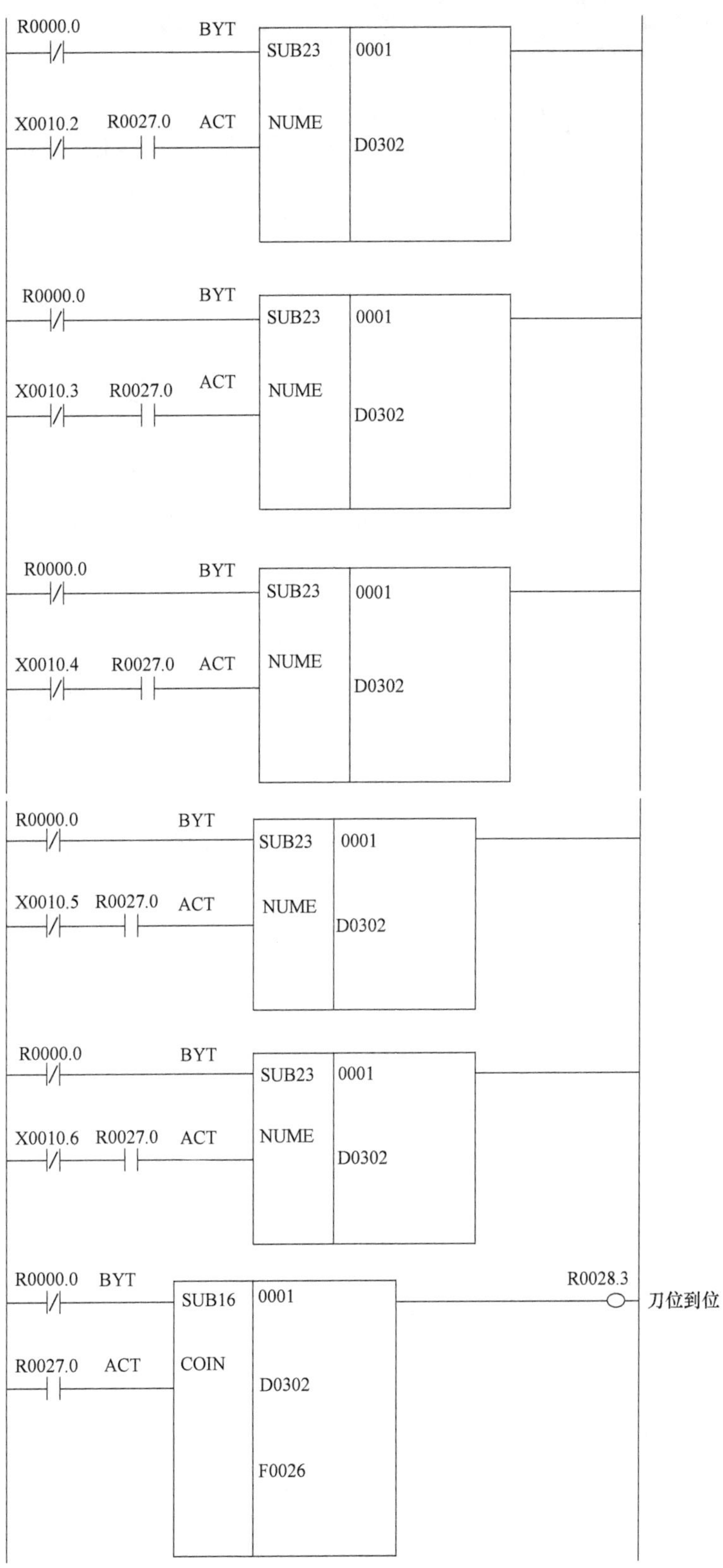

图 6-24　PLC 梯形图（续）

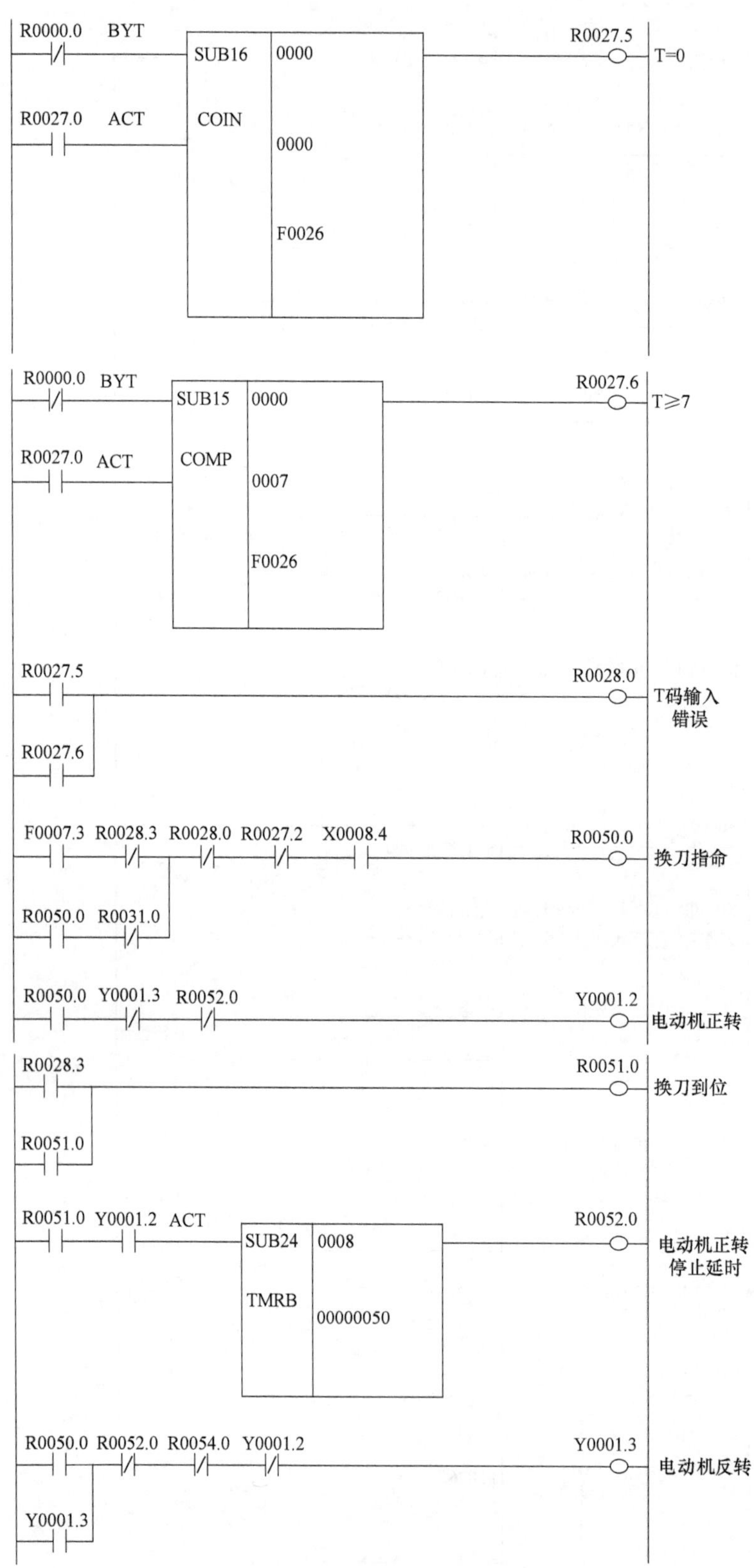

图6-24　PLC梯形图（续）

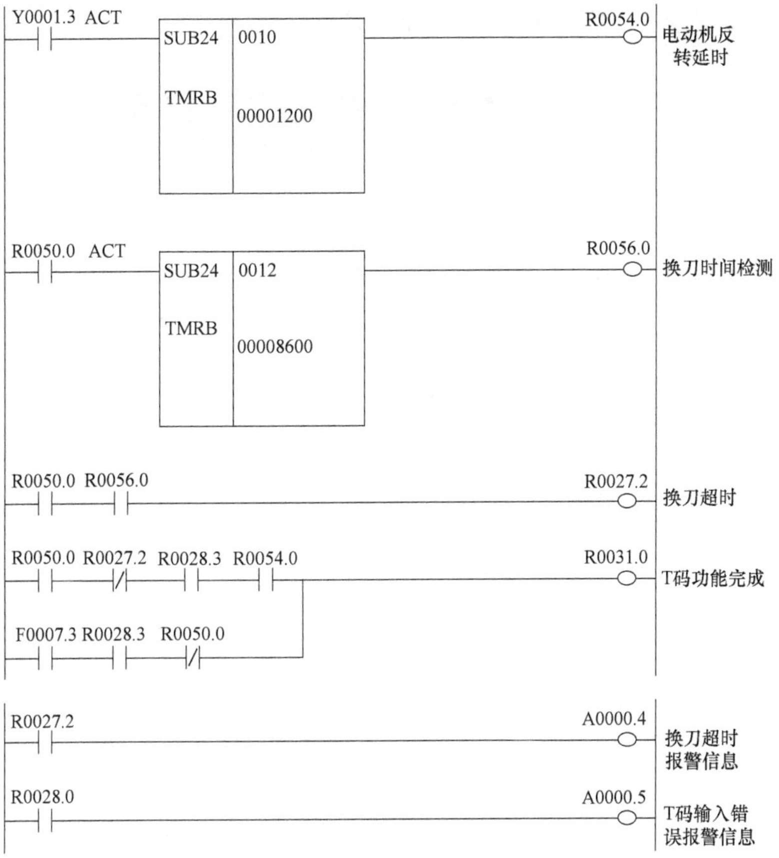

图 6-24 PLC 梯形图（续）

电动刀架 PMC 控制程序分析如下：当加工程序执行到 T 码时，T 码选通信号 F7.3 接通，轴移动结束后分配完成信号 F1.3（DEN）为 1，并且在 MDI 或自动方式下换刀准备信号接通。X10.0~X10.5 为实际刀号的检测输入信号地址，通过常数定义指令（NUME）把转塔当前的实际位置的刀号写入到地址 D302 中。通过判别一致性指令（COIN）把当前刀号（D302 中的数值）与程序中的 T 码选刀刀号（F26 中的数值）进行判别，如果两个数值相同，则 T 码辅助功能结束；如果两个数值不相同，则进行正转换刀控制。通过判别一致性指令（COIN）和比较指令（COMP）与数字 0 和数字 7 进行比较，如果程序指令的 T 码为 0 或大于等于 7 时，系统要有 T 码错误报警信息显示，同时结束换刀指令的输出。当程序指令的 T 码与转塔实际刀号不一致时，系统发出换刀指令（继电器 R50.0 为 1），电动机正转信号 Y1.2 接通，通过蜗杆蜗轮传动松开离合盘，离合盘带动刀盘转位，当转塔转到换刀位置时，系统判别一致性指令信号 R28.3 为 1，发出转塔到位信号（继电器 R51.0 为 1），电动机经过 8 号定时器延时 50ms 后，切断转塔电动机正转输出信号 Y1.2，同时接通电动机反转输出信号 Y1.3，电动机开始反转，经过反转停止 10 号定时器延时 1.2s 后，发出电动机反转停止的信号（R54.0 为 1），切断电动机反转运行输出信号 Y1.3，同时接通 T 码功能完成信号指令（R31.0 为 1），刀具功能结束，辅助功能结束信号 G4.3 为 1，从而完成了换刀的自动控制。在换刀过程中，换刀总时间大于 8.6s 时或者 T 码输入错误时会出现报警信息，信息显示是由信息显示功能指令（DISPB）来实现的。

任务三　华中数控系统 PLC 技术

任务引入

FANUC 数控系统中 PMC 采用了梯形图进行程序的编译，而华中数控机床为内置 PLC 采用 C 语言进行程序的编译，在编程者看来，华中数控系统方式具有更灵活、更高效、使用更方便等特点。

但是对于初学者和修改人员查找、修改以及编译会很困难。如何读懂华中数控 PLC 的程序呢？

任务内容

一、华中数控 PLC 的结构

华中数控铣削机床数控系统的 PLC 为内置式 PLC，其逻辑结构如图 6-25 所示。

其中：

X 寄存器为机床输出到 PMC 的开关信号，最大可有 128 组（或称字节，下同）；

Y 寄存器为 PMC 输出到机床的开关信号，最大可有 128 组；

R 寄存器为 PMC 内部中间寄存器，共有 768 组；

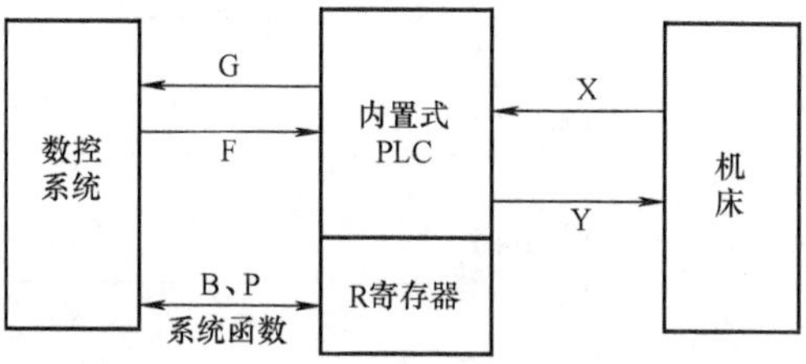

图 6-25　华中世纪星内置式 PMC 结构图

G 寄存器为 PMC 输出到计算机数控系统的开关信号，最大可有 256 组；

F 寄存器为计算机数控系统输出到 PMC 的开关信号，最大可有 256 组；

P 寄存器为 PMC 外部参数，可由机床用户设置（运行参数子菜单中的 PMC 用户参数命令即可设置），共有 100 组；

B 寄存器为断电保护信息，共有 100 组。

X、Y 寄存器会随不同的数控机床而有所不同，主要和实际的机床输入/输出开关信号（如限位开关、控制面板开关等）有关。但 X、Y 寄存器一旦定义好，软件就不能更改其寄存器各位的定义；如果要更改，必须更改相应的硬件接口或接线端子。

R 寄存器是 PMC 内部的中间寄存器，可由 PMC 软件任意使用。

G、F 寄存器是由数控系统与 PMC 事先约定好的，PMC 硬件和软件都不能更改其寄存器各位（bit）的定义。

P 寄存器可由 PMC 程序与机床用户任意自行定义。

对于各寄存器，系统提供了相关变量供用户灵活使用。

首先，介绍访问中间继电器 R 的变量定义。对于 PMC 来说，R 寄存器是一块内存区域，系统定义如下指针对其进行访问：

extern unsigned char R [ ]；　//以无符号字符型存取 R 寄存器

注：对于 C 语言，数组即相当于指向相应存储区的地址指针。

同时，为了方便对 R 寄存器内存区域进行操作，系统定义了如下类型指针（无符号字符型、字符型、无符号整型、整型、无符号长整型、长整型）对该内存区进行访问。即这些地址指针在系统初始化时被初始化为指向同一地址。

```
extern unsigned char      R_uc[ ];      //以无符号字符型存取 R 寄存器
extern char               R_c[ ];       //以字符型存取 R 寄存器
extern unsigned           R_ui[ ];      //以无符号整型存取 R 寄存器
extern int                R_i[ ];       //以整型存取 R 寄存器
extern unsigned long      R_ul[ ];      //以无符号长整型存取 R 寄存器
extern long               R_l[ ];       //以长整型存取 R 寄存器
```

同理，和 R 寄存器一样，系统提供如下类似数组指针变量供用户灵活操作各类寄存器：

```
extern unsigned char      Y_uc[ ], Y_uc[ ], *G_uc[ ], *G_uc[ ], P_uc[ ], B_uc[ ];
extern char               Y_c[ ],  Y_c[ ],  *G_c[ ],  *G_c[ ],  P_c[ ],  B_c[ ];
extern unsigned           Y_ui[ ], Y_ui[ ], *G_ui[ ], *G_ui[ ], P_ui[ ], B_ui[ ];
extern int                Y_i[ ],  Y_i[ ],  *G_i[ ],  *G_i[ ],  P_i[ ],  B_i[ ];
extern unsigned long      Y_ul[ ], Y_ul[ ], *G_ul[ ], *G_ul[ ], P_ul[ ], B_ul[ ];
extern long               Y_l[ ],Y_l[ ], *G_l[ ], *G_l[ ],P_l[ ],B_l[ ];
extern unsigned char      Y[ ],Y[ ];
extern unsigned           *G[ ], *G[ ],P[ ],B[ ];
```

二、华中数控 PLC 的软件结构及运行原理

和一般 C 语言程序都必须提供 main（）函数一样，用户编写内置式 PMC 的 C 语言程序必须提供如下系统函数定义及系统变量值：

```
extern void init(void);        //初始化 PLC
extern unsigned plc1_time;  //函数 plc1()的运行周期,单位:ms
extern void plc1(void);        //PLC 程序入口 1
extern unsigned plc2_time;  //函数 plc2()的运行周期,单位:ms
extern void plc2(void);        //PLC 程序入口 2
```

其中：

函数 init（）是用户 PLC 程序的初始化函数，系统将只在初始化时调用该函数一次。该函数一般设置系统 M、S、B、T 等辅助功能的响应函数及系统复位的初始化工作。

变量 plc1_ time 及 plc2_ time 的值分别表示 plc1（）、plc2（）函数被系统周期调用的周期时间，单位：ms。系统推荐值分别为 16ms 及 32ms，即 plc1_ time=16，plc2_ time=32。

函数 plc1（）及 plc2（）分别表示数控系统调用 PLC 程序的入口，其调用周期分别由变量 plc1_ time 及 plc2_ time 指定。

系统初始化 PLC 时，将调用 PLC 提供的 init（）函数（该函数只被调用一次）。在系统初始化完成后，数控系统将周期性地运行如下过程：

1）从硬件端口及数控系统成批读入所有 Y、G、P 寄存器的内容。

2）如果 plc1_ time 所指定的周期时间已到，调用函数 plc1（）。

3）如果 plc2_ time 所指定的周期时间已到，调用函数 plc2（）。

4）系统成批输出 G、Y、B 寄存器的值。

一般地，plc1_ time 总是小于 plc2_ time，即函数 plc1（）较 plc2（）调用的频率要高。因此，华中数控称函数 plc1（）为 PLC 高速扫描进程、plc2（）为 PLC 低速扫描进程。因而，用户提供的 plc1（）函数及 plc2（）函数必须根据 Y 及 G 寄存器的内容正确计算出 G 及 Y 寄存器的值。

三、华中数控 PLC 程序的编写及其编译

华中数控 PLC 程序的编译环境为 Borland C++3. 1+MSDOS6. 22。数控系统约定 PLC 源程序后缀为“. CLD”，即“ . CLD”文件为 PLC 源程序。

最简单的 PLC 程序只要包含系统必需的几个函数和变量定义即可编译运行，当然它什么事也不能做。

在 DOS 环境下，进入数控软件 PLC 所安装的目录，如 C \ HNC-21 \ PLC，在 DOS 提示符下敲入如下命令：

C：\ HNC-21 \ plc>edit plc_ null. cld <回车>

建立一个文本文件并命名为 plc_ null. cld，其文件内容为

```
//
//plc_null. cld:
//      PLC 程序空框架,保证可以编译运行,但什么功能也不提供
//
//      版权所有©2000,武汉华中数控系统有限公司,保留所有权利
// http://huazhongcnc. com       email: market@ huazhongcnc. com
#include "plc. h" //PLC 系统头文件
void init( )//PLC 初始化函数
{
}
void plc1( void) //PLC 程序入口 1
{
    plc1_time=16;              // 系统将在 16ms 后再次调用 plc1( )函数
}
void plc2( void); //PLC 程序入口 2
{
    plc2_time=32;              //系统将在 32ms 后再次调用 plc1( )函数
}
```

在数控系统的 PLC 目录下，输入如下命令（在车床标准 PLC 系统中，需自行编写 makeplc. bat 文件）：

C：\ HNC-21 \ plc>makeplc plc_ null. cld <回车>

系统会响应：

```
        1 file(s) copied
MAKE Version 3. 6  Copyright (c) 1992 Borland International
```

```
Available memory 64299008 bytes
bcc +plc. CGG -S plc. cld
Borland C++   Version 3. 1 Copyright (c) 1992 Borland International
plc. cld:
        Available memory 4199568
        TASM /MY /O plc. ASM,plc. OBJ
Turbo Assembler   Version 3. 1   Copyright (c) 1988, 1992 Borland International
Assembling file:    plc. ASM
Error messages:     None
Warning messages:   None
Passes:             1
Remaining memory: 421k
tlink /t/v/m/c/Lc:\BC31\LIB @ MAKE0000. $ $ $
Turbo Link   Version 5. 1 Copyright (c) 1992 Borland International
Warning: Debug info switch ignored for COM files
        1 file(s) copied
```

并且又回到 DOS 提示符下：

C: \ HNC-21 \ plc>

这时表示 PLC 程序编译成功。编译结果为文件 plc_ null. com。然后，更改数控软件系统配置文件 NCBIOS. CFG，并加上如下一行文本让系统启动时加载新近编写的 PLC 程序：

device= C: \ HNC-21 \ plc \ plc_ null. com

例如，当按下操作面板的［循环起动］键时，点亮“+Y 点动”灯。假定［循环起动］键的输入点为 Y0. 1，“+Y 点动”灯的输出点位置为 Y2. 7。

更改 plc_ null. cld 文件的 plc1 () 函数如下：

```
void plc1(void) //PLC 程序入口 1
{
        plc1_time=16; // 系统将在 16ms 后再次调用 plc1()函数
        iG ( Y[0] & 0Y02 )// [循环起动]键被按下
        Y[2] |= 0Y80;// 点亮"+Y 点动"灯
        else          //[循环起动]键没有被按下
          Y[2] &= ~0Y80;// 灭掉"+Y 点动"灯
}
```

重新输入命令“makeplc plc_ null”，并将编译所得的文件 plc_ null. com 放入 NCBIOS. CFG 所指定的位置，重新起动数控系统后，当按下［循环起动］键时，“+Y 点动”灯应该被点亮。

更复杂的 PLC 程序，可参考数控系统 PLC 目录下的 *. CLD 文件。

四、华中数控 PLC 程序的安装

PLC 源程序编译后，将产生一个 DOS 可执行 . COM 文件。要安装写好的 PLC 程序，必须更改华中数控系统的配置文件 NCBIOS. CFG。

在 DOS 环境下，进入数控软件所安装的目录，如 C：\ HNC-21，在 DOS 提示符下敲入如下命令：

C： \ HNC-21> edit ncbios. cfg<回车>

可编辑数控系统配置文件。一般情况下，配置文件的内容如下（具体内容因机床的不同而异，分号后面是为说明方便添加的注释）：

```
DEVICE=. \DRV\HNC-21. DRV              ;世纪星数控装置驱动程序
DEVICE=. \DRV\SV_CPG. DRV              ;伺服驱动程序
DEVICE= C:\HNC-21 \plc\plc_null. com   ;PLC 程序
PARMPATH=. \PARM                       ;系统参数所在目录
DATAPATH=. \DATA                       ;系统数据所在目录
PROGPATH=. \PROG                       ;数控 G 代码程序所在目录
BINPATH=. \BIN                         ;系统 BIN 文件所在目录
TMPPATH=. \TMP                         ;系统临时文件所在目录
HLPPATH=. \HLP                         ;系统帮助文件所在目录
NETPATH=Y                              :;网络路径
DISKPATH=A:                            ;软盘
```

所用的第三行即是设置好了的上文编写的 PLC 程序 plc_ null. com。

五、车床标准 PLC 系统

为了简化 PLC 源程序的编写，减轻工程人员的工作负担，华中数控开发了标准 PLC 系统。车床标准 PLC 系统主要包括 PLC 配置系统和标准 PLC 源程序两部分。其中，PLC 配置系统可供工程人员进行修改，它采用的是友好的对话框填写模式，运行于 DOS 平台下，与其他高级操作系统兼容，可以方便、快捷地对 PLC 选项进行配置。配置完以后生成的头文件加上标准 PLC 源程序就可以编译成可执行的 PLC 执行文件了。

1）将数控系统上电，在如图 6-26 所示的主操作界面下，按 F10 键进入扩展功能子菜单。菜单条的显示如图 6-27 所示。

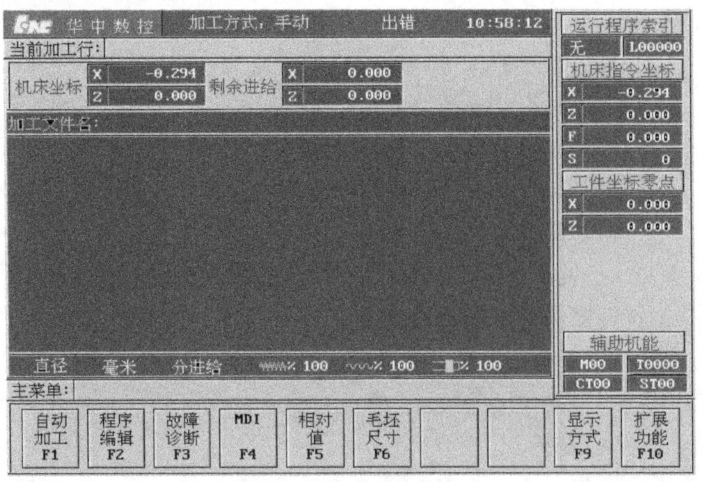

图 6-26　系统主菜单

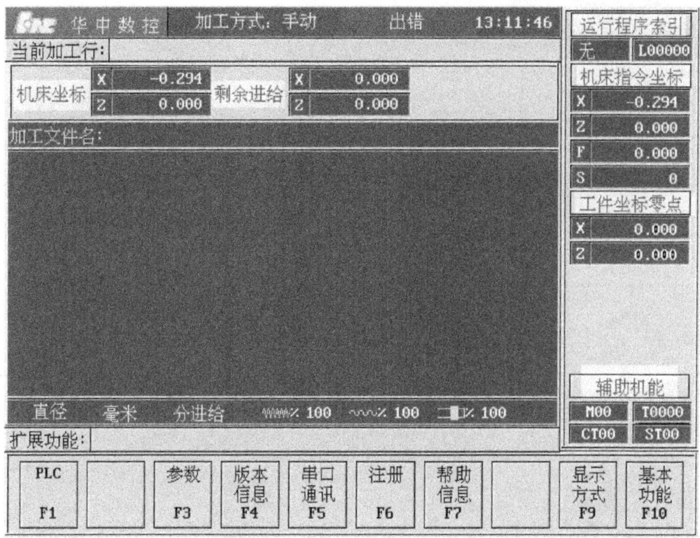

图 6-27 扩展功能子菜单

2）在扩展功能子菜单下，按 F1 键，系统将弹出如图 6-28 所示的 PLC 子菜单。

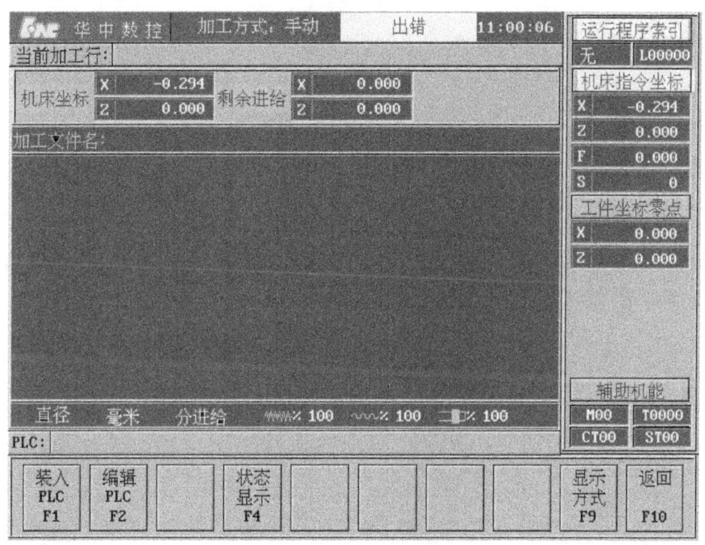

图 6-28 PLC 子菜单

3）在 PLC 子菜单下，按 F2 键，系统将弹出如图 6-29 所示的输入权限口令对话框，在口令对话框输入初始口令 HIG，则弹出如图 6-30 所示的确认输入权限口令对话框，按 Enter 键确认，便进入如图 6-31 所示的标准 PLC 配置系统。

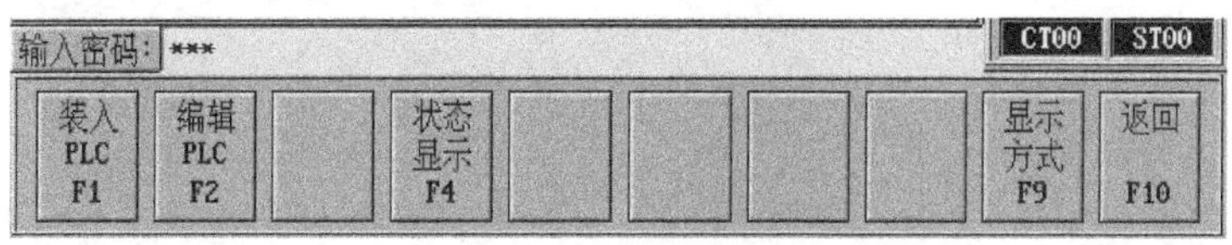

图 6-29 输入权限口令

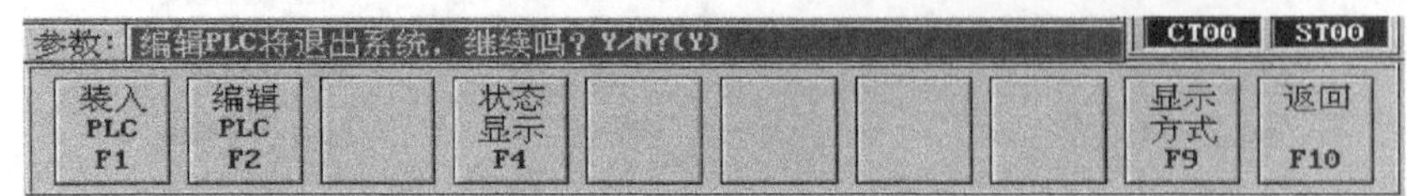

图 6-30　确认输入权限口令

4）按 F2 键，便进入车床标准 PLC 配置系统（见图 6-31）。

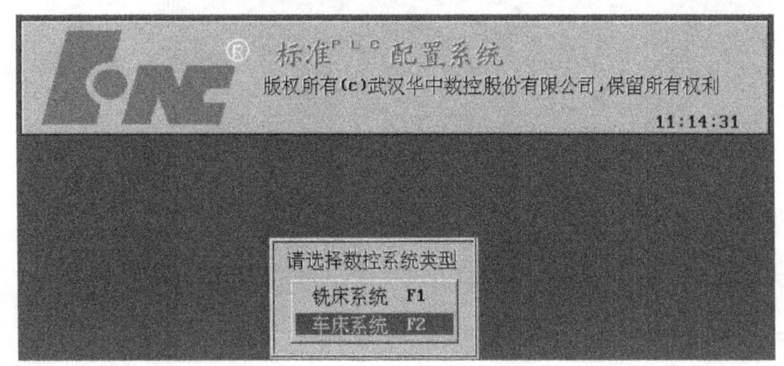

图 6-31　标准 PLC 配置系统

5）Pgup、Pgdn 为五大功能项相邻界面间的切换键；同一功能界面中用 Tab 键切换输入点；用←、↑、→、↓键移动蓝色亮条选择要编辑的选项；按 Enter 键编辑当前选定的项；编辑过程中，按 Enter 键表示输入确认，按 Esc 键表示取消输入；无论输入点还是输出点，字母“H”表示为高电平有效，即为“1”，字母“L”表示低电平有效，即为“0”；在任何功能项界面下，都可按 ESC 键退出系统。

6）在查看或设置完车床标准 PLC 系统后，按 ESC 键，系统将弹出如图 6-32 和图 6-33 所示的提示，按 Enter 键确认后，系统将自动重新编译 PLC 程序，并返回系统主菜单，新编译的 PLC 程序生效。

图 6-32　退出 PLC 系统提示

图 6-33　生成 PLC 头文件提示

六、车床标准 PLC 系统配置参数详细说明

车床标准 PLC 配置系统涵盖大多数车床所具有的功能，具体有以下五大功能项：

1）机床支持选项配置。

2）主轴输出点定义（主要用于电磁离合器输入点配置）。

3）刀架输入点定义。

4）面板输入输出点定义。

5）外部 I/O 输入输出点定义。

机床支持选项配置主画面如图 6-34 所示，在本 PLC 配置界面中，字母“Y（Yes）”表示支持该功能，字母“N（No）”表示不支持该功能。

标准PLC配置系统
版权所有(c)武汉华中数控股份有限公司，保留所有权利
12:27:28

功能名称	是否支持	功能名称	是否支持
主轴系统选项		进给驱动选项	
是否机械调速	N	支持广州机床	N
换档是否需要正反转	N	X轴是否带抱闸	N
支持星三角	N	手摇有轴选择波动开关	N
支持抱闸	N	保留	N
主轴有编码器	Y	保留	N
是否支持正负10伏DA输出	N	保留	N
刀架功能选项		其他功能选项	
采用Duplomatic伺服刀架	N	是否支持气动卡盘	N
支持双向选刀	N	是否支持防护门	N
有刀架锁紧定位销	N	是否支持尾座套筒	N
有插销到位信号	N	支持联合点位	N
有刀架锁紧到位信号	N	保留	N

主要功能键：　退出(Esc)　移动(↑、↓、←、→)　翻页(PgUp、PgDown)　切换(TAB)

图 6-34　机床支持选项配置主画面

下面分别讲解系统支持功能选项每一项所代表的意思。

1. 主轴系统选项

1）是否机械调速。指的是通过机械换档方式，既没有变频器，也不支持电磁离合器自动换档，是一种纯手工换档方式。

2）换档是否需要正反转。指的是主轴是否支持正反转换档。

3）支持星三角。指的是主轴电动机在正转或反转时，先用星形线圈起动电动机正转或反转，过一段时间后切换成三角线圈来转动电动机。

4）支持抱闸。指的是系统是否支持主轴抱闸功能。如果没有此项功能，则要选“N”屏蔽此项功能。

5）主轴有编码器。指的是主轴是否具有转速检测功能，即主轴是否有编码器。

6）是否支持±10V 模拟电压输出。华中数控系统可以提供 0～10V 或-10～+10V 的模拟电压，根据所选的变频器或伺服驱动器采用的控制电压的类型，来选择 PLC 的选项。

2. 进给系统选项

1）支持广州机床。如果是广州机床选择 Y，不是选择 N。

2）X 轴是否带抱闸。指的是系统是否有 X 轴抱闸功能。如果没有此项功能，则要选“N”屏蔽此项功能。

3）手摇有轴选择波动开关。

指的是手摇脉冲方式是否支持波动开关控制。如果没有此项功能，则要选“N”屏蔽此项功能。

4）保留。备用选项，如果有其他功能可以增加。

3. 刀架系统选项

1）是否采用 Duplomatic 伺服刀架。如果采用该种刀架，选择 Y，如果不是选择 N。

2）支持双向选刀。指的是系统的刀架既可以正转又可以反转，这种情况在选刀时就可以根据当前使用刀号判断出选中目标刀号是要正转还是要反转，以使刀架旋转最小角度就能选中目标刀。

3）有刀架锁紧定位销。指的是在当前要选用的目标刀号已经旋转到位，此时刀架停止转动，然后刀架打出一个锁紧定位销锁住刀架。一般的刀架是锁紧定位销打出一段时间后反转刀架来锁紧刀架。

4）有插销到位信号。指的是刀架锁紧定位销打出以后，刀架会反馈一个插销到位信号给系统，当系统收到此信号后才能反转刀架来锁紧刀架。

5）有刀架锁紧到位信号

指的是换刀后刀架会给系统回送一个刀架是否锁紧的信号。车床刀架选刀时有无到位信号，有，选择 Y，没有，选择 N。

4. 其他功能选项

1）是否支持气动卡盘。车床的卡盘松紧是不是自动的，是否通过外接输入信号来松紧卡盘。

2）防护门。车床的防护门是否外接输入信号，来检测门的开和关以确保安全加工。

3）是否支持尾座套筒。是否支持尾座套筒，有此选项，选择 Y，没有，选择 N。

4）支持联合点位。

5）保留。系统暂时不用的选项，用户可以不对此项进行任何配置操作。

注意，在以上配置项中，进给系统选项中有些选项是互斥的，主轴系统选项中自动换档、手动换档、变频换档三项中同时生效的只有一项。

任务四　PLC 控制模块的故障诊断方法

任务引入

在数控机床中，PMC 作为机床控制的核心部分，对于外界信号接收信号和机床输出信号起到了控制和监控的作用，对于故障排除来说，部分故障可以通过监控 PMC 输入和输出点信号的有无来判断故障点的位置，因此在机床故障排除的过程中，通过 PMC 输入/输出信号的查询和修改可以快速地确定故障位置。

任务内容

一、PLC 故障的表现形式

当数控机床出现有关 PLC 方面的故障时，一般有三种表现形式：

1）故障可通过 CNC 报警直接找到故障的原因。

2）故障虽有 CNC 故障显示，但不能反映故障的真正原因。

3）故障没有任何提示。

对于后两种情况，可以利用数控系统的自诊断功能，根据 PLC 的梯形图和输入/输出状态信息来分析和判断故障的原因，这种方法是解决数控机床外围故障的基本方法。

二、PLC 控制模块的故障诊断方法与实例

一般来说，数控系统出现与 PLC 相关的故障时，PLC 自身出现故障的概率很小，因为 PLC 本身有自诊断程序和必要的抗干扰措施，出现程序存储错误、硬件错误的时候都能报警，而且，数控机床生产厂家在数控机床投入使用之前已经经过了详细的安装调试，所以 PLC 相关部分出现故障的时候一般不用去考虑 PLC 本身的程序错误，这些故障大多是外围接口信号的故障，也就是说，PLC 部分出现故障时要先从外部硬件元器件信号开始排查。

1. 根据报警号诊断故障

现代数控系统具有丰富的自诊断功能，能在 CRT 上显示故障报警信息，为用户提供各种机床状态信息。充分利用 CNC 系统提供的这些状态信息，就能迅速准确地查明和排除故障。

[例 6-1]　配备 FANUC 7 数控系统的某数控机床，产生 99 号报警，该报警无任何说明。利用机床信息诊断，发现数据 T6 的第 7 位数据由“1”变“0”，该数据位为数控柜过热信号，正常时为“1”，过热时为“0”。

处理方法：①检查数控柜中的热控开关；②检查数控柜的通风是否良好；③检查数控柜的稳压装置是否损坏。

2. 根据动作顺序诊断故障

数控机床上刀具及托盘等装置的自动交换动作都是按照一定顺序来完成的，因此，观察机械装置的运动过程，比较正常和故障时的情况，就可发现疑点，诊断出故障的原因。

［例6-2］　某立式加工中心自动换刀故障。

故障现象：换刀臂平移到位时，无拔刀动作。

ATC动作的起始状态是：①主轴保持要交换的旧刀具；②换刀臂在B位置；③换刀臂在上部位置；④刀库已将要交换的新刀具定位。

自动换刀的顺序为：换刀臂左移（B→A）→换刀臂下降（从刀库拔刀）→换刀臂右移（A→B）→换刀臂上升→换刀臂右移（B→C，抓住主轴中的刀具）→主轴液压缸下降（松刀）→换刀臂下降（从主轴拔刀）→换刀臂旋转180°（两刀具交换位置）→换刀臂上升（装刀）→主轴液压缸上升（抓刀）→换刀臂左移（C→B）→刀库转动（找出旧刀具位置）→换刀臂左移（B→A，返回旧刀具给刀库）→换刀臂右移（A→B）→刀库转动（找下把刀具）。

换刀臂平移至C位置时，无拔刀动作，分析原因，有几种可能：

1）SQ2无信号，使松刀电磁阀YV2未励磁，主轴仍处于抓刀状态，换刀臂不能下移。

2）松刀接近开关SQ4无信号，则换刀臂升降电磁阀YV1状态不变，换刀臂不能下降。

3）电磁阀有故障，给予信号也不能动作。

逐步检查，发现SQ4未发信号。进一步对SQ4检查，发现感应间隙过大，导致接近开关无信号输出，产生动作障碍。

3. 根据控制对象的工作原理诊断故障

数控机床的PLC程序是按照控制对象的工作原理来设计的，通过对控制对象工作原理进行分析，结合PLC的I/O状态是故障诊断很有效的方法。

［例6-3］　配备FANUC 0T系统的某数控车床。

故障现象：当脚踏尾座开关使套筒顶尖顶紧工件时，系统产生报警。

故障分析：在系统诊断状态下，调出PLC输入信号，发现脚踏向前开关输入Y04.2为“1”，尾座套筒转换开关输入Y17.3为“1”，润滑油供给正常使液位开关输入Y17.6为“1”。调出PLC输出信号，当脚踏向前开关时，输出Y49.0为“1”，同时，电磁阀YV4.1也得电，这说明系统PLC输入/输出状态均正常，然后分析尾座套筒液压系统。

当电磁阀YV4.1通电后，液压油经溢流阀、流量控制阀和单向阀进入尾座套筒液压缸，使其向前顶紧工件。松开脚踏开关后，电磁换向阀处于中间位置，油路停止供油，由于单向阀的作用，尾座套筒向前时的油压得到保持，该油压使压力继电器常开触头接通。在系统PLC输入信号中Y00.2为“1”，但检查系统PLC输入信号Y00.2则为“0”，说明压力继电器有问题，其触头开关损坏。

故障原因：因压力继电器SP4.1触头开关损坏，油压信号无法接通，从而造成PLC输入信号为“0”，故系统认为尾座套筒未顶紧而产生报警。

解决方法：更换新的压力继电器，调整触头压力，使其在脚踏向前开关动作后接通并保持到压力取消，故障排除。

［例6-4］　配备FANUC 0TC系统的数控车床，产生刀架奇偶报警，奇数位刀能定位，而偶数位刀不能定位。

从机床侧输入PLC信号中，刀架位置编码器有5根信号线，这是一个二进制的8421编码，它们对应PLC的输入信号为Y06.0、Y06.1、Y06.2、Y06.3和Y06.4。在刀架的转换过程中，这5个信号根据刀架的变化而进行不同的组合，从而输出刀架的奇偶位置信号。

根据故障现象分析，若刀架位置编码器最低位#634线信号恒为“1”，即在二进制中第

0 位恒为“1”时，则刀架信号将恒为奇数，而无偶数信号，从而产生奇偶报警。

根据上述分析，将 PLC 输入参数从 CRT 上调出观察，当刀架回转时，Y06.0 恒为“1”，而其余 4 根线的信号则根据刀架的变化情况或“0”或“1”，从而证实了刀架位置编码器发生故障。

4. 根据 PLC 的 I/O 状态诊断故障

在数控机床中，输入/输出信号的传递，一般都要通过 PLC 的 I/O 接口来实现，因此，许多故障都会在 PLC 的 I/O 接口这个通道上反映出来。数控机床的这种特点为故障诊断提供了方便，只要不是数控系统硬件故障，可以不必查看梯形图和有关电路图，直接通过查询 PLC 的 I/O 接口状态，找出故障原因。这里的关键是要熟悉有关控制对象的 PLC 的 I/O 接口的通常状态和故障状态。

［例 6-5］ 一台数控车床刀塔不旋转。

数控系统：日本 MITSUBISHI MELDAS L3 系统。

故障现象：起动刀塔旋转时，刀塔不转，也没有报警显示。

故障分析与检查：根据刀塔的工作原理，刀塔旋转时，首先靠液压缸将刀塔浮起，然后才能旋转。观察故障现象，当手动按下刀塔旋转的按钮时，刀塔根本没有反应，也就是说，刀塔没有浮起。根据电气原理图（见图 6-35），PLC 的输出 Y4.4 控制继电器 K44 来控制电磁阀，电磁阀控制液压缸使刀塔浮起。首先通过系统 DIAGN 菜单下的 PLC-I/F 功能（见图 6-36），观察 Y4.4 的状态，当按下手动刀塔旋转按钮时，其状态变为“1”，没有问题。继续检查发现，是其控制的直流继电器 K44 的触头损坏了。

故障处理：更换新的继电器，刀塔恢复正常工作。

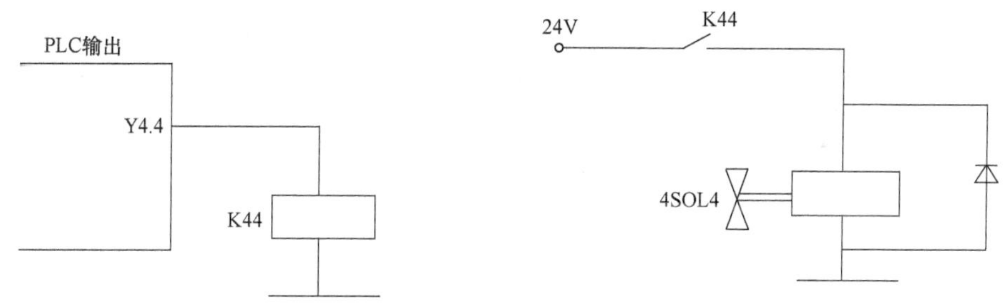

图 6-35 刀塔浮起控制原理图

5. 通过 PLC 梯形图诊断故障

根据 PLC 的梯形图来分析和诊断故障是解决数控机床外围故障的基本方法。用这种方法诊断机床故障首先应该搞清机床的工作原理、动作顺序和联锁关系，然后利用 CNC 系统的自诊断功能或通过机外编程器，根据 PLC 梯形图查看相关的输入/输出及标志位的状态，从而确认故障的原因。

［例 6-6］ 配备 SINUMERIK 810 数控系统的加工中心，出现分度工作台不分度的故障且无故障报警。根据工作原理，分度时首先将分度的齿条与齿轮啮合，这个动作是靠液压装置来完成的，由 PLC 输出 Q1.4 控制电磁阀 YV14 来执行，PLC 梯形图如图 6-37 所示。

通过数控系统的 DIAGNOSIS 中的［STATUS PLC］软键，实时查看 Q1.4 的状态，发现其状态为“0”，由 PLC 梯形图查看 F123.0 也为“0”，按梯形图逐个检查，发现 F105.2 为

```
[PLC-I/F]                                                   DIAGN3
                                  (SET DATAX008=0001 Y0015=0000
                                      X000A=0001 D0005=0053)
PLC STAUS
         76543210  HEX            76543210      HEX
Y0040   00010100   14     D005   00101111       00
Y0048   00110001   31            01010011       53
Y0050   10000010   82     D006   00000000       00
Y0058   00101111   2F            00000100       04
Y0060   00000000   00     D007   00000000       90
Y0068   01010101   00            10000100       84
Y0070   01011111   00     D008   00000010       02
Y0078   00100101   00            11000000       C2
DEVICE         DATA      MODE              DEVICE          DATA
MODE
(   )       (   )   (   )          (   )        (   )     (   )

    ALARM       SERVO     PLC-IF        NC-SPC         MENU
```

图 6-36　MITSUBISHI MELDAS L3 系统 PLC 输出显示

“0” 导致 F123.0 也为 “0”。根据梯形图，查看 STATUS PLC 中的输入信号，发现 I10.2 为 “0”，从而导致 F105.2 为 “0”。I9.3、I9.4、I10.2 和 I10.3 为四个接近开关的检测信号，以检测齿条和齿轮是否啮合。分度时，这四个接近开关都应有信号，即 I9.3、I9.4、I10.2 和 I10.3 应闭合，但发现 I10.2 未闭合。处理方法：①检查机械传动部分；②检查接近开关是否损坏。

上述方法是在已知 PLC 梯形图的情况下，通过 CNC 自诊断功能中的 STATUS PLC 来查看输入/输出及标志位，来进行故障诊断的。对 SIEMENS 数控系统，也可通过机外编程器实时观察 PLC 的运行情况。

［例 6-7］　某卧式加工中心出现回转工作台不旋转的故障。根据故障对象，用机外编程器调出有关回转工作台的梯形图。

根据回转工作台的工作原理，旋转时首先将工作台气动浮起，然后才能旋转，气动电磁阀 YV12 受 PLC 输出 Q1.2 的控制。因加工工艺要求，只有两个工位的分度头都在起始位置，回转工作台才能满足旋转的条件。I9.7、I10.6 检测信号反映两个工位的分度头是否在起始位置，正常情况下，两者应该同步。F122.3 是分度头的到位标志位。

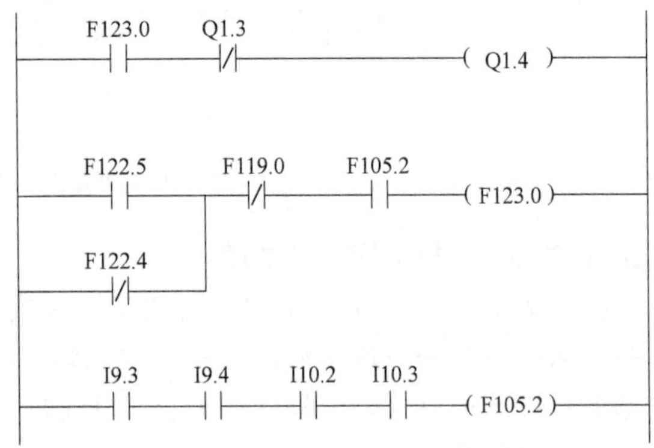

图 6-37　分度工作台 PLC 梯形图

从 PLC 的 PB20.10 中观察，由于 F97.0 未闭合，导致 Q1.2 无输出，电磁阀 YV12 不得电。继续观察 PB20.9，发现 F120.6 未闭合，导致 F97.0 低电平。向下检查 PB20.7，

F120.4 未闭合引起 F120.6 未闭合。继续跟踪 PB20.3，F120.3 未闭合引起 F120.4 未闭合。向下检查 FB20.2，由于 F122.3 没满足，导致 F120.3 未闭合。观察 PB21.4，发现 I9.7、I10.6 状态总是相反，故 F122.3 总是为“0”。

故障诊断结论是，两个工位分度头不同步。处理方法：①检查两个工位分度头的机械装置是否错位；②检查检测开关 I9.7、I10.6 是否发生偏移。

6. 动态跟踪梯形图诊断故障

有些 PLC 发生故障时，查看输入/输出及标志状态均为正常，此时必须通过 PLC 动态跟踪，实时观察输入/输出及标志状态的瞬间变化，根据 PLC 的动作原理做出诊断。

[例 6-8] 配备 SINUMERIK 810 数控系统的双工位、双主轴数控机床，如图 6-38 所示。

故障现象：机床在 AUTOMATIC 方式下运行，工件在 1 工位加工完，2 工位主轴还没有退到位且旋转工作台正要旋转时，2 工位主轴停转，自动循环中断，并出现报警，且报警内容表示 2 工位主轴速度不正常。

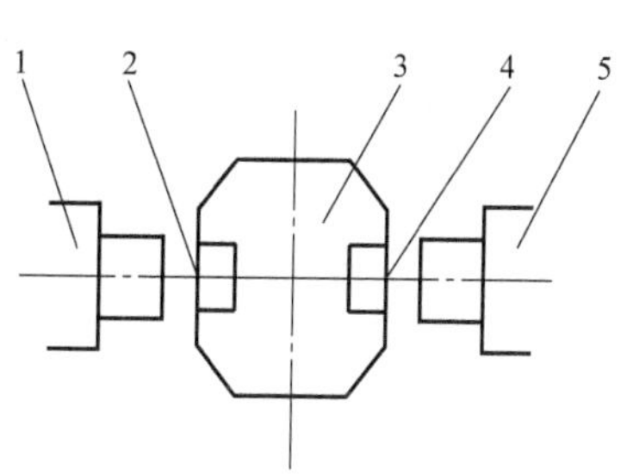

图 6-38 双工位、双主轴数控机床
1—主轴 2—工位 3—回转工作台
4—工位二 5—主轴二

两个主轴分别由 B1、B2 两个传感器来检测转速，通过对主轴传动系统的检查，没发现问题。用机外编程器观察梯形图的状态。F112.0 为 2 工位主轴起动标志位，F111.7 为 2 工位主轴起动条件，Q32.0 为 2 工位主轴起动输出，I21.1 为 2 工位主轴刀具卡紧检测输入，F115.1 为 2 工位刀具卡紧标志位。

在编程器上观察梯形图的状态（见图 6-39），出现故障时，F112.0 和 Q32.0 状态都为“0”，因此主轴停转，而 F112.0 为“0”是由于 B1、B2 检测主轴速度不正常所致。动态观察 Q32.0 的变化，发现故障没有出现时，F112.0 和 F111.7 都闭合，而当出现故障时，F111.7 瞬间断开，之后又马上闭合，Q32.0 随 F111.7 瞬间断开其状态变为“0”，在 F111.7 闭合的同时，F112.0 的状态也变成了“0”，这样 Q32.0 的状态保持为“0”，主轴停转。B1、B2 由于 Q32.0 随 F111.7 瞬间断开测得速度不正常而使 F112.0 状态变为“0”。主轴起动的条件 F111.7 受多方面因素的制约，从梯形图上观察，发现 F111.6 的瞬间变“0”引起 F111.7 的变化，向下检查梯形图 PB8.3，发现刀具卡紧标志 F115.1 瞬间变“0”，促使 F111.6 发生变化，继续跟踪梯形图 PB13.7，观察发现，在出故障时，I21.1 瞬间断开，使 F115.1 瞬间变“0”，最后使主轴停转。I21.1 是刀具液压卡紧压力检测开关信号，它的断开指示刀具卡紧力不够。由此诊断故障的根本原因是刀具液压卡紧力波动，调整液压使之正常，故障排除。

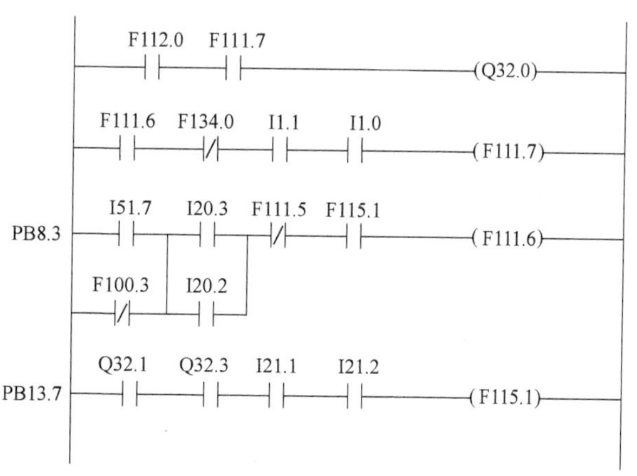

图 6-39 机外编码器观察到的梯形图状态

综上所述，PLC 故障诊断的关键如下：

1）要了解数控机床各组成部分检测开关的安装位置，如加工中心的刀库、机械手和回转工作台，数控车床的旋转刀架和尾架，机床的气、液压系统中的限位开关、接近开关和压力开关等，弄清检测开关作为 PLC 输入信号的标志。

2）了解执行机构的动作顺序，如液压缸、气缸的电磁换向阀等，弄清对应的 PLC 输出信号标志。

3）了解各种条件标志，如起动、停止、限位、夹紧和放松等标志信号，借助必要的诊断功能，必要时用编程器跟踪梯形图的动态变化，搞清故障的原因，根据机床的工作原理做出诊断。

因此，作为用户来讲，要注意资料的保存，做好故障现象及诊断的记录，为以后的故障诊断提供数据，提高故障诊断的效率。当然，故障诊断的方法不是单一的，有时要用几种方法综合诊断，以得到正确的诊断结果。

任务五　故障案例分析

［例 6-9］　某数控机床出现防护门关不上，自动加工不能进行的故障，而且无故障显示。

该防护门是由气缸来完成开关的，关闭防护门是由 PLC 输出 Q2.0 控制电磁阀 YV2.0 来实现。检查 Q2.0 的状态。其状态为“1”。但电磁阀 YV2.0 却没有得电。由于 PLC 输出 Q2.0 是通过中间继电器 KA2.0 来控制电磁阀 YV2.0 的，检查发现，中间继电器损坏引起故障，更换继电器，故障被排除。

另外一种简单实用的方法就是将数控机床的输入/输出状态列表，通过比较通常状态和故障状态，就能迅速诊断出故障的部位。

［例 6-10］　机床同上。故障现象为机床不能起动，但无报警信号。

这种情况大多由于机床侧的准备工作没有完成，如润滑准备、切削液准备等。查阅 PLC 有关的输入/输出接口，发现 I3.1 为“1”，其余均正常。从接口表看，正常状态是 I3.1 为“0”。检查压力开关 SP92，找到故障原因是滤油阀脏堵，造成油压增高。

［例 6-11］　机床同上。故障现象为分度台旋转不停，但无报警号。查阅输出接口，发现输出 Q0.4 为“1”，Q0.7 为“1”，从接口表看，Q0.4 为“1”表明分度台无制动，Q0.7 为“1”表明分度台处于旋转状态。再检查输入接口，发现 I15.7 为“1”，其余正常，其原因是限位开关 SQ12 损坏。更换后 PLC 输入/输出均恢复正常，故障排除。

［例 6-12］　某 FANUC 0T 系统数控车床的尾座套筒的 PLC 输入开关如图 6-40 所示，当脚踏开关使套筒顶紧工件时，系统产生报警。

故障分析：在系统诊断状态下，调出 PLC 输入信号，发现脚踏向前开关输入 X04.3 为“1”，尾座套筒转换开关输入 X17.3 为“1”，润滑油供给正常使液位开关输入 X17.6 为“1”。调出 PLC 输出信号，当脚踏向前开关时，输出 Y49.0 为“1”，同时，电磁阀 YV4.1 也得电，这说明系统 PLC 输入/输出状态均正常，分析尾座套筒液压系统。

当电磁阀 YV4.1 通电后，液压油经溢流阀、流量控制阀和单向阀进入尾座套筒液压缸，使其向前顶紧工件。松开脚踏开关后，电磁换向阀处于中间位置，油路停止供油，由于单向阀的作用，尾座套筒向前时的油压得到保持，该油压使压力继电器常开触点接通，在系统 PLC 输入信号中 X00.2 为“1”。但检查系统 PLC 输入信号 X00.2 则为“0”，说明压力继电器有问题，其触点开关损坏。

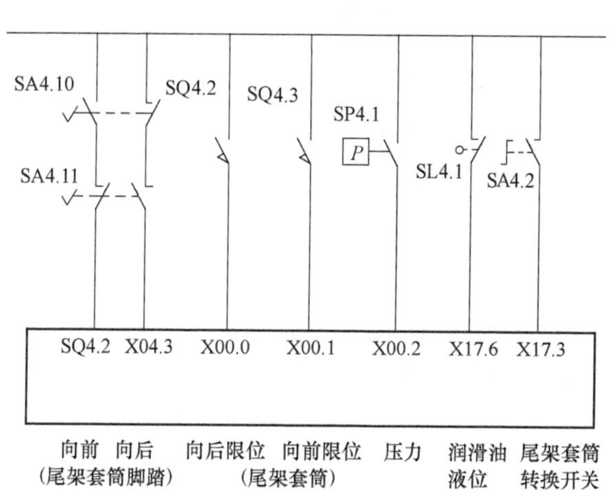

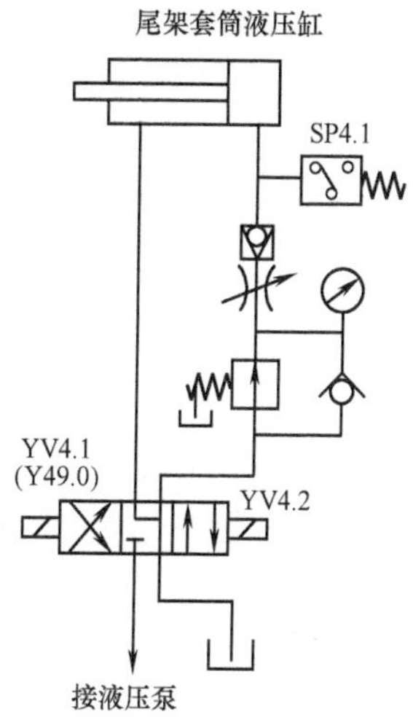

图 6-40　FANUC 0T 系统数控车床的尾座套筒控制示意图

故障原因：因压力继电器 SP4.1 触点开关损坏，油压信号无法接通，从而造成 PLC 输入信号为“0”，故系统认为尾座套筒未顶紧而产生报警。

处理方法：更换新的压力继电器，调整触点压力，使其在向前脚踏开关动作后接通并保持到压力取消，故障排除。

思 考 题

1. 数控机床中 PLC 的作用是什么？数控装置、PLC、机床之间有什么关系？
2. 数控机床上常用的输入输出元件有哪些？
3. 数控机床用 PLC 有哪些类型，试举例说明。
4. FUNAC 数控系统 PMC 是如何编址的？
5. 输入输出部分出现故障后常用的排除方法有哪些？试举例说明。
6. PLC 控制模块的故障诊断方法有哪些？试举例说明。

参考文献

[1] 邓三鹏. 数控机床结构及维修［M］. 北京：国防工业出版社，2008.

[2] 石秀敏. 华中数控系统调试与维护［M］. 2版. 北京：国防工业出版社，2014.

[3] 邓三鹏. 数控机床装调维修实训技术［M］. 北京：国防工业出版社，2014.

[4] 邓三鹏. 现代数控机床故障诊断与维修［M］. 北京：国防工业出版社，2012.

[5] 龚仲华. 数控机床故障诊断与维修500例［M］. 北京：机械工业出版社，2006.

[6] 全国机床标准化委员会. 中国机械工业标准汇编——数控机床卷［S］. 北京：中国标准出版社，2003.

[7] 中国机械工程学会设备维修分会. 数控机床故障检测与维修问答［M］. 北京：机械工业出版社，2003.

[8] 《数控机床维修技师手册》编委会. 数控机床维修技师手册［M］. 北京：机械工业出版社，2007.

[9] 刘世杰，杨俊. 最新国内外数控机床安全操作指南与机械维修及检测实用手册［M］. 北京：机械工业出版社，2005.

[10] 刘永久. 数控机床故障诊断与维修技术［M］. 北京：机械工业出版社，2006.